Lehrbuch
der
Technischen Mechanik

Von

Dr. phil. h. c. Martin Grübler
Professor an der Technischen Hochschule zu Dresden

Zweiter Band
Statik der starren Körper

Zweite, berichtigte Auflage

(Manuldruck)

Mit 222 Textfiguren

Springer-Verlag

Berlin Heidelberg GmbH

1922

ISBN 978-3-662-31860-7   ISBN 978-3-662-32687-9 (eBook)
DOI 10.1007/978-3-662-32687-9

Vorwort.

Was in der Vorrede zum ersten Teile dieses Buches bezüglich des Zieles gesagt wurde, das diesem Lehrbuch gesteckt ist, gilt natürlich auch für den vorliegenden II. Band; insofern wäre hier nichts anzufügen. Wohl aber dürfte es nicht überflüssig erscheinen, einige erläuternde Bemerkungen zu dem Übergang von der rein abstrakten Bewegungslehre zur konkreten Dynamik materieller Körper hier aufzunehmen, der den Inhalt der beiden ersten Kapitel dieses Bandes bildet.

Unzweifelhaft hat dieser Übergang, d. h. die mathematische Einkleidung der Grundlagen der Mechanik, insbesondere die Einführung des Masse- und Kraftbegriffes, nicht unbedeutende Schwierigkeiten. Ich habe diese dadurch zu überwinden gesucht, daß ich Masse und Gewicht als identische Begriffe, bzw. Größen betrachte. Das ist möglich, wenn das Wort „Gewicht“ seiner eigentlichen sprachlichen und volkstümlichen Bedeutung gemäß verwendet wird, zufolge deren unter dem Gewicht eines Körpers das Ergebnis seiner Wägung auf der Hebelwage zu verstehen ist. Damit wird die Masse zu einem leicht- und gemeinverständlichen Begriff, nämlich dem der Stoffmenge, denn im Alltagsverkehr benutzt man immer die Wägung zur Bestimmung von Mengen eines Stoffes. Diese landläufige Auffassung reicht auch für die wissenschaftliche Mechanik wägbarer Körper aus, denn in ihr hat die Masse keine andere Bedeutung, als die einer physikalischen Konstanten, die für jeden Körper eine bestimmte Größe besitzt und dem Gewicht des Körpers proportional ist. Das Verhältnis der Massen von Körpern ist sonach das ihrer Gewichte und daraus folgt unmittelbar, daß der Massenbegriff der Mechanik durch den des Gewichtes ersetzt werden kann. Der Übergang von der Bewegungslehre zur Dynamik materieller Punktsysteme geschieht sonach in einfachster Weise durch Hinzunahme einer einzigen physikalischen Konstanten, und diese hat den Vorzug, eine anschauliche, allen verständliche Größe zu sein, nämlich die des Gewichtes der Körper. Damit wird zunächst die mathematische Formulierung des Kraftbegriffes ermöglicht, soweit die Kraft als Ursache wirklicher

Beschleunigungen in Betracht kommt. Die Erweiterung des Kraftbegriffes stützt sich auf den Arbeitsbegriff und die Definition der „Wirkung" einer Kraft als deren Arbeit. Diese führt dann systematisch zur Definition des „Gleichgewichtes" der Kräfte, aus dem in natürlicher Entwickelung die Begriffe der inneren (Stütz-) Kräfte und der Spannung hervorgehen.

In solcher Weise lassen sich die wesentlichsten Begriffe und Sätze der Mechanik starrer Körper einheitlich und systematisch entwickeln, und das war stets das Hauptziel meiner Vorlesungen, da ich auf diesem Wege das Verständnis der Mechanik meinen Hörern erleichtern zu können hoffte. Möchte es mir gelungen sein, auch in diesem Buche die Klarheit im Aufbau der Mechanik zu erreichen, die ich im Interesse eines vollen Verständnisses und richtiger, zweifelsfreier Anwendungen der Mechanik besonders auf den technischen Gebieten als notwendig erachte.

Meinem Assistenten, Herrn Dr. H. Alt, danke ich an dieser Stelle herzlich für seine Mitarbeit an den Figuren und der Korrektur der Druckbogen. Dem Verleger aber möchte ich für das auch bei diesem Bande bezüglich der Drucklegung bewiesene Entgegenkommen und die im Interesse meiner derzeitigen Hörer so erwünschte Beschleunigung des Erscheinens des Werkes hier meinen wärmsten Dank zum Ausdruck bringen.

Oberstdorf im Allgäu, September 1919.

M. Grübler.

Vorwort zur 2. Auflage.

Die vorliegende 2. Auflage unterscheidet sich von der ersten nur durch die Verbesserungen und Berichtigungen im Text und in den Figuren, auf die ich z. T. von den Herren Ivan Arnovljevic, Professor an der Universität Belgrad, und Studienrat Dr. Hochsteiner in Dresden dankenswerter Weise aufmerksam gemacht wurde; im übrigen ist sie unverändert geblieben.

Wustrow, August 1922.

M. Grübler.

Inhaltsübersicht.

Statik der starren Körper.

Erstes Kapitel

Die physikalischen Grundlagen der Mechanik.

Die wissenschaftliche Mechanik stellt sich die Aufgabe, Zustände und Zustandsänderungen, wie wir sie in der Erfahrungswelt sinnlich wahrnehmen, im voraus zu bestimmen. Darunter soll die mathematische Festlegung der Zustände und Vorgänge, also ihre Vorausberechnung verstanden werden. Es leuchtet ohne weiteres ein, daß dies nur möglich ist für solche Zustände und Vorgänge, die gesetzmäßig eintreten, bzw. ablaufen. Unter der Gesetzmäßigkeit verstehen wir hierbei, daß unter den gleichen Verhältnissen und Bedingungen der gleiche Zustand eintritt und die Zustandsänderung in der gleichen Weise sich abspielt. Die erwähnte Vorausberechnung stützt sich darauf, daß 1. der Zusammenhang der Größen, welche von Einfluß auf den Zustand, bzw. die Zustandsänderung sind, mathematisch formulierbar sei, 2. dieses so formulierte Naturgesetz durch eine hinreichende wissenschaftliche Erfahrung gesichert werde, 3. das Gesetz auch in Zukunft bestehen bleibt.

Die Erkenntnis der Gesetzmäßigkeit von gewissen Zuständen und Vorgängen in der sinnlich wahrnehmbaren Welt beruht wesentlich auf physikalischen Beobachtungen und Messungen von Größen, zwischen denen ein Zusammenhang besteht. Letzterer wird ausgedrückt durch mathematische Formeln und Gleichungen, in denen neben den veränderlichen Größen auch Konstanten auftreten. Diese Konstanten, auch Koeffizienten genannt, sind die Invarianten bei den Vorgängen; die Formeln und Gleichungen geben die Vorgänge und Zustände nur innerhalb der Grenzen wieder, die der physikalischen Beobachtung, bzw. Messung gesetzt sind, und das auch nur als Annäherungen an die Wirklichkeit von größerer oder kleinerer Genauigkeit. Die Aufstellung der Formeln und Gleichungen ist dabei keine willkürliche, sondern erfolgt auf Grund theoretischer Überlegungen und Anschauungen über das Naturgeschehen auf dem Gebiet, innerhalb dessen die Erscheinungsgruppe liegt. Je weniger Versuchskonstanten in die Formel oder Gleichung aufzunehmen sind, um das betreffende Naturgesetz bei gleicher Annäherung an die Wirklichkeit auszudrücken, und je weiter die Grenzen des Gültigkeitsbereiches des Gesetzes, um so vollkommener ist die dem Naturvorgang zugrunde gelegte Theorie. Die sogenannten Naturgesetze sind sonach sowohl von der Erfahrung, als von der Theorie abhängig. Sie sind daher auch nicht unveränderlich. Im Gegenteil müssen sie sowohl den Fortschritten der physikalischen Beobachtungen und Meßmethoden, als denen der Theorie sich anpassen. Von welcher Bedeutung das ist, wird durch den in der Gegenwart sich vollziehenden Wandel in den Grundlagen der wissenschaftlichen Mechanik dargelegt, der durch die Relativitätstheorie herbeigeführt wurde.

Zum Aufbau der wissenschaftlichen Mechanik bedarf es in erster Linie der Ergebnisse der Bewegungslehre, die sich ja ganz abstrakt aus den Begriffen von Raum und Zeit entwickeln ließen, also ohne Bezugnahme auf Erfahrung und Versuch. Die Erforschung der Bewegungsvorgänge in der sinnlich wahrnehmbaren Erscheinungswelt oder, wie man sich häufig kurz ausdrückt, in der Wirklichkeit hat jedoch gezeigt, daß die stoffliche Beschaffenheit der bewegten Körper einen gewissen Einfluß auf diese Vorgänge hat, und zwar ist es eine ganz bestimmte, allen Stoffen zukommende Eigenschaft, auf der dieser Einfluß beruht. Diesem muß in den mathematischen Grundlagen der Mechanik Rechnung getragen werden, wenn sie die wirklichen Vorgänge wiedergeben sollen, und das geschieht durch die Einführung einer weiteren Größenart in die Mechanik, die wir die Stoffmenge oder Masse der Körper nennen wollen. Jede derartige Größe ist als eine physikalische Konstante anzusehen, die in weiten Grenzen sich unabhängig von Raum und Zeit erweist, wie eine lange wissenschaftliche Erfahrung festgestellt hat, und für jeden Körper einen ganz bestimmten Wert besitzt. Ihre Einführung in die Mechanik hat sich als sehr zweckmäßig erwiesen, da mit ihrer Hilfe die Grundgleichungen der Mechanik eine verhältnismäßig einfache Gestalt annehmen. Die Stoffmenge oder Masse genannte Größe ist zwar einer eigentlichen Definition ebensowenig zugänglich, wie die Begriffe von Raum und Zeit, aber sie teilt mit letzteren den Vorzug unmittelbarer Meßbarkeit, d. h. die Stoffmengen oder Massen zweier Körper lassen sich zahlenmäßig vergleichen. Bei zwei Körpern aus dem gleichen Stoff ist das sehr einfach möglich mittels der Rauminhalte der Körper, da deren Massenverhältnis gleich dem der Volumina ist. Zwei Körper aus gleichem Stoff haben sonach gleiche Stoffmenge oder Masse, wenn sie gleiches Volumen besitzen. Bestehen dagegen zwei Körper aus verschiedenen Stoffen, so wird eine genaue Vergleichung, also Messung ihrer Stoffmengen möglich durch die

Eigenschaft der **Wägbarkeit**, die bekanntlich allen Stoffen zukommt, unabhängig von ihren sonstigen physikalischen und chemischen Eigenschaften. Die Masse oder Stoffmenge. der Körper genannte physikalische Konstante verhält sich nämlich, wie eine reiche wissenschaftliche Erfahrung gezeigt hat, genau wie das Gewicht der Körper, falls unter „**Gewicht**" eines **Körpers das Ergebnis seiner Wägung auf der Hebelwage** verstanden wird. Letztere Begriffsbestimmung ist nötig, weil leider in einzelnen Wissenschaftsgebieten noch immer das Wort „Gewicht" in einem Sinne verwendet wird der weder sprachlich noch wissenschaftlich berechtigt ist. Darauf soll weiterhin eingegangen werden. Vorbehältlich späterer begrifflicher Erweiterungen wollen wir daher festsetzen: **Zwei Körper sollen gleiche Stoffmenge oder Masse besitzen, wenn sie gleiches Gewicht haben.**

Durch diese Festsetzung wird weder eine Definition der Masse oder Stoffmenge, noch des Gewichtes gegeben, sondern nur der Weg vorgeschrieben, auf dem die Messung, d. h. die zahlenmäßige Vergleichung der Massen von Körpern erfolgen soll. Und es mag schon hier darauf hingewiesen werden, daß der Annahme, Gewicht und Masse seien inhaltsgleiche Begriffe, von seiten aller wissenschaftlichen Erfahrung nichts entgegensteht.

Bezeichnet m die Masse oder Stoffmenge eines Körpers, und m_I die eines willkürlichen Vergleichskörpers, so ist (vgl. hierzu die Einleitung zur Bewegungslehre, S. 2) das Verhältnis $m : m_I$ eine reine Zahl, die mit ζ bezeichnet werden mag; sie hat dieselbe Größe, wie das Verhältnis der Gewichte beider Körper. Benutzt man m_I als Einheit oder Maß der Massen, dann läßt sich die Masse m eines jeden Körpers schreiben in der Form

$$(1) \qquad m = \zeta \cdot m_I.$$

Diese Beziehung bleibt die gleiche, wenn wir unter m das Gewicht eines Körpers und unter m_I die Gewichtseinheit verstehen.

Die mit m bezeichnete physikalische Konstante, die wir künftig nur noch die Masse des betreffenden Körpers nennen wollen, hat ihre grundlegende Bedeutung für die Mechanik dadurch erlangt, daß sie mit den Beschleunigungen der wirklichen Bewegungen der Körper in engstem Zusammenhange steht. Um letzteren darlegen zu können, ist es erforderlich, den Begriff des Körpers anders zu fassen, als in der Bewegungslehre. Dort verstanden wir unter einem Körper eine Abstraktion, nämlich eine Anzahl geometrischer Punkte. Im folgenden dagegen soll darunter ein begrenzter Raumteil verstanden werden, der mit Stoff oder Materie erfüllt ist; wir wollen ihn kurz **materiell** nennen. Bei der Bewegung eines Körpers haben, wie die Bewegungslehre zeigt, die verschiedenen Körperpunkte im allgemeinen nach Größe und Richtung verschiedene Beschleunigungen, ausgenommen den Fall der Schiebung genannten Bewegung starrer Körper. Im allgemeinen ist daher nur für den einzelnen Punkt die Beschleunigung nach Größe und Richtung bestimmt.

Mit Rücksicht auf möglichst kurze Ausdrucksweise empfiehlt es sich, an Stelle des Begriffes Körper den des materiellen Punktes einzuführen, worunter wir einen materiellen Körper verstehen wollen von so kleinen Abmessungen, daß letztere gegenüber den Abmessungen seiner Bahn als einflußlos betrachtet werden können, oder anders ausgesprochen: daß wir den Körper phoronomisch als Punkt, physikalisch aber als materiellen Körper von bestimmter endlicher Masse behandeln können. So betrachten wir z. B. ein Geschoß oder einen Planeten häufig als materiellen Punkt. trotzdem in beiden Fällen die betreffenden Körper verhältnismäßig große Abmessungen besitzen.

Die physikalischen Messungen an den wirklichen Bewegungen materieller Körper auf der Erde, sowie die astronomischen Beobachtungen an den Bewegungen der Himmelskörper haben nun zu zwei grundlegenden Naturgesetzen geführt, auf denen die wissenschaftliche Mechanik der wägbaren Körper sich aufbaut; sie lassen sich unter Benutzung der Begriffe der Beschleunigung und des materiellen Punktes wie folgt ausdrücken:

I. Die Beschleunigung der wirklichen Bewegung eines materiellen Punktes anderen Körpern gegenüber ist nach Größe und Richtung unabhängig von der Größe und den physikalischen und chemischen Eigenschaften der Masse des Punktes.

II. Die Größe und Richtung der Beschleunigung eines materiellen Punktes in seiner Bewegung gegenüber anderen materiellen Punkten ist abhängig von der gegenseitigen Lage aller Punkte, sowie von den Größen der Massen der anderen Punkte, dagegen nicht von der Zeit.

So ist z. B. die Beschleunigung des freien Falles an der Erdoberfläche im luftleeren Raume an derselben Stelle des Erdkörpers die gleiche nach Größe und Richtung für alle materiellen Körper, wie verschieden auch ihre Massen nach Größe und chemischer Zusammensetzung sein mögen. Andrerseits aber besitzt ein materieller Punkt an verschiedenen Orten der Erde nach Größe und Richtung verschiedene Beschleunigungen; die Beschleunigung des freien Falles ist sonach eine Funktion des Ortes, da sie sich mit der Lage des Punktes gegen den Erdkörper ändert. Von der Zeit dagegen ist die Beschleunigung des freien Falles ganz unabhängig.

Ähnlich verhalten sich die Beschleunigungen der gegenseitigen Bewegungen der Himmelskörper, denn diese werden nur bestimmt durch die Größen der Massen der sie umgebenden Himmelskörper, und auch sie erweisen sich unabhängig von der Zeit.

Zweites Kapitel.

Der Begriff der Kraft.

Das Kausalitätsbedürfnis des Menschen führt ihn dazu, sinnlich wahrnehmbare Vorgänge, besonders die regelmäßig verlaufenden, als die Wirkungen von Ursachen aufzufassen. Bei der Suche nach den Ursachen läßt er sich, wenn auch meist unbewußt, durch die Vorgänge im eignen Körper leiten. So gelangt er auch dazu, die Beschleunigungen der wirklichen Bewegungen, die als Änderungen von Größe und Richtung der Geschwindigkeiten materieller Körper in die Erscheinung treten, als Wirkungen von Ursachen aufzufassen. Da er die Wahrnehmung macht, daß es einer gewissen Anstrengung bedarf, materielle Körper in Bewegung zu setzen, oder in Ruhe zu bringen, oder endlich ihre Bewegungsrichtung zu ändern, also einer Betätigung seiner Muskelkräfte, so kommt er folgerichtig zu dem Schluß, daß das Auftreten von Beschleunigungen auch in allen anderen von ihm unabhängigen Vorgängen auf das Wirken von Kräften zurückzuführen sei. Wenn nun auch damit noch kein näherer Aufschluß über die Natur dieser Kräfte gewonnen wird, so ermöglichen doch die im ersten Kapitel angeführten Naturgesetze eine Bestimmung wenigstens des Sitzes derselben. Nach dem Gesetz I muß die Ursache der Beschleunigung außerhalb des bewegten Körpers liegen, weil Größe und Eigenschaften seiner Masse erfahrungsgemäß keinen Einfluß auf seine Beschleunigung haben, und nach II vielmehr von den Massen der umgebenden Körper ausgehen. Die letzteren müssen es also sein, die eine Kraftwirkung auf den bewegten Körper ausüben, wenn auch keine so unmittelbare, wie die vorher erwähnte der Muskelkräfte des menschlichen Körpers.

Die angestellte Betrachtung wird besonders anschaulich bei den Körpern an der Erdoberfläche. Diese haben an der gleichen Stelle der Erde die Beschleunigung des freien Falles, die ganz unabhängig von der Größe und den Eigenschaften der Masse dieser Körper ist. Da die Fallbeschleunigung die Richtung nach der Erdmitte hin hat, so verlegen wir die Ursache der Beschleunigung in den Erdkörper und stellen uns den Einfluß des letzteren auf den fallenden Körper in Form einer Kraft vor, die wir unter dem Namen der Schwere oder Schwerkraft des Körpers kennen und mit deren Hilfe wir auch noch andere Vorgänge und Wahrnehmungen einheitlich zu erklären vermögen.

Wenn wir z. B. einen Körper auf die Handfläche legen, so nehmen wir in der Stützfläche des Körpers ein Gefühl wahr, das gewöhnlich als Druckempfindung bezeichnet wird. Das gleiche Gefühl können wir aber hervorrufen, indem wir mittels der Muskelkräfte der anderen Hand auf jene Stelle drücken; es liegt deshalb nahe, das Zustandekommen der Druckempfindung auch im ersteren Falle einer Kraft zuzuschreiben und diese kann dann nur die Schwerkraft des Körpers sein. Durch ähnliche Überlegungen gelangen wir zu dem Schluß, daß die Anstrengungsempfindungen beim Tragen und Heben schwerer Körper auf die Schwerkraft der letzteren zurückgeführt werden können.

Endlich sind es namentlich Beobachtungen an elastischen Körpern, welche die angeführte Auffassung unterstützen. Befestigen wir z. B. einen elastischen Stab in horizontaler Lage an einem Ende und bringen an einem anderen Ende einen schweren Körper an, so bemerken wir, daß der Stab sich biegt und das belastete Ende um einen bestimmten Betrag sich senkt. Die gleiche Gestaltsveränderung können wir aber erzielen durch die Muskelkraft unseres Armes und daraus schließen wir, daß der schwere Körper in gleicher Weise auf den Stab wirken müsse, wie eine Kraft, also nur durch seine Schwerkraft, die von dem Erdkörper auf ihn ausgeübt wird.

Die Verallgemeinerung der angestellten Betrachtungen führt zu der Erkenntnis, daß sich eine große Reihe von beobachtbaren Zuständen und Vorgängen einheitlich erklären läßt als Wirkungen einer einzigen Ursache. Wir wollen letztere Kraft nennen, zunächst in einem noch nicht hinreichend bestimmten Sinne.

Um zu einer der mathematischen Formulierung zugänglichen Definition des Kraftbegriffes der wissenschaftlichen Mechanik zu gelangen, haben wir noch die Beobachtungen zu berücksichtigen, welche Maßbeziehungen ergeben. Da ist in erster Linie die Wahrnehmung heranzuziehen, daß die Änderungen der Größe und Richtung der Geschwindigkeiten materieller Körper durch unsere Muskelkraft um so größere Anstrengungen erfordern, je größer diese Änderungen sein sollen. Unter Benutzung der Ergebnisse der Bewegungslehre läßt sich das kurz so ausdrücken, daß die Kräfte, welche materiellen Körpern Beschleunigungen erteilen, um so größer sein müssen, je größer die Beschleunigungen sind. Da die Kraft als eine zu definierende Größe zu betrachten ist, so wollen wir sie proportional der Beschleunigung setzen. Wir machen aber ferner die Wahrnehmung, daß die Anstrengung mit der Masse der bewegten Körper wächst,

wenn wir die Größe und Richtung ihrer Geschwindigkeit zu ändern
bemüht sind. Wir haben daher andererseits die Kraft, welche einem
materiellen Körper eine gewisse Beschleunigung erteilt, um so größer
zu nehmen, je größer seine Masse ist; wir setzen deshalb die Größe
der beschleunigenden Kraft eines materiellen Körpers auch proportional seiner Masse. Bezeichnet m die Masse eines materiellen Punktes
und b seine Beschleunigung, so setzen wir demnach die Größe der
Ursache der letzteren, d. i. die beschleunigende Kraft

$$(I) \qquad\qquad P = m \cdot b.$$

Durch vorstehende Beziehung wird nicht nur das mathematisch definiert, was wir beschleunigende Kraft nennen, sondern auch die
Möglichkeit gegeben, Kräfte zu messen.

Daß die Beziehung (I) ihre Bedeutung auch in den Fällen be-
hält, wo es sich nicht um die Erteilung von Beschleunigungen, sondern um andere Wirkungen der Kräfte handelt, mag hier nur kurz
erläutert werden. Bei der vorerwähnten Erzeugung des Druck-
gefühles in der Haut der Hand, die einen schweren Körper stützt,
nimmt die Intensität des Druckes unter sonst gleichen Umständen
mit der Masse des gestützten Körpers zu, wie die Beobachtung unmittelbar lehrt; es wächst sonach die Stärke jener Empfindung mit
der Schwerkraft des Körpers, und hieraus geht hervor, daß die
letztere Kraft mit der Masse des Körpers zunimmt. Zu dem gleichen
Schlusse werden wir geführt durch die Wahrnehmungen an den
Empfindungen in den Muskeln des menschlichen Körpers beim Tragen
und Heben schwerer Körper; das Anstrengungsgefühl wächst mit
der Masse und folglich der Schwerkraft der Körper. Endlich haben
sorgfältige Messungen an elastischen Körpern bewiesen, daß deren
Gestaltsveränderungen durch Kräfte verursacht werden, die mit den
durch die Gleichung (I) definierten übereinstimmen.

Ganz allgemein läßt sich sagen, daß alle bisherigen wissenschaftlichen Versuche und Messungen die Zuverlässigkeit ergeben haben,
mit der die Gleichung (I) die einschlagenden Vorgänge in der materiellen Körperwelt mathematisch wiedergibt.

Hervorgehoben muß werden, daß Kräfte nichts sinnlich Wahr-
nehmbares sind, sondern begrifflich definierte Größen, die wir nur
aus ihren sinnlich wahrnehmbaren Wirkungen erschließen. Zufolge
dieser Eigenschaft legen wir jeder Kraft eine Richtung bei und zwar
die der Beschleunigung, welche sie einem materiellen Punkte, auf
den sie wirkt, erteilt. Kräfte sind sonach gerichtete Größen und
als solche durch Vektoren darstellbar. Der materielle Punkt, auf
den eine Kraft wirkt, heißt der Angriffspunkt der Kraft; letzterer
ist zugleich der Anfangspunkt ihres Vektors. Kräfte, die auf mate-

rielle Punkte wirken, heißen zum Unterschied von Kräften anderer Art **Massenpunktkräfte**.

Die beschleunigende Wirkung einer jeden Massenpunktkraft beschränkt sich erfahrungsgemäß auf ein bestimmtes Raumgebiet, außerhalb dessen die Wirkungen der Kraft unmerklich werden. Man nennt dieses Gebiet ein **Kraftfeld** und die in ihm auftretende Kraft die **Feldkraft**. Es ist die Aufgabe der beobachtenden Physik, das Vorhandensein von Kraftfeldern festzustellen, und zugleich das Gesetz zu ermitteln, nach dem sich Größe und Richtung der Feldkraft ändern.

Wohl die wichtigsten Kräfte sind die, welche die Massen der materiellen Körper aufeinander ausüben. Es ist eine Erfahrungstatsache, daß die Masse eines jeden Körpers auf andere Körpermassen einen beschleunigenden Einfluß hat, daß also die vorhandenen Massen durch Kräfte auf einander wirken. Man nennt sie **Massenanziehungs-** oder auch **Gravitationskräfte**, wohl auch allgemeine

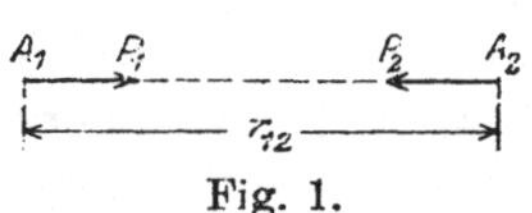

Fig. 1.

Schwere. Ihr Wirkungsgesetz wurde durch **Newton** aus den bekannten drei Keplerschen Gesetzen abgeleitet; letztere sind von **Kepler** durch Beobachtungen an den Planetenbewegungen gefunden worden. Das Newtonsche Anziehungsgesetz lautet: Sind m_1 und m_2 die Massen zweier materieller Punkte A_1 und A_2 (s. Fig. 1), deren Entfernung $\overline{A_1 A_2} = r$ beträgt, so üben sie aufeinander gleich große entgegengesetzte Kräfte in der Richtung der Verbindungslinie beider Punkte aus, die sich nach der Beziehung

$$(2) \qquad P_1 = P_2 = \varkappa \cdot \frac{m_1 m_2}{r^2}$$

ändern; in dieser bedeutet $\varkappa$ eine von den Maßeinheiten abhängige Konstante — die sogenannte Attraktions- oder Gravitationskonstante. Beachten wir, daß $P_1 = m_1 b_1$ und $P_2 = m_2 b_2$, falls b_1 und b_2 die Beschleunigungen beider Punkte in ihren gegenseitigen Bewegungen bezeichnen, so wird

$$b_1 = \varkappa \frac{m_2}{r^2}$$

und

$$b_2 = \varkappa \frac{m_1}{r^2},$$

also b_1 unabhängig von m_1 und b_2 unabhängig von m_2, wie das Gesetz (I) es erfordert. Zugleich erhält man

$$m_1 : m_2 = b_2 : b_1,$$

d. h. die Massen beider Punkte verhalten sich umgekehrt, wie ihre Beschleunigungen. Diese Beziehung wird verschiedentlich auch zur Definition des Massenbegriffes verwendet.

Daß die Massen von Körpern aufeinander beschleunigend einwirken, läßt sich trotz der außerordentlichen Kleinheit der Anziehungskräfte unmittelbar nachweisen und ist das auf verschiedenen Wegen geschehen. So hat z. B. Cavendish das schon 1789 mittels Versuchen an einer sehr empfindlichen Drehwage dargetan. Ein leichtes Stäb- (s. Fig. 2) trägt an beiden Enden je eine Bleikugel und ist in der Mitte D an einem feinen langen Draht aufgehängt. Gegenüber jeder Kugel wird in nächste Nähe eine große Eisen- oder Bleimasse gebracht, welche anziehend auf die Kugel wirkt und das Stäbchen zur Drehung um die lotrechte Achse durch D bringt. Durch Umstellen

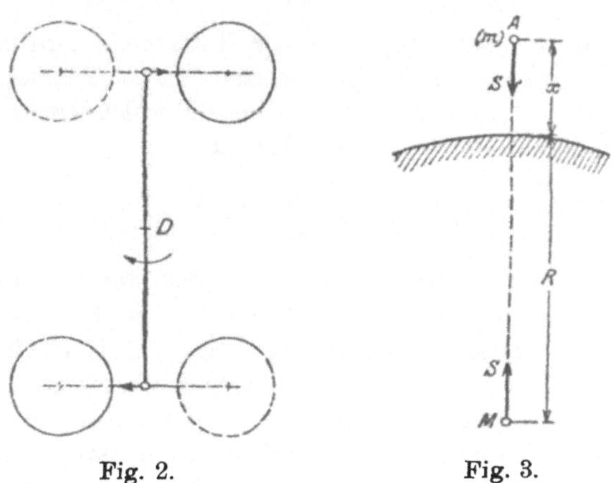

Fig. 2.   Fig. 3.

der Bleimassen auf die andere Seite des Stäbchens im Zeitmaß der Schwingungsdauer des Horizontalpendels erhält man Schwingungen von bestimmtem Ausschlag, aus dessen Größe die Gravitationskonstante $\varkappa$ berechnet werden kann.

Sehr auffallend tritt die Massenanziehung in die Erscheinung, wenn der anziehende Körper eine verhältnismäßig große Masse besitzt, wie das bei dem Erdkörper der Fall ist. Denn, was wir die Schwerkraft eines Körpers nennen, ist nichts anderes als die Anziehungskraft, welche die Erdmasse auf den Körper ausübt. Ist A ein materieller Punkt von der Masse m außerhalb der Erde im Abstande x von deren Oberfläche (s. Fig. 3), so können wir die Anziehungskraft der Erdmasse, wenn wir uns letztere als homogene Kugel vom Radius R denken, ersetzen durch die eines materiellen Punktes, der im Kugelmittelpunkte M liegt und die Masse M der

Erde hat. Nach dem Newtonschen Gesetz, also nach Formel (2), erhalten wir, da hier $r = R + x$ ist, für diese Kraft

$$S = \varkappa \cdot \frac{M\,m}{(R+x)^2} = \frac{\varkappa\,M\,m}{R^2}\left(1 + \frac{x}{R}\right)^{-2}$$

Ist x verhältnismäßig klein gegen R, so können wir in der Reihe

$$\left(1 + \frac{x}{R}\right)^{-2} = 1 - 2\,\frac{x}{R} + 3\,\frac{x^2}{R^2} - \cdots$$

alle Glieder wegen ihrer Kleinheit gegen 1 vernachlässigen und erhalten als näherungsweisen Ausdruck für die Schwerkraft des Körpers

$$S = \frac{\varkappa\,M\,m}{R^2}.$$

Dieser ist von x unabhängig, was der Tatsache entspricht, daß die Schwere eines Körpers in ziemlich weiten Grenzen konstant erscheint. Das gleiche gilt demnach auch von der Beschleunigung des freien Falles, die sich aus der Beziehung (I) zu

$$b = g_0 = \frac{S}{m} = \frac{\varkappa\,M}{R^2}$$

findet. Freilich ist hierbei zu beachten, daß der Einfluß der Erddrehung auf die Größe von b nicht berücksichtigt wurde, wie dies zufolge der Ergebnisse der Bewegungslehre (Teil I, 13. Kap., S. 127) erforderlich wäre und demnach g mit g_0 nicht übereinstimmt. Ferner wurde hierbei angenommen, daß die Anziehungskräfte, welche die anderen Himmelskörper (Sonne, Mond, Planeten usw.) auf den materiellen Punkt A ausüben, vernachlässigbar klein sind, was infolge der großen Entfernungen wohl näherungsweise richtig ist. Daß derartige Anziehungskräfte aber da sind und sehr in die Erscheinung treten dürfen, erkennen wir aus den Vorgängen von Ebbe und Flut; sie können daher nicht ausnahmslos vernachlässigt werden. Auch können Massenanziehungen von Gebirgen, Erzlagerstätten und anderer großer Massen auf der Erde nicht immer außer acht gelassen werden, wie z. B. die Lotablenkungen in der Nähe großer Berge.

Eine weitere wichtige Gruppe von Kräften bilden die magnetischen, elektromagnetischen und elektrischen Kräfte, die sich in einem gewissen Sinne ähnlich verhalten, wie die vorher behandelten Anziehungskräfte von Massen. Wirken sie nämlich auf wägbare Massen, so verhalten sie sich völlig gleichartig den Massenanziehungen, nur mit dem Unterschiede, daß sie je nach der Art der Pole, bzw. der Elektrizität eine Anziehung oder eine Abstoßung bewirken, die der Beziehung (I) genügt.

Auch die sogenannten Elastizitätskräfte fallen unter die letztere Art von Kräften insofern, als sie anziehend oder abstoßend wirken können. Als ihre Angriffspunkte denkt man sich die kleinsten Teilchen fester Körper, deren gegenseitiger Lagenänderung sie einen Widerstand entgegensetzen. Ist letztere eine Annäherung, so wirken die Kräfte abstoßend, im entgegengesetzten Falle annähernd. Das Gesetz, nach dem die Elastizitätskräfte sich ändern, ist noch nicht bekannt. Wohl aber kennt man in einer ganzen Reihe von Fällen den mathematischen Zusammenhang zwischen den Gestaltsveränderungen elastischer Körper und den diese bewirkenden äußeren Kräften und daraus ergibt sich das Gesetz, nach dem deformierte Körper auf andere, z. B. bewegliche Körper wie Kräfte zu wirken vermögen. Als ein Beispiel mögen die Kräfte betrachtet werden, die die elastischen Schraubenfedern bei ihrer Deformation entwickeln; sie wirken abstoßend bei einer Verkürzung und anziehend bei einer Verlängerung der Feder. Die Beschleunigung aber, die sie einem materiellen Punkte erteilen, folgt genau der Beziehung (I), wie eine reiche Erfahrung gelehrt hat. Das gilt ganz allgemein für die Kräfte, die elastisch deformierte Körper zu entwickeln vermögen.

Nicht nur in den angeführten Sonderfällen, sondern überall nehmen wir auftretende Beschleunigungen in den wirklichen Vorgängen als durch Kräfte verursacht an und bemessen die Größe dieser Kräfte nach der grundlegenden Beziehung (I). Selbst in den Fällen, wo ein ursächlicher Zusammenhang zwischen der vorhandenen Beschleunigung eines materiellen Punktes und anderen Körpern nicht angenommen werden kann, sondern die Beschleunigung lediglich als relative, d. h. als eine durch die Bewegung des Bezugskörpers bedingte auftritt, legen wir dem Produkt aus der Masse des Punktes und seiner Beschleunigung gemäß der Beziehung (I) die Bedeutung einer Kraft bei. Das ist keine Willkür, sondern die Folge von Wahrnehmungen, die diese Auffassung rechtfertigen. Fahren wir z. B. in einem Wagen, der eine beschleunigte Bewegung ausführt, so werden wir wie durch eine Kraft im entgegengesetzten Sinne der Wagenbeschleunigung in Bewegung gegen den Wagen gebracht oder an die Wagenwand gedrückt. Oder wenn in dem Wagen ein Pendel aufgehängt wäre, wie in dem Beispiel der Relativbewegung (1. Bd., Bewegungslehre, S. 120), so wird das Pendel aus der Lotrichtung abgelenkt genau wie durch eine Kraft, die auf den materiellen Pendelendpunkt entgegengesetzt der Beschleunigungsrichtung des Wagens wirken würde. Das bekannteste hierher gehörige Beispiel ist wohl das der Zentrifugalkraft. Wie in der Bewegungslehre S. 125 gezeigt wurde, besitzt ein Punkt, der eine relative Bewegung gegen einen um eine Achse sich drehenden Körper ausführt, u. a. eine

Beschleunigungskomponente senkrecht zur Drehachse von dieser abgewendet (nach außen gerichtet) und von der Größe $r\omega^2$, worin r den Abstand des Punktes von der Drehachse und ω die Winkelgeschwindigkeit der Drehung bezeichnet; sie wird bekanntlich die Zentrifugalbeschleunigung der Relativbewegung des Punktes genannt. Multipliziert man diese mit der Masse m des Punktes, so erhält man nach (I) eine senkrecht zur Drehachse nach außen hin gerichtete Kraft, die die Zentrifugalkraft des Punktes genannt wird und Wirkungen äußert, die genau denen gleichen, die andere Kräfte, z. B. die Schwerkraft, ausüben, wie elastische Gestaltsveränderungen, Festigkeitsbeanspruchungen usf. Diese Kraft ist gleich groß, aber entgegengesetzt gerichtet der Kraft, die einen materiellen Punkt von der Masse m zwingen würde, auf einem Kreise vom Radius r sich zu bewegen, also seine Bewegungsrichtung fortwährend zu ändern. Die Kraft, mit der ein Körper der Änderung seiner Geschwindigkeit nach Größe und Richtung zu widerstreben scheint, und die sich fühlbar macht, wenn diese Änderungen durch die Muskelkraft des Menschen bewirkt werden sollen, nennt man den Trägheitswiderstand des Körpers. Man schreibt hiernach, um die entsprechenden Wahrnehmungen der Anschauung zugänglicher zu machen, der Masse ruhender oder bewegter Körper eine menschliche Eigenschaft zu, die Trägheit, die sich ähnlich wie bei dem Menschen selbst in der Form des Trägheitswiderstandes bemerkbar zu machen scheint. Massen, die die Eigenschaft der Trägheit zeigen, nennt man kurz träge Massen, und die Kräfte, mit denen sie der Beschleunigung widerstehen, Trägheitskräfte. Letztere mißt man auch nach der Beziehung (I), obgleich es keineswegs selbstverständlich ist, daß träge Massen nach Größe und Eigenschaften übereinstimmen mit den wägbaren oder schweren Massen, die der Aufstellung der Beziehung (I) zu grunde liegen. Wohl aber haben bisher alle Versuche bewiesen, daß diese Übereinstimmung besteht; insbesondere ist das in neuerer Zeit durch Versuche von Eötvös[1]) geschehen, die mit der Genauigkeit von Wägungen festgestellt haben, daß zwischen trägen und schweren Massen kein Unterschied wahrnehmbar ist. Wir können sonach alle Massen durch Wägung messen und die Größe der Kräfte durch die Beziehung (I), gleichgültig, ob die Beschleunigung eine relative, d. h. durch die Bewegung des Bezugskörpers bedingte, oder der Wirkung einer Feldkraft zuzuschreiben ist.

Die letzten Erwägungen stehen in engem Zusammenhang mit

---

[1]) Mathematische und naturwissenschaftliche Berichte aus Ungarn. 1891. Bd. VIII, S. 64.

der Wandlung der Grundlagen der Mechanik, die sich unter dem Namen der allgemeinen Relativitätstheorie seit reichlich einem Jahrzehnt vollzogen hat und in der Hauptsache auf den genialen Arbeiten von A. Einstein beruht. Da Trägheits- und Feldkräfte sich in ihren Wirkungen als gleichartig erweisen, so erscheint die Annahme berechtigt, daß die von Newton in die Mechanik eingeführten Anziehungskräfte zwischen Massen als eine Folge von Relativbewegungen der Massen gegeneinander aufgefaßt werden können, wie das z. B. mit der Zentrifugalkraft der Fall ist. Es ist Einstein gelungen, die Richtigkeit der Annahme nachzuweisen, indem er zeigte, daß die Bewegungen materieller Punktsysteme dem Newtonschen Anziehungsgesetz folgen, wenn man die Geschwindigkeiten der Massenpunkte verschwindend klein gegenüber der Lichtgeschwindigkeit im luftleeren Raum voraussetzt, woraus zugleich hervorgeht, daß das Newtonsche Gesetz nur als eine Annäherung an die Wirklichkeit zu betrachten ist. Auch gelang es ihm, die Perihelbewegung der Merkurbahn, die bisher einer zuverlässigen Erklärung widerstand, aus den Formeln seiner allgemeinen Relativitätstheorie abzuleiten und zahlenmäßig den Betrag zu errechnen, den die astronomischen Beobachtungen ergaben.

So bedeutungsvoll nun auch die allgemeine Relativitätstheorie für die Grundlegung der Mechanik geworden ist, so erscheint es doch nicht nötig, im Rahmen dieses Buches auf sie näher einzugehen, denn gerade die Arbeiten Einsteins haben gezeigt, daß der Einfluß der relativen Bewegungen und Geschwindigkeiten auf die grundlegenden Größen ein vernachlässigbar kleiner ist, wenn diese Geschwindigkeiten verhältnismäßig klein gegen die Lichtgeschwindigkeit im Vakuum bleiben. Dieser letzteren Voraussetzung entsprechen selbst die relativ großen Geschwindigkeiten der Himmelskörper; es können daher die hier gewählten älteren (Newtonschen) Grundlagen und die mit ihnen verknüpften Begriffe von Masse und Kraft um so unbedenklicher beibehalten werden, als bekanntlich diese ältere Theorie sich in einer hinreichend genauen Übereinstimmung mit den in Frage kommenden Beobachtungen befindet. Es ist das um so wichtiger, als die ältere Theorie mathematisch ganz außerordentlich einfach ist gegenüber der allgemeinen Relativitätstheorie, die in dieser Hinsicht so weitgehende Ansprüche stellt, daß letztere über die Ziele dieses Buches weit hinausgehen würden.

Drittes Kapitel.

Die Maßsysteme der Mechanik.

Alle in der Mechanik starrer Körper auftretenden Größen lassen sich durch drei Grundgrößen ausdrücken und dementsprechend alle Einheiten auf drei Grundeinheiten zurückführen. Zwei der letzteren sind die Längen- und die Zeiteinheit und diese reichten für die Bedürfnisse der Bewegungslehre (s. Bd. I, Einleitung) völlig aus. Dagegen muß in der Statik und Dynamik noch eine dritte treten, bezüglich deren Wahl z. Z. zwei verschiedene Richtungen vorhanden sind. Die eine, welche besonders in der wissenschaftlichen Physik, Chemie und Elektrotechnik (außer im Handel und Geschäftsverkehr) vertreten wird, benutzt als dritte Grundeinheit die der Masse, während die andere besonders in der Technik zu findende die der Kraft verwendet. Es bestehen sonach zwei Maßsysteme in der Mechanik; beide haben die Längen- und die Zeiteinheit als Grundeinheiten und unterscheiden sich darin, daß das eine, das sogenannte wissenschaftliche oder absolute Maßsystem als dritte Grundeinheit die Masseneinheit, das andere, das technische oder konventionelle Maßsystem die Krafteinheit angenommen hat. Aus dem Zusammenhange zwischen Kraft, Masse und Beschleunigung, den die grundlegende Beziehung (I) vermittelt, folgt, daß im absoluten Maßsystem die Krafteinheit als abgeleitete Einheit auftritt, während im technischen Maßsystem die Masseneinheit als abgeleitete aufzufassen ist. Im folgenden mögen beide Maßsysteme und ihre wesentlichsten Einheiten kurz besprochen werden.

a) **Das absolute Maßsystem.**

Beachten wir, daß die Beschleunigungseinheit $b_I = l_I t_I^{-2}$ ist, und bezeichnen wir die Masseneinheit mit m_I, so ergibt sich als Krafteinheit

$$P_I = m_I l_I t_I^{-2},$$

letztere ist sonach die Kraft, welche der Masseneinheit die Beschleunigungseinheit erteilen würde.

Wählt man als Längeneinheit l_I das Zentimeter, als Masseneinheit m_I das Gramm und als Zeiteinheit t_I die Sekunde, setzt also $l_I = 1$ cm, $m_I = 1$ g und $t_I = 1$ s, so wird das hierauf gegründete Maßsystem Zentimeter-Gramm-Sekunden-System, kürzer C.G.S.-System genannt. Es ist dieses das Maßsystem der wissenschaftlichen Physik. In ihm wird die Krafteinheit

$$P_I = 1 \text{ gcm s}^{-2}$$

Dyn genannt. Da diese sehr klein ist, so wurde als weitere größere Einheit das **Megadyn** eingeführt, und zwar soll

$$1 \text{ Megadyn} = 10^6 \text{ Dyn}$$

sein. Das Megadyn ist die Kraft, welche der Kilogrammasse die Beschleunigung von 10 ms^{-2} erteilt, denn es ist $10^3 \text{ g} = 1 \text{ kg}$ und $10^3 \text{ cm} = 10{,}0 \text{ m}$.

Beispiel: Im C.G.S.-System hat die Gravitationskonstante $\varkappa$ den Wert
$$\varkappa = 6{,}665 \cdot 10^{-8} \text{ cm}^3 \text{ g}^{-1} \text{ s}^{-2};$$
infolgedessen berechnet sich die Kraft, mit der sich zwei Grammassen in der Entfernung 1 cm anziehen, nach dem Newtonschen Gesetz zu

$$P = \varkappa \cdot \frac{m_1 m_2}{r^2} = 6{,}665 \cdot 10^{-8} \text{ g cm s}^{-2} = 6{,}665 \cdot 10^{-8} \text{ Dyn}.$$

Wählt man als Längeneinheit das Dezimeter (dm), als Masseneinheit das Kilogramm (kg) und als Zeiteinheit die Sekunde, so erhielte man ein Dezimeter-Kilogramm-Sekunden-(D.K.S.-)System, in dem die Krafteinheit $P_I = 1 \text{ kg dm s}^{-2} = 10^4 \text{ g cm s}^{-2} = 10^4 \text{ Dyn} = 0{,}01 \text{ Megadyn}$ würde. Da diese Krafteinheit sehr klein ist, so empfiehlt sich für die technischen Anwendungen am meisten das **Meter-Tonnen-Sekunden-(M.T.S.-)System**, in welchem $l_I = 1 \text{ m}$, $m_I = 1 \text{ t} = 10^3 \text{ kg}$ und $t_I = 1 \text{ s}$ ist. Die Krafteinheit wird dann die **Kraft**

$$P_I = 1 \text{ t m s}^{-2} = 10^8 \text{ g cm s}^{-2} = 10^8 \text{ Dyn} = 100 \text{ Megadyn},$$

welche der Tonnenmasse die Beschleunigung 1 ms^{-2} erteilen würde. Diese Kraft werde **Vis** genannt und abgekürzt mit v bezeichnet. In Frankreich, wo das M.T.S.-System seit dem 27. Juli 1920 Gesetzeskraft erlangt hat, heißt diese Krafteinheit „Sthène".

b) **Das technische Maßsystem.**

Aus der Grundgleichung (I) folgt als Masseneinheit in diesem System

$$m_I = \frac{P_I}{b_I} = P_I l_I^{-1} t_I^2.$$

Da als P_I durchweg die Schwere der Kilogrammasse in Paris gewählt wird und die Beschleunigung, die diese genannter Masse erteilt, die des freien Falles $g = 9{,}81 \text{ ms}^{-2}$ ist, so folgt, wenn die genannte Schwerkraft mit kg_s bezeichnet wird[1]), mit $l_I = 1 \text{ m}$, $t_I = 1 \text{ s}$,

$$1 \text{ kg}_s = m_I{}' \cdot g = m_I{}' \cdot 9{,}81 \text{ ms}^{-2}.$$

Hieraus ersieht man aber, daß dann $m_I{}'$ nicht der Einheit entspricht, und daß m_I nur dann zur Einheit wird, wenn die Schwerkraft des

---

[1]) Zur Unterscheidung von kg, der gesetzlich vorgeschriebenen Bezeichnung der Kilogrammasse.

Körpers, dessen Masse die Einheit sein soll, 9,81 kg_s haben muß, d. h. die Masseneinheit des technischen Maßsystems ist die Masse des Körpers, dessen Schwerkraft in Paris 9,81 Kilogrammschweren beträgt. Bezeichnen wir diese Masseneinheit mit m_{It}, so würde folglich

$$m_{It} = 9,81 \text{ kg} = 9810 \text{ Gramm}$$

sein.

Zwischen der Kilogrammschwere kg_s und dem Dyn besteht die Beziehung

$$1 \text{ kg}_s = 1 \text{ kg} \cdot 9,81 \text{ ms}^{-2} = 981\,000 \text{ gcms}^{-2} = 981\,000 \text{ Dyn}$$
$$= 0,981 \text{ Megadyn};$$

es ist sonach näherungsweise das Megadyn gleich der Kilogrammschwere in Paris. Genauer ist

$$1 \text{ Megadyn} = 1,019 \text{ kg}_s,$$

und ferner

$$1 \text{ Vis} = 1 \, v = 100 \text{ Megadyn} = 101,9 \text{ kg}_s = 0,1019 \text{ t}_s;$$

es entspricht also das Vis näherungsweise der Schwere des Doppel-(Kilo-)Zentners.

Beispiele: 1. Die Kraft, mit welcher der Mond von der Erde in seiner Bahn erhalten wird, berechnet sich nach der Gravitationsformel (2) zu

$$P = \varkappa \cdot \frac{M \cdot m}{e^2},$$

worin m die Mond-, M die Erdmasse und e die Entfernung der Mittelpunkte beider Himmelskörper bezeichnet. Würde man sich die Mondmasse m an der Erdoberfläche denken und letztere als eine Kugel vom Radius $R = 6\,370\,000$ m annehmen, so wäre die Schwere dieser Masse

$$P_0 = \varkappa \cdot \frac{M \cdot m}{R^2}.$$

Damit wird

$$P = \left(\frac{R}{e}\right)^2 \cdot P_0 = \frac{P_0}{60^2},$$

da näherungsweise $e = 60\,R$ gesetzt werden kann. Benutzen wir ferner, daß $m = \frac{1}{81}\,M$ und $M = \varepsilon \cdot \frac{4}{3}\,\pi R^3$, worin ε die mittlere Dichte des Erdkörpers bezeichnet, die zu $5,519 \text{ gcm}^{-3} = 5,519 \text{ tm}^{-3}$, oder, falls t_s die Tonnenschwere bezeichnet, zu $\dfrac{5,519 \text{ t}_s \text{m}^{-3}}{9,81 \text{ ms}^{-2}}$ angenommen werden kann, so erhält man

$$P_0 = mg = \frac{M}{81} \cdot g = \frac{5,519}{81} \cdot \frac{4}{3}\,\pi R^3 \text{t}_s$$

und folglich

$$P = \frac{P_0}{3600} = 2,059 \cdot 10^{16} \text{ t}_s.$$

Um eine Vorstellung von der Größe dieser Kraft zu bekommen, wollen wir sie auf eine kreiszylindrische Stange aus bestem Nickelstahl vom Durchmesser D wirkend denken. Die Zerreißfestigkeit dieses Stahles kann zu 10 t, für jedes Quadratzentimeter des Stangenquerschnittes angenommen werden, woraus folgt, daß die Stange einen Querschnitt größer als $2{,}059 \cdot 10^{15}\,\text{cm}^2 = 2{,}059 \cdot 10^5\,\text{km}^2$ oder einen Durchmesser

$$D \geq 510{,}8 \text{ km}$$

haben müßte, wenn sie von der Kraft P nicht zerrissen werden soll. Denkt man sich Berlin im Mittelpunkte des Kreisquerschnittes, so würde sein Umfang nördlich bis Bornholm, südlich bis Prag reichen.

2. Die Schwere des Kilogrammgewichtes kg an der Mondoberfläche berechnet sich aus der Gravitationsformel (2) zu

$$P = \varkappa \frac{m \cdot \text{kg}}{\varrho^2},$$

falls m die Mondmasse und ϱ den mittleren Halbmesser der Mondkugel bezeichnet. An der Erdoberfläche dagegen ist

$$1 \text{ kg}_s = \varkappa \frac{M \cdot \text{kg}}{R^2}.$$

wenn M die Erdmasse und $R = 6370000$ m ist. Sonach findet sich

$$P = \frac{m}{M} \cdot \left(\frac{R}{\varrho}\right)^2 \text{kg}_s = 0{,}1655 \text{ kg}_s = \tfrac{1}{6} \text{ kg}_s,$$

da $\varrho = 1740000$ m und $m : M = 1 : 81$ ist.

An der Sonnenoberfläche würde sich, in der gleichen Weise berechnet, die Schwere des Kilogrammgewichtes zu etwa 20 kg$_s$ ergeben.

Um einen Vergleich der beiden Maßsysteme hinsichtlich ihrer Brauchbarkeit zu ermöglichen, stützt man sich zweckmäßig auf die Anforderungen, die an die Grundeinheiten gestellt werden müssen. Diese sind[1])

1. daß die Vergleichsgrößen genaue Vergleichungen mit Größen derselben Art ermöglichen;

2. daß ihre Anwendung von Ort und Zeit möglichst unabhängig sei;

3. daß die Vergleichung selbst leicht und unmittelbar geschehen könne.

Da die beiden Maßsysteme sich nur in der dritten Grundeinheit unterscheiden, so ist die Frage, ob diesen Anforderungen besser durch die Masse oder durch die Schwerkraft entsprochen wird. Beachtet man, daß die Schwerkraft, wie die Fallbeschleunigung von Ort zu Ort sich ändert, also die Krafteinheit des technischen Maßsystems nur an einem Punkte der Erdoberfläche (z. Z. in Breteuil bei Paris) vorhanden, bzw. zugänglich ist, daß ferner die Fallbeschleunigung mit der Winkelgeschwindigkeit der Erddrehung und

---

[1]) Vgl. u. a. hierüber: Everett, Physikalische Einheiten und Konstanten. Leipzig 1888, S. 12.

mit der Massenverteilung in der Erde sich ändert, und endlich, daß genaue Kräftevergleichungen im allgemeinen nur mittelbar und umständlich ausgeführt werden können, während die Massenvergleichung überall und immer leicht und genau durch die Wägungen auf der Hebelwage möglich ist, so erkennt man ohne weiteres die große Überlegenheit der Masseneinheit als Grundeinheit gegenüber der der Kraft. Nun wird allerdings eingewendet, daß man die Wage auch zu Schwerkraftsvergleichungen verwenden könne, wenn man die Änderungen der Schwerkraft infolge ihrer Kleinheit vernachlässige. Daß aber letzteres nicht ohne weiteres zugestanden werden kann, zeigt das folgende Beispiel. Die Beschleunigung des freien Falles in Hamburg ist $9{,}818\,\mathrm{ms}^{-2}$, in der Haupthandelsstadt. von Zentralamerika Quito, die unter dem Äquator $2850\,\mathrm{m}$ über dem Meere liegt, dagegen nur $9{,}771\,\mathrm{ms}^{-2}$; es ist sonach die Schwere eines Körpers in Hamburg das $\dfrac{9{,}818}{9{,}771} = 1{,}0051$ fache der in Quito. Ein Körper, dessen Last in Hamburg $1000\,\mathrm{kg_s}$ beträgt, würde also in Quito nur $995\,\mathrm{kg_s}$ sein. Derartige Unterschiede lassen sich aber nicht übersehen, falls eine gewisse Genauigkeit der Messungen gefordert wird. Erwägt man endlich, daß auch das Rechnen im absoluten Maßsystem viel einfacher und bequemer ist, weil die Divisionen mit der Beschleunigung des freien Falles bei Masseberechnungen fortfallen, so wird man zweifellos dem absoluten Maßsystem wissenschaftlich wie praktisch den Vorzug einräumen müssen.

Bei diesem Anlaß sei darauf hingewiesen, daß das Wort „Gewicht" seiner Abstammung von „Wiegen" entsprechend ursprünglich nichts anderes bedeutet, als das Ergebnis der Wägung auf der Hebelwage, was häufig ganz vergessen wird. Von alters her weiß man, daß der Kauf nach Gewicht die zuverlässigste und genaueste Gewähr für den Erhalt einer bestimmten Stoffmenge ist; demgemäß verbindet man in der Umgangssprache und im Handel und Geschäftsverkehr mit dem Worte „Gewicht" bis heute stets die Bedeutung einer bestimmten Stoffmenge oder Masse, wie man auch sagen kann. Leider hatte in der Wissenschaft der Umstand, daß die Wage auf der Wirkung von Schwerkräften beruht und infolge des Irrtums, daß die Schwere eines Körpers auf der Erde unveränderlich sei, vor etwa drei Jahrhunderten dazu geführt, das Wort „Gewicht" im Sinne von Schwerkraft zu verwenden. Diese irrige Auslegung ist geblieben, obgleich schon Ende des 17. Jahrhunderts erkannt wurde, daß die Schwere mit dem Orte sich ändert, und die physikalisch sichergestellte Tatsache, daß das Ergebnis der Wägung eines Körpers auf der Hebelwage, also sein Gewicht im eigentlichen Sinne des Wortes überall dasselbe und demnach unveränderlich ist, es an sich unmöglich machen sollte, Gewicht im Sinne von Schwerkraft zu deuten[1]). Es ist dringend zu wünschen, daß sich die physikalische Wissenschaft im Interesse einer klaren Ausdrucksweise und des Unterrichtes endlich entschlösse, unter dem Worte „Gewicht" nicht mehr die Schwerkraft des Körpers zu verstehen, sondern seine Masse. Hierdurch würden eine ganze Reihe von Vorteilen erzielt, wie z. B. die sprachlich allein richtige Verwendung des Wortes Gewicht, die Übereinstimmung mit der volkstümlichen Auffassung im Handel und Geschäftsverkehr, sowie mit der Maß- und Gewichtsordnung des Deutschen Reiches, ferner eine erheblich einfachere anschauliche Einführung des Massenbegriffes in der Mechanik u. a. m. Ein zwingender Grund zur Beibehaltung der Auffassung von Gewicht als Schwerkraft liegt um so weniger vor, als man außer dem Worte Schwere oder Schwerkraft zur eindeutigen Benennung dieser Kraft noch das Wort „Last" zur Verfügung hat.

Um jeden Zweifel auszuschließen, soll das Wort Gewicht im folgenden überhaupt nicht verwendet, sondern an seiner Stelle entweder Masse oder Schwerkraft, bzw. Schwere, bzw. Last gesetzt werden, entsprechend dem beabsichtigten Sinne.

Viertes Kapitel.

Der Massenmittelpunkt.

Ein sogenanntes materielles oder Massenpunkte-System bestehe aus n Punkten A_k mit je der Masse m_k ($k = 1, 2, \ldots, n$). Fällen wir von A_k auf eine beliebige Ebene E (s. Fig. 4) das Lot $\overline{A_k F_k} = x_k$, so nennt man das Produkt $m_k x_k$ das statische Moment der Masse m_k für die Ebene E. Es wird positiv oder negativ genommen, je nachdem der Punkt A_k auf der einen oder der anderen Seite von E liegt. Setzen wir willkürlich fest, welche Seite der Ebene als positive zu gelten habe, so ist damit das Vorzeichen dieser statischen Momente bestimmt. Die Summe aller dieser statischen Momente der einzelnen Massenpunkte, d. i. $\sum\limits_{k=1}^{n} (\pm\, m_k x_k)$, erstreckt über alle Massenpunkte des Systems, nennt man das statische Moment des

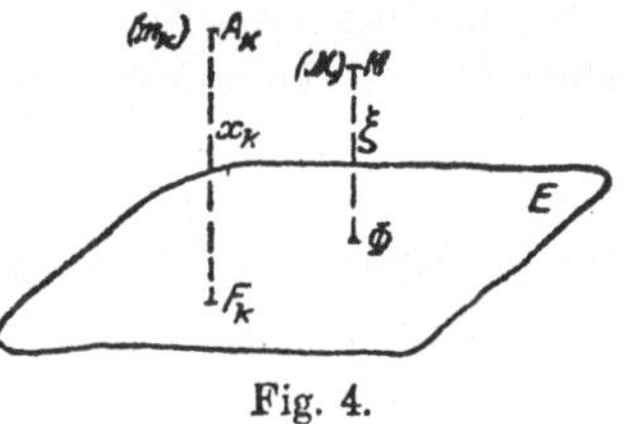

Fig. 4.

---

[1]) Vgl. hierüber: Grübler, Kraft- oder Gewichtseinheit? Zeitschrift des Vereins deutscher Ingenieure 1893, S. 1505.

Massenpunktesystems für die Ebene E; wir wollen es kürzer durch $\Sigma(m_k x_k)$ bezeichnen. Es sei nun M ein Punkt, dessen Masse $M = \Sigma(m_k)$ ist und der den Abstand $\overline{M\Phi} = \xi$ von der Ebene E hat. Dieser Abstand ξ werde bestimmt durch die Bedingung, daß das statische Moment von M gleich dem statischen Moment des Massenpunktesystems für die Ebene E sei, also die Beziehung

$$(3) \qquad M \cdot \xi = \Sigma(m_k x_k).$$

bestehe. Aus ihr folgt ξ eindeutig nach Größe und Vorzeichen. Zugleich erkennt man, daß die Lage von M gegen ein beliebiges rechtwinkliges Koordinatensystem eindeutig bestimmt ist, falls wir fordern, daß die Gleichung (3) für die drei Koordinatenebenen bestehe. Der Punkt M, dessen Koordinaten folglich die Werte

$$(4) \qquad \xi = \frac{1}{M}\,\Sigma(m_k x_k), \qquad \eta = \frac{1}{M}\,\Sigma(m_k y_k), \qquad \zeta = \frac{1}{M}\,\Sigma(m_k z_k)$$

haben, wird der Massenmittelpunkt des Massenpunktesystems genannt. Man überzeugt sich durch eine Koordinatentransformation leicht, daß die Lage von M gegen das materielle Punktesystem eine eindeutig bestimmte ist, mit anderen Worten: daß jedes Massenpunktesystem einen und nur einen Massenmittelpunkt hat, dessen Lage von der Wahl des Koordinatensystems unabhängig ist. Es gilt sonach auch die Gleichung (3) für jede beliebige Ebene.

Jede Ebene durch den Massenmittelpunkt heiße eine Mittelebene des Punktesystems; für sie ist, weil dann $\xi = 0$,

$$\Sigma(m_k x_k) = 0,$$

d. h. das statische Moment des Systems hat für jede Mittelebene den Wert Null. Umgekehrt folgt, daß jede Ebene eine Mittelebene des Systems ist bzw. den Massenmittelpunkt enthält, für die das statische Moment des Systems verschwindet. Zwei Mittelebenen schneiden sich in einer sog. Mittelgeraden oder Mittellinie; diese enthält folglich den Massenmittelpunkt. Eine Mittellinie und eine Mittelebene schneiden sich im Massenmittelpunkt, ebenso zwei Mittellinien.

Weiter erkennt man leicht, daß der Massenmittelpunkt zweier materieller Punkte in deren Verbindungslinie liegt und ihre Entfernung im umgekehrten Verhältnis der Massen teilt. Denn die Ebene durch M senkrecht zur Verbindungslinie ist eine Mittelebene, für die

$$m_1 e_1 - m_2 e_2 = 0$$

sein muß, falls $\overline{A_1 M} = e_1$ und $\overline{A_2 M} = e_2$ gesetzt wird. Beachtet man noch, daß $e_1 + e_2 = \overline{A_1 A_2} = e$, so erhält man

$$e_1 = \frac{m_2}{m_1 + m_2} \cdot e, \qquad e_2 = \frac{m_1}{m_1 + m_2} \cdot e.$$

Liegen die Massenpunkte alle in einer Ebene, so ist diese eine Mittelebene, und enthält also den Massenmittelpunkt.

Von besonderer Bedeutung ist der Massenmittelpunkt von Körpern, deren Masse einen Raumteil (Volumen) stetig erfüllt. In diesem Falle treten an die Stelle der Massenpunkte A_k die Massenelemente dm, aus denen man sich den Körper zusammengesetzt denkt, so daß die Gesamtmasse

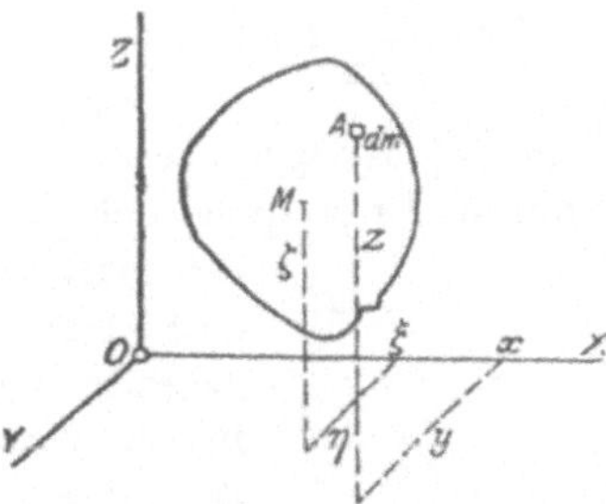

$$(5) \qquad M = \int dm$$

gesetzt werden kann. Bezeichnen ferner x, y, z die Koordinaten des Punktes A, dessen Massenelement dm ist, in bezug auf ein beliebiges Koordinatensystem (s. Fig. 5), so gehen die Ausdrücke (4),

Fig. 5.

in denen die Summen durch Integrale, ausgedehnt über die ganze Masse des Körpers, zu ersetzen sind, über in

$$(6) \qquad \xi = \frac{1}{M} \int x\,dm, \qquad \eta = \frac{1}{M} \int y\,dm, \qquad \zeta = \frac{1}{M} \int z\,dm.$$

Die Integrale hierin, ebenso wie in (5) sind im allgemeinen dreifache, denn das Raumelement dV, in dem die Masse dm enthalten ist, hat drei unendlich kleine Abmessungen.

Bekanntlich läßt sich

$$dm = \varepsilon \cdot dV$$

setzen, worin ε die Dichte der Masse im Punkte A genannt wird. Diese ist von der Dimension $\varepsilon_I = m_I l_I^{-3}$, während im technischen Maßsystem

$$\varepsilon = \frac{\gamma}{g}$$

eingeführt wird, unter γ das sog. spezifische Gewicht verstanden. Die Dichte ist im allgemeinen veränderlich mit dem Orte, also ε eine Funktion der Koordinaten, d. i.

$$\varepsilon = \varphi(xyz).$$

Wählen wir nun als Volumenelement ein unendlich kleines Parallelepiped von den Kantenlängen dx, dy, dz, so wird

$$dm = \varepsilon \cdot dV = \varphi\,(x\,y\,z) \cdot dx\,dy\,dz,$$

und dementsprechend

$$(7) \qquad M = \int dm = \iiint \varphi\,(x\,y\,z)\,dx\,dy\,dz,$$

ferner finden wir

$$(8) \quad \begin{cases} \xi = \dfrac{1}{M}\iiint x\,\varphi\,(x\,y\,z)\,dx\,dy\,dz, \qquad \eta = \dfrac{1}{M}\iiint y\,\varphi\,(x\,y\,z)\,dx\,dy\,dz, \\[3mm] \zeta = \dfrac{1}{M}\iiint z\,\varphi\,(x\,y\,z)\,dx\,dy\,dz. \end{cases}$$

Auch bei Körpern besitzt der Massenmittelpunkt eine eindeutig bestimmte Lage, was sich in gleicher Weise erkennen läßt, wie bei den materiellen Punktsystemen. Ferner nennen wir auch hier jede durch den Massenmittelpunkt M gehende Ebene eine Mittelebene des Körpers; für sie verschwindet das statische Moment des Körpers. Umgekehrt ist jede Ebene, für die das statische Moment des Körpers zu Null sich ergibt, eine Mittelebene. Das ist z. B. der Fall, wenn der Körper eine Massensymmetrie gegen eine Ebene besitzt, wie sie Fig. 6 andeutet. Wenn jedem Massenelement dm auf einer Seite der Ebene E ein gleiches Element in bestimmter Richtung in gleicher Entfernung von E sich zuordnet, so ist der Körper massensymmetrisch zur Ebene E. Eine solche Ebene ist aber eine Mittelebene, denn das statische Moment für sie wird

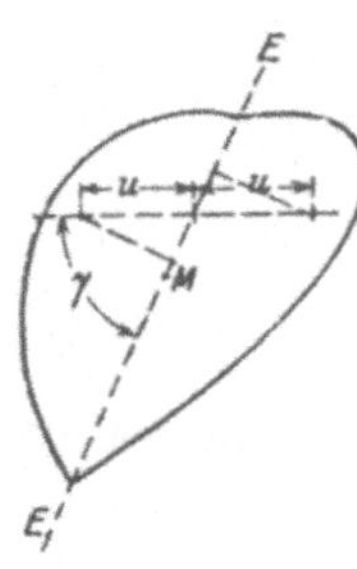

Fig. 6.

$$\int (x\,dm - x\,dm) = \sin\gamma \int (u\,dm - u\,dm) = 0.$$

Zwei Mittelebenen schneiden sich in einer Mittellinie des Körpers und der Massenmittelpunkt M findet sich als Schnittpunkt einer Mittelebene mit einer Mittellinie oder zweier Mittellinien.

Für die Ermittelung von Massenmittelpunkten zusammengesetzter Körper gilt ein Satz, der sie sehr erleichtert, wenn die Massenmittelpunkte der Teilkörper bekannt sind. Es setze sich z. B. der Körper, dessen Masse M ist, aus zwei Körpern mit den Massen M_1 und M_2 zusammen, derart, daß

$$M = M_1 + M_2$$

ist; wir nehmen an, daß die Lage der Massenmittelpunkte M_1 und M_2 bekannt sei. Dann folgt aus dem vorhergehenden, daß die Verbindungslinie $\overline{M_1 M_2}$ eine Mittellinie des ganzen Körpers ist, und daß M die Strecke $\overline{M_1 M_2} = e$ im umgekehrten Verhältnis der Massen M_1

und M_2 teilt, denn für eine Ebene durch M senkrecht zu $M_1 M_2$ wird das statische Moment des ganzen Körpers

$$- M_1 e_1 + M_2 e_2 = 0.$$

In gleich einfacher Weise findet man den Massenmittelpunkt M eines Körpers, der als Differenz zweier mit bekannten Massenmittel-mittelpunkten M_1 und M_2 aufgefaßt werden kann, für den also

$$M = M_1 - M_2$$

ist, denn dann wird das statische Moment von M für die Ebene durch M

$$M_1 e_1 + M_2 e_2 = 0.$$

Hieraus folgt in Verbindung mit der Beziehung (s. Fig. 7) $e = e_2 - e_1$

$$e_1 = e \cdot \frac{M_2}{M_1 - M_2}, \qquad e_2 = e \cdot \frac{M_1}{M_1 - M_2}.$$

Allgemeiner also können wir, falls $M = M_1 \pm M_2$ ist,

$$e_1 = e \cdot \frac{M_2}{M_1 \pm M_2}, \qquad e_2 = e \cdot \frac{M_1}{M_1 \pm M_2}$$

setzen.

Die Übertragung dieser Überlegung auf Körper, die aus mehr als zwei Körpern mit bekannten Massenmittelpunkten bestehend ange-

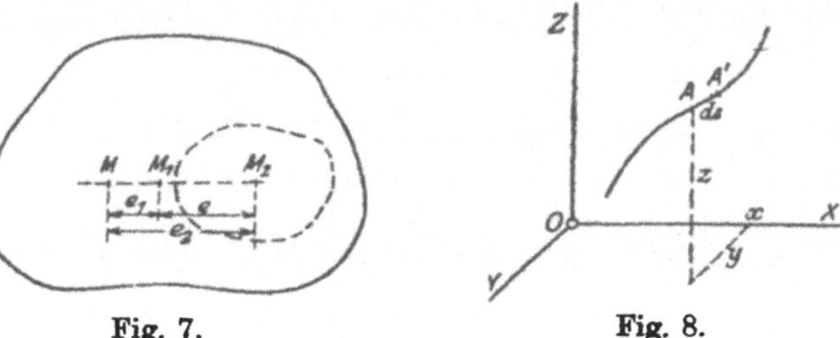

Fig. 7.Fig. 8.

sehen werden können, ist leicht; sie führt auf Mittellinien verschiedener Lage, die sich in M schneiden müssen.

Die Berechnung der Koordinaten des Massenmittelpunktes nach den Formeln (8) gestaltet sich in den Fällen einfacher, in denen der Körper zwei oder eine so kleine Abmessungen besitzt, daß man sie gegenüber den anderen Abmessungen nicht zu berücksichtigen braucht. Das ist der Fall bei sogenannten materiellen Linien und Flächen, also Linien und Flächen, die mit Masse belegt sind. Wir wenden uns zuerst zu den Linien, die wir uns materiell vorstellen wollen, also etwa als einen gekrümmten Draht oder Faden.

Es sei f der sehr kleine Querschnitt des Drahtes und ds die

Länge des unendlich kleinen Drahtelementes im Punkte A der Linie (s. Fig. 8, S. 23), dann läßt sich das in dem unendlich kleinen Körperteil enthaltene Massenelement in der Gestalt

$$dm = \varepsilon \cdot f \cdot ds = \varepsilon_\lambda \, ds$$

schreiben, falls

$$\varepsilon_\lambda = \varepsilon \cdot f$$

die Masse des Drahtes bezogen auf seine Längeneinheit bezeichnet. Es wird dann einfacher

$$(9) \qquad M = \int dm = \int \varepsilon_\lambda \cdot ds,$$

die Integration (Summation) erstreckt über die ganze Länge des Drahtes. Ferner finden wir für die Koordinaten des Massenmittelpunktes

$$(10) \qquad \xi = \frac{1}{M} \int \varepsilon_\lambda \, x \, ds, \qquad \eta = \frac{1}{M} \int \varepsilon_\lambda \, y \, ds, \qquad \zeta = \frac{1}{M} \int \varepsilon_\lambda \, z \, ds,$$

worin ε_λ im allgemeinen eine Funktion der drei Koordinaten der krummen Linie bedeutet, falls der Draht nicht homogen ist. Bei Auswertung dieser Integrale, die zwischen bestimmten Grenzen zu nehmen sind, ist zu beachten, daß

$$ds = \sqrt{dx^2 + dy^2 + dz^2} = dx \sqrt{1 + \left(\frac{dy}{dx}\right)^2 + \left(\frac{dz}{dx}\right)^2},$$

und hierin die Differentialquotienten durch die **Kurvengleichungen**

$$y = f_y(x) \quad \text{und} \quad z = f_z(x)$$

als Funktionen von x bestimmt werden.

Sind die materiellen Linien homogen, ist also ε_λ konstant, so wird

$$M = \varepsilon_\lambda \cdot \int ds = \varepsilon_\lambda \cdot L,$$

falls L die Länge der Linie bezeichnet. Man erhält dann einfacher

$$\xi = \frac{1}{L} \int x \, ds, \qquad \eta = \frac{1}{L} \int y \, ds, \qquad \zeta = \frac{1}{L} \int z \, ds.$$

Beispiele:

1. Ist die Kurve eine gerade Strecke $\overline{A_1 A_2} = L$, so wird die Gerade selbst zur Mittellinie und man übersieht sofort, daß M die Strecke halbiert. Bezeichnen x_1, y_1, z_1 und x_2, y_2, z_2 die Koordinanten von A_1 bzw. A_2, so erhält man

$$\xi = \tfrac{1}{2}(x_1 + x_2), \qquad \eta = \tfrac{1}{2}(y_1 + y_2), \qquad \zeta = \tfrac{1}{2}(z_1 + z_2).$$

2) Besteht die Linie aus einem gebrochenen Linienzug $A_0 A_1 A_2 \ldots A_n$ (s. Fig. 9) von den Längen $\overline{A_0 A_1} = l_1, \quad \overline{A_1 A_2} = l_2, \ldots$ so daß

$$L = l_1 + l_2 + \ldots + l_n = \sum_k (l_k),$$

und beachten wir, daß die Massenmittelpunkte M_k die einzelnen Strecken $A_{k-1}A_k = l_k$ halbieren, also die Koordinaten

$$\xi_k = \tfrac{1}{2}(x_{k-1}+x_k)\,, \qquad \eta_k = \tfrac{1}{2}(y_{k-1}+y_k)\,, \qquad \zeta_k = \tfrac{1}{2}(z_{k-1}+z)$$

haben, falls x_k, y_k, z_k die von A_k bezeichnen, so erhalten wir

$$\xi = \frac{1}{L}\sum_{k=1}^{n}(l_k\xi_k)\,, \qquad \eta = \frac{1}{L}\sum_{k=1}^{n}l_k\eta_k)\,, \qquad \zeta = \frac{1}{L}\sum_{k=1}^{n}(l_k\zeta_k)\,.$$

Besteht der **Linienzug** in einem geschlossenen Vielseit, so hat man nur A_0 mit A_n zusammenfallend anzunehmen; die vorstehenden Formeln bleiben ungeändert.

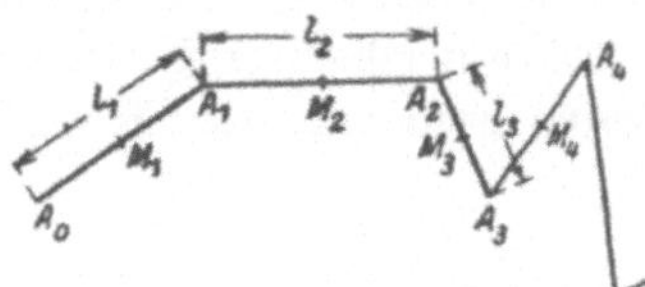

Fig. 9.

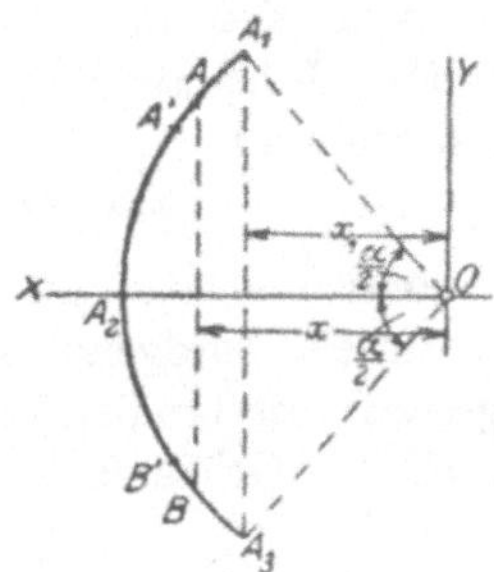

Fig. 10.

3. Der **Massenmittelpunkt** eines homogenen Kreisbogens läßt sich einfacher finden, weil er eine ebene zu einem Kreisdurchmesser symmetrische Kurve bildet. Die Symmetrielinie des Kreisbogens $\overparen{A_1A_3}$ ist (s. Fig. 10) die Halbierende des Zentriwinkels A_1OA_3; auf ihr liegt M. Wir haben folglich, da $\eta = 0$, nur ξ zu ermitteln, wenn wir die X-Achse mit der Symmetrielinie zusammenlegen. Bezeichnet R den Radius des Kreises, so wird unmittelbar $L = R\cdot\alpha$ gefunden. Benutzen wir, daß in den Punkten A und B des Bogens, die demselben x sich zuordnen, zwei gleiche Bogenelemente $ds = \overline{AA'} = \overline{BB'}$ vorhanden sind, so haben wir als statisches Moment des Bogens für die Y-Achse $2\cdot\int_{x_1}^{x_2} x\,ds$ zu nehmen, und die Integration von $x = x_1$ bis $x = x_2 = R$ auszuführen. Da die Kreisgleichung hier die einfache Gestalt $x^2 + y^2 = R^2$ hat, folglich

$$\frac{dy}{dx} = -\frac{x}{y}$$

sich ergibt, so wird

$$\xi = \frac{2}{L}\int_{x_1}^{R} x\,ds = \frac{2}{L}\int_{x_1}^{R} x\,\sqrt{dx^2+dy^2} = \frac{2}{L}\int_{x_1}^{R} x\,\sqrt{1+\left(\frac{dy}{dx}\right)^2}\cdot dx = \frac{2}{L}\int_{x_1}^{R} x\,\sqrt{1+\left(\frac{x}{y}\right)^2}\,dx$$

$$= \frac{2R}{L}\int_{x_1}^{R}\frac{x\,dx}{y} = -\frac{2R}{L}\int_{y=y_1}^{y=0} dy = \frac{2R}{L}\cdot y_1\,;$$

hierin ist $y_1 = R\cdot\sin\frac{\alpha}{2} = \frac{1}{2}\overline{A_1A_3}$. Man erhält sonach die Beziehung

$$\xi : R = \overline{A_1A_3} : L\,,$$

d. h. der Abstand des Massenmittelpunktes eines Kreisbogens vom Kreismittelpunkte verhält sich zum Radius, wie die Länge seiner Sehne zu der des Bogens. Ist im besonderen $\alpha = \pi$, so wird

$$\xi = 2\frac{R}{\pi}.$$

Für die Berechnung der Lage des Massenmittelpunktes materieller Flächen ist es zweckmäßig, als Raumelement dV ein solches zu wählen, das als Prisma vom Querschnitt dF des Flächenelementes und der zu vernachlässigenden Dicke δ der materiellen Fläche als Höhe angesehen werden kann, so daß $dV = \delta \cdot dF$ und dementsprechend

$$dm = \varepsilon \cdot dV = \varepsilon \cdot \delta \cdot dF = \varepsilon_\varphi \cdot dF$$

wird; hierin bedeutet ε_φ die sogen. Flächendichte, d. i. die auf die Flächeneinheit bezogene Masse der Flächeneinheit und diese ist bei heterogenen materiellen Flächen eine Funktion der Koordinaten. Mittels dieser Größe finden wir

$$(11) \qquad M = \int dm = \int\int \varepsilon_\varphi \cdot dF$$

und

$$(12) \quad \xi = \frac{1}{M}\int\int \varepsilon_\varphi x \cdot dF, \qquad \eta = \frac{1}{M}\int\int \varepsilon_\varphi y\, dF, \qquad \zeta = \frac{1}{M}\int\int \varepsilon_\varphi z\, dF,$$

worin eine der Koordinaten mittels der Gleichung der Fläche durch die beiden anderen ausgedrückt wird und die Integrationsgrenzen aus der Begrenzung der Fläche folgen.

Ist die Fläche homogen, also $\varepsilon_\varphi = \mathrm{Const.}$, so wird

$$(13) \qquad M = \varepsilon_\varphi \cdot \int dF = \varepsilon_\varphi \cdot F$$

und damit erhält man einfacher

$$(14) \qquad \xi = \frac{1}{F}\int x\, dF, \qquad \eta = \frac{1}{F}\int y\, dF, \qquad \zeta = \frac{1}{F}\int z\, dF.$$

Bei ebenen Flächen fällt die dritte Koordinate fort und es läßt sich das Doppelintegral, das im allgemeinen verwendet werden

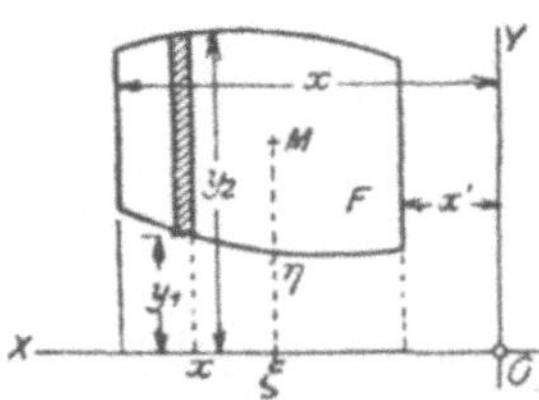

muß, durch ein einfaches ersetzen. Alle Flächenelemente auf einem Flächenstreifen parallel zur Y-Achse (s. Fig. 11) haben denselben Abstand x von der Y-Achse, sonach wird das statische Moment dieses Streifens, dessen Innalt $dF = (y_2 - y_1)\, dx$ ist, gleich

$$x(y_2 - y_1)\, dx,$$

Fig. 11.

worin $y_1 = f_1(x)$, $y_2 = f_2(x)$ die Gleichungen der die flächenbegrenzenden Kurven darstellen. Beachten wir weiter, daß x zwischen den Grenzen x' und x'' liegt, so erhalten wir

$$(15\,\mathrm{a}) \qquad \xi = \frac{1}{F} \int_{x=x'}^{x=x''} x(y_2 - y_1)\,dx.$$

In der gleichen Weise läßt sich auch η ausdrücken, indem man die Fläche in Streifen parallel der X-Achse zerlegt. Man kann jedoch auch das statische Moment des Streifens in Fig. 11 für die X-Achse unter Benutzung des Umstandes berechnen, daß der Massenmittelpunkt des Streifens in der Mitte des Streifens liegt, also die Koordinate $\frac{1}{2}(y_1 + y_2)$ hat. Man erhält damit sofort

$$(15\,\mathrm{b}) \qquad \eta = \frac{1}{F} \int_{x=x'}^{x=x''} \frac{y_1 + y_2}{2}(y_2 - y_1)\,dx = \frac{1}{2F} \int_{x'}^{x''} (y_2^2 - y_1^2)\,dx,$$

indem man für y_1 und y_2 die angeführten Funktionen von x setzt.

Beispiele:

1. Soll der Abstand η des Massenmittelpunktes M eines Dreieckes $A_1 A_2 A_3$ (s. Fig. 12) von einer Achse XX, die durch A_1 parallel der Basis $A_2 A_3$ geht, auf diesem Wege gefunden werden, so wählen wir als Flächenelement dF einen Streifen im Abstande y von XX, der die Breite $\overline{A_2' A_3'}$ und die Höhe dy erhält, parallel der Basis, setzen also $dF = \overline{A_2' A_3'} \cdot dy$. Da nun Dreieck $A_1 A_2' A_3'$ $\sim \triangle A_1 A_2 A_3$ ist, so folgt $\overline{A_2' A_3'} : \overline{A_2 A_3} = y : h$, unter $h = \overline{A_1 F}$ die Höhe des Dreieckes verstanden. Setzen wir noch $\overline{A_2 A_3} = b$, so ergibt sich

$$\eta = \frac{1}{F} \int_{y=0}^{y=h} y\,\overline{A_2' A_3'}\,dy = \frac{b}{Fh} \int_0^h y^2\,dy = \frac{b}{Fh} \cdot \frac{h^3}{3} = \frac{bh^2}{3F}.$$

Da $F = \frac{bh}{2}$, so wird $\eta = \frac{2}{3}h$, d. h. die zur Basisparallele Mittellinie des Dreieckes teilt die Höhe des Dreieckes im Verhältnis $1:2$. Der Massenmittelpunkt M selbst liegt auf der Mittellinie oder Mediane des Dreieckes, welche die Spitze A_1

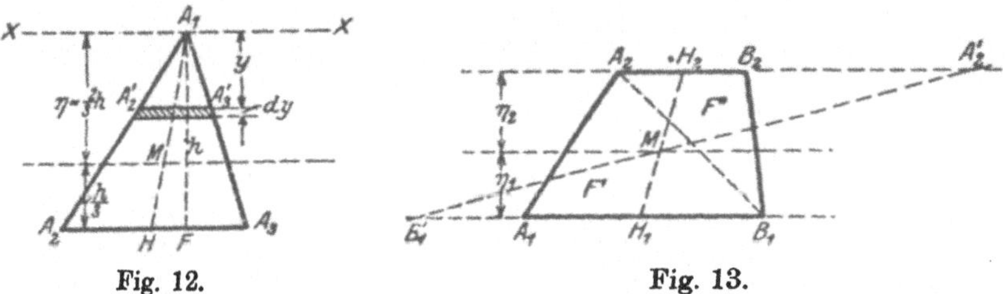

Fig. 12. Fig. 13.

mit dem Halbierungspunkt H der Basis $\overline{A_2 A_3}$ verbindet, denn diese ist eine Symmetrielinie des Dreieckes. Man kann folglich M auch als Schnittpunkt zweier Medianen, also zeichnerisch einfach ermitteln.

2. Bei einem Paralleltrapez $A_1 B_1 B_4 A_2$ (s. Fig. 13) benutzen wir mit Vorteil die Zerlegung der Vierecksfläche in zwei Dreiecke F' und F'' durch die

Diagonale $B_1 A_2$, da diese gemeinsame Höhe h besitzen, und sein Inhalt $F = F' + F'' = \frac{1}{2} h (b_1 + b_2)$ wird, falls $\overline{A_1 B_1} = b_1$, $\overline{A_2 B_2} = b_2$ gesetzt wird. Man erhält dann als statisches Moment der Trapezfläche für die Seite $A_1 B_1$

$$F \cdot \eta_1 = F' \cdot \frac{h}{3} + F'' \cdot \frac{2h}{3} = \frac{h^2}{3} (\tfrac{1}{2} b_1 + b_2)$$

und für die Seite $A_2 B_2$

$$F \cdot \eta_2 = F' \tfrac{2}{3} h + F''' \frac{h}{3} = \frac{h^2}{3} (b_1 + \tfrac{1}{2} b_2),$$

wenn η_1 und η_2 die Abstände des Massenmittelpunktes M von $\overline{A_1 B_1}$, bzw. $\overline{A_2 B_2}$ bezeichnen. Sonach finden wir

$$\eta_1 : \eta_2 = (\tfrac{1}{2} b_1 + b_2) : (b_1 + \tfrac{1}{2} b_2).$$

Nun liegt M offenbar auf der Mediane $H_1 H_2$ des Paralleltrapezes, so daß die Strecke $\overline{H_1 H_2}$ ebenfalls im Verhältnis $\eta_1 : \eta_2$ durch M geteilt wird. Machen wir $\overline{A_1 B_1'} = b_2$, $\overline{B_2 A_2'} = b_1$, und verbinden B_1' mit A_2' durch eine Gerade, so schneidet letztere die Mediane $H_1 H_2$ im gesuchten Massenmittelpunkt M, denn es ist

$$\triangle\, M\,H_1\,B_1' \sim \triangle\, M\,H_2\,A_2'$$

und folglich

$$\overline{M H_1} : \overline{M H_2} = \overline{H_1 B_1'} : \overline{H_2 A_2'} = (\tfrac{1}{2} b_1 + b_2) : (b_1 + \tfrac{1}{2} b_1) = \eta_1 : \eta_2.$$

was zu beweisen war. Wenn man sonach M zeichnerisch finden will, so trage man $\overline{A_1 B_1'} = b_2$, $\overline{B_2 A_2'} = b_1$ an und ziehe $B_1' A_2'$, dann schneidet diese Gerade die Mediane $H_1 H_2$ in M.

Nicht wesentlich umständlicher, aber bei sehr langen parallelen Seiten des Trapezes zweckmäßiger ist die folgende Konstruktion von M. Die Massenmittelpunkte M' und M'' der beiden Dreiecke F' und F'' erhält man sofort auf deren Medianen $A_2 H_1$ und $B_1 H_2$ durch Dreiteilung. Die Verbindungslinie M'M'' ist aber eine Mittellinie des Trapezes und enthält folglich M. Wir finden sonach M als Schnittpunkt der Geraden M'M'' mit der Mediane $H_1 H_2$ des Trapezes.

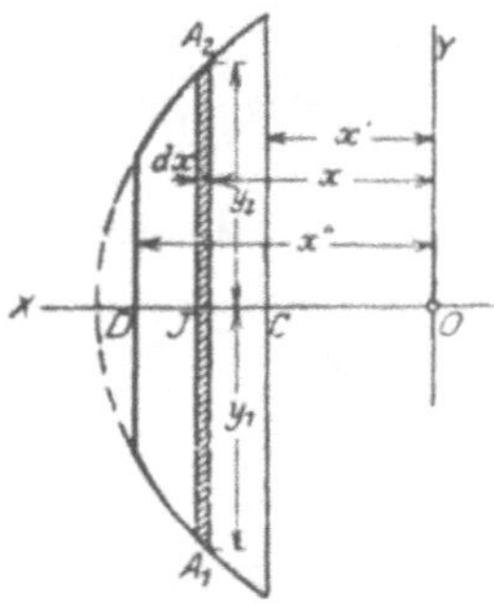

Fig. 14.

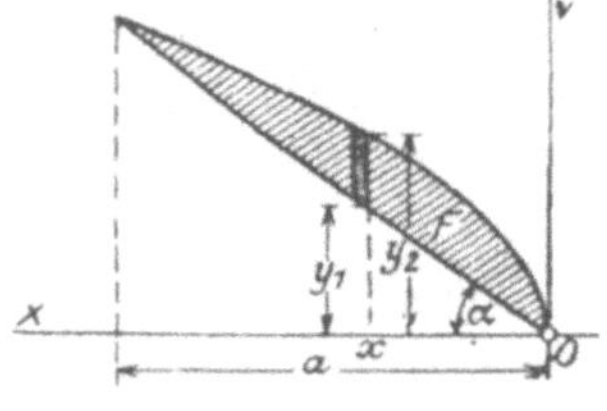

Fig. 15.

3. Bei dem Kreissegment ist das Lot vom Mittelpunkt O des Kreises (s. Fig. 14) auf die Sehne $\overline{A_1 A_2}$ eine Symmetrie- und folglich eine Mittellinie der Fläche; wählen wir sie als X-Achse eines Koordinatensystems, so wird $\eta = 0$, und ξ findet sich aus dem statischen Moment der Fläche für die Y-Achse, die wir durch den Kreismittelpunkt legen, zu

$$\xi = \frac{1}{F} \int\limits_{x = x'}^{x = x''} x (y_2 - y_1)\, dx.$$

Hier ist nun $y_2 = + \sqrt{R^2 - x^2}$ und $y_1 = - \sqrt{R^2 - x^2}$, $\overline{OC} = x'$, $\overline{OD} = x''$, so daß sich

$$\xi = \frac{1}{F} \int_{x'}^{x''} 2x \sqrt{R^2 - x^2}\, dx = -\frac{1}{F}\Big[\tfrac{2}{3} \sqrt{R^2 - x^2}^{\,3}\Big]_{x'}^{x''} = \frac{2}{3F}\Big[\sqrt{R^2 - x'^2}^{\,3} - \sqrt{R^2 - x''^2}^{\,3}\Big]$$

ergibt. Falls $x'' = R$, also die Fläche zum Segment wird, erhält man einfacher mit $x' = R \cdot \cos\dfrac{\alpha}{2}$, $\quad F = \tfrac{1}{2} R^2(\alpha - \sin\alpha)$

$$\xi = \tfrac{4}{3} R \cdot \frac{\sin^3\dfrac{\alpha}{2}}{\alpha - \sin\alpha}\,.$$

4. Durch den Scheitel einer Parabel wird eine Gerade gelegt, die ein Segment abschneidet, bzw. z. T. begrenzt. Die Koordinaten des Massenmittelpunktes der Fläche F (s. Fig. 15, S. 28) für die Hauptachse und Scheiteltangente der Parabel als Koordinatenachsen sind zu ermitteln. In diesem Falle ist $y_1 = x \cdot \tan\alpha$, $y_2 = + \sqrt{2qx}$, falls α den Winkel der Sekante mit der X-Achse und q den Parameter der Parabel bezeichnet; ferner ist $x' = 0$, $x'' = a$, d. h. gleich der Abszisse des Endpunktes der Fläche. Wir erhalten aus den Formeln (15a) und (15b) sofort

$$\xi = \frac{1}{F} \int_{x'=0}^{x''=a} x\left(\sqrt{2qx} - x\tan\alpha\right) dx = \frac{1}{F}\left[\frac{2}{5} x^2 \sqrt{2qx} - \frac{1}{3} x^3 \tan\alpha\right]_0^a$$

$$= \frac{a^2}{15F}\left(6\sqrt{2qa} - 5a\tan\alpha\right) = \frac{1}{15F} a^2 \sqrt{2qa}\,,$$

$$\eta = \frac{1}{2F} \int_{x'=0}^{x''=a} (2qx - x^2\tan^2\alpha)\, dx = \frac{1}{2F}\left[q x^2 - \frac{x^3}{3}\tan^2\alpha\right]_0^a = \frac{a^2}{6F}(3q - a\tan^2\alpha) = \frac{q a^2}{6F}\,,$$

worin $F = \tfrac{2}{3} a\sqrt{2qa} - \tfrac{1}{2} a\sqrt{2qa} = \tfrac{1}{6} a\sqrt{2qa}$ zu setzen ist, so daß sich schließlich

$$\xi = \tfrac{3}{5} a, \qquad \eta = \tfrac{1}{2}\sqrt{2qa}$$

ergibt. Das erhaltene Ergebnis läßt eine wesentliche Erweiterung zu. Es liegt nämlich der Massenmittelpunkt eines beliebigen Parabelsegmentes (s. Fig. 16) in der Parallelen zur Hauptachse durch den Berührungspunkt B der zur Sehne parallelen Tangente (welche alle Sehnen halbiert), und zwar ist $\overline{BM} = \tfrac{2}{5}\overline{BH}$. Der Beweis folgt leicht aus dem statischen Moment der Fläche für die Tangente unter Verwendung eines zur Sehne parallelen Flächenstreifens.

Zeichnerische Methoden zur Bestimmung der Mittellinien ebener Flächen bringt das 5. u. 14. Kapitel.

Handelt es sich dagegen um den Massenmittelpunkt einer räumlich gekrümmten Fläche, so müssen im allgemeinen in den Formeln (12) Doppelintegrale zur Auswertung

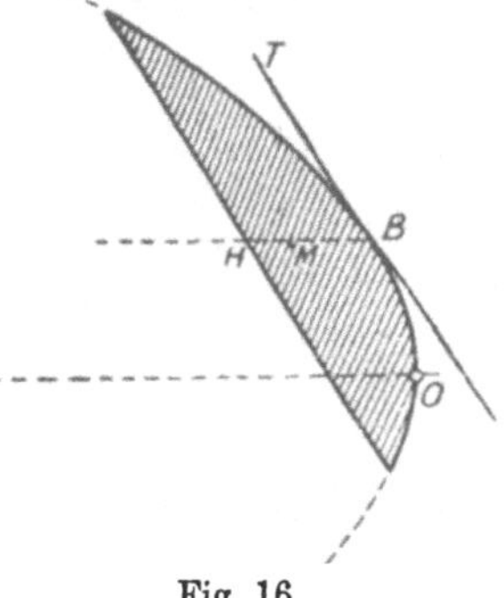

Fig. 16.

Verwendung finden, da dF ein unendlich kleines Flächenelement zweiter Ordnung ist. Wählt man letzteres so, daß seine Projektion auf die XY-Ebene ein Rechteck von den Seiten dx und dy bildet, und bezeichnet ν_z den Winkel der Flächennormalen in einem beliebigen Flächenpunkte mit der Z-Achse, so wird

$$dF = \frac{dx\,dy}{\cos \nu_z}$$

gesetzt werden können und dann erhält man aus (12)

$$(16) \quad \xi = \frac{1}{F}\iint \frac{x\,dx\,dy}{\cos \nu_z}, \quad \eta = \frac{1}{F}\iint \frac{y\,dx\,dy}{\cos \nu_z}, \quad \zeta = \frac{1}{F}\iint \frac{z\,dx\,dy}{\cos \nu_z};$$

hierin hat $\cos \nu_z$ den Ausdruck

$$\cos \nu_z = \frac{\partial F}{\partial z} : \sqrt{\left(\frac{\partial F}{\partial x}\right)^2 + \left(\frac{\partial F}{\partial y}\right)^2 + \left(\frac{\partial F}{\partial z}\right)^2},$$

falls $F(xyz) = 0$ die Gleichung der Fläche ist. Die Integrationsgrenzen sind durch die den Flächenteil begrenzende Kurve, bzw. durch deren Projektion auf die XY-Ebene bestimmt.

Beispiel: Die Fläche sei ein Quadrant einer geraden Schraubenfläche, die außer von zwei Erzeugenden der Fläche (die sich rechtwinklig kreuzen) durch eine Schraubenlinie vom Radius R begrenzt wird (s. Fig. 17). Die Z-Achse sei die Achse der Schraubenfläche, so daß deren Gleichung die Form

$z - \varkappa \arctan \dfrac{y}{x} = 0$ erhält. Die Projektion der Flächenbegrenzung auf die

XY-Ebene bildet den Kreisquadrant vom Radius R und die X- und Y-Achse. Da hier

$$\cos \nu_z = 1 : \sqrt{1 + \left(\frac{\varkappa y}{x^2 + y^2}\right)^2 + \left(\frac{\varkappa x}{x^2 + y^2}\right)^2} = \sqrt{\frac{x^2 + y^2}{\varkappa^2 + x^2 + y^2}}$$

so wird

$$\xi = \frac{1}{F}\int\limits_{x=0}^{x=R} \int\limits_{y=0}^{y=y_1} x\,\sqrt{\frac{\varkappa^2 + x^2 + y^2}{x^2 + y^2}}\,dx\,dy = \frac{1}{3F}\left[\sqrt{\varkappa^2 + R^2}^3 - \varkappa^3\right] = \eta,$$

ferner

$$\zeta = \frac{\varkappa}{F}\int\limits_{x=0}^{x=R} \int\limits_{y=0}^{y=y_1} \arctan \left(\frac{y}{x}\right) \cdot \sqrt{\frac{\varkappa^2 + x^2 + y^2}{x^2 + y^2}}\,dx\,dy$$

$$= \frac{\varkappa \pi^2}{16 F}\left[R\sqrt{\varkappa^2 + R^2} + \varkappa^2 \ln\left(\frac{R + \sqrt{\varkappa^2 + R^2}}{\varkappa}\right)\right] = \frac{\varkappa \pi}{4},$$

worin $y_1 = \sqrt{R^2 - x^2}$ und

$$F = \frac{\pi}{4}\left[R\sqrt{\varkappa^2 + R^2} + \varkappa^2 \ln\left(\frac{R + \sqrt{\varkappa^2 + R^2}}{\varkappa}\right)\right]$$

zu setzen ist. Die Ausführung der Integration wird durch die Verwendung von Zylinderkoordinaten erheblich vereinfacht.

Bei der Berechnung der Koordinaten von Massenmittelpunkten der Körper mit drei endlichen Dimensionen ist im allgemeinen die Benutzung dreifacher Integrale unumgänglich. Nur bei homogenen Körpern ermöglicht sich die Zurückführung auf Doppelintegrale, wie die Ausdrücke zeigen, die man aus (7) und (8) bei konstanter Dichte ε erhält. Bezeichnet V das Volumen des Körpers, so wird $M = \varepsilon \cdot V$, und sonach

$$(17) \quad \xi = \frac{1}{V}\iiint x\,dx\,dy\,dz, \quad \eta = \frac{1}{V}\iiint y\,dx\,dy\,dz, \quad \zeta = \frac{1}{V}\iiint z\,dx\,dy\,dz$$

Hier läßt sich eine Integration, z. B. die nach z stets ausführen, da aus den Gleichungen der Begrenzungsflächen sich als Grenzen für z $z_1 = f_1(xy)$ und $z_2 = f_2(xy)$ ergeben, so daß

$$(17\,\mathrm{a}) \quad \xi = \frac{1}{V}\iint x(z_2 - z_1)\,dx\,dy, \quad \eta = \frac{1}{V}\iint y(z_2 - z_1)\,dx\,dy,$$

$$\zeta = \frac{1}{2V}\iint (z_2^2 - z_1^2)\,dx\,dy$$

wird. Es bedeutet dies, daß als Raumelement ein solches von den beiden unendlich kleinen Dimensionen dx und dy gewählt wird, also also ein Prisma vom Querschnitt $dx\,dy$ und der Länge $(z_2 - z_1)$.

In manchen Fällen ist es sogar möglich, ein Raumelement von nur

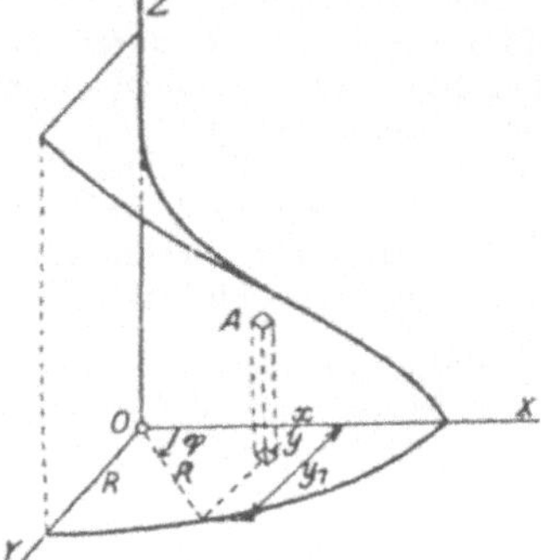

Fig. 17.

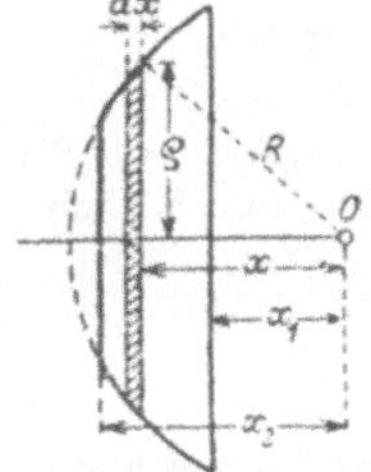

Fig. 18.

einer unendlich kleinen Ausdehnung zu wählen, wie z. B. bei dem Kugelabschnitt. Wird von einer Kugel, deren Radius R sei, durch zwei parallele Ebenen in den Abständen x_1 und x_2 vom Mittelpunkte O (s. Fig. 18) ein Teil ausgeschnitten, dessen Massenmittelpunkt bestimmt werden soll, so wählen wir zweckmäßig ein Element, das durch zwei unendlich benachbarte Ebenen in den Abständen x und $x + dx$ begrenzt wird und ermitteln das statische Moment für die parallele Ebene durch den Kugelmittelpunkt. Es wird dann

$$\xi = \frac{1}{V}\int_{z=z_1}^{z=z_2} x\,dV$$

und hierin $dV = \varrho^2 \cdot \pi\, dx$, falls $\varrho = \sqrt{R^2 - x^2}$ der Radius der unendlich dünnen Scheibe ist. Alle Raumteile auf dieser Scheibe haben gleichen Abstand x von der Ebene, weshalb sich hier das einfache Integral ergibt. Man erhält

$$\xi = \frac{\pi}{V}\int\limits_{x_1}^{x_2} (R^2 - x^2)\, x\, dx = \frac{\pi}{V}\left[\frac{R^2 x^2}{2} - \frac{x^4}{4}\right]_{x_1}^{x_2} = \frac{\pi}{4\,V}(x_2^2 - x_1^2)(2\,R^2 - x_1^2 - x_2^2),$$

und da

$$V = \frac{\pi}{3}(x_2 - x_1)\left\{3\,R^2 - (x_1^2 + x_1 x_2 + x_2^2)\right\},$$

so findet man schließlich

$$\xi = \frac{3}{4}\,\frac{(x_1 + x_2)(2\,R^2 - x_1^2 - x_2^2)}{3\,R^2 - (x_1^2 + x_1 x_2 + x_2^2)}\,.$$

Beachten wir, daß das Lot vom Kugelmittelpunkte auf Ebenen, welche den Kugelabschnitt begrenzen, eine Mittellinie desselben ist, also der Massenmittelpunkt auf ihm liegt, und wählen wir es als X-Achse des Koordinatensystemes, den Kugelmittelpunkt als Koordinatenanfang, so wird ferner noch $\eta = \zeta = 0$, während ξ den vorstehenden Wert hat. Wird $x_2 = R$ gewählt, so erhalten wir

$$\xi = \frac{3}{4}\cdot\frac{(R + x_1)^2}{2\,R + x_1}\,.$$

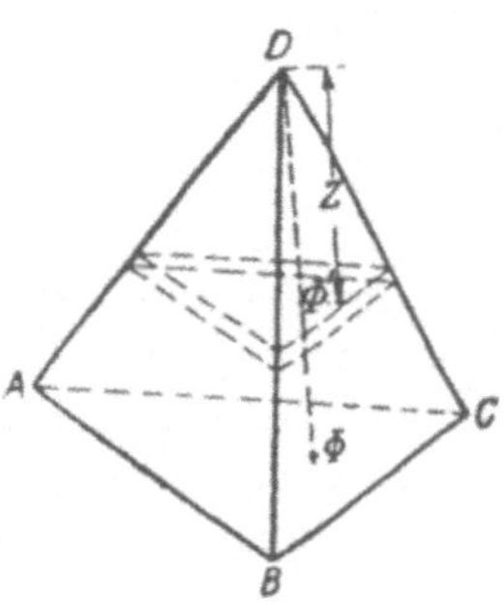

Fig. 19.

In ähnlicher Weise finden wir das statische Moment eines homogenen Tetraeders $ABCD$ (s. Fig. 19) für eine Ebene durch die Ecke D parallel der Basis ABC, indem wir als Körperelement den Raumteil dV wählen, der zwischen zwei unendlich nahen zur Basis parallelen Ebenen im Abstand $D\Phi' = z$, bzw. $z + dz$ von der Spitze D wählen. Es wird dann, wenn wir den Inhalt des Schnittdreiecks $A'B'C'$ mit F', den der Basis ABC mit F bezeichnen, $dV = F'\cdot dz$, und folglich

$$\zeta = \frac{1}{V}\int\limits_{z=0}^{z=h} z\, dV = \frac{1}{V}\int\limits_{0}^{h} F'\cdot z\, dz\,.$$

Bekanntlich besteht aber die Beziehung

$$F' : F = z^2 : h^2,$$

falls $D\Phi = h$ die Höhe des Tetraeders bezeichnet, und so findet sich

$$\zeta = \frac{F}{V\cdot h}\int\limits_{0}^{h} z^3\, dz = \frac{F\cdot h^3}{4\,V} = \frac{3}{4}\,h,$$

weil $V = \dfrac{F h^2}{3}$ ist. Berücksichtigen wir, daß die Verbindungslinie des Massenmittelpunktes M_b des Basisdreiecks ABC mit der Ecke D eine Mittellinie des Tetraeders ist, weil alle Massenmittelpunkte M' der Dreiecke $A'B'C'$ auf ihr liegen, so erkennen wir, daß der Massenmittelpunkt M des Tetraeders in $^3/_4$ der Länge der Linie $\overline{DM_b}$ von D liegt.

Anhang: Die Sätze von Pappus.

Die Kenntnis der Lage des Massenmittelpunktes ebener Kurven und Flächen ermöglicht eine sehr einfache Berechnung der Oberfläche und des Inhaltes der Sektoren von Rotationskörpern, die durch die beiden Sätze von Pappus zum Ausdruck kommt.

1. Der Sektor einer Rotationsfläche werde erzeugt durch Drehung einer ebenen Kurve (c) (s. Fig. 20) um eine in ihrer Ebene liegende Gerade DD; diese werde zur X-Achse und eine zu ihr senkrechte Gerade zur Y-Achse eines ebenen Koordinatensystems gewählt, in bezug auf welches die Ordinate η des Massenmittelpunktes M des Kurvenstückes c bekannt sei. Drehen wir die Ebene der Kurve um die Achse DD, und ist α der Drehwinkel, so beschreibt das beliebige Kurvenelement ds einen Streifen des Rotationsflächensektors, dessen Inhalt $dF = y \cdot \alpha \cdot ds$ ist, falls y die Ordinate des Elementes bezeichnet. Folglich wird die ganze bei der Drehung beschriebene Fläche

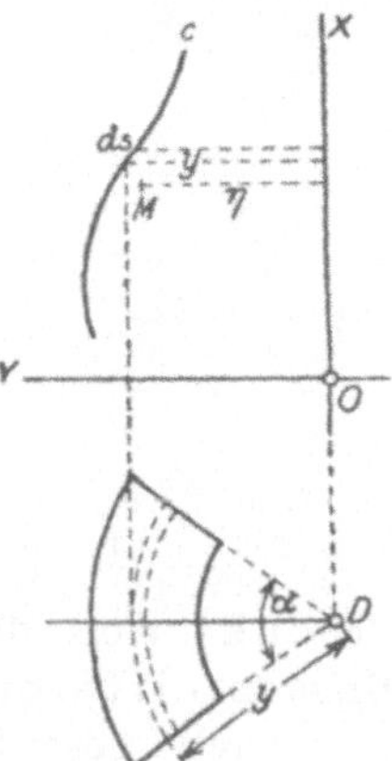

$$F = \int dF = \alpha \int y\,ds = \alpha \cdot L \cdot \eta,$$

wenn unter $L = \int ds$ die Länge des Kurvenstückes verstanden wird, denn das $\int y\,ds$ ist das statische Moment der Kurve für die Drehachse. Da $\eta \cdot \alpha$ der Kreisbogen ist, den M bei der Drehung beschreibt, so haben wir den Satz: **Der Inhalt des Sektors einer Rotationsfläche, die durch Drehung einer ebenen Kurve um eine Gerade in ihrer Ebene entsteht, ist gleich dem Produkt aus der Länge der Kurve und dem Wege ihres Massenmittelpunktes bei der Drehung.**

Fig. 20.

Bei Verwertung dieses Satzes ist aber zu beachten, daß die Kurve von der Drehachse nicht durchschnitten wird. Tritt letzteres ein, so müssen die Kurventeile zu beiden Seiten der Drehachse als für sich bestehende Kurven angesehen werden, auf die der Satz angewendet wird.

Beispiel: Die Kurve (c) sei ein Kreis vom Radius R, dessen Mittelpunkt den Abstand a von der Drehachse habe. Hier ist $L = 2\,R\,\pi$ und, da M im Kreismittelpunkt liegt, $\eta = a$; folglich wird die Oberfläche des Kreisringsektors

$$F = 2\,\pi\,a \cdot R \cdot \alpha$$

und für den vollen Kreisring $(\alpha = 2\,\pi)$

$$F = 4\,\pi^2 \cdot R \cdot a.$$

Dreht sich eine ebene Fläche f um eine Gerade DD in ihrer Ebene (s. Fig. 21, S. 34), so beschreibt ihr Element df ein Körperelement

dV des durch die Drehung entstandenen Sektors eines Rotationskörpers, das als Prisma vom Querschnitt df und der Höhe $y \cdot \alpha$ aufgefaßt, also $dV = y \cdot \alpha \cdot df$ gesetzt werden kann, wenn y den Abstand des Elementes df von der Achse DD be

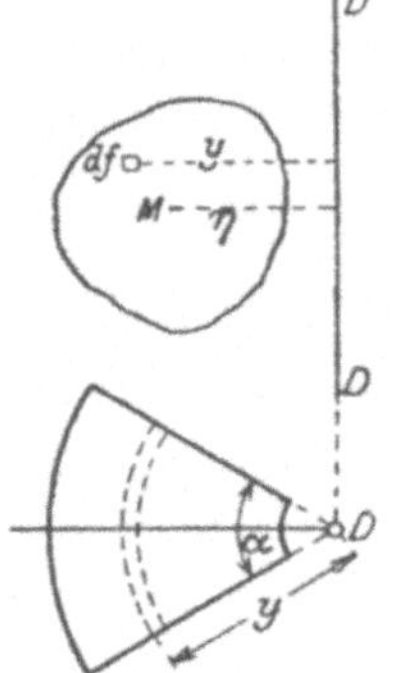

Fig. 21.

zeichnet. Man erhält folglich

$$V = \int dV = \alpha \int y\, df$$

und da $\int y\, df$ das statische Moment der Fläche f für die Drehachse ist, demgemäß $= f \cdot \eta$ wird, wenn η den Abstand des Massenmittelpunktes M der Fläche f von der Drehachse bezeichnet, so erhalten wir

$$V = f \cdot \eta \cdot \alpha.$$

In dieser Beziehung liegt der zweite Satz von Pappus: **Der Inhalt des Sektors eines Rotationskörpers, der durch Drehung einer begrenzten ebenen Fläche um eine Gerade in deren Ebene entsteht, ist gleich dem Produkt aus dem Inhalt der Fläche und dem Wege ihres Massenmittelpunktes bei der Drehung.**

Auch dieser Satz gilt mit der Einschränkung, daß die Drehachse die erzeugende Fläche f nicht schneidet; andernfalls müssen die Teile als selbständige Flächen nach diesem Satze behandelt werden.

Beispiel: Im Falle des Kreisringes ist der Inhalt der erzeugenden Fläche $f = R^2 \cdot \pi$, der Abstand η des Massenmittelpunktes M der Kreisfläche gleich a, folglich

$$V = \pi \cdot a\, R^2 \cdot a$$

und für den vollen Kreisring

$$V = 2\,\pi^2\, R^2\, a.$$

Fünftes Kapitel.

Theorie der Trägheitsmomente ebener Flächen.

Ist m die Masse eines materiellen Punktes, und bezeichnet r die Länge des Lotes von dem Punkte auf eine beliebige Gerade a, so heißt die Größe

(18) $$J = m r^2$$

das **Trägheitsmoment** des Massenpunktes für diese Gerade. Man erkennt sofort, daß

$$\dim(J) = m_I\, l_I^2$$

und ferner, daß

$$J > 0,$$

d. h. stets positiv ist.

Für ein Massenpunktesystem wird die Summe der Trägheitsmomente der einzelnen Massenpunkte, gebildet für dieselbe Gerade, das Trägheitsmoment des Massenpunktesystems für die Gerade genannt, also der Ausdruck

$$(19) \qquad J = \sum_{k=1}^{n} (m_k\, r_k^2).$$

Da diese Summe nur aus positiven Gliedern besteht, so ist notwendig wieder

$$J > 0.$$

An Stelle des Ausdruckes für J setzt man nicht selten

$$J = M \cdot i^2,$$

worin

$$M = \sum_{k=1}^{n} (m_k)$$

die Gesamtmasse des Systems und i die Länge

$$(20) \qquad i = \sqrt{\frac{J}{M}}$$

bezeichnet; letztere wird der Trägheitsradius des Massenpunktesystems für die Gerade genannt. Dementsprechend denkt man sich das Trägheitsmoment des Systems ersetzt durch das eines Massenpunktes, dessen Masse M und dessen Abstand von der Geraden i ist.

Bildet das Massenpunktesystem einen Körper, dessen Volumen stetig durch seine Masse M erfüllt wird, so hat das Trägheitsmoment dieses Körpers die mathematische Form

$$(21) \qquad J = \int r^2\, dm,$$

worin r den Abstand des Massenelementes dm von der Geraden bezeichnet, auf die sich das Trägheitsmoment bezieht. Jede solche Gerade wird künftig kurz Achse genannt. Ist ε die Dichte der Masse an der Stelle des Elementes dm und dV das Volumen des letzteren, so läßt sich

$$dm = \varepsilon \cdot dV$$

setzen; hierin ist die Dichte ε bei heterogenen Körpern eine Funktion der Koordinaten des Körperpunktes, womit ersichtlich wird, daß die Ermittlung des Trägheitsmomentes eines Körpers im allgemeinen eine dreifache Integration erfordert. Ist dagegen der Körper homogen, also ε konstant $= \varepsilon_0$, so wird $J = \varepsilon_0 \int r^2\, dV$ und dann läßt sich das Integral, das man das Trägheitsmoment des geometrischen

Körpers, bzw. seines Volumens nennt, allgemein auf ein zweifaches zurückführen.

Ist der Körper eine materielle ebene Fläche, so nimmt das Trägheitsmoment die Form $\int r^2 \cdot \varepsilon_\varphi \cdot df$ an, falls ε_φ wie früher die Flächendichte und df ein Element der Fläche bezeichnet. Ist die Fläche homogen, also $\varepsilon_\varphi = \text{const}$, so wird das Trägheitsmoment $\varepsilon_\varphi \int r^2 df$; dann nennt man $\int r^2 df$ das planare Trägheitsmoment der Fläche. Je nach der Lage der Achse zur Ebene der Fläche unterscheidet man zwei besondere Arten dieser planaren Trägheitsmomente. Liegt die Achse in der Ebene der Fläche, so wird der Ausdruck $\int r^2 df$ das äquatoriale Trägheitsmoment der Fläche für die gegebene Achse genannt, dagegen polares Trägheitsmoment, wenn die Achse senkrecht zur Ebene der Fläche steht.

Äquatoriale Trägheitsmomente.

Beziehen wir die ebene Fläche auf ein rechtwinkliges beliebiges Koordinatensystem und ist df das Flächenelement in einem beliebigen Punkte A der Fläche, dessen Koordinaten x, y sind, so nimmt das äquatoriale Trägheitsmoment der Fläche für die X-Achse die Form

$$(22) \qquad J_x = \int y^2 \, df$$

an, falls y den Abstand des Elementes von der X-Achse bezeichnet (s. Fig. 22). Da df unendlich klein von der zweiten Ordnung ist, so erkennt man, daß

$$\dim (J_x) = l_I{}^4$$

und, weil y^2 stets positiv, $J_x > 0$ ist. An Stelle des Doppelintegrals tritt ein einfaches, wenn als Flächenelement df ein unendlich dünner Streifen parallel der X-Achse gewählt wird. Bezeichnen x_1 und x_2 die Anfangs- und Endabszisse des Streifens, so wird

$$df = (x_2 - x_1)\, dy$$

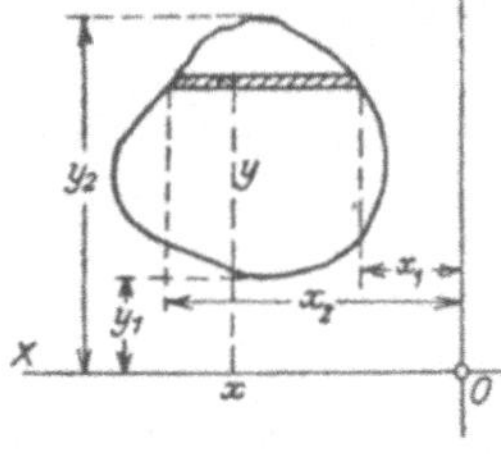

Fig. 22.

und somit

$$(23) \qquad J_x = \int\limits_{y=y_1}^{y=y_2} y^2 \, (x_2 - x_1)\, dy.$$

Hierin sind x_1 und x_2 bekannte, durch die Flächenbegrenzung bestimmte Funktionen von y; das Integral ist damit auf eine Quadratur zurückgeführt.

Beispiel: Die Fläche sei ein Parabelsegment, das von einer Sehne parallel der Scheiteltangente begrenzt wird (s. Fig. 23), als Achse werde die Scheiteltangente vorgeschrieben. Wir wählen letztere als X-Achse mit dem Scheitel als Koordinatenanfang und erhalten dann, wenn $x_2{}^2 - 2qy = 0$ die Gleichung der Parabel ist, $x_2 - x_1 = 2\sqrt{2qy}$ als Breite des Flächenstreifens im Abstande y. Damit wird

$$J_x = \int_{y=0}^{y=a} y^2 \cdot 2\sqrt{2qy}\, dy = \tfrac{4}{7}\, a^3 \sqrt{2qa}.$$

Als Trägheitsradius finden wir, da $F = \tfrac{4}{3}\, a\sqrt{2qa}$,

$$i_x = \sqrt{\frac{J_x}{F}} = a\sqrt{\frac{3}{7}}.$$

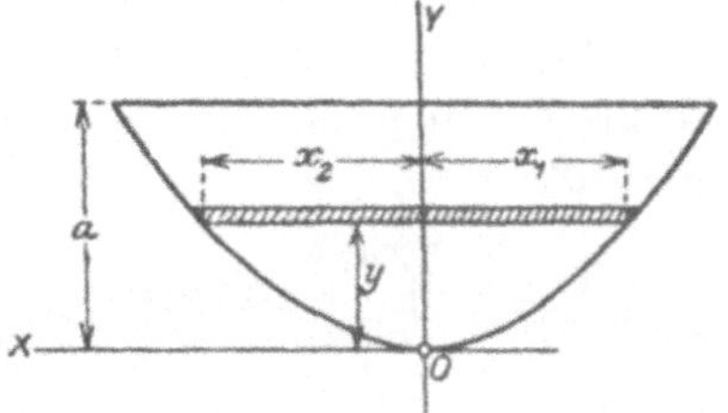

Fig. 23.

Die Ermittlung planarer Trägheitsmomente wird vereinfacht, wenn die Fläche als Summe oder Differenz mehrerer Flächen deren Trägheitsmomente für dieselbe Achse bekannt sind, aufgefaßt werden kann. Ist z. B. $F = F_1 + F_2$, so wird in dem Ausdruck $\int y^2 df$ die Integration getrennt über die Elemente der einen und der anderen Fläche ausgeführt werden können, also

$$J = \int (y^2 df_1 + y^2 df_2) = \int y^2 df_1 + \int y^2 df_2$$

werden; nun ist $\int y^2 df_1 = J_1$ gleich dem Trägheitsmoment von F_1, und $\int y^2 df_2 = J_2$ dem von F_2; wir erhalten sonach

$$J = J_1 + J_2.$$

In gleicher Weise erkennen wir, daß $J = J_1 - J_2$ ist, wenn $F = F_1 - F_2$ sich darstellen läßt; allgemein haben wir daher

$$24)\qquad\qquad J = J_1 \pm J_2,$$

wenn $F = F_1 \pm F_2$ ist. Dieser Satz ist leicht erweiterungsfähig, wenn F sich aus mehr als zwei Teilen zusammensetzt.

Eine der wesentlichsten Fragen ist die nach der Änderung des Trägheitsmomentes einer Fläche mit der Lage der Achse. Bei den bezüglichen Untersuchungen spielt eine weitere Größe eine wichtige Rolle, das sogen. Zentrifugalmoment der Fläche. Es sei eine Fläche auf ein willkürliches rechtwinkliges Koordinatensystem bezogen (s. Fig. 24), und df ein Flächenelement im Punkte (xy), dann nennt man den Ausdruck

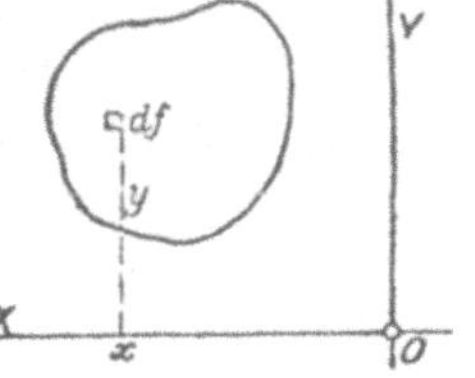

Fig. 24.

$$(25)\qquad\qquad \int xy\, df = C_{xy}$$

das Zentrifugalmoment der Fläche für die X- und Y-Achse. Er zeigt, daß es sich um eine Größe derselben Art handelt, wie das äquatoriale Trägheitsmoment, denn seine

Dimension ist $l_I{}^4$. Dagegen kann C_{xy} sowohl negativ, als positiv sein, da die Vorzeichen von x und y von der Lage der Fläche gegen die Koordinatenachsen abhängen. Ist z. B. die Fläche ein Rechteck von der Breite b und der Höhe h, so findet sich, falls die Achsen in zwei Seiten des Rechteckes liegen (s. Fig. 25) und $df = dx\,dy$ gewählt wird,

$$C_{xy} = \int_{x=0}^{x=b}\int_{y=h}^{y=h} xy\,dx\,dy = \int_0^b x\,dx \int_0^h y\,dy = \frac{h^2}{2}\int_0^b x\,dx = \frac{b^2 h^2}{4}.$$

Würde man dagegen die Y-Achse parallel zu sich in eine Mittellinie des Rechteckes verlegen, so erhielte man

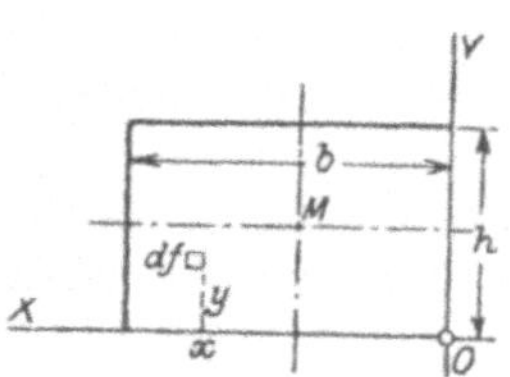

Fig. 25.

$$C'_{xy} = \int_{x_1}^{x_2}\int_0^h xy\,dx\,dy = \frac{h^2}{2}\int_{-\frac{b}{2}}^{+\frac{b}{2}} x\,dx = 0.$$

Allgemeiner läßt sich dieses Ergebnis gewinnen für Flächen mit einer orthogonalen Symmetrieachse (s. Fig. 26). Wählen wir diese als Y-Achse und eine beliebige Senkrechte zu ihr als X-Achse, so erhält man

$$C_{xy} = \int_{x_1}^{x_2}\int_{v'}^{v''} xy\,dx\,dy = \tfrac{1}{2}\int_{v'}^{v''} y\,dy\,[x_2{}^2 - x_1{}^2];$$

nun ist infolge der Symmetrie der Begrenzung der Fläche $x_1 = -x_2$, woraus sofort $C_{xy} = 0$ folgt.

Was nun die Änderung des äquatorialen Trägheitsmomentes mit der Lage der Achse anlangt, so werde diese vorerst festgestellt

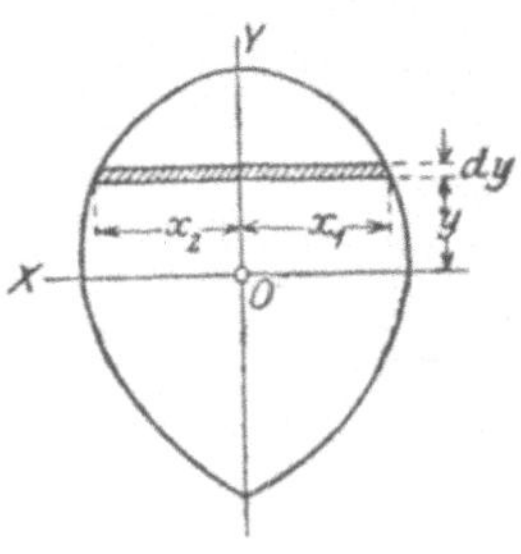

Fig. 26.

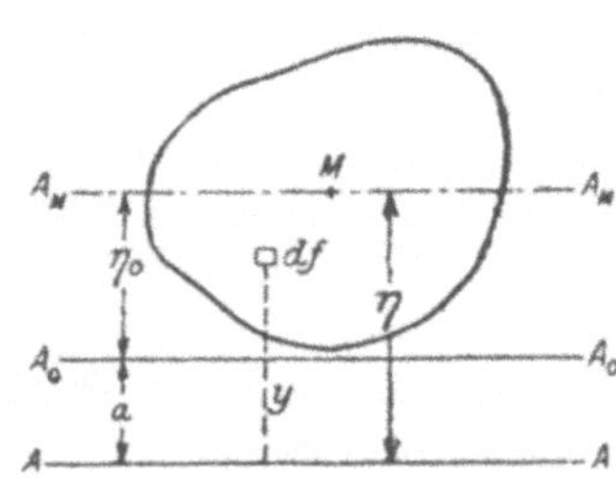

Fig. 27.

für parallele Achsen. Seien $A_0 A_0$ und AA zwei parallele Achsen im Abstande a (s. Fig. 27) und ist $\int y_0{}^2 df = J_0$, das Trägheits-

moment der Fläche F für die Achse $A_0 A_0$, gegeben, so erhält man
es für $A A$ aus der Beziehung

$$J = \int y^2 df = \int (y_0 + a)^2 df = \int y_0^2 df + 2 a \int y_0 df + a^2 \int df.$$

Hierin ist $\int y_0^2 df = J_0$, $\int y_0 df = F \cdot \eta_0$, falls η_0 den Abstand des
Massenmittelpunktes der Fläche von $A A$ bezeichnet, und $\int df = F$.
Folglich wird

$$(26) \qquad\qquad J = J_0 + 2 a F \cdot \eta_0 + F \cdot a^2,$$

aus welcher Beziehung sich J berechnen läßt, falls J_0 und η_0 bekannt
sind. Übersichtlicher wird das Änderungsgesetz von J mit a, falls
$A_0 A_0$ die zu $A A$ parallele Mittellinie der Fläche, also $\eta_0 = 0$ und
$a = \eta$ wird. Es ergibt sich dann, falls J_0 entsprechend durch J_M
bezeichnet wird,

$$(26\,a) \qquad\qquad J = J_M + F \cdot \eta^2,$$

und darin ist J_M das Trägheitsmoment der Fläche für die zur Achse
$A A$ parallele Mittellinie. Aus (26a) erkennt man, daß unter allen
Umständen

$$J > J_M$$

ist, folglich

$$(26\,b) \qquad\qquad \min (J) = J_M,$$

d. h. **unter allen parallelen Achsen liefert die Mittellinie
das kleinste äquatoriale Trägheitsmoment.**

Der Einfluß der Richtungsänderung der Achse auf die Größe
des Trägheitsmomentes wird erkannt, wenn wir alle Achsen in Betracht ziehen, die durch einen
willkürlich gewählten Punkt O
gehen. Es sei (s. Fig. 28) OA
eine beliebig gerichtete Achse
unter dem Winkel φ gegen die
positive X-Achse eines willkürlichen Koordinatensystems, und
u der Abstand des Flächenelementes df von ihr, so wird
das äquatoriale Trägheitsmoment
der Fläche F für diese Achse

$$J = \int u^2 df.$$

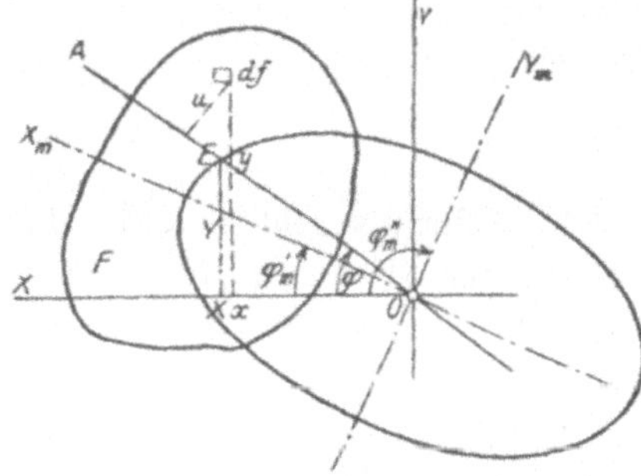

Fig. 28.

Sind nun x und y die Koordinaten des Flächenpunktes, in dem sich das Flächenelement befindet,
so ergibt sich leicht

$$u = y \cos \varphi - x \sin \varphi,$$

und somit

$$J = \int (y \cos \varphi - x \sin \varphi)^2 \, df$$
$$= \cos^2 \varphi \int y^2 \, df + \sin^2 \varphi \int x^2 \, df - 2 \sin \varphi \cos \varphi \int xy \, df.$$

Hierin ist

$$\int y^2 \, df = J_x, \qquad \int x^2 \, df = J_y, \qquad \int xy \, df = C_{xy},$$

d. h. J_x das Trägheitsmoment der Fläche für die X-, J_y das für die Y-Achse und C_{xy} das Zentrifugalmoment; diese drei von φ unabhängigen Größen setzen wir als bekannt voraus. Es ändert sich hiernach das äquatoriale Trägheitsmoment mit φ nach der Beziehung

$$(27) \qquad J = J_x \cos^2 \varphi + J_y \sin^2 \varphi - 2 C_{xy} \sin \varphi \cos \varphi,$$

die sich unter Einführung des Winkels 2φ auch auf die Gestalt

$$(27\,\mathrm{a}) \qquad J = \frac{J_x + J_y}{2} - \frac{J_y - J_x}{2} \cos 2\varphi - C_{xy} \sin 2\varphi$$

bringen läßt. Das Trägheitsmoment J nimmt extreme Werte an für die Werte von φ, für welche $\dfrac{dJ}{d\varphi} = 0$ ist, oder auch, für die $\dfrac{dJ}{d2\varphi} = 0$ wird. Nun hat man

$$\frac{dJ}{d2\varphi} = \frac{J_y - J_x}{2} \sin 2\varphi - C_{xy} \cos 2\varphi;$$

die Winkel $\varphi = \varphi_m$, für die J einen extremen Wert erlangt, genügen sonach der Gleichung

$$(28) \qquad \frac{J_y - J_x}{2} \sin 2\varphi_m - C_{xy} \cos 2\varphi_m = 0,$$

aus der sich

$$(28\,\mathrm{a}) \qquad \tan 2\varphi_m = 2 \frac{C_{xy}}{J_y - J_x}$$

findet. Hieraus geht hervor, daß es zwei Werte für φ_m gibt, die J zu einem extremen Werte machen, weil bekanntlich $\tan(\pi + \varepsilon) = \tan \varepsilon$ ist, falls

$$\varepsilon = \operatorname{arc\,tan} \frac{2 C_{xy}}{J_y - J_x}$$

gesetzt wird. Die beiden Werte für φ seien

$$\varphi_m' = \frac{1}{2}\varepsilon, \qquad \varphi_m'' = \frac{\pi}{2} + \frac{\varepsilon}{2} = \frac{\pi}{2} + \varphi_m',$$

womit erkannt wird: In jedem Punkte der Ebene gibt es zwei Achsen, für die das äquatoriale Trägheitsmoment einen extremen Wert annimmt; sie stehen zueinander senkrecht und werden die Hauptträgheitsachsen in dem Punkte genannt. Die diesen sich zuordnenden Trägheitsmomente heißen Hauptträgheitsmomente der Fläche; sie ergeben sich aus (27a) zu

$$J_m = \frac{J_x + J_y}{2} - \frac{J_y - J_x}{2} \cos 2\,\varphi_m - C_{xy} \sin 2\,\varphi_m.$$

Durch Elimination von φ_m aus dieser Gleichung und (28) in der Form

$$\left(J_m - \frac{J_x + J_y}{2}\right)^2 = \left(\frac{J_y - J_x}{2} \cos 2\,\varphi_m + C_{xy} \sin 2\,\varphi_m\right)^2$$

$$+ \left(\frac{J_y - J_x}{2} \sin 2\,\varphi_m - C_{xy} \cos 2\,\varphi_m\right)^2 = \left(\frac{J_y - J_x}{2}\right)^2 + C_{xy}^2$$

findet sich sofort

$$(29) \qquad J_m = \frac{J_x + J_y}{2} \pm \sqrt{\left(\frac{J_y - J_x}{2}\right)^2 + C_{xy}^2};$$

wir bekommen sonach als Hauptträgheitsmomente die Werte

$$\min(J) = J_m' = \frac{J_x + J_y}{2} - \sqrt{\left(\frac{J_y - J_x}{2}\right)^2 + C_{xy}^2},$$

$$\max(J) = J_m'' = \frac{J_x + J_y}{2} + \sqrt{\left(\frac{J_y - J_x}{2}\right)^2 + C_{xy}^2}.$$

Aus (28a) erkennt man, daß das Zentrifugalmoment der Fläche für die beiden Hauptträgheitsachsen Null sein muß und umgekehrt, daß zwei Achsen, für die das Zentrifugalmoment sich zu Null ergibt, Hauptträgheitsachsen der Fläche sind. Bei Flächen mit einer orthogonalen Symmetrieachse fanden wir für die letztere und eine beliebige zu ihr senkrechte Achse das Zentrifugalmoment zu Null; daraus folgt, daß die Symmetrieachse eine Hauptträgheitsachse der Fläche in allen ihren Punkten sein muß.

Die Hauptträgheitsachsen und -momente lassen sich auch zeichnerisch ermitteln und zwar mit Hilfe des Mohrschen Trägheitskreises. Für eine Fläche F seien J_x, J_y und C_{xy} gefunden worden, und zwar sei $J_x < J_y$. Wir stellen die drei Größen nach einem beliebigen Maßstab durch Strecken dar und tragen zunächst auf der Y-Achse des Koordinatensystems (s. Fig. 29, S. 42) $\overline{OA} \stackrel{\frown}{=} J_x$ und $\overline{AB} \stackrel{\frown}{=} J_y$ auf. Der Kreis über $\overline{OB}$ als Durchmesser ist der Trägheitskreis, dessen Radius $\overline{MO} = \overline{MB} \stackrel{\frown}{=} \dfrac{J_x + J_y}{2}$ wird. Ferner tragen wir

$\overline{AD} \, \hat{=} \, C_{xy}$ senkrecht zu $\overline{OB}$ auf und ziehen den Durchmesser durch D, dann ist $\angle E'OX = \varphi'_m$ und $\angle E''OX = \varphi''_m$, was wie folgt bewiesen werden kann. Da bekanntlich der Zentriwinkel $\angle E'MO$ gleich dem Doppelten des Winkels $E'OX$ ist, also $= 2\varphi'_m$, und

$$\tan(E'MO) = \frac{\overline{AD}}{\overline{MA}} = \frac{\overline{AD}}{\overline{MO} - \overline{OA}} = \frac{C_{xy}}{\dfrac{J_x + J_y}{2} - J_z} = \frac{2\,C_{xy}}{J_y - J_x}$$
$$= \tan(2\varphi_m),$$

so finden wir $\angle E'OX = \varphi'_m$ und damit, weil $\angle E'OE'' = \dfrac{\pi}{2}$,

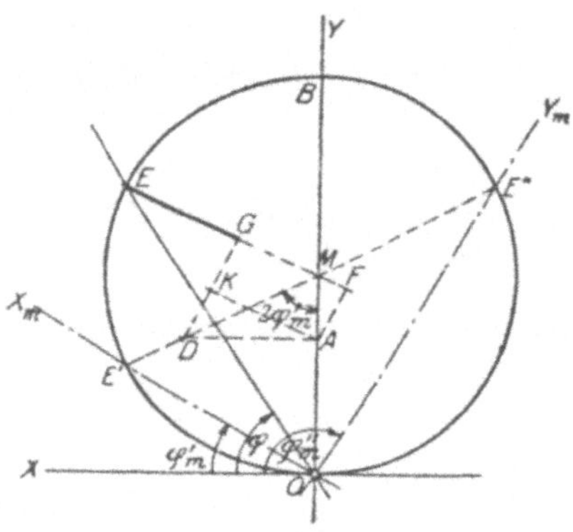

Fig. 29.

$\angle E''OX = \varphi'_m$. Ferner stellt die Strecke $\overline{DE'}$ in dem gewählten Maßstab das $\min(J) = J_m$ und $\overline{DE''}$ das $\max(J) = J''_m$ dar; denn da

$$\overline{MD} = \sqrt{\overline{MA}^2 + \overline{AD}^2} \, \hat{=} \, \sqrt{\left(\frac{J_y - J_x}{2}\right)^2 + C_{xy}^2},$$

so wird

$$\overline{DE'} = \overline{ME'} - \overline{MD} \, \hat{=} \, \frac{J_x + J_y}{2} - \sqrt{\left(\frac{J_y - J_x}{2}\right)^2 + C_{xy}^2} = J'_m,$$

und

$$\overline{DE''} = \overline{ME''} + \overline{MD} \, \hat{=} \, \frac{J_x + J_y}{2} + \sqrt{\left(\frac{J_y - J_x}{2}\right)^2 + C_{xy}^2} = J''_m.$$

Ist ferner OE eine beliebige Achse und $\angle EOX = \varphi$, und fällt man von D das Lot $\overline{DG}$ auf dem Strahl ME, so stellt die Strecke $\overline{EG}$ das Trägheitsmoment J für die Achse OE dar, was wie folgt erkannt wird. Wir fällen das Lot $\overline{AF}$ auf ME und ziehen $\overline{AK}$ parallel ME, dann ist, weil $\angle OME = 2\varphi$,

$$\overline{EG} = \overline{EM} + \overline{MF} - \overline{FG} = \overline{EM} + \overline{MA} \cdot \cos(\pi - 2\varphi) - \overline{AK}$$

$$= \overline{EM} - \overline{MA} \cdot \cos 2\varphi - \overline{AD}\sin(\pi - 2\varphi),$$

folglich

$$\overline{EG} \triangleq \frac{J_x + J_y}{2} - \frac{J_y - J_x}{2}\cos 2\varphi - C_{xy}\sin 2\varphi = J$$

in Übereinstimmung mit (27a). Der geometrische Ort der Punkte G ist ein Kreis über $\overline{MD}$ als Durchmesser.

Eine einfache anschauliche Darstellung des Änderungsgesetzes des äquatorialen Trägheitsmomentes mit der Richtung der Achse bietet die sogen. Trägheitsellipse, die man wie folgt erhält. Man trägt (s. Fig. 28) auf der Achse OA eine Strecke $\overline{OE} = R$ auf, dann werden die Koordinaten des Punktes E $X = R\cos\varphi$ und $Y = R\sin\varphi$. Multiplizieren wir nun Gleichung (27) mit R^2, so nimmt sie die Form

$$J \cdot R^2 = J_x X^2 + J_y Y^2 - 2 C_{xy} XY$$

an. Verfügen wir darin über R so, daß für alle Werte von φ

$$J \cdot R^2 = \text{const.} = \varkappa$$

wird, so stellt die Gleichung

$$(30) \qquad J_x X^2 + J_y Y^2 - 2 C_{xy} XY = \varkappa$$

die Gleichung einer Ellipse dar, deren Mittelpunkt der Koordinatenanfang ist, und diese nennt man die Trägheitsellipse der Fläche für den Punkt O. Sie hat die Eigenschaft, daß ihr Fahrstrahl

$$R = \overline{OE} = \sqrt{\frac{\varkappa}{J}}$$

sich umgekehrt proportional der Wurzel aus dem Trägheitsmoment der Fläche für die Achse OE ändert, oder, falls man $J = F \cdot i^2$ einführt, umgekehrt proportional dem Trägheitsradius i.

Bezeichnen A und B die beiden Halbachsen der Trägheitsellipse, so ergeben sich diese aus dem Ausdrucke für R zu

$$A = \sqrt{\frac{\varkappa}{J_{\min}}} = \sqrt{\frac{\varkappa}{J_m'}}, \qquad B = \sqrt{\frac{\varkappa}{J_{\max}}} = \sqrt{\frac{\varkappa}{J_m''}}.$$

Für gewisse Untersuchungen erweist es sich als zweckmäßig,

$$(31) \qquad \varkappa = F \cdot A^2 \cdot B^2$$

einzuführen. Man erhält dann

$$A = \sqrt{\frac{J_m''}{F}} = i_m''; \qquad B = \sqrt{\frac{J_m'}{F}} = i_m'.$$

Die Trägheitsellipse hat bei dieser Verfügung über $\varkappa$ die bemerkenswerte Eigenschaft, daß der Trägheitsradius i für eine beliebige Achse OE (s. Fig. 30) gleich dem Lote $\overline{O\Phi}$ vom Mittelpunkte der Ellipse auf die zu OE parallelen Tangente an die Ellipse ist. Zum Beweise dieser Behauptung benutzen wir den bekannten Satz, daß das Produkt konjugierter Halbachsen der Ellipse konstant, also wenn $\overline{OE} = R$ und $\overline{OE'} = R'$ gesetzt wird,

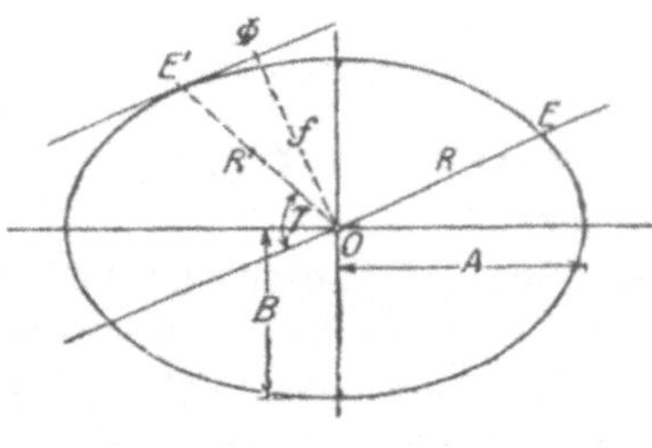

Fig. 30.

$$R\,R'\sin\gamma = \text{const.} = A\,B$$

ist, worin γ den Winkel zwischen den zwei konjugierten Achsen bezeichnet. Führen wir nun $\overline{OE'}\cdot\sin\gamma = \overline{O\Phi} = f$ ein, ferner

$$R = \sqrt{\frac{\varkappa}{J}} = \sqrt{\frac{F A^2 B^2}{J}}\,,$$

so finden wir

$$R\cdot f = f\sqrt{\frac{F A^2 B^2}{J}} = AB,$$

und wegen $J = F\cdot i^2$ schließlich $f = i$, was zu beweisen war.

Bei demselben Werte der Konstanten $\varkappa$ erhält man für die verschiedenen Punkte der Ebene verschiedene Trägheitsellipsen nach Größe und Richtung der Achsen. Unter ihnen ist besonders wichtig die Trägheitsellipse für den Massenmittelpunkt M der Fläche, welche Zentralellipse genannt wird. Diese hat die besondere Eigenheit, daß das Trägheitsmoment für ihre große Achse das kleinste aller möglichen Trägheitsmomente der Fläche ist, wie aus (26 a) in Verbindung mit (26 b) sofort hervorgeht.

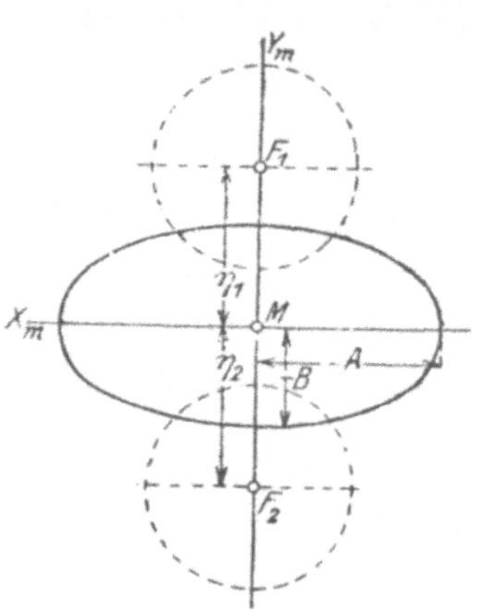

Fig. 31.

Bezeichnet man die beiden Hauptträgheitsmomente für den Massenmittelpunkt mit J'_M und J''_M, so erhält man als Trägheitsmoment für eine zur großen Achse der Zentralellipse parallelen Achse im Abstande η_m nach (26 a) (vgl. Fig. 31)

$$J = J'_M + F\cdot\eta_m^2.$$

Wählt man nun η_m so groß, daß $J = J''_M$ wird, also

$$\eta_m = \pm \sqrt{\frac{J''_M - J'_M}{F}},$$

so erhält man auf der kleinen Achse der Zentralellipse zwei Punkte F_1 und F_2, für welche die Hauptträgheitsmomente einander gleich werden, und demgemäß die Trägheitsellipse in einen Kreis übergeht; man nennt sie die **Festpunkte** der Fläche. Der Radius des Kreises ist gleich der kleinen Halbachse der Zentralellipse.

Beispiele:

1. Die Fläche sei ein Rechteck von der Breite b und der Höhe h (siehe Fig. 32), dann wird

$$J_x = \int y^2 df = b \int\limits_{y=0}^{y=h} y^2\, dy = \frac{b h^3}{3};$$

$$J_y = \int x^2 df = h \int\limits_{x=0}^{x=b} x^2\, dx = \frac{b^3 h}{3};$$

$$C_{xy} = \int xy\, df = \int\limits_{0}^{b}\int\limits_{0}^{h} xy\, dx\, dy = \frac{b^2 h^2}{4}.$$

Bezeichnet δ den Winkel der Diagonalen OD mit der X-Achse, so erhält man, weil $\tan \delta = h : b$,

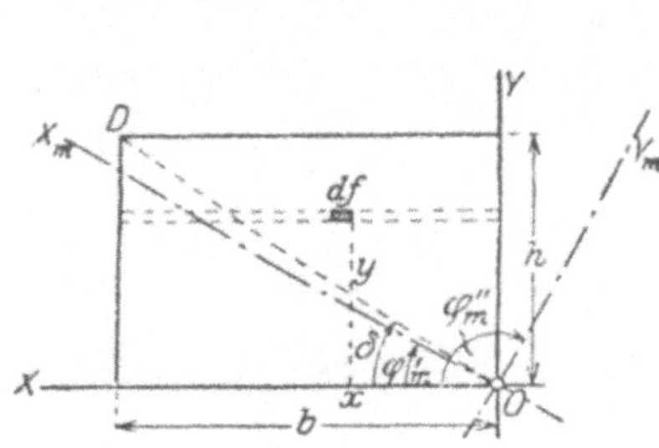

Fig. 32.

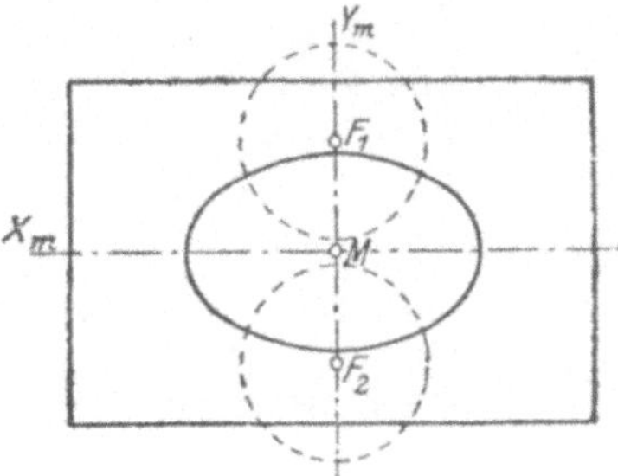

Fig. 33.

$$\tan 2\,\varphi_m = 2\,\frac{C_{xy}}{J_y - J_x} = \frac{3}{2} \cdot \frac{bh}{b^2 - h^2} = \frac{3}{2} \cdot \frac{\tan \delta}{1 - \tan^2 \delta} = \frac{3}{4} \tan 2\,\delta,$$

woraus hervorgeht, daß $\varphi'_m < \delta$ ist. Für die zu den Seiten parallelen Mittellinien des Rechteckes wird $C_{xy} = 0$; sie sind sonach Hauptträgheitsachsen und die Hauptträgheitsmomente werden

$$J'_M = \frac{b h^3}{12}, \qquad J''_M = \frac{b^3 h}{12}.$$

Die Zentralellipse hat daher, falls man nach (31) $\varkappa = F \cdot A^2 \cdot B^2$ wählt, als Hauptachsen

$$A = \sqrt{\frac{J''_M}{F}} = \frac{b}{2\sqrt{3}} = 0{,}577\,\frac{b}{2}; \qquad B = \sqrt{\frac{J'_M}{F}} = \frac{h}{2\sqrt{3}} = 0{,}577\,\frac{h}{2}.$$

Die Festpunkte F_1 und F_2 liegen in den Abständen (s. Fig. 33, S. 45)

$$\overline{MF_1} = \overline{MF_2} = \eta_m = \sqrt{\frac{b^2 - h^2}{12}}.$$

2. Ist die Fläche ein Dreieck ABC und die Achse A_1A_1 eine Parallele zur Basis $\overline{AB}$ durch die Spitze C, so findet sich für letztere als Trägheitsmoment

$$J_1 = \int_{y=0}^{y=h} y^2\, df,$$

falls h die Höhe und $b = \overline{AB}$ die Basis bezeichnet. Wählen wir als df einen Flächenstreifen von der Breite $\overline{A'B'}$ (s. Fig. 34) und der Höhe dy, und beachten, daß aus der Ähnlichkeit der Dreiecke $CA'B'$ und CAB

$$\overline{A'B'} = b \cdot \frac{y}{h}$$

folgt, so ergibt sich mit $df = \overline{A'B'} \cdot dy = \frac{b}{h} y\, dy$

$$J_1 = \int_0^h y^2 \cdot \frac{b}{h}\, dy = \frac{b\,h^3}{4}.$$

Da der Massenmittelpunkt M im Abstande $\eta_1 = \tfrac{2}{3}h$ von der Achse A_1A_1

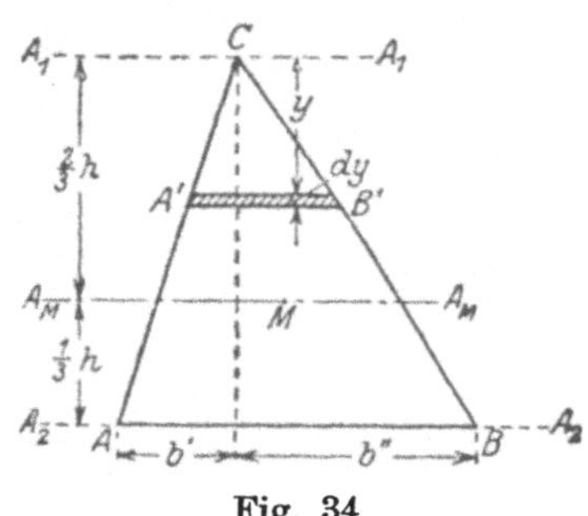

Fig. 34.

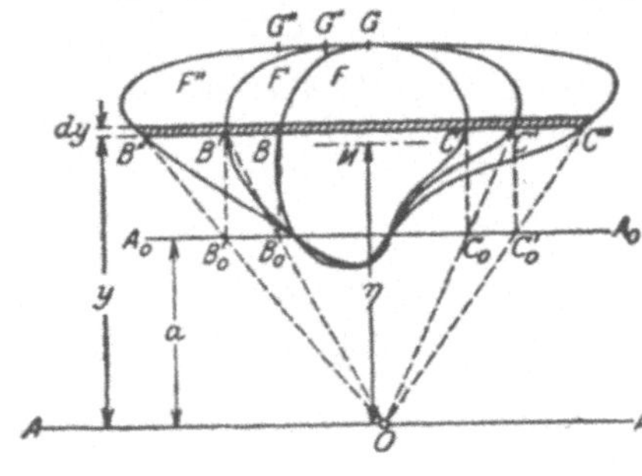

Fig. 35.

entfernt liegt, so finden wir aus (26 a) als Trägheitsmoment für die parallele Mittellinie

$$J_M = J_1 - F \cdot \eta_1{}^2 = \frac{b\,h^3}{4} - \frac{b\,h}{2} \cdot \left(\frac{2}{3}h\right)^2 = \frac{b\,h^3}{36}$$

und für die mit der Basis AB zusammenfallende Achse A_2A_2

$$J_2 = J_M + F \cdot \eta_2{}^2 = \frac{b\,h^3}{36} + \frac{b\,h}{2}\left(\frac{h}{3}\right)^2 = \frac{b\,h^3}{12}.$$

Äquatoriale Trägheitsmomente lassen sich auch **z e i c h n e r i s c h** leicht ermitteln, wozu sich besonders die Methode von Nehls eignet, falls zur Bestimmung von Flächeninhalten Planimeter zur Verfügung stehen. Die Methode von Nehls findet auch mit Vorteil zur Aufsuchung von Mittellinien ebener Flächen Verwendung, worauf zuerst eingegangen werden soll. Es sei F (s. Fig. 35) die Fläche, für die das Trägheitsmoment in bezug auf die Achse AA zu ermitteln ist. Wir legen zu AA eine parallele Achse A_0A_0 im willkürlichen Abstande a, und eine weitere Parallele zu ihr im Abstande y, welche die Flächenbegrenzung in den Punkten B und C schneiden mag. Wir projizieren diese beiden Punkte orthogonal auf die Hilfsachse A_0A_0, und die so erhaltenen Punkte B_0 und C_0 von einem beliebigen Punkte O auf AA zentral auf die Gerade BC zurück, wodurch sich B' und C' ergeben. Wiederholen wir dieses Verfahren für eine genügend große Anzahl von Parallelen, so erhalten wir als geometischen Ort der Punkte B' und C' die Begrenzung einer Fläche F', deren Inhalt zu dem Abstande η der Mittellinie von AA in einem einfachen Zusammenhang steht. Das Flächenelement dF' hat zum Inhalte $\overline{B'C'} \cdot dy$, und da $\overline{B'C'} = \overline{B_0C_0} \cdot \dfrac{y}{a}$, wie aus der Ähnlichkeit der Dreiecke OB_0C_0 und $OB'C'$ hervorgeht, so läßt sich mit Benutzung der Beziehung $\overline{B_0C_0} = \overline{BC}$ auch $dF' = \overline{B'C'} \cdot dy = \dfrac{y}{a}\,\overline{BC} \cdot dy$ setzen, folglich

$$F' = \int dF' = \frac{1}{a}\int y \cdot \overline{BC} \cdot dy.$$

Nun ist aber das Element der Fläche F, d. i. $dF = \overline{BC} \cdot dy$, sonach erhalten wir

$$F' = \frac{1}{a}\int y\,dF,$$

worin

$$\int y\,dF = F \cdot \eta$$

das statische Moment der Fläche F für die Achse AA ist. Wir finden somit

$$\eta = \frac{F'}{F} \cdot a$$

und können hiernach η berechnen, nachdem wir F' und F planimetriert haben.

In der gleichen Weise finden wir das Trägheitsmoment, indem wir dieses Verfahren für die Fläche F' wiederholen. Wir projizieren B' und C' orthogonal auf A_0A_0, und B_0', C_0' zentral von O aus auf BC zurück, womit sich die Punkte B'' und C'' ergeben. Deren geometrischer Ort begrenzt die Fläche F'', und ihr Inhalt findet sich zu

$$F'' = \int dF'' = \int \overline{B''C''} \cdot dy.$$

Da nun $\triangle OB''C'' \sim \triangle OB_0'C_0'$ und $\overline{B_0'C_0'} = \overline{B'C'}$, so wird

$$\overline{B''C''} = \frac{y}{a} \cdot \overline{B_0'C_0'} = \frac{y}{a} \cdot \overline{B'C'} = \frac{y^2}{a^2} \cdot \overline{BC}$$

und hiermit

$$F'' = \frac{1}{a^2}\int y^2 \cdot \overline{BC} \cdot dy = \frac{1}{a^2} \cdot \int y^2 dF = \frac{J}{a^2},$$

so daß das gesuchte Trägheitsmoment der Fläche F sich zu

$$J = F''' \cdot a^2$$

ergibt. Durch Planimetrieren von F'' erhält man sonach J mit der Genauigkeit, welche die Aufzeichnung der Grenzkurve von F' zuläßt. Das Trägheitsmoment J_M für die zu AA parallele Mittellinie findet sich dann nach (26a) zu

$$J_M = J - F \cdot \eta^2 = \frac{a^2}{F}(FF'' - F'^2).$$

Polare Trägheitsmomente.

Bezeichnet O einen willkürlichen Punkt der Ebene der Fläche F, df ein Flächenelement und r den Abstand desselben von O, so nennt man den Ausdruck

(32) $$J_p = \int r^2 df$$

das polare Trägheitsmoment der Fläche für den Punkt O, bzw. für die in O senkrecht zur Ebene der Fläche errichtete Achse. Es

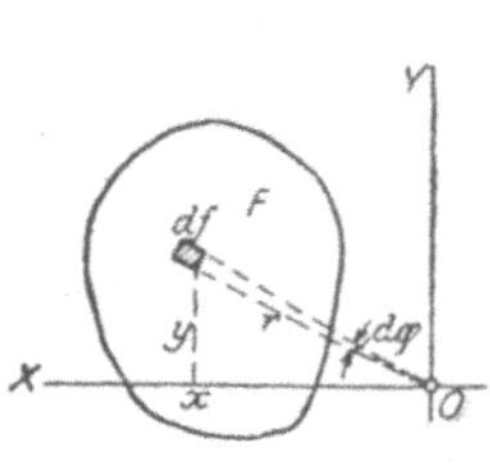

Fig. 36.

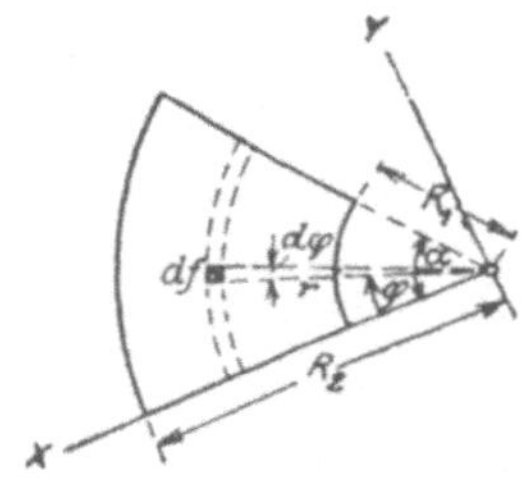

Fig. 37.

ist immer positiv nnd von derselben Dimension, wie das äquatoriale, also $\dim(J_p) = l_I^4$. Für die Auswertung des Integrales ist es unter Umständen vorteilhaft, Polarkoordinaten r und φ (s. Fig. 36) anzuwenden, also

$$df = r\,dr\,d\varphi$$

zu setzen, dann wird

$$J_p = \int\int r^3\,dr\,d\varphi;$$

hierin sind die Grenzen der Integrale durch die Flächenbegrenzung bestimmt.

Beispiel:

Ist die Fläche ein Kreisringsektor von den Radien R_1 und R_2 und dem Zentriwinkel α (s. Fig. 37), dann erhält man für den Kreismittelpunkt

$$J_p = \int\limits_{R_1}^{R_2} \int\limits_0^\alpha r^3\, dr\, d\varphi = \int\limits_{r=R_1}^{r=R_2} r^3\, dr \int\limits_{\varphi=0}^{\varphi=\alpha} d\varphi = \alpha \left[\frac{r^4}{4}\right]_{R_1}^{R_2} = \frac{\alpha}{4}(R_2{}^4 - R_1{}^4) = F \cdot \frac{R_1{}^2 + R_2{}^2}{2}$$

Die Formel für J_p gilt für alle Werte von α; der Einfluß von α macht sich nur für F geltend. Ist $R_1 = 0$, $R_2 = R$, so wird

$$J_p = \frac{\alpha R^4}{4} = \frac{F R^2}{2}.$$

Die polaren Trägheitsmomente hängen in sehr einfacher Weise mit den äquatorialen zusammen. Wie aus Fig. 36 unmittelbar hervorgeht, ist

$$r^2 = x^2 + y^2,$$

folglich liefert (32)

$$(32\,\mathrm{a}) \qquad J_p = \int (x^2 + y^2)\, df = \int x^2\, df + \int y^2\, df = J_x + J_y.$$

Das polare Trägheitsmoment einer Fläche für einen Punkt ist sonach gleich der Summe der äquatorialen Trägheitsmomente für irgend zwei im Punkte sich rechtwinklig schneidende Achsen.

Beispiele:

1. Für das Dreieck Fig. 34 wird das polare Trägheitsmoment in bezug auf die Spitze C, weil hier $J_x = J_1 = \dfrac{b h^3}{4}$ und $J_y = \dfrac{b'^3 h}{12} + \dfrac{b''^3 h}{12}$,

$$J_p = \frac{h}{12}(3 b h^2 + b'^3 + b''^3) = \frac{bh}{12}(3 h^2 + b'^2 - b'b'' + b''^2).$$

2. Ist die Fläche ein Kreisring, so wird für jeden Durchmesser desselben das äquatoriale Trägheitsmoment das gleiche, also für den Mittelpunkt als Koordinatenanfang $J_x = J_y$ und zufolge (32 a) dann

$$J_x = J_y = \tfrac{1}{2} J_p = F \cdot \frac{R_1{}^2 + R_2{}^2}{4}.$$

Sechstes Kapitel.

Theorie der Trägheitsmomente von Körpern.

Die Trägheitsmomente von Körpern zeigen ähnliche Eigenschaften, wie die planaren Trägheitsmomente. Es ist, wie aus (21) hervorgeht, $J > 0$ und $\dim(J) = m_I l_I{}^2$. Setzen wir in (21)

$$dm = \varepsilon \cdot dV,$$

also

$$(33) \qquad J = \int \varepsilon r^2 \cdot dV,$$

so erkennt man sofort, daß die Ermittlung von J eine dreifache Integration erfordert. Beziehen wir z. B. den Körper auf ein dreifach rechtwinkliges Koordinatensystem und setzen dementsprechend

$$dV = dx \cdot dy \cdot dz,$$

so nimmt J die Form

$$(34) \qquad J = \iiint \varepsilon \cdot r^2 \, dx \, dy \, dz$$

an, wobei die Integrale bestimmte sind, deren Grenzen durch die Oberfläche des Körpers gegeben werden. Bei heterogenen Körpern mit stetiger Massenverteilung ist die Dichte ε eine gegebene Funktion der drei Koordinaten; das gleiche gilt von r^2 bei gegebener Achse. Ist der Körper homogen, so wird die Dichte ε konstant $= \varepsilon_0$ und

$$J = \varepsilon_0 \int r^2 dV.$$

Das $\int r^2 dV$ wird dann das Trägheitsmoment des geometrischen Körpers, bzw. des Körpervolumens genannt; bezeichnen wir es mit J_t, so wird

$$J = \varepsilon_0 \cdot J_t$$

und hierin die Dimensionen von J_t, wie man sofort aus (34) ersieht, d. i.

$$\dim (J_t) = l_I{}^5.$$

Für die Berechnung der Trägheitsmomente von Körpern, die durch die Verbindung mehrerer verschiedener Körper entstanden sind, deren Masse M sonach gleich der Summe $M_1 + M_2 + \ldots$ der Einzelmassen ist, besteht die für viele Fälle vorteilhafte Beziehung

$$(35) \qquad J = J_1 + J_2 + \ldots = \Sigma(J_\varkappa),$$

wie man sich leicht überzeugt, indem man die Integrationen über die Einzelkörper getrennt ausführt; dabei beziehen sich die Trägheitsmomente alle auf die gleiche Achse. Kennt man sonach die Trägheitsmomente der einzelnen Körper für ein und dieselbe Achse, so erhält man das Trägheitsmoment des zusammengesetzten Körpers für die gleiche Achse nach (35) einfach durch Summation. Das analoge gilt in dem Falle, wo man einen Körper als Differenz zweier und mehrerer Körper (z. B. eine Hohlkugel als Differenz zweier Vollkugeln) auffassen kann; es ist dann das Trägheitsmoment des Körpers gleich der Differenz der entsprechenden Trägheitsmomente.

Bezeichnet μ die Masse eines materiellen Punktes im Abstande ϱ von einer Achse, bezüglich deren das Trägheitsmoment eines Körpers J ist, so bestimmt die Gleichung

$$J = \mu \varrho^2$$

die Größe von μ als Masse eines Punktes, dessen Trägheitsmoment
dem des Körpers gleich ist; man nennt

$$(36) \qquad \mu = \frac{J}{\varrho^2}$$

die auf den Abstand ϱ reduzierte Masse des Körpers. Wird
insbesondere

$$\mu = M,$$

d. i. der Körpermasse M gleich gewählt, so heißt

$$(37) \qquad \varrho = i = \sqrt{\frac{J}{M}}$$

der **Trägheitsradius** des Körpers für jene Achse. Ist letztere eine
Mittellinie des Körpers, d. h. geht sie durch seinen
Massenmittelpunkt, so wird jeder Punkt, dessen
Abstand von der Achse $\varrho = i$ und dessen Masse
$\mu = M$ gewählt wird, **Trägheitsmittelpunkt**
des Körpers genannt.

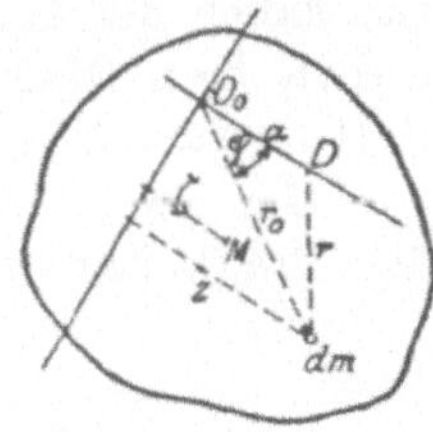

Fig. 38.

Das Trägheitsmoment eines Körpers ändert
sich mit der Lage der Achse, auf die es bezogen wird. Es möge zunächst untersucht werden, wie es sich hinsichtlich aller parallelen Achsen
ändert. Es sei (s. Fig. 38) D_0 eine — senkrecht
zur Zeichnungsebene stehende — Achse, für die das Trägheitsmoment

$$J_0 = \int r_0^2\, dm$$

bekannt ist. Ferner sei D eine beliebige parallele Achse im Abstande
$\overline{D_0 D} = a$ von D_0, und r der Abstand des beliebigen Massenelementes dm von D, dann ist das Trägheitsmoment des Körpers für
die Achse D

$$J = \int r^2\, dm.$$

Aus dem Dreieck, das die Lote r, r_0 und a bilden, folgt
$r^2 = r_0^2 + a^2 - 2 a r_0 \cos\varphi$; sonach wird

$$J = \int (r_0^2 + a^2 - 2 a r_0 \cos\varphi)\, dm = \int r_0^2\, dm + a^2 \int dm - 2 a \int r_0 \cos\varphi \cdot dm.$$

Nun ist $\int dm = M$, ferner $r_0 \cos\varphi = z$ der Abstand des Massenelementes dm von der Ebene, welche durch D_0 geht und senkrecht
zur Ebene der beiden parallelen Achsen D_0 und D steht; es wird
folglich

$$\int r_0 \cos\varphi\, dm = \int z\, dm = M \cdot \zeta,$$

falls ζ den Abstand des Massenmittelpunktes M von jener Ebene
bezeichnet. Damit wird schließlich

$$(38) \qquad J = J_0 + M a^2 - 2 a M \zeta.$$

4*

Durch diese Beziehung läßt sich das Trägheitsmoment des Körpers für jede beliebige Achse aus dem für eine gegebene Achse berechnen, wenn die Lage des Massenmittelpunktes bekannt ist. Ganz besonders einfach wird die Relation (38), falls D_0 durch den Massenmittelpunkt geht; denn dann ist $\zeta = 0$ und folglich

$$(39) \qquad\qquad J = J_M + M\eta^2,$$

falls J_M das Trägheitsmoment des Körpers für die entsprechende parallele Mittellinie und η den Abstand der beliebigen Achse D vom Massenmittelpunkt bezeichnet.

Aus (39) geht hervor, daß $J_M < J$, und sonach

$$(40) \qquad\qquad \min(J) = J_M$$

ist; daher der Satz: **Unter allen parallelen Achsen ergibt die durch den Massenmittelpunkt gehende das kleinste Trägheitsmoment.**

Um auch den Einfluß der Richtungsänderung der Achsen auf das Trägheitsmoment kennen zu lernen, wollen wir das Trägheitsmoment des Körpers für alle Achsen ermitteln, die durch einen willkürlich gewählten Punkt O des Körpers gehen. Legen wir in letzteren den Koordinatenanfang, und durch ihn eine beliebige Achse OD, die mit den Koordinatenachsen die Winkel δ_x, δ_y, δ_z einschließt, ferner bezeichnen xyz die Koordinaten des beliebigen Körperpunktes A mit dem Massenelement dm und setzen wir

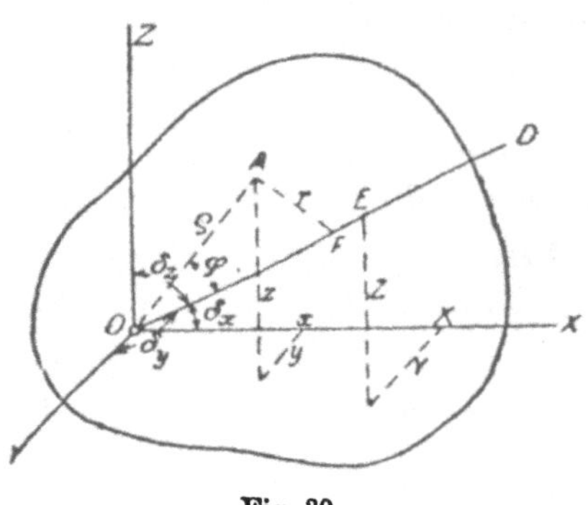

Fig. 39.

$$\overline{OA} = \varrho = \sqrt{x^2 + y^2 + z^2}, \quad \angle AOD = \varphi,$$

so erhalten wir für das Quadrat des Abstandes r des Punktes A von der Achse OD (s. Fig. 39)

$$r^2 = (\varrho \sin \varphi)^2 = \varrho^2 - \varrho^2 \cos^2 \varphi.$$

Nun ist bekanntlich die Projektion $\overline{OF} = \varrho \cos\varphi$ der Strecke ϱ auf die Achse OD gleich $x\cos\delta_x + y\cos\delta_y + z\cos\delta_z$, d. h. gleich der Summe der Projektionen der Koordinaten x, y, z des Punktes A auf OD, ferner $\cos^2\delta_x + \cos^2\delta_y + \cos^2\delta_z = 1$; wir erhalten sonach

$$r^2 = (x^2 + y^2 + z^2)(\cos^2\delta_x + \cos^2\delta_y + \cos^2\delta_z) - (x\cos\delta_x + y\cos\delta_y + z\cos\delta_z)^2$$
$$= (y^2 + z^2)\cos^2\delta_x + (z^2 + x^2)\cos^2\delta_y + (x^2 + y^2)\cos^2\delta_z - 2xy\cos\delta_x\cos\delta_y$$
$$- 2yz\cos\delta_y\cos\delta_z - 2xz\cos\delta_x\cos\delta_z.$$

Hierin ist $\sqrt{y^2 + z^2} = r_x$ der Abstand des Punktes A von der X-Achse, $\sqrt{z^2 + x^2} = r_y$ der von der Y-, und $\sqrt{x^2 + y^2} = r_z$ von der Z-Achse; damit wird

$$J = \int r^2 dm = \cos^2\delta_x \int r_x^2 dm + \cos^2\delta_y \int r_y^2 dm + \cos^2\delta_z \int r_z^2 dm$$
$$- 2\cos\delta_x\cos\delta_y \int xy\,dm - 2\cos\delta_y\cos\delta_z \int yz\,dm - 2\cos\delta_x\cos\delta_z \int xz\,dm.$$

Beachten wir nun, daß die Integrale

$$\int r_x^2 dm = J_x, \qquad \int r_y^2 dm = J_y, \qquad \int r_z^2 dm = J_z$$

die Trägheitsmomente des Körpers für die Koordinatenachsen sind, und $\int xy\,dm = C_{xy}$, $\int yz\,dm = C_{yz}$, $\int xz\,dm = C_{xz}$ die Zentrifugalmomente für je zwei dieser Achsen, so ersehen wir, daß das Änderungsgesetz des Trägheitsmomentes J mit der Richtung der Achse OD durch den Ausdruck

$$(41) \qquad J = J_x\cos^2\delta_x + J_y\cos^2\delta_y + J_z\cos^2\delta_z - 2C_{xy}\cos\delta_x\cos\delta_y$$
$$- 2C_{yz}\cos\delta_y\cos\delta_z - 2C_{xz}\cos\delta_x\cos\delta_z$$

bestimmt wird, in dem die Veränderlichen die Winkel δ_x, δ_y, δ sind. Vorstehende Beziehung ermöglicht eine ähnliche anschauliche Ausdeutung, wie die entsprechende Formel (26) für die planaren Trägheitsmomente. Tragen wir auf der Achse OD eine Strecke $\overline{OE} = R$ auf und bezeichnen die Koordinaten des Punktes E mit X, Y, Z, setzen also

$$R\cos\delta_x = X, \qquad R\cos\delta_y = Y, \qquad R\cos\delta_z = Z,$$

so erhalten wir aus (41) nach Multiplikation mit R^2

$$R^2 \cdot J = J_x X^2 + J_y Y^2 + J_z Z^2 - 2C_{xy}XY - 2C_{yz}YZ - 2C_{xz}XZ.$$

Verfügen wir nun über R derart, daß für alle Achsen OD

$$R^2 \cdot J = \text{Const.} = \varkappa$$

ist, so geht die vorhergehende Gleichung über in

$$(41\,a) \qquad J_x X^2 + J_y Y^2 + J_z Z^2 - 2C_{xy}XY - 2C_{yz}YZ - 2C_{xz}XZ = \varkappa$$

und diese stellt die Mittelpunktsgleichung eines Ellipsoides dar; der geometrische Ort der Punkte E ist sonach dieses Ellipsoid, das Trägheitsellipsoid für den Punkt O genannt wird. Es hat die wertvolle Eigenschaft, daß sein Fahrstrahl

$$\overline{OE} = R = \pm\sqrt{\frac{\varkappa}{J}}$$

umgekehrt proportional der Wurzel aus dem Trägheitsmoment des Körpers für den Fahrstrahl als Achse ist. Daß die Fläche zweiten Grades, die die Gleichung (41a) darstellt, ein Ellipsoid ist, folgt sofort aus der Beziehung für R; denn J ist im allgemeinen $< \infty$ und stets > 0, also R für alle Richtungen von OD reell und $< \infty$. Das Trägheitsellipsoid hat wie jede Fläche zweiten Grades drei Hauptachsen, welche zueinander senkrecht stehen; sie werden die **Hauptträgheitsachsen** im Punkte O genannt. Bezeichnen A, B, C die drei Halbachsen des Trägheitsellipsoides, und ist $A > B > C$, so ersieht man sofort, daß

$$(42) \quad \min(J) = J_m' = \frac{\varkappa}{A^2}, \quad \mathrm{med}(J) = J_m'' = \frac{\varkappa}{B^2}, \quad \max(J) = J_m''' = \frac{\varkappa}{C^2}$$

ist; diese drei Trägheitsmomente heißen die **Hauptträgheitsmomente** des Körpers im Punkte O und ergeben sich für die drei Hauptträgheitsachsen. Bezieht man das Ellipsoid auf seine Hauptachsen als Koordinatenachsen, so erhält seine Gleichung bekanntlich die Form

$$\frac{X^2}{A^2} + \frac{Y^2}{B^2} + \frac{Z^2}{C^2} = 1.$$

Daraus schließen wir, daß für die Hauptträgheitsachsen $C_{xy} = C_{yz} = C_{xz} = 0$ wird, d. h. das Zentrifugalmoment des Körpers bezogen auf je zwei der drei Hauptträgheitsachsen ist gleich Null.

Umgekehrt läßt sich aus dem Verschwinden zweier Zentrifugalmomente der Schluß ziehen, daß die eine der Koordinatenachsen eine Hauptträgheitsachse ist. Wenn z. B. ein Körper hinsichtlich einer Ebene eine orthogonalsymmetrische Massenverteilung besitzt, so ist jede zu dieser Ebene senkrechte Gerade eine Hauptträgheitsachse. Um das zu beweisen, legen wir eine der Koordinatenebenen, z. B. die YZ-Ebene in jene Symmetrieebene, dann wird

$$C_{xy} = \iiint xy\,dm = \iint y \int x\,dm; \qquad C_{xz} = \iiint xz\,dm = \iint z \int x\,dm.$$

Ist nun die orthogonale Massensymmetrie bezüglich der YZ-Ebene vorhanden, so muß, wie man sich sofort überzeugt,

$$\int x\,dm = 0$$

werden für alle Werte von y und z; folglich verschwinden dann beide vorstehenden Zentrifugalmomente und es ist sonach die X-Achse eine Hauptträgheitsachse für den Koordinatenanfang. Das gilt für alle Punkte der Symmetrieebene. Ist der Körper homogen, so muß für seine Begrenzungsfläche die orthogonale Symmetrie bestehen.

Das Trägheitsellipsoid für den Massenmittelpunkt des Körpers wird **Zentralellipsoid** genannt. Es ist besonders dadurch ausgezeichnet, daß für seine große Hauptachse das Trägheitsmoment den kleinstmöglichen Wert annimmt, wie aus (42) in Verbindung mit (40) hervorgeht.

Ist der Körper besonders gestaltet, so kann das Trägheitsellipsoid in ein Rotationsellipsoid oder in eine Kugel übergehen. Ersteres tritt z. B. ein, wenn der Körper eine orthogonale Symmetrieachse bezüglich seiner Massenverteilung besitzt; in letzterer liegt dann die Rotationsachse des Ellipsoides und diese ist Hauptträgheitsachse für jeden ihrer Punkte.

Bei der Berechnung der Trägheitsmomente ist zu beachten, daß das Massenelement dm in den Integralen unendlich klein von der dritten Ordnung ist, also J nur durch ein dreifaches Integral bestimmt werden kann. In manchen Fällen, insbesondere bei homogenen Körpern, reicht aber auch ein zwei- bzw. einfaches Integral aus, und zwar wenn es möglich ist, das Massenelement entsprechend zu wählen. Es möge das an einigen Beispielen erläutert werden.

Beispiele:

1. Der Körper sei ein homogenes Parallelepiped mit den Kantenlängen a, b, c und der Dichte ε_0, also der Masse $M = \varepsilon_0 abc$; es soll das Trägheitsmoment für eine Kante ermittelt werden. Wir legen das Koordinatensystem in die drei Kanten, die in einem Endpunkte O (s. Fig. 40) zusammenstoßen und es sei die Y-Achse die Achse, für die J gefunden werden soll. Zu dem Ende wählen wir als Massenelement ein unendlich dünnes Prisma parallel der Y-Achse von dem Querschnitt $dx \cdot dz$, so daß

$$dm = \varepsilon_0 b \cdot dx\,dz.$$

Da der Abstand r_y aller seiner Punkte von der Y-Achse $= \sqrt{x^2 + z^2}$ ist, so erhalten wir hier einfacher

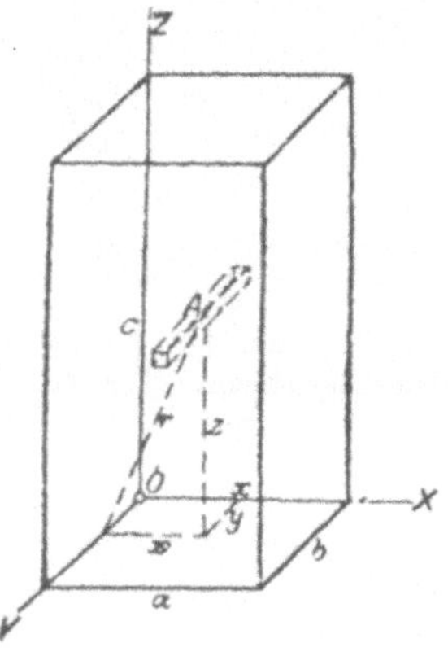

$$J = J_y = \int r_y^2 dm = \varepsilon_0 b \int_{x=a}^{x=0} \int_{z=c}^{z=0} (x^2 + z^2)\,dx\,dz$$

$$= \varepsilon_0 b \left[\int_0^a x^2\,dx \int_0^c dz + \int_0^a dx \int_0^c z^2\,dz \right]$$

$$= \varepsilon_0 b \left[\frac{a^3 c}{3} + \frac{a c^3}{3} \right] = M \frac{a^2 + c^2}{3}.$$

Fig. 40.

Führen wir die Diagonale $D = \sqrt{a^2 + c^2}$ ein, so wird noch einfacher

$$J_y = \frac{M D^2}{3}$$

und der entsprechende Trägheitsradius

$$i_y = \sqrt{\frac{J_y}{M}} = \frac{D}{\sqrt{3}}.$$

In der gleichen Weise findet man die Trägheitsmomente J_x und J_z für die beiden anderen Koordinatenachsen, und zwar

$$J_x = M \cdot \frac{b^2 + c^2}{3}, \qquad J_z = M \cdot \frac{a^2 + b^2}{3}.$$

Diese drei Trägheitsmomente sind aber keineswegs die Hauptträgheitsmomente im Punkte O, und ebensowenig die Kanten Trägheitshauptachsen, wie schon daraus hervorgeht, daß die Zentrifugalmomente, z. B.

$$C_{xz} = \iint xz\,dm = \varepsilon_0 b \int_0^a \int_0^c xz\,dx\,dz = \varepsilon_0 b \frac{a^2 c^2}{4} = M \frac{ac}{4}$$

von Null verschieden sind. Anders ist es dagegen mit den zu den Kanten parallelen Achsen im Massenmittelpunkt; denn die Ebenen durch je zwei dieser Achsen sind orthogonale Symmetrieebenen, also alle drei entsprechenden Zentrifugalmomente Null. Die Hauptträgheitsmomente selbst finden sich leicht mittels der Gleichung (39), so z. B.

$$J_{my} = J_y - M \left(\frac{D}{2}\right)^2 = \frac{MD^2}{3} - M \frac{D^2}{4} = M \frac{D^2}{12} = M \frac{a^2 + c^2}{12},$$

und analog die beiden anderen

$$J_{mx} = M \cdot \frac{b^2 + c^2}{12}, \qquad J_{mz} = M \cdot \frac{a^2 + b^2}{12}.$$

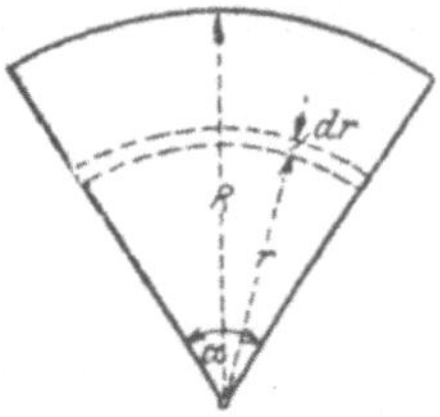

Fig. 41. 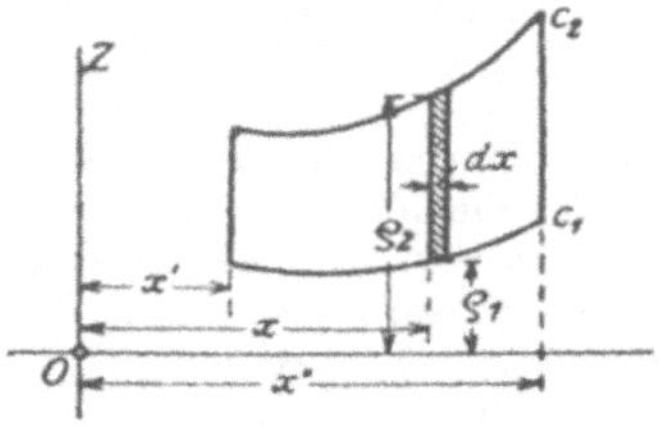　　　　　　　　　　　　　Fig. 42.

2. Für den Sektor eines homogenen Kreiszylinders vom Radius R und dem Zentriwinkel α (s. Fig. 41) wird das Trägheitsmoment bezüglich der Zylinderachse D

$$J = \int_{r=0}^{r=R} r^2\,dm,$$

falls $dm = \varepsilon_0 \cdot l \cdot r \cdot \alpha \cdot dr$ die Masse einer Kreishohlzylinderschicht vom Radius r, der Dicke dr und der Zylinderlänge l darstellt, denn alle Massenelemente dieser Schicht haben die gleiche Entfernung r von der Achse. Sonach ergibt sich

$$J = \varepsilon_0 l \alpha \int_{r=0}^{r=R} r^3\,dr = \tfrac{1}{4} \varepsilon_0 l \alpha R^4 = M \cdot \frac{R^2}{2},$$

weil bekanntlich $M = \varepsilon_0 \frac{l R^2 \alpha}{2}$.

Dementsprechend erhält man für den Sektor eines Hohlzylinders von den Radien R_1 und R_2

$$J = J_2 - J_1 = \tfrac{1}{4} \varepsilon_0 l \alpha (R_2^4 - R_1^4) = M \cdot \frac{R_1^2 + R_2^2}{2}.$$

Die entwickelten Ausdrücke gelten für alle Werte von α, sonach auch für $\alpha = 2\pi$, d. h. für homogene Kreisvoll-, bzw. Hohlzylinder.

3. Dreht sich eine ebene Fläche, die durch die Kurven c_1 und c_2 (s. Fig. 42), sowie zwei Ordinaten in den Abständen x' und x'' von der Z-Achse begrenzt wird, um die X-Achse des Koordinatensystems, so entsteht bei beliebigem Drehwinkel α der Sektor eines Rotationskörpers. Denkt man sich diesen in unendlich dünne ebene Scheiben senkrecht zur Drehachse von der Dicke dx und den Radien ϱ_1 und ϱ_2 zerlegt, so ist das Trägheitsmoment einer solchen nach dem Vorhergehenden

$$dJ_x = \tfrac{1}{4}\varepsilon_0 \cdot \alpha(\varrho_2^4 - \varrho_1^4)dx;$$

darin sind $\varrho_1 = f_1(x)$ und $\varrho_2 = f_2(x)$ bekannte Funktionen von x, entsprechend den Gleichungen der Kurven c_1 und c_2. Sonach wird

$$J_x = \int_{x=x'}^{x=x''} dJ_x = \tfrac{1}{4}\varepsilon_0\alpha\int_{x'}^{x''} (\varrho_2^4 - \varrho_1^4)dx.$$

Ist c_1 eine Gerade, die in die X-Achse fällt (s. Fig. 43), und c_2 eine durch den Koordinatenanfang gehende Gerade unter dem Winkel β, so wird der Rota-

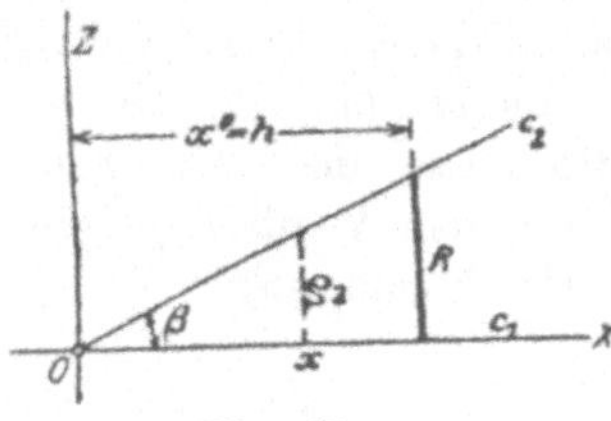

Fig. 43.

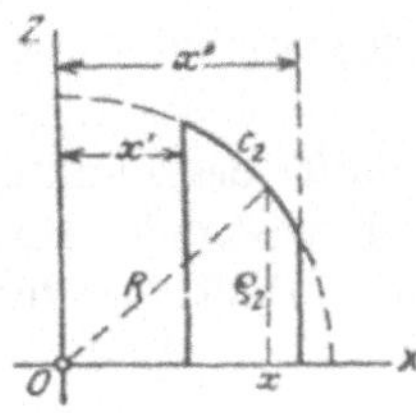

Fig. 44.

tionskörper der Sektor eines geraden Kreiskegels. Da dann $\varrho_1 = 0$, $\varrho_2 = x \cdot \tan\beta$, so erhält man für $x' = 0$, $x'' = h$

$$J_x = \tfrac{1}{4}\varepsilon_0 \cdot \alpha \cdot \tan^4\beta \cdot \int_0^h x^4 dx = \tfrac{1}{20} \cdot \varepsilon_0 \cdot \alpha \cdot h^5 \tan^4\beta.$$

Setzt man noch $h\tan\beta = R$, worin R den Radius des Basiskreises bezeichnet, und benutzt, daß $M = \tfrac{1}{6}\varepsilon_0\alpha h R^2$, so erhält man für alle Werte von α

$$J_x = \tfrac{1}{20}\varepsilon_0\alpha h R^4 = \tfrac{3}{10}MR^2.$$

Ist c_1 wieder die X-Achse, c_2 dagegen ein Kreis vom Radius R, in dessen Mitte der Koordinatenanfang liegt (s. Fig. 44), so daß demnach $\varrho_2 = 0$, $\varrho_2 = +\sqrt{R^2 - x^2}$ wird, so bildet der Rotationskörper den Sektor einer homogenen Kugelzone, dessen Trägheitsmoment für die Rotationsachse sich zu

$$J_x = \tfrac{1}{4}\varepsilon_0\alpha\int_{x'}^{x''} (R^2 - x^2)^2 dx = \tfrac{1}{4}\varepsilon_0\alpha\left[R^4(x'' - x') - \tfrac{2}{3}R^2(x''^3 - x'^3) + \tfrac{1}{5}(x''^5 - x'^5)\right]$$

ergibt. Insbesondere findet sich für die Kugelkalotte mit $x'' = R$

$$J_x = \tfrac{1}{4}\varepsilon_0\alpha\cdot\left[\tfrac{8}{15}R^5 - R^4 x' + \tfrac{2}{3}R^2 x'^3 - \tfrac{1}{5}x'^5\right].$$

und für das Kugelzweieck vom Zentriwinkel α, weil dann $x' = -R$,

$$J_x = \tfrac{4}{15}\varepsilon_0\alpha R^5 = \tfrac{2}{5}M\cdot R^2.$$

Siebentes Kapitel.

Die Wirkung von Kräften auf die freie Bewegung materieller Punkte.

Unter der Wirkung der Kraft auf einen freibeweglichen materiellen Punkt soll entsprechend der Definition der Kraft zunächst verstanden werden die Beschleunigung, die die Kraft dem Punkt erteilt. Durch die Größe und Richtung der Beschleunigung wird der Einfluß bestimmt, den die Kraft auf die Bewegung des Punktes ausübt. Nach den Darlegungen der Bewegungslehre (Bd. I, 4. Kap.) bedingt das Vorhandensein einer Beschleunigung im allgemeinen eine Änderung sowohl der Größe, als der Richtung der augenblicklichen Geschwindigkeit des Punktes. Es sei (s. Fig. 45) v die Geschwindigkeit des Punktes A, m die Masse des letzteren, und P die auf A wirkende Kraft, die mit v den Winkel φ einschließen mag, dann erhält der Punkt A die Beschleunigung

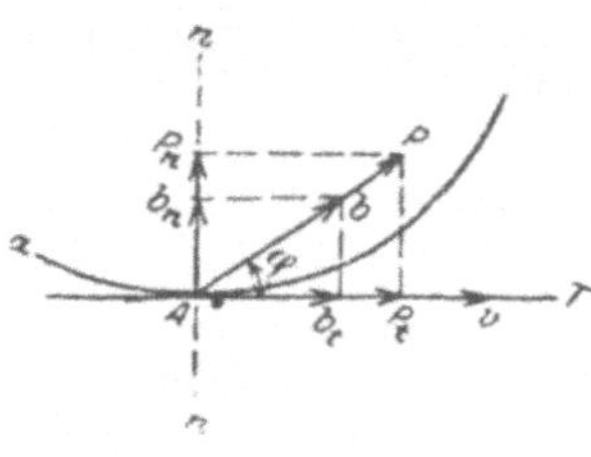

Fig. 45.

$$b = \frac{P}{m}$$

in der Richtung der Kraft. Zerlegen wir b in Komponenten in Richtung der Bahntangente AT und der Hauptnormalen n der Bahn, und zwar mittels des Parallelogramms der Beschleunigungen, so erhalten als tangentiale Komponente die sog. Tangentialbeschleunigung

$$b_t = b \cos \varphi,$$

und als normale die sog. Zentripetalbeschleunigung

$$b_n = b \cdot \sin \varphi.$$

Durch Multiplikation dieser Ausdrücke mit der Masse m des Punktes A erhalten wir als sogenannte

Tangentialkraft $P_t = m\,b_t = m \cdot b \cdot \cos \varphi = P \cdot \cos \varphi$

und als

Normal- oder Zentripetalkraft $P_n = m\,b_n = m\,b \cdot \sin \varphi = P \sin \varphi$;

es sind sonach die P_t, bzw. P_n darstellenden Vektoren die Seiten eines Rechteckes, dessen Diagonale die Kraft P darstellt. Unter Berücksichtigung der für b_t und b_n gefundenen Ausdrücke (Bd. I, S. 38, Formeln V und VI) erhalten wir demnach

$$P_t = P \cdot \cos \varphi = m \cdot \frac{dv}{dt};$$

$$P_n = P \cdot \sin \varphi = m \cdot v \cdot \frac{d\tau}{dt}.$$

Aus diesen Beziehungen erkennt man sofort den Einfluß der Kraft P auf die Bewegung des Punktes, der im allgemeinen aus einer Änderung der Größe der Geschwindigkeit v im Betrage von

$$dv = \frac{P \cdot \cos \varphi}{m} \cdot dt$$

und der Richtung von v um

$$d\tau = \frac{P \cdot \sin \varphi}{m \cdot v} \cdot dt$$

in der Zeit dt besteht.

Beispiel. Bei dem Wurf im luftleeren Raume mit der Anfangsgeschwindigkeit v_0 (s. Fig. 46a) ist es die Schwerkraft $S = m \cdot g$ des Punktes, welche die Wurfgeschwindigkeit v fortwährend nach Größe und Richtung ändert. Das

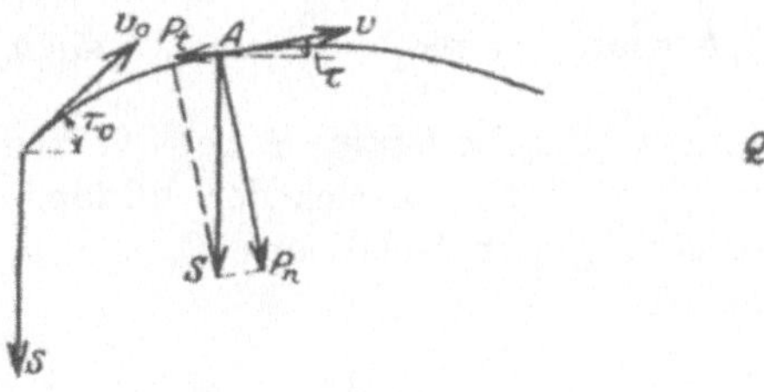

Fig. 46a.
Fig. 46b. 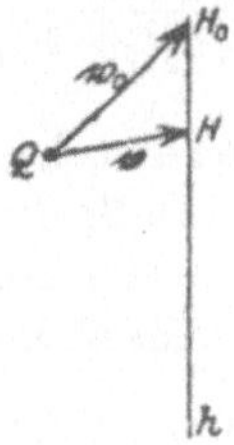

Gesetz, nach dem dies geschieht, zeigt am besten der Hodograph (s. Bd. I, 5. Kap., S. 41) der Bewegung, der hier (s. Fig. 46b) eine vertikale Gerade h ist, während die Bahn des Punktes infolge dieser Geschwindigkeitsänderungen in eine Parabel mit vertikaler Hauptachse übergeht.

Wirken mehrere Kräfte gleichzeitig auf einen Punkt, so kann deren Gesamtwirkung wieder nur in der Erteilung einer nach Größe und Richtung bestimmten Beschleunigung bestehen. Die Bestimmung dieser Beschleunigung wird ermöglicht durch das folgende **Erfahrungsgesetz:**

Die Größe und Richtung der Beschleunigung, welche eine Kraft einem materiellen Punkte erteilt, ist unabhängig von der gleichzeitigen Wirkung anderer Kräfte auf den Punkt.

Aus diesem wichtigen Erfahrungsgesetz folgt ein Satz, der eine der Hauptgrundlagen der Statik bildet und, wie folgt, bewiesen werden kann.

Es mögen auf den Punkt A gleichzeitig die Kräfte P_1 und P_2 wirken, dann erteilt erstere dem Punkt die Beschleunigung $b_1 = \dfrac{P_1}{m}$ in der Richtung von P_1 und letztere $b_2 = \dfrac{P_2}{m}$ in Richtung von P_2 (s. Fig. 47), weil nach vorstehendem Erfahrungsgesetz b_2 unabhängig von P_1 und b_1 von P_2 ist. Fassen wir nun b_1 und b_2 als die Be-

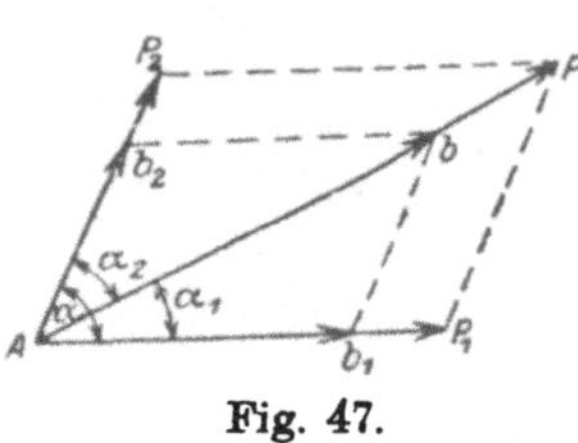

Fig. 47.

schleunigungen von Seitenbewegungen des Punktes A auf, was ohne weiteres möglich ist, so lassen sich diese nach den Sätzen der Bewegungslehre (vgl. Bd. I, 4. Kap.) zu einer Beschleunigung b zusammensetzen, welche nach Größe und Richtung dargestellt wird durch die Diagonale des Parallelogramms der Beschleunigungen (s. Fig. 47) und deren Größe und Richtung sich durch die Formeln

$$b = \sqrt{b_1{}^2 + b_2{}^2 + 2\,b_1\,b_2\cos\alpha}, \quad \sin\alpha_1 = \frac{b_2}{b}\cdot\sin\alpha, \quad \sin\alpha_2 = \frac{b_1}{b}\sin\alpha$$

berechnet werden kann; darin bedeutet α den Winkel, den die Richtungen der Kräfte P_1 und P_2 miteinander bilden. Aus ihnen ergeben sich unter Benutzung der Relationen $P_1 = mb_1$, $P_2 = mb_2$ $P = mb$ die Ausdrücke

$$(43) \quad P = mb = \sqrt{P_1{}^2 + P_2{}^2 + 2\,P_1\,P_2\cos\alpha}, \quad \sin\alpha_1 = \frac{P_2}{P}\cdot\sin\alpha,$$

$$\sin\alpha_2 = \frac{P_1}{P_2}\sin\alpha$$

welche erkennen lassen, daß der geometrische Zusammenhang zwischen den drei Strecken, die die Kräfte P_1, P_2 und P darstellen, der gleiche ist, wie zwischen den Beschleunigungsvektoren, d. h. daß sich die Wirkung der Kräfte P_1 und P_2 auf den materiellen Punkt ersetzen läßt durch die einer einzigen Kraft, deren Größe und Richtung dargestellt wird durch die Diagonale eines Parallelogramms, dessen Seiten die beiden Kräfte darstellen. Dieses Parallelogramm heißt das **Parallelogramm der Kräfte**, P_1 und P_2 heißen die **Seitenkräfte** oder **Komponenten** von P, während P die **Resultierende** oder **Mittelkraft** der beiden Kräfte genannt wird. Ferner nennt man die Ermittlung von P durch das Parallelogramm die **Zusammensetzung** zweier Kräfte zu einer resultierenden Kraft.

Unter Benutzung von Vektoren läßt sich an die Stelle der drei Formeln (43) auch die eine Beziehung

$$(44) \qquad\qquad \mathfrak{P} = \mathfrak{P}_1 + \mathfrak{P}_2$$

setzen, da die Strecke $\mathfrak{P}$ durch geometrische Addition von $\mathfrak{P}_1$ und $\mathfrak{P}_2$ ebenfalls nach Größe und Richtung erhalten wird.

Der hier geführte Nachweis des Satzes vom Kräfteparallelogramm gilt nur unter der Voraussetzung, daß die Wirkung einer Kraft sich auf einen freibeweglichen materiellen Punkt bezieht und in der Erteilung einer bestimmten Beschleunigung besteht. Der erwähnte Satz hat jedoch eine viel allgemeinere Gültigkeit und erstreckt sich auf noch weitere Wirkungen der Kräfte. Zu dieser erweiterten Fassung des Satzes gelangen wir unter Benutzung des Begriffes der Arbeit, der im folgenden Kapitel eingeführt werden soll.

Achtes Kapitel.

Die Arbeit der Kräfte.

Es bewege sich ein Punkt A, auf den eine nach Größe und Richtung unveränderliche Kraft P unter dem Winkel α gegen den geradlinigen Weg $\overline{A_0 A} = u$ wirkt, auf der Geraden (a) (s. Fig. 48), dann nennt man das Produkt

$$(45) \qquad P \cdot u \cdot \cos \alpha = A$$

die Arbeit der Kraft P auf dem Wege u. Der Ausdruck für A läßt zwei Auslegungen zu. Entweder benutzt man, daß $P \cdot \cos \alpha = P_t$, d. h. zufolge des im vorhergehenden Artikel erwiesenen gleich der tangentialen Komponente von P ist, also

$$(45\,\mathrm{a}) \qquad A = P_t \cdot u$$

schreiben kann, demzufolge die Arbeit als Produkt aus der Tangentialkraft P_t und dem Wege u ihres Angriffspunktes aufgefaßt werden kann. Oder man beachtet,

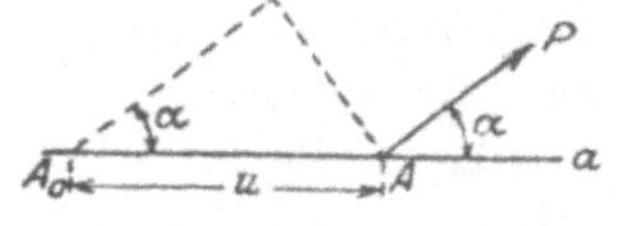

Fig. 48.

daß $u \cdot \cos \alpha = \sigma$ gleich der Projektion $\overline{A_0 F}$ des Weges u auf die Kraftrichtung ist, und demgemäß

$$(45\,\mathrm{b}) \qquad A = P \cdot \sigma,$$

also die Arbeit A gleich dem Produkt aus P und der Projektion $\sigma = \overline{A_0 F}$ des Weges u ihres Angriffspunktes auf ihre Richtung definiert wird. Erstere Auffassung ist die am häufigsten verwendete; letztere ist dagegen vorteilhaft für die Berechnung von A, wenn P im Kraftfeld nach Größe und Richtung sich als konstant erweist.

Die wichtigste Eigenschaft der Größe, die wir Arbeit nennen, wird aus der Form (45b) der mathematischen Formulierung des

Arbeitsbegriffes am besten erkannt. Wir sehen, daß nicht die Größe von P, noch die von σ an sich ausschlaggebend für die Größe von A sind, sondern nur das Produkt beider, d. h. es kann dieselbe Arbeit von einer großen Kraft auf kleinem Wege, wie von einer kleinen Kraft auf großem Wege verrichtet worden. In dieser Hinsicht stimmt die Formulierung (45 b) des Arbeitsbegriffes ganz mit dem überein, was die Umgangssprache unter Arbeit, bzw. unter mechanischer Arbeit versteht. Das zeigt sich u. a. deutlich in den Beobachtungen, die wir an der Arbeit der Schwerkraft, also z. B. beim Heben schwerer Körper machen. Wir nehmen da wahr, daß es die gleiche Arbeit erfordert, einen Körper auf eine Höhe von n Metern zu heben, wie n solcher Körper auf einen Meter, in der Tat also das Produkt aus Schwere und Hubhöhe ausschlaggebend für die Größe der Hubarbeit ist.

Wie die Definition (45) von A lehrt, wird $A > 0$, falls $0 \leqq \alpha \leqq \dfrac{\pi}{2}$ ist; dagegen $A < 0$, d. h. negativ, wenn $\dfrac{\pi}{2} \leqq \alpha \leqq \pi$ sein würde. Da die Schwerkraft vertikal nach abwärts gerichtet ist, so erkennen wir hiermit, daß die Schwere bei der Abwärtsbewegung der Körper Arbeit verrichtet, wie z. B. die Schwere des Wasser im oberschlächtigen Wasserrad, bei der Aufwärtsbewegung dagegen Arbeit verzehrt, d. h. wir müssen beim Hub schwerer Körper durch unsere Muskelkräfte Arbeit verrichten.

Die Arbeit einer Kraft ist an keine Bewegungsrichtung ihres Angriffspunktes gebunden; sie ist daher eine **skalare**, d. h. keine gerichtete Größe.

Als **Maß** oder **Einheit** der Arbeit ergibt sich nach (45a oder b)

$$A_I = P_I\, l_I,)$$

d. h. die Arbeitseinheit ist die Arbeit, welche die Krafteinheit P_I auf einem Wege gleich der Längeneinheit l_I verrichtet, falls $\alpha = 0$.

Man erhält sonach im **absoluten** Maßsystem, in dem $P_I = m_I l_I t_I^{-2}$, als Dimensionsformel für die Arbeitseinheit

$$\dim (A) = A_I = m_I\, l_I^{\,2}\, t_I^{-2}.$$

Im C.G.S.-System (vgl. das 3. Kap.) wird

$$A_I = 1\ \mathrm{g\,cm^2\ s^{-2}} = 1\ \mathrm{Erg};$$

d. h. man nennt die Arbeitseinheit in diesem System ein Erg. Sie ist die Arbeit der Krafteinheit, des Dyn, auf dem Wege von einem Zentimeter. Die millionenfache Größe, d. i. 10^6 Erg nennt man ein Megerg; dieses ist die Arbeit eines Megadyn auf dem Wege von einem Zentimeter. In der Elektrotechnik verwendet man als weitere Arbeitseinheit

$$10 \text{ Megerg} = 1 \text{ Megadyndezimeter} = 1 \text{ Voltcoulomb} (= 1 \text{ VC}_b).$$

Im M.T.S.-System würde die Arbeitseinheit die Arbeit von einem Vis auf dem Wege 1 m sein; sie möge Vismeter genannt und mit vm bezeichnet werden. Es ist

$$1 \text{ vm} = 10^{10} \text{ Erg}.$$

wie man leicht ersieht. In Frankreich heißt sie Kilojoule.

Im technischen Maßsystem ist die Krafteinheit $P_I = 1 \text{ kg}_s$, also die Kilogrammschwere von Paris, und $l_I = 1 \text{ m}$; daher wird die Arbeitseinheit die Arbeit, welche ein 1 kg_s schwerer Körper bei der lotrechten Abwärtsbewegung um 1 m verrichten würde. Man nennt diese Arbeitsgröße ein Kilogrammmeter oder auch Meterkilogramm und bezeichnet sie mit mkg, richtiger mit mkg_s. Es ist

$$A_I = 1 \text{ mkg}_s = 10^3 \text{ g} \cdot 981 \text{ cm s}^{-2} \cdot 100 \text{ cm} = 98{,}1 \cdot 10^6 \text{ Erg} = 98{,}1 \text{ Megerg}$$
$$= 9{,}81 \text{ VC}_b$$

und umgekehrt

$$1 \text{ VC}_b = 0{,}1019 \text{ mkg}_s.$$

Ändert sich die Kraft P nach Größe und Richtung mit der Lage ihres Angriffspunktes A, bzw. ist die Bahn von A eine beliebige Kurve a, so läßt sich der durch (45) definierte Arbeitsbegriff nur auf eine unendlich kleine Bewegung von A anwenden. Es sei $\overline{AA'} = du$ (s. Fig. 49) das Bahnelement und φ der Winkel zwischen der Richtung von P und der Bahn-tangente AT, dann ist die sogen. Elementararbeit der Kraft P

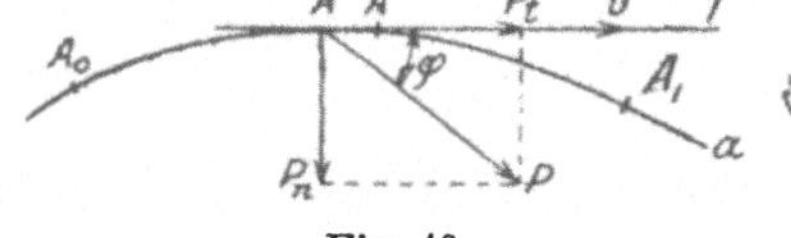

Fig. 49.

$$(46) \qquad dA = P \cdot \cos \varphi \cdot du.$$

Zerlegt man P in Komponenten in Richtung der Bahntangente und -normale, so wird erstere, die sogen. Tangentialkraft

$$P_t = P \cdot \cos \varphi,$$

und folglich
$$(46\,a) \qquad dA = P_t \cdot du.$$

Nur die tangentiale Komponente von P verrichtet also eine Arbeit, denn die normale schließt mit dem Bahnelement den Winkel $\frac{\pi}{2}$ ein, so daß ihre Arbeit notwendig zu Null wird.

Je nachdem $\varphi \lessgtr \frac{\pi}{2}$, wird $dA \gtrless 0$, d. h. die Elementararbeit von P wird positiv oder negativ. Da nun

$$P_t = m \cdot b_t = m \frac{dv}{dt},$$

so wird $\frac{dv}{dt} \gtrless 0$, also die Bewegung beschleunigt oder verzögert sein. Das läßt sich noch in anderer Weise ausdrücken. Es ist

$$b_t = \frac{dv}{dt} = v \frac{dv}{du},$$

und somit

$$dA = m\,v\,dv = d\left(\frac{mv^2}{2}\right).$$

Man nennt $\frac{mv^2}{2} = W$ die kinetische Energie oder lebendige Kraft, oder auch Wucht des materiellen Punktes. Wie die Beziehung

$$dW = dA$$

lehrt, ist die Änderung der Wucht bei der Elementarbewegung des Punktes gleich der Elementararbeit der wirkenden Kraft, und da die Wucht immer positiv ist, so bedeutet ein positives dA eine Zunahme, ein negatives eine Abnahme der Wucht, also eine Zu- oder Abnahme der Geschwindigkeit.

Bewegt sich der Punkt A auf seiner Bahn von A_0 bis A_1 (siehe Fig. 49), so wird die gesamte Arbeit

$$A_{01} = \int_{u=u_0}^{u=u_1} dA = \int_{u_0}^{u_1} P \cdot \cos \varphi \cdot du = \int_{u_0}^{u_1} P_t \cdot du$$

oder allgemeiner

$$(47) \qquad\qquad A = \int_{u_0}^{u} P_t \cdot du.$$

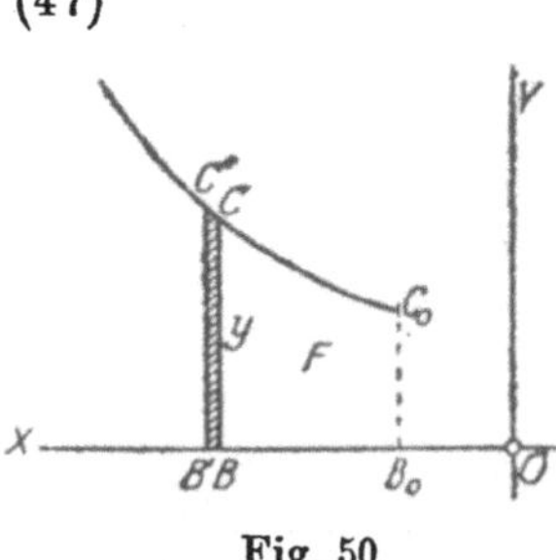

Fig. 50.

Diese Arbeit läßt sich durch eine Fläche darstellen und zwar mittels des sogen. Arbeitsdiagramms, das in folgender Weise erhalten wird. Man trägt als Abszisse x einer Schaulinie eine dem u proportionale Länge vom Koordinatenanfang O (s. Fig. 50) eines rechtwinkligen Koordinatensystems auf, setzt also $\overline{OB} = x = v \cdot u$, und als Ordinate y eine der Kraft P_t proportionale Strecke $\overline{BC} = y = \varkappa \cdot P_t$; die Punkte C bilden dann die Schaulinie des Arbeitsdiagramms. Das Element dF der Fläche $B_0 C_0 C B$, die von der Schaulinie, der Abszissenachse und den beiden Ordinaten $\overline{B_0 C_0} = y_0$ und y begrenzt wird, ist dem dA proportional, weil

$$dF = y \cdot dx = \varkappa \cdot \nu \cdot P_t du = \varkappa \cdot \nu \cdot dA.$$

Folglich wird

$$A = \int\limits_{u_0}^{u} dA = \frac{1}{\varkappa \cdot \nu} \int\limits_{x_0}^{x} y\, dx = \frac{1}{\varkappa \cdot \nu} \int\limits_{x_0}^{x} dF$$

und sonach, falls man $\int\limits_{x_0}^{x} dF = F$ als bekannt ansieht,

$$(48) \qquad A = \frac{F}{\varkappa \cdot \nu}.$$

Die Schaulinie zeigt in ihrem Verlaufe, wie sich P_t mit der Lage des Punktes ändert. Schneidet sie die X-Achse, so wird P_t negativ und dementsprechend stellen die Teile der Fläche unterhalb der X-Achse negative, d. h. Verzögerungsarbeiten dar. Derartige Diagramme sind z. B. die Indikator-Diagramme der Kolbendampfmaschinen, bei denen die Beziehung (48) zur Berechnung der Arbeit, bzw. Leistung des Motors stets Verwendung finden muß.

In der Definition des Arbeitsbegriffes ist besonders zu beachten, daß die Zeitdauer, innerhalb welcher die Arbeit verrichtet wird, keinen Einfluß auf die Größe der Arbeit hat, denn letztere ist von der Zeit ganz unabhängig. Gleichwohl hat das Verhältnis der Größe der Arbeit zu der Zeitdauer ihrer Verrichtung eine hervorragende Bedeutung für die Technik, denn es ist für die Wirklichkeit nicht gleichgültig, ob eine bestimmte Arbeit in einer kleinen oder großen Zeit geleistet wird. Daher bedarf es zur Beurteilung dieses Verhältnisses noch einer weiteren Größe, der sogen. Leistung. Man versteht darunter das Verhältnis der Arbeit zur Zeit ihrer Verrichtung, also, wenn die Zeit zur Verrichtung der Arbeit A mit t bezeichnet wird, so definiert der Bruch

$$(49) \qquad N = \frac{A}{t}$$

die Leistung der Kraft, welche die Arbeit A verrichtete. Ist P nach Größe und Richtung konstant, und die Bahn des Angriffspunktes eine gleichförmig durchlaufene Gerade, so wird

$$N = \frac{P \cdot u \cdot \cos \alpha}{t},$$

und weil $u = c \cdot t$, falls c die Geschwindigkeit der Bewegung bezeichnet, so erhält man

$$(49\,\mathrm{a}) \qquad N = P \cdot c \cdot \cos \alpha.$$

Die Leistung ist so wenig wie die Arbeit an eine Richtung gebunden, also eine skalare Größe. Ihre Einheit ergibt sich nach Vorstehendem sofort zu

$$N_I = \frac{A_I}{t_I} = P_I \cdot \frac{l_I}{t_I}.$$

Im absoluten Maßsystem wird sonach

$$N_I = m_I\, l_I{}^2\, t_I{}^{-3}.$$

Im C.G.S.-System findet sich

$$N_I = 1\,\mathrm{g\,cm^2\,s^{-3}} = 1\ \text{Sekundenerg},$$

d. i. das Verhältnis der Arbeitseinheit des Erg zur Sekunde. Ferner nennt man 10^6 Sekundenerg ein Sekunden-Megerg. Zehn Sekundenmegerg werden in der Elektrotechnik ein **Watt** genannt und mit **W** bezeichnet

$$1\ \mathrm{W} = (1\ \text{Watt} =)\ 10\ \text{Sek.-Megerg} = 10^7\ \text{Sek.-Erg}.$$

Tausend Watt werden ein **Kilowatt** genannt und mit **kW** bezeichnet, so daß

$$1\ \mathrm{kW} = 10^3\ \mathrm{W} = 10^{10}\ \text{Sek.-Erg} = 1\ \text{Sek.-Vismeter}.$$

Im technischen Maßsystem ergibt sich als Dimensionsformel für die Leistung

$$N_I = P_I\, l_I\, t_I{}^{-1},$$

und da die Arbeitseinheit das Kilogrammeter ($\mathrm{mkg_s}$) ist, **für N_I** die Beziehung

$$N_I = 1\ \mathrm{mkg_s\,s^{-1}};$$

letztere wird **Sekunden-Kilogrammeter** genannt. Die gebräuchlichste Leistungseinheit der Technik ist die **Pferdekraft**; sie ist die Leistung von 75 Sekunden-Meterkilogrammen und wird mit PS bezeichnet. Man hat also

$$75\ \text{Sek.-Meterkilogramm} = 1\ \text{PS}.$$

Wird näherungsweise die Beschleunigung des freien Falles zu $9{,}81\ \mathrm{ms^{-2}}$ eingeführt, so erhält man

$$1\ \text{PS} = 735{,}75\ \mathrm{W} \sim\ = 736\ \mathrm{W} = 0{,}736\ \mathrm{kW}$$

und umgekehrt

$$1\ \mathrm{kW} = 1{,}36\ \text{PS}.$$

Ist die Kraft P mit dem Orte veränderlich, ebenso die Geschwindigkeit, so erhält man als Leistung

$$N = \frac{dA}{dt} = P \cdot \cos\varphi \cdot \frac{du}{dt},$$

und da $\dfrac{du}{dt} = v$, so wird

$$(50) \qquad N = P \cdot \cos\varphi \cdot v = P_t \cdot v,$$

dieser Ausdruck, der mit (49a) übereinstimmt, zeigt die Veränderlichkeit der Leistung von Punkt zu Punkt der Bahn.

So ist z. B. beim freien Fall schwerer Körper die Leistung bei Beginn der Bewegung Null, nach t Sekunden aber

$$N = S \cdot v = m \cdot g^2 \cdot t,$$

weil hier $v = g \cdot t$ und die Schwere S des fallenden Körpers gleich mg zu setzen ist; die Leistung wächst sonach proportional der Zeit.

In den technischen Anwendungen spielt auch der Begriff der **mittleren Leistung** eine nicht unwesentliche Rolle. Man versteht darunter das Verhältnis

$$(51) \qquad N_m = \frac{A_{01}}{t_1} = \frac{1}{t_1}\int_{u_0}^{u_1} P\cos\varphi\, du,$$

falls A_{01} die Arbeit einer veränderlichen Kraft bei nicht gleichförmiger Bewegung in der Zeit t_1 bezeichnet. Das ist z. B. der Fall bei den Kolbenkraftmaschinen, für die A_{01} die Arbeit bei einer Umdrehung der Motorwelle im Beharrungszustande und t_1 die Dauer der Umdrehung darstellt.

Beim freien Fall wird z. B.

$$N_m = \frac{S \cdot h}{t},$$

falls $h = \tfrac{1}{2} g t^2$ die Fallhöhe bezeichnet; man erhält sonach

$$N_m = \tfrac{1}{2} m g^2 \cdot t,$$

also die Hälfte der Leistung am Ende des Falles.

Neuntes Kapitel.

Das Parallelogramm der Kräfte.

Unter der **Wirkung** einer Kraft auf einen materiellen Punkt werde künftig verstanden die Elementararbeit der Kraft, jedoch nicht nur bei bestimmten, sondern bei allen möglichen Bewegungen ihres Angriffspunktes. Um das zum Ausdruck zu bringen, wollen wir in (46) an die Stelle von du als Wegelement δu setzen, und dementsprechend δA an Stelle von dA. Damit soll ausgedrückt werden, daß

$$(52) \qquad \delta A = P \cdot \cos\varphi \cdot \delta u$$

die Elementararbeit der Kraft bei jeder möglichen unendlich kleinen Bewegung ihres Angriffspunktes bezeichne.

Wirken mehrere Kräfte auf den Punkt, so soll weiterhin unter der Wirkung der Kräfte verstanden werden, die algebraische Summe der Wirkungen der Einzelkräfte. Bezeichnet δA die Wirkung der Kräfte, so soll demnach

$$\delta A = \delta A_1 + \delta A_2 + \ldots + \delta A_n$$

oder kürzer

(II)
$$\delta A = \sum_{k=1}^{n} (\delta A_k)$$

sein.

Wir wollen zunächst zwei Kräfte annehmen und die Frage beantworten, ob es eine Kraft gibt, deren Wirkung gleich der Wirkung der beiden Kräfte auf den Punkt ist. Es mögen P_1 und P_2 (s. Fig. 51) die beiden Kräfte sein. die mit einer beliebigen Geraden a_0 in der Ebene der Kräfte die Winkel φ_1, bzw. φ_2 im Sinne der Uhrzeigerbewegung einschließen. Ferner sei a eine durch A gehende, ebenfalls in der Ebene der Kräfte liegende Gerade unter dem willkürlichen Winkel ψ, die das Wegelement $\overline{A A'} = \delta u$ des An-

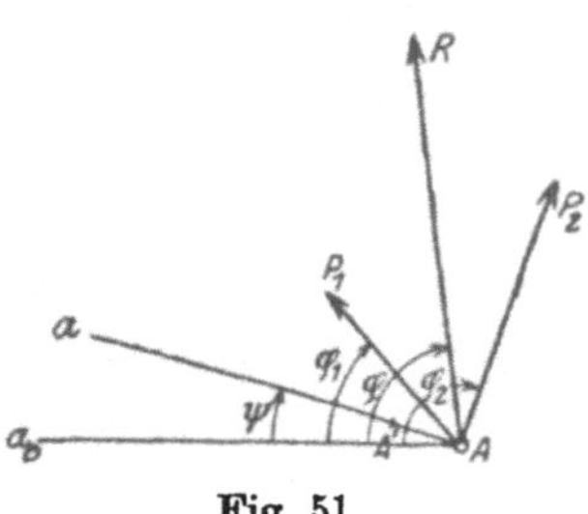

Fig. 51.

griffspunktes A der Kräfte enthält. Dann ist

$$\delta A = \delta A_1 + \delta A_2 = P_1 \cdot \cos(\varphi_1 - \psi) \cdot \delta u + P_2 \cos(\varphi_2 - \psi) \cdot \delta u.$$

Bezeichnet R die Kraft, deren Wirkung.

$$\delta A_R = \delta A = \delta A_1 + \delta A_2$$

sein soll, und nehmen wir diese zunächst in der Ebene beider Kräfte unter dem Winkel φ gegen a_1 liegend an, so ist

$$\delta A_R = R \cdot \cos(\varphi - \psi) \cdot \delta u;$$

es muß folglich, da $\delta u > 0$, für alle möglichen Werte von ψ die Gleichung

(53)
$$R \cos(\varphi - \psi) = P_1 \cos(\varphi_1 - \psi) + P_2 \cos(\varphi_2 - \psi)$$

bestehen. Schreiben wir sie in der Form

$$P_1 \cos\varphi_1 + P_2 \cos\varphi_2 - R \cos\varphi + (P_1 \sin\varphi_1 + P_2 \sin\varphi_2 - R \sin\varphi)\tan\psi = 0,$$

und beachten, daß sie für alle die unendlich vielen Werte von $\tan\psi$ Gültigkeit haben soll, so ist das nur möglich, falls

$$P_1 \cos\varphi_1 + P_2 \cos\varphi_2 = R \cos\varphi,$$
$$P_1 \sin\varphi_1 + P_2 \sin\varphi_2 = R \sin\varphi.$$

Daraus folgt sofort

$$(54) \quad \begin{cases} R = \sqrt{P_1^2 + P_2^2 + 2P_1 P_2 \cos(\varphi_2 - \varphi_1)}, \\[2mm] \cos\varphi = \dfrac{P_1 \cos\varphi_1 + P_2 \cos\varphi_2}{R}, \qquad \sin\varphi = \dfrac{P_1 \sin\varphi_1 + P_2 \sin\varphi_2}{R}, \end{cases}$$

womit erkannt wird, daß es in der Ebene der Kräfte eine und nur eine Kraft von bestimmter Größe und Richtung gibt, die die Wirkung beider Kräfte ersetzt. Beachten wir weiter, daß hieraus

$$\cos(\varphi - \varphi_1) = \frac{P_2}{R} \sin(\varphi_2 - \varphi_1), \qquad \sin(\varphi_2 - \varphi) = \frac{P_1}{R} \sin(\varphi_2 - \varphi_1)$$

erhalten wird, so erkennen wir die Übereinstimmung der so ermittelten Kraft R mit der aus dem Parallelogramm der Kräfte folgenden Kraft P, deren· Größe und Richtung durch die Formeln (43) (s. S. 60) bestimmt wurden, weil $\varphi_2 - \varphi_1 = \alpha$, $\varphi - \varphi_1 = \alpha_1$ und $\varphi_2 - \varphi = \alpha_2$ ist.

Kürzer hätte man dieses Ergebnis unter Benutzung der Darstellung der Kräfte durch Vektoren erhalten können. Denn die Gleichung (53) geht nach Einführung der Vektoren über in

$$\Re \cos(\varphi - \psi) = \mathfrak{P}_1 \cos(\varphi_1 - \psi) + \mathfrak{P}_2 \cos(\varphi_2 - \psi)$$

und sagt dann aus, daß die Projektion von $\Re$ gleich der Summe der Projektionen von $\mathfrak{P}_1$ und $\mathfrak{P}_2$ sein müsse, und zwar für jede beliebige Gerade a. (s. Fig. 52) in der Ebene der Kräfte. Das ist aber nur möglich, wenn $\mathfrak{P}_1$, $\mathfrak{P}_2$ und $\Re$ ein geschlossenes Dreieck bilden, bzw. $\Re$ die geometrische Summe von $\mathfrak{P}_1$ und $\mathfrak{P}_2$ ist, wie man aus Fig. 52 erkennt; denn in ihr ist

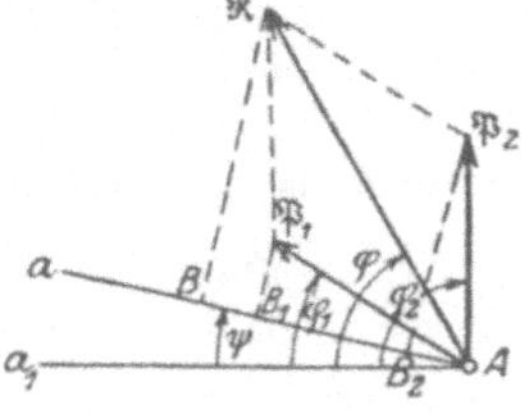

Fig. 52.

$$\Re \cos(\varphi - \psi) = \overline{AB} = \overline{AB_1} + \overline{B_1 B} = \overline{AB_1} + \overline{AB_2} = \mathfrak{P}_1 \cos(\varphi_1 - \psi) + \mathfrak{P}_2 \cos(\varphi_2 - \psi).$$

Bei diesem Nachweis wurde zunächst angenommen, daß alle Wege δu in der Ebene der Kräfte liegen sollten, und ebenso R. Beide Beschränkungen sind aber nicht notwendig; vielmehr ergibt sich das gleiche Resultat, d. h. R als Diagonale des Parallelogramms der Kräfte, wenn die Richtungen von δu und R beliebig gewählt werden. Man findet dann, daß die Gleichung (53) bestehen muß für die **drei** Achsen eines rechtwinkligen Koordinatensystems, und daß die entsprechenden drei Gleichungen auf Formeln führen, die denselben Inhalt wie (54) haben.

Unmittelbar folgt das auch daraus, daß man jedes beliebige δu mittels des Parallelogramms der Wege in zwei Komponenten zerlegen kann, von denen die eine in der Ebene der beiden Kräfte P_1 und P_2, und die andere senkrecht zu ihr liegt. Da P_1 und P_2 zu letzteren senkrecht stehen, so ist ihre Elementararbeit gleich Null, ändert also die Gleichung für δA nicht; andrerseits muß die Komponente von R senkrecht zur genannten Ebene Null sein, weil ihre Arbeit ebenfalls zu Null wird.

Aus diesen Überlegungen ergibt sich der wichtige Satz: Wirken auf einen materiellen Punkt zwei Kräfte, so läßt sich deren Wirkung ersetzen durch die einer einzigen Kraft, deren Größe und Richtung durch das Parallelogramm der Kräfte eindeutig bestimmt wird.

Zwei Beziehungen, die sich als Eigenschaften des Kräfteparallelogramms ergeben, mögen hier noch Raum finden. Wie aus Fig. 53 hervorgeht, führt die Zerlegung von P_1 und P_2 in Komponenten in Richtung von R und einer dazu senkrechten Geraden auf die beiden Relationen:

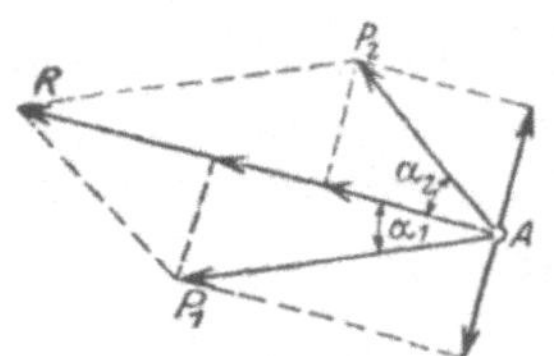

$$(55\,\text{a}) \qquad P_1 \cos \alpha_1 + P_2 \cos \alpha_2 = R,$$
$$(55\,\text{b}) \qquad P_1 \sin \alpha_1 - P_2 \sin \alpha_2 = 0.$$

Fig. 53.

Von den Sonderfällen, die bei Anwendung des Kräfteparallelogramms eintreten können, seien folgende angeführt:

1. es sei $\alpha = 0$. Dann wird $R = \sqrt{P_1^2 + P_2^2 + 2\,P_2\,P_2} = P_1 + P_2$, sonach R die algebraische Summe der Kräfte; ferner ist $\alpha_1 = \alpha_2 = 0$;

2. es sei $\alpha = \dfrac{\pi}{2}$, dann erhält man $R = \sqrt{P_1^2 + P_2^2}$, $\sin \alpha_1 = \dfrac{P_2}{R}$ $= \cos \alpha_2$; $\sin \alpha_2 = \dfrac{P_1}{R} = \cos \alpha_1$;

3. ist $\alpha = \pi$, so wird $R = \sqrt{P_1^2 + P_2^2 - 2\,P_1\,P_2} = P_1 - P_2$, falls P_1 die größere der beiden Kräfte bezeichnet.

In dem letzteren Fall kann $R = 0$ werden, und zwar wenn $P_1 = P_2$ ist. Man nennt ihn den des Gleichgewichtes der beiden Kräfte an dem freibeweglichen Punkte. Mit Rücksicht darauf, daß die Wirkung beider Kräfte in diesem Falle sich zu Null ergibt, d. h. daß

$$\delta A = 0$$

für alle möglichen Bewegungen des gemeinsamen Angriffspunktes, läßt sich als Definition des Gleichgewichtes zweier Kräfte auch vorstehende Bedingung hinstellen. Aus ihr folgt, weil,

$$\delta A = \delta A_R = R \cdot \cos \varphi \cdot \delta u,$$

daß dann $R = 0$ sein muß, und da sich R in der Form

$$R = \sqrt{(P_1 - P_2)^2 + 2 P_1 P_2 (1 + \cos \alpha)}$$

schreiben läßt, R nur zu Null wird, falls $P_1 = P_2$ und $\cos \alpha = -1$, also $\alpha = \pi$ ist, weil die beiden Glieder der Summe unter der Wurzel unter allen Umständen positiv sind.

Die vorstehende Definition des Gleichgewichtes, nämlich

$$\delta A = 0,$$

führt also nicht nur auf dieselben Beziehungen zwischen den Kräften, sondern hat auch den Vorzug größerer Allgemeinheit, wie sich weiterhin zeigen wird.

Wie sich zwei Kräfte mit gemeinsamem Angriffspunkte ohne Änderung ihrer Wirkung durch eine Kraft ersetzen lassen, so kann man umgekehrt auch eine Kraft durch zwei Kräfte ersetzen, deren Richtungen beliebig sind, soweit sie nur mit der dargegebenen Kraft in einer Ebene liegen. Man nennt dies die Zerlegung einer Kraft

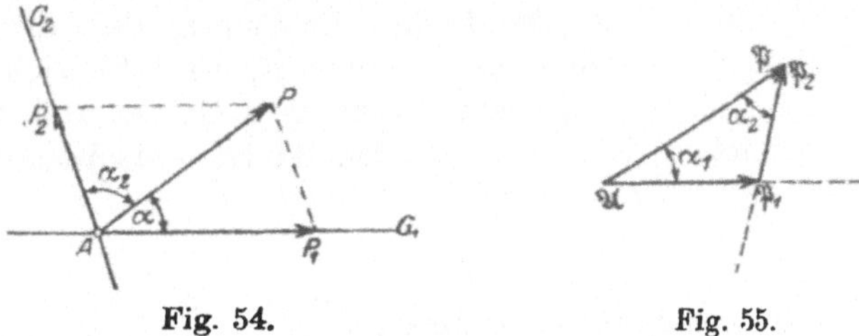

Fig. 54. Fig. 55.

in Komponenten oder Seitenkräfte nach gegebenen Richtungen. Die letzteren werden erhalten als Seiten eines Kräfteparallelogramms, dessen Diagonale die gegebene Kraft darstellt. Es sei P (s. Fig. 54) die gegebene Kraft und g_1, bzw. g_2 seien die Geraden, in denen die gesuchten Seitenkräfte wirken sollen, dann folgt aus dem Parallelogramm der Kräfte, bzw. aus den Formeln (43)

$$(56) \qquad P_1 = P \cdot \frac{\sin \alpha_2}{\sin (\alpha_1 + \alpha_2)}; \qquad P_2 = P \cdot \frac{\sin \alpha_1}{\sin (\alpha_1 + \alpha_2)},$$

weil hier α_1 und α_2 gegeben sind.

Zeichnerisch wird die Zerlegung einer Kraft in Komponenten nach gegebenen Richtungen besonders einfach durch die Verwendung des Kräftedreieckes, indem man durch den Anfangs- und Endpunkt der Strecke $\mathfrak{P}$ (s. Fig. 55) Parallelen zu g_1, bzw. g_2 legt, womit

Größe und Wirkungssinn der gesuchten Kräfte (unter Berücksichtigung der Regel der geometrischen Addition) bestimmt sind.

Wirken drei Kräfte auf einen Punkt, so läßt sich durch zweimalige Anwendung des Kräfteparallelogramms sofort zeigen, daß sie ebenfalls durch eine nach Größe und Richtung eindeutig bestimmte Kraft in ihrer Wirkung ersetzt werden können. Denn setzt man zuerst P_1 und P_2 (s. Fig. 56) zur Resultierenden R_2 zusammen, und dann R_2 mit P_3, so erhält man

$$R = R_2 \,\widehat{+}\, P_3 = P_1 \,\widehat{+}\, P_2 \,\widehat{+}\, P_3,$$

also eine nach Größe und Richtung eindeutig bestimmte Kraft. Da die geometrische Summe sich durch die Reihenfolge der Glieder bei

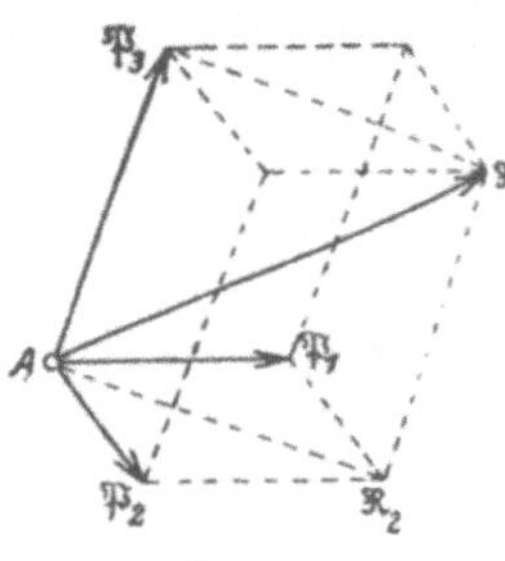

Fig. 56.

der Addition nicht ändert, so findet sich dasselbe R, wenn man z. B. erst P_1 und P_3 und mit deren Resultierenden R_{13} dann P_2 zusammensetzt usf. Damit erkennt man, daß R durch die Diagonale eines Parallelepipedes dargestellt wird, dessen drei in A zusammenstoßende Kanten die Kräfte P_1, P_2 und P_3 nach Größe und Richtung darstellen.

Sind die Richtungen der drei Kräfte zueinander senkrecht, so läßt sich R auch analytisch leicht nach Größe und Richtung finden. Bezeichnet $\alpha_\varkappa$ $(\varkappa = 1, 2, 3)$ den Winkel zwischen den Vektoren $\mathfrak{P}_\varkappa$ und $\mathfrak{R}$, wobei zu beachten, daß

$$0 \leqq \alpha_\varkappa \leqq \pi,$$

so folgt aus der bekannten Beziehung

$$\mathfrak{P}_\varkappa = \mathfrak{R} \cdot \cos \alpha_\varkappa$$

unter Benutzung des Satzes

$$\cos^2 \alpha_1 + \cos^2 \alpha_2 + \cos^2 \alpha_3 = 1$$
$$\mathfrak{P}_1^2 + \mathfrak{P}_2^2 + \mathfrak{P}_3^2 = \mathfrak{R}^2,$$

und sonach

$$(57) \quad \left\{ \begin{array}{c} R = \sqrt{P_1^2 + P_2^2 + P_3^2}, \\[2mm] \cos \alpha_1 = \dfrac{P_1}{R}, \quad \cos \alpha_2 = \dfrac{P_2}{R}, \quad \cos \alpha_3 = \dfrac{P_3}{R}; \end{array} \right.$$

damit ist die Größe und Richtung von R eindeutig bestimmt.

Umgekehrt läßt sich jede Kraft P in drei zueinander senkrechte Komponenten zerlegen, die durch die Relationen

$$(58) \qquad P_1 = P \cos \alpha_1, \quad P_2 = P \cos \alpha_2, \quad P_3 = P \cos \alpha_3$$

bestimmt sind, denn α_1, α_2 und α_3 hat man als gegeben anzusehen.

Aus $\delta A = 0$ folgt für den Fall des Gleichgewichtes der drei Kräfte $R = 0$ als notwendige Bedingung. Aus der Beziehung

$$\mathfrak{R} = \mathfrak{P}_1 + \mathfrak{P}_2 + \mathfrak{P}_3$$

ersieht man dann sofort, daß die drei Vektoren ein geschlossenes Dreieck bilden und sonach in einer Ebene liegen müssen.

Zehntes Kapitel.

Zusammensetzung und Gleichgewicht von Kräften an einem freibeweglichen Punkte.

Wirken auf einen freibeweglichen Punkt n Kräfte von beliebiger Größe und Richtung, so lassen sich diese durch eine einzige Kraft von bestimmter Größe und Richtung ersetzen, deren Wirkung dieselbe ist, wie die aller Kräfte. Das erkennt man unmittelbar durch die $n-1$-malige Anwendung des Parallelogramms der Kräfte. Denn setzt man zunächst P_1 und P_2 zusammen, so erhält man als deren Resultierende

$$R_{12} = P_1 \,\widehat{+}\, P_2 \,;$$

diese mit P_3 zusammengesetzt, ergibt als Resultierende von P_1, P_2 und P_3

$$R_{13} = R_{12} \,\widehat{+}\, P_3 = P_1 \,\widehat{+}\, P_2 \,\widehat{+}\, P_3 .$$

In gleicher Weise findet man

$$R_{14} = R_{13} \,\widehat{+}\, P_4 = P_1 \,\widehat{+}\, P_2 \,\widehat{+}\, P_3 \,\widehat{+}\, P_4$$

usf., so daß schließlich

$$(59) \qquad R = R_{1n} = P_1 \,\widehat{+}\, P_2 \,\widehat{+}\, \ldots \,\widehat{+}\, P_n = \sum_{k=1}^{n} (\widehat{+}\, P_k)$$

als Resultierende aller n Kräfte erhalten wird, und zwar durch die · $n-1$-mal wiederholte Anwendung des Parallelogramms der Kräfte.

Zu dem gleichen Ergebnis gelangt man durch die geometrische Addition der die Kräfte darstellenden Vektoren, indem wir an den Endpunkt von $\mathfrak{P}_1$ den Vektor $\mathfrak{P}_2$ antragen, womit sich $\mathfrak{R}_{12}$ findet, dann $\mathfrak{P}_3$ an den Endpunkt von $\mathfrak{P}_2$, um $\mathfrak{R}_{13}$ zu erhalten, usf. bis hin zu $\mathfrak{P}_n$. Auf diese Weise entsteht (s. Fig. 57a u. b, S. 74) ein Streckenzug, welcher Krafteck, Kräfteplan oder -polygon genannt wird. Ist $\mathfrak{A}$ der beliebig gewählte Anfangspunkt des Vektors $\mathfrak{P}_1$, so wird dieser zu dem sogen. Anfangspunkt des Krafteckes, während der Endpunkt von $\mathfrak{P}_n$ der Endpunkt desselben heißt. Die Strecke, welche $\mathfrak{A}$ mit dem Endpunkte verbindet, heißt die Schlußlinie des Krafteckes; sie stellt nach Größe und Richtung und zwar von $\mathfrak{A}$ nach dem Endpunkte hin die Resultierende aller Kräfte dar. Die Diagonalen des Krafteckes von $\mathfrak{A}$ aus ergeben die sogen. Zwischenresultierenden, d. h. die Resultierenden aller Kräfte bis zu der bezüglichen Ecke des Krafteckes; ebenso stellt jede andere Diagonale die Resultierende der durch sie abgetrennten Kräftegruppe nach Größe und Richtung dar.

Daß die Änderung der Reihenfolge der Kräfte keinen Einfluß auf die Größe und Richtung der Schlußlinie der so entstehenden verschiedenen Kraftecke hat, geht aus einer bekannten Eigenschaft

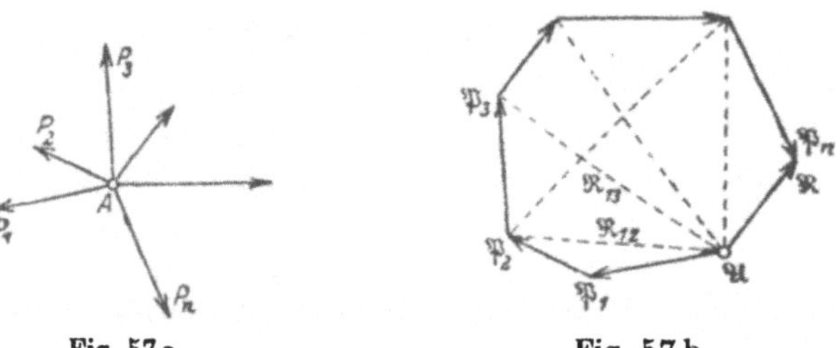

Fig. 57 a.   Fig. 57 b.

der geometrischen Summen von Strecken hervor; überdies wird weiterhin analytisch bewiesen werden, daß die Größe und Richtung der Resultierenden von der Reihenfolge der Zusammensetzung von Kräften unabhängig, also eindeutig bestimmt ist.

Liegen alle Kräfte in einer Ebene, so wird auch das Krafteck ein ebenes und läßt sich zeichnerisch einfach ermitteln. Es bildet eines der beiden Haupthilfsmittel der graphischen Statik.

Fällt der Endpunkt des Kraftecks auf dessen Anfangspunkt, so sagt man, das Krafteck schließt sich. In diesem Falle ist die Resultierende aller Kräfte $R = 0$, und das bedeutet, weil

$$\delta A = \delta A_R = R \cdot \cos\varphi \cdot \delta u,$$

daß

$$\delta A = 0$$

ist für alle Bewegungen des gemeinsamen Angriffspunktes. Es ist das also der Fall des Gleichgewichtes der Kräfte, und das Schließen des Kraftecks als Kennzeichen dieses besonderen Zustandes anzusehen.

Auf dem Rechnungswege erhält man Größe und Richtung der Resultierenden von n beliebigen Kräften in folgender Weise. Der gemeinsame Angriffspunkt A der Kräfte P_k $(k = 1, 2, \ldots, n)$ bewege sich in Richtung der Geraden σ (s. Fig. 58) um die Strecke $\overline{AA'} = \delta u$

vorwärts, dann gehen die Koordinaten xyz des Punktes A in bezug auf ein beliebiges rechtwinkliges Koordinatensystem über in die von A', welche $x+\delta x$, $y+\delta y$, $z+\delta z$ sein mögen. Schließt σ mit den drei Koordinatenachsen die Winkel σ_x, σ_y, σ_z ein, so erhält man bekanntlich

$$\delta x = \delta u \cdot \cos \sigma_x,$$
$$\delta y = \delta u \cdot \cos \sigma_y,$$
$$\delta z = \delta u \cdot \cos \sigma_z,$$

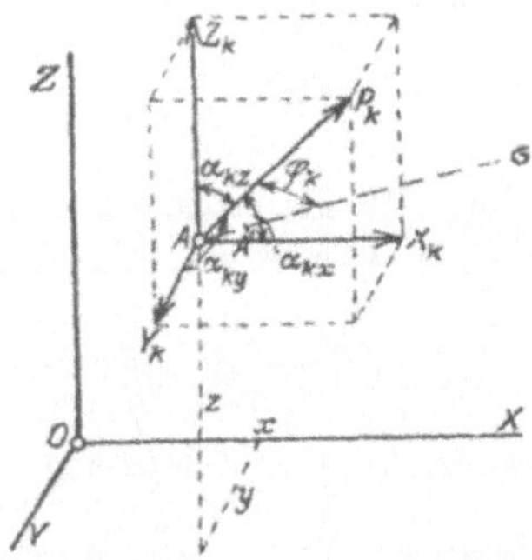

weil die δx, δy, δz die Projektionen von δu auf die drei Achsen sind. Bezeichnet φ_k den Winkel zwischen P_k und σ, so ist die Elementararbeit von P_k auf dem Wege δu nach früherem

$$\delta A_k = P_k \cdot \cos \varphi_k \cdot \delta u.$$

Fig. 58.

Schließt nun P_k mit den drei positiven Achsen die Winkel α_{kx}, α_{ky}, α_{kz} ein, so läßt sich unter Benutzung der bekannten Beziehung

$$\cos \varphi_k = \cos \alpha_{kx} \cos \sigma_x + \cos \alpha_{ky} \cdot \cos \sigma_y + \cos \alpha_{kz} \cdot \cos \sigma_z$$

für δA_k der Ausdruck

$$(60) \qquad \delta A_k = X_k \delta x + Y_k \cdot \delta y + Z_k \delta z$$

setzen, denn nach den Formeln (58) sind

$$P_k \cos \alpha_{kx} = X_k, \qquad P_k \cos \alpha_{ky} = Y_k, \qquad P_k \cos \alpha_{kz} = Z_k$$

die Komponenten von P_k in Richtung der drei Koordinatenachsen. Die Arbeit aller Kräfte bei dieser Bewegung des Angriffspunktes wird folglich nach (II)

$$\delta A = \sum_{k=1}^{n} (\delta A_k) = \sum_{k=1}^{n} (X_k \delta x + Y_k \delta y + Z_k \delta z)$$
$$= \delta x \sum_{k=1}^{n} (X_k) + \delta y \sum_{k=1}^{n} (Y_k) + \delta z \sum_{k=1}^{n} (Z_k).$$

Ersetzt nun die Kraft R die Wirkung aller Kräfte, so müßte ihre Arbeit

$$\delta A_R = R \cdot \cos \varphi \cdot \delta u$$

für alle möglichen δu gleich δA sein, falls φ den Winkel zwischen R und δu, bzw. σ bezeichnet. Für δA_R läßt sich aber, wenn α_x, α_y, α_z die Winkel zwischen R und den positiven Achsen und die Komponenten von R

$$(61) \qquad R\cos\alpha_x = X, \qquad R\cos\alpha_y = Y, \qquad R\cos\alpha_z = Z$$

sind,

$$\delta A_R = X\delta x + Y\delta y + Z\delta z$$

setzen; es müßte sonach die Gleichung

$$X\delta x + Y\delta y + Z\delta z = \delta x \sum_{k=1}^{n}(X_k) + \delta y \sum_{k=1}^{n}(Y_k) + \delta z \sum_{k=1}^{n}(Z_k)$$

für alle Richtungen von σ, bzw. für alle möglichen Werte von δ_x, δ_y, δ_z bestehen. Das ist, wie man aus der Form

$$\left\{X - \sum_{k=1}^{n}(X_k)\right\}\delta x + \left\{Y - \sum_{k=1}^{n}(Y_k)\right\}\delta y + \left\{Z - \sum_{k=1}^{n}(Z_k)\right\}\delta z = 0$$

vorstehender Gleichung ersieht, nur möglich, falls

$$(62) \qquad X = \sum_{k=1}^{n}(X_k), \qquad Y = \sum_{k=1}^{n}(Y_k), \qquad Z = \sum_{k=1}^{n}(Z_k),$$

d. h. falls die Komponenten von R in Richtung der Koordinatenachsen gleich den algebraischen Summen der Komponenten aller Kräfte sind. Dieses Ergebnis hätte man unmittelbar durch Zerlegung der P_k in die drei Komponenten X_k, Y_k, Z_k und die Benutzung des Umstandes, daß die Resultierende zweier (und mehrerer) Kräfte in derselben Geraden gleich deren algebraischer Summe ist (s. S. 70), erhalten können.

Aus (61) in Verbindung mit (62) folgt nun sofort R nach Größe und Richtung eindeutig, und zwar bestimmt durch die Formeln

$$(63) \quad \begin{cases} R = \sqrt{\left\{\sum_{k=1}^{n}(X_k)\right\}^2 + \left\{\sum_{k=1}^{n}(Y_k)\right\}^2 + \left\{\sum_{k=1}^{n}(Z_k)\right\}^2}, \\[2ex] \cos\alpha_x = \dfrac{X}{R} = \dfrac{\sum_{k=1}^{n}(X_k)}{R}, \quad \cos\alpha_y = \dfrac{\sum_{k=1}^{n}(Y_k)}{R}, \quad \cos\alpha_z = \dfrac{\sum_{k=1}^{n}(Z_k)}{R}; \end{cases}$$

in diesen ist die Wurzel ohne Vorzeichen zu nehmen, da die Richtung von R gegen das Koordinatensystem eindeutig durch die Kosinuswerte bestimmt werden, falls man beachtet, daß die α_x, α_y, α_z Winkel zwischen 0 und π bezeichnen.

Zugleich erkennt man, daß die Größe und Richtung von R unabhängig ist von der Reihenfolge der Kräfte bei ihrer sukzessiven Zusammensetzung, denn in den Formeln (63) kommen nur die algebraischen Summen der Komponenten der Kräfte vor und diese ändern sich bekanntlich nicht durch die Vertauschung der Glieder bei deren Addition.

Zu den Formeln (63) wäre man auch gelangt, indem man die drei zueinander senkrecht stehenden Komponenten von R, die durch die Ausdrücke (62) erhalten werden, mittels des Parallelepipedes zusammensetzt, wie im vorhergehenden Kapitel (S. 72) angegeben.

Der Weg, auf dem wir zur Kenntnis der Resultierenden von n beliebigen Kräften gelangten, bleibt bestehen, wenn es sich um die Zusammensetzung von unendlich vielen, unendlich kleinen Kräften handelt. Der Unterschied ist nur der, daß in den Ausdrücken (62) für die Komponenten der Resultierenden an Stelle der algebraischen Summen Integrale treten.

Beispiel: Es ist die Resultierende der Anziehungskräfte zu ermitteln, die die Massenelemente eines Körpers K (s. Fig. 59) auf einen materiellen Punkt A_0 nach irgendeinem Gesetz ausüben. Zu dem Ende beziehen wir Körper und Punkt auf ein beliebiges Koordinatensystem, fürdas x_0, y_0, z_0 die Koordinaten des angezogenen Punktes A_0 seien. Bezeichnen x, y, z die Koordinaten eines beliebigen Punktes A des Körpers, dM das Massenelement in ihm und m die Masse des Punktes A_0, so soll dM auf m eine Kraft dP ausüben, die in der Richtung von A_0 nach A wirkt, und die Größe

$$dP = \varkappa\, m \cdot f(r)\, dM$$

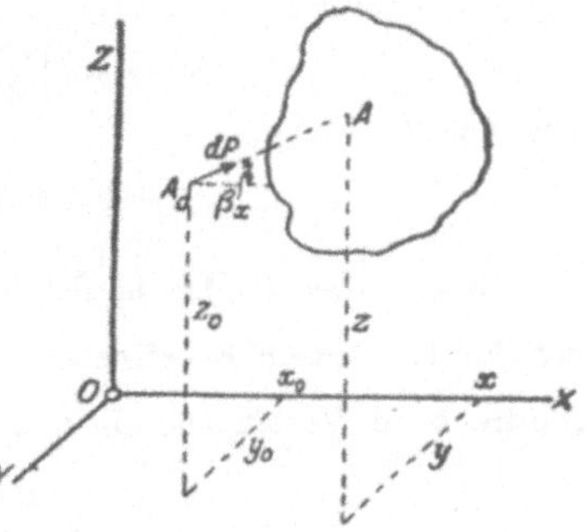

Fig. 59.

hat, worin $r = \overline{AA_0}$ sei. Nach dem Vorhergehenden zerlegen wir dP in Komponenten in Richtung der drei Koordinatenachsen und erhalten $dX = dP \cdot \cos\beta_x$, falls β_x den Winkel zwischen r und der positiven X-Achse bezeichnet. Da nun, wie man so fort erkennt,

$$\cos\beta_x = \frac{x - x_0}{r}$$

ist, so wird

$$dX = \varkappa \cdot m \cdot f(r)\frac{x - x_0}{r} \cdot dM.$$

Hierin ist

$$r = \sqrt{(x - x_0)^2 + (y - y_0)^2 + (z - z_0)^2},$$

ferner $f(r)$ das Gesetz, nach dem sich die Anziehungskraft mit r ändert, endlich

$$dM = \varepsilon \cdot dx\, dy\, dz$$

die Masse des Elementes im Punkte A, falls sein Volumen als Parallelepiped von den Kanten dx, dy, dz angenommen wird und die Dichte ε ist. Sonach hat man

$$X = \int dX = \varkappa m \int \frac{1}{r} f(r) \cdot (x - x_0)\, dM$$

und hierin die Integration über den ganzen Körper auszudehnen, das Integral sonach als dreifaches anzusehen. In der gleichen Weise erhält man Y und Z.

Ist der Körper ein homogener sehr dünner Stab vom Querschnitt f und der Länge l, sowie der Dichte $\varepsilon = \dfrac{M}{l}$, legen wir ferner die Z-Achse in den Stab und den Koordinatenanfangspunkt O in das eine Stabende, dann läßt sich näherungsweise $dM = \varepsilon \cdot dz$ setzen und die Integrale werden einfache, weil nur nach z zu integrieren ist. Beachten wir, daß in diesem besonderen Falle $x = y = 0$, so wird

$$X = -\varkappa m \varepsilon x_0 \int_{z=0}^{z=l} \frac{1}{r} f(r) \cdot dz, \quad Y = -\varkappa m \varepsilon y_0 \int_{z=0}^{z=l} \frac{1}{r} f(r)\, dz, \quad Z = \varkappa m \varepsilon \int_{z=0}^{z=l} \frac{1}{r} f(r)\,(z - z_0)\, dz,$$

und darin ist

$$r = \sqrt{x_0^2 + y_0^2 + (z - z_0)^2}.$$

In dem besonders einfachen Falle, daß dP proportional r ist, also $f(r) = r$ erhalten wir

$$X = -\varkappa m \varepsilon x_0 \cdot l = -\varkappa m M x_0; \qquad Y = -\varkappa m M \cdot y_0,$$

$$Z = \varkappa m \varepsilon \left[\frac{l^2}{2} - z_0 l\right] = \varkappa m M \left(\frac{l}{2} - z_0\right)$$

und damit

$$R = \varkappa m M \sqrt{x_0^2 + y_0^2 + \left(\frac{l}{2} - z_0\right)^2}.$$

Bezeichnet M den in der Mitte des Stabes liegenden **Massenmittelpunkt** des Stabes, dessen Koordinaten $\xi = \eta = 0$, $\zeta = \dfrac{l}{2}$ sind, so zeigt vorstehender Ausdruck in Verbindung mit den Ausdrücken für $\cos \alpha_x$, $\cos \alpha_y$ und $\cos \alpha_z$, daß

$$R = \varkappa m M \cdot \overline{A_0 \mathsf{M}}$$

ist, also die resultierende Anziehungskraft nach Größe und Richtung übereinstimmt mit der, welche die im Massenmittelpunkt M konzentriert gedachte Masse M des Stabes auf den Punkt A_0 ausübt.

Sollen die Kräfte am Punkte im Gleichgewicht sein, so muß

$$\delta A = \delta x \sum_{k=1}^{n} (X_k) + \delta y \sum_{k=1}^{n} (Y_k) + \delta z \sum_{k=1}^{n} (Z_k) = 0$$

sein für alle möglichen Elementarwege δu des Angriffspunktes. Das ist nur möglich, wenn die drei Bedingungsgleichungen

$$\text{(III)} \qquad \sum_{k=1}^{n} (X_k) = 0, \qquad \sum_{k=1}^{n} (Y_k) = 0, \qquad \sum_{k=1}^{n} (Z_k) = 0$$

durch die Größe und Richtung der Kräfte erfüllt werden. Diese sind die **notwendigen**, und wie aus dem Ausdruck für δA hervorgeht, auch die **hinreichenden Bedingungen des Gleichgewichtes von Kräften an einem freibeweglichen Punkte.**

Elftes Kapitel.

Gleichgewicht der Kräfte an einem nicht frei beweglichen Punkte.

Man nennt die Bewegung eines Punktes nicht frei oder gebunden, wenn der Punkt gezwungen ist, sich auf einer gegebenen Kurve oder Fläche zu bewegen, also alle Lagen des Punktes sich auf der Kurve oder Fläche befinden. Hierbei können Kurve und Fläche starr oder veränderlich sein; ferner können sie entweder dauernd in Ruhe bleiben oder selbst eine eigne Bewegung haben. Wir wollen uns auf den Fall der gebundenen Bewegung eines Punktes auf ruhender starrer Kurve oder Fläche beschränken.

Die Erfahrung lehrt, daß sich der Bewegung eines Körpers, der einen anderen dauernd berührt, ein Widerstand entgegensetzt; dieser wird Reibungswiderstand oder kurz Reibung genannt. Wir stellen uns diesen als eine Kraft vor, die die Bewegung des Körpers hemmend ihr widersteht. Diese Kraft ist in manchen Fällen so klein, daß sie vernachlässigt werden kann, in anderen wieder sehr groß. Die Berücksichtigung der Reibung bei dem Gleichgewicht der Kräfte an einem nicht frei beweglichen Punkte führt zu anderen Ergebnissen, als die Vernachlässigung derselben; wir wollen deshalb im folgenden zunächst die Berücksichtigung der Reibung ausschließen.

Wirken auf den Punkt mehrere Kräfte, so können diese ohne Änderung ihrer Wirkung auch bei der gebundenen Bewegung des Angriffspunktes der Kräfte durch eine einzige Kraft von bestimmter Größe und Richtung ersetzt werden, denn die Bahnelemente der gebundenen Bewegung des Punktes sind nur ein Teil der der freien Bewegung, für welche die Ersetzung der Kräfte durch eine Resultierende gilt; wir wollen daher im folgenden uns nur eine Kraft auf den Punkt wirkend denken, was ohne Beeinträchtigung der Allgemeinheit der Betrachtung geschehen kann.

Unter dem Gleichgewicht einer Kraft, die auf einen nicht frei beweglichen Punkt wirkt, soll der Fall verstanden werden, in dem die Wirkung der Kraft zu Null wird, also

$$(64) \qquad \delta A = P \cdot \cos \varphi \cdot \delta u = 0$$

ist. Dieser Forderung kann im vorliegenden Falle auch genügt werden, wenn P von Null verschieden ist, und zwar wenn

$$\cos \varphi = 0, \qquad \text{also} \qquad \varphi = \frac{\pi}{2}$$

wird, d. h. wenn die Kraft P senkrecht zu dem Wegelement δu steht. Bei der Bewegung des Angriffspunktes auf einer Kurve bedeutet dies, daß P in eine Kurvennormale fällt, bei der Bewegung auf einer Fläche, daß P in der Flächennormalen liegt. Da im allgemeinen die Größe und Richtung von P sich mit dem Orte ändert, wird dieser Fall nur an einzelnen Stellen auf der Kurve oder Fläche eintreten; diese nennt man Gleichgewichtslagen des Punktes auf der Kurve oder Fläche. Sie sind dadurch ausgezeichnet, daß ein Punkt in ihnen dauernd verbleibt, wenn seine Geschwindigkeit Null war, obwohl eine Kraft auf ihn wirkt.

Im folgenden sollen nun die Bedingungsgleichungen des Gleichgewichtes aufgestellt und die Gleichgewichtslagen des Punktes auf Kurven und Flächen ermittelt werden, wenn das Änderungsgesetz der wirkenden Kraft gegeben ist, und zwar getrennt für ebene und räumliche Kurven, und für Flächen.

1. Gleichgewicht auf ebenen Kurven.

Ist c (s. Fig. 60) die Kurve, auf der der Punkt C sich zu bewegen gezwungen wird, und P die auf C wirkende Kraft, die mit der positiven X-Achse den Winkel α einschließt, so befindet sich C, dessen Koordinaten xy seien, in einer Gleichgewichtslage, wenn P in die Kurvennormale n fällt, also senkrecht zur Kurventangente CT steht. Bildet letztere mit der positiven X-Achse den Winkel τ, so muß in der Gleichgewichtslage

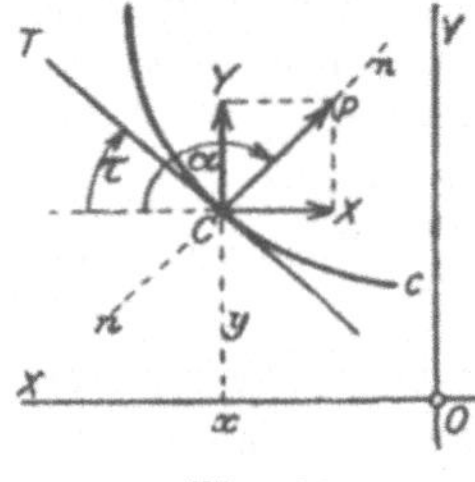

Fig. 60.

$$\alpha - \tau = \frac{\pi}{2},$$

und sonach

$$\tan \alpha = \tan\left(\frac{\pi}{2} + \tau\right) = -\cot \tau$$

sein. Nun ist bekanntlich $\tan \tau = \dfrac{dy}{dx}$, und, wenn X und Y die Seitenkräfte von P bezeichnen, $\tan \alpha = \dfrac{Y}{X}$; folglich wird die Bedingung des Gleichgewichtes

$$\frac{X}{Y} + \frac{dy}{dx} = 0,$$

oder auch

(65)
$$X\,dx + Y\,dy = 0.$$

Diese Gleichung ergibt sich aber unmittelbar aus der Definition des Gleichgewichtes, denn es ist ganz allgemein die Elementararbeit

$$dA = X\,dx + Y\,dy$$

und da hier C nur die Bewegung auf der Kurve c ausführen kann, also $\delta u = du$ und sonach $\delta A = dA$ ist, so muß im Falle des Gleichgewichtes

$$dA = 0,$$

.d. i. die Gleichung (65) erfüllt werden. Ist nun die Gleichung der Kurve in der Form $y = f(x)$ gegeben, so hat man $\dfrac{dy}{dx} = f'(x)$ in (65) einzusetzen. Hat dagegen die Kurvengleichung die Gestalt

$$F(xy) = 0,$$

so wird

$$dF(xy) = \frac{\partial F}{\partial x} \cdot dx + \frac{\partial F}{\partial y} \cdot dy;$$

es geht dann (65) über in

$$(65\,\mathrm{a}) \qquad X \frac{\partial F}{\partial y} - Y \frac{\partial F}{\partial x} = 0.$$

Aus dieser Gleichung in Verbindung mit der Kurvengleichung folgen aber die Koordinaten der Gleichgewichtslagen.

Beispiel: Ein schwerer Punkt sei gezwungen, sich auf einem Kreis in vertikaler Ebene zu bewegen. Legen wir die X-Achse des Koordinatensystems in einen horizontalen, die Y-Achse in einen vertikalen Durchmesser des Kreises, dessen Radius r sei, dann wird die Kreisgleichung

$$F(xy) = x^2 + y^2 - r^2 = 0;$$

ferner wird $X = 0$, $Y = -L$, unter $L = mg$ die Last oder Schwere des Punktes verstanden. Gleichung (65 a) nimmt sonach die Form

$$2\,Lx = 0$$

an, woraus $x = 0$ und aus der Kreisgleichung $y = \pm r$ folgt. Es gibt in vorliegendem Falle zwei Gleichgewichtslagen; die eine hat die Koordinaten $x_1 = 0$, $y_1 = +r$, die andere $x_2 = 0$, $y_2 = -r$ (s. Fig. 61).

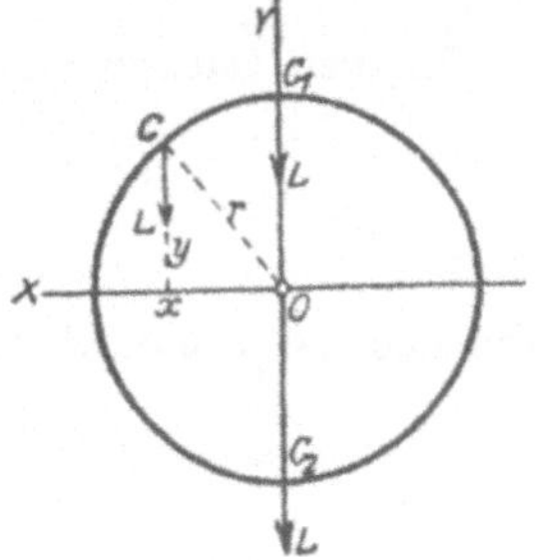

Fig. 61.

Die beiden Gleichgewichtslagen sind in einer Hinsicht verschieden. Bewegt man nämlich den Punkt ein wenig aus der Gleichgewichtslage C_1, so bewirkt die Schwere L des Punktes, daß er sich noch weiter nach abwärts bewegt, also von der Gleichgewichtslage entfernt. Für die Gleichgewichtslage C_2 dagegen gilt das umgekehrte; die Kraft L führt den Punkt nach C_2 zurück, falls man ihn nach der einen oder der anderen Seite von C_2 wegbewegte. Man nennt die erstere Gleichgewichtslage eine labile, die letztere eine stabile.

Die im vorstehendem Beispiele enthaltene Unterscheidung der Gleichgewichtslagen macht sich ganz allgemein notwendig. Wir nennen das Gleichgewicht stabil, wenn der Punkt, ein wenig aus seiner Gleichgewichtslage verschoben, unter dem Einflusse der auf ihn wirkenden Kräfte wieder in sie zurückkehrt, dagegen labil, wenn er noch weiter von ihr entfernt wird, und indifferent, wenn er im Gleichgewicht verbleibt. Zu dem analytischen Kennzeichen dieser drei Arten von Gleichgewicht gelangt man durch folgende Überlegung. Ist dA die Arbeit der Kräfte bei der Bewegung des Punktes C in die unendlich benachbarte Lage C', und bewegt man den Punkt noch weiter in die nächste unendlich benachbarte Lage C'', so ändert sich die Arbeit um den Betrag $d\,(dA) = d^2 A$. Dieser kann positiv oder negativ sein, je nachdem die Arbeit der Kräfte bei dieser Bewegung zu- oder abnimmt. Nun entspricht eine positive Arbeit der Kräfte einer Beschleunigung, eine negative eine Verzögerung der Bewegung des Punktes, wie auf S. 64 gezeigt wurde; es wird daher, wenn $d^2 A > 0$, d. h. positiv ist, der Punkt durch die Kräfte beschleunigt, also noch weiter fortgeführt werden, dagegen, wenn $d^2 A < 0$, verzögert und sonach zurückzukehren gezwungen. Im Gleichgewichtsfalle ist $dA = 0$, dagegen $d^2 A \gtreqless 0$, wenigstens im allgemeinen; wir kommen folglich zu nachstehendem Kennzeichen der Art des Gleichgewichtes: je nachdem

$$d^2 A \gtreqless 0, \text{ ist das Gleichgewicht} \begin{cases} \text{labil} \\ \text{indifferent.} \\ \text{stabil} \end{cases}$$

In dem vorstehenden Beispiel ist $X = 0$, $Y = -L$, sonach

$$dA = -L \cdot dy$$

$$\frac{dA}{dx} = -L \cdot \frac{dy}{dx} = L \cdot \frac{x}{y},$$

weil aus der Kreisgleichung $x\,dx + y\,dy = 0$ folgt. Man erhält daher

$$\frac{d^2 A}{dx^2} = L \cdot \frac{d}{dx}\left(\frac{x}{y}\right) = L \cdot \frac{r^2}{y^3},$$

wie man leicht erkennt. In der oberen Gleichgewichtslage C_1 ist $x_1 = 0$, $y_1 = +r$, folglich

$$d^2 A = L r\, dx^2;$$

sonach, weil dx^2 unter allen Umständen positiv ist, $d^2 A > 0$, wie erforderlich, weil in C_1 das Gleichgewicht als labil erkannt wurde. Für den Punkt C_2 aber hat man $y_2 = -r$, und sonach

$$d^2 A = -L r\, dx^2 < 0,$$

woraus folgen würde, daß C_2 eine stabile Gleichgewichtslage inne hat.

In sogen. singulären Punkten der Kurve können Abweichungen von vorstehenden allgemeinen Regeln eintreten. Bewegt sich z. B. ein schwerer Punkt auf einer Kurve mit Wendepunkt, und liegt die Wendetangente horizontal (s. Fig. 62), so ist das Gleichgewicht in diesem Punkte W indifferent, wie aus dem Umstande hervorgeht, daß hier $dA = -L\,dy$, also $\dfrac{d^2A}{dx^2} = -L \cdot \dfrac{d^2y}{dx^2}$ ist, denn für einen

Wendepunkt ist bekanntlich $\dfrac{d^2y}{dx^2} = 0$. Die Anschauung dagegen lehrt, daß das Gleichgewicht
für den links von W liegenden Teil der Kurve
labil, für den rechtsliegenden stabil sein
müßte, wenn das Wegelement von endlicher
Größe ist.   Eine strenge Entscheidung über

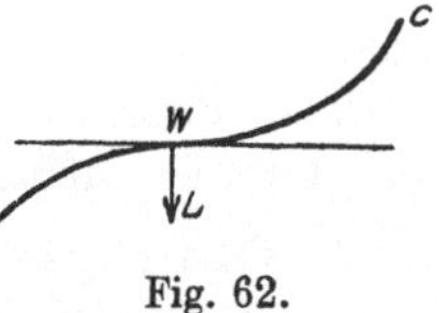

Fig. 62.

die Art des Gleichgewichtes gibt nur das mathematische Kriterium
$d^2A \gtreqless 0$.

Es kommen auch Fälle vor, in denen ein Punkt in allen Lagen
auf der Kurve im Gleichgewicht ist, wie z. B. ein schwerer Punkt auf
horizontaler Geraden, oder ein Punkt, der einer von einem ruhenden
Anziehungszentrum auf ihn ausgeübten Kraft beansprucht wird,
auf einem Kreise um jenes Zentrum.   Derartige Kurven nennt man
astatische, und das Gleichgewicht auf ihnen astatisches Gleichgewicht.   Als Differentialgleichung astatischer Kurven ergibt sich
sofort

$$X\,dx + Y\,dy = 0;$$

in dieser sind X und Y als Funktionen der Koordinaten gegeben.

Ist z. B. ein Punkt außer seiner Schwerkraft L noch einer horizontalen
Kraft $H = \varkappa m \cdot x$ unterworfen, worin x den Abstand des Punktes von der
vertikal nach abwärts gerichteten Y-Achse bezeichnet, so wird $X = H$, $Y = L$
$= m \cdot g$, und es geht die obige Differentialgleichung über in

$$\varkappa x\,dx + g\,dy = 0,$$

deren Integral die Form

$$\varkappa x^2 + 2gy = \text{Const}$$

hat, und eine Parabel mit vertikaler Hauptachse darstellt.   Man überzeugt
sich leicht, daß die Resultierende aus X und Y in allen Lagen des Punktes
auf der Parabel senkrecht zu letzterer steht.

Für eine Reihe von Anwendungen besonders technischer Art
ist es von Bedeutung, die Kraft zu kennen, welche an dem Punkte
anzubringen ist, um ihn als freibeweglichen in seinem Zustande des
Gleichgewichtes zu erhalten.   Diese Kraft, die nur eine gedachte ist,
wird Stützkraft der Kurve oder auch Kurvenwiderstand,
bzw. -reaktion genannt.   Sie ist nach Größe und Richtung völlig
bestimmt durch die Resultierende aller auf den Punkt wirkenden
äußeren Kräfte.   Wird letztere mit P bezeichnet, die Stützkraft dagegen mit S, so fordert die Definition der Stützkraft, daß

$$P \,\widehat{+}\, S = 0$$

ist, d. h. daß S entgegengesetzt gleich $\overset{\ast}{P}$ sei, denn nur dann ist der Punkt als freibeweglicher im Gleichgewicht. Die Stützkraft S steht sonach senkrecht zur Kurve, hat die gleiche Größe wie P und die entgegengesetzte Richtung der letzteren. Sie darf nicht verwechselt werden mit der Kraft, mit der der Punkt auf die Kurve einwirkt, denn diese ist entgegengesetzt gerichtet wie S, wenn auch von gleicher Größe.

2. Gleichgewicht auf den Raumkurven.

Auch in diesem Falle folgt aus der Definition des Gleichgewichtes

$$dA = P \cdot \cos \varphi \cdot du = 0,$$

daß die Kraft P senkrecht zur Kurve stehen, also in einer Normalebene der Kurve liegen muß, falls der Angriffspunkt C sich in einer Gleichgewichtslage befinden soll. Die beiden Gleichungen der Raumkurve c seien $y = f_y(x)$, $z = f_z(x)$, dann findet sich die Bedingungsgleichung des Gleichgewichtes auf der Raumkurve c (s. Fig. 63) aus

$$dA = X dx + Y dy + Z dz = 0,$$

indem man darin

$$dy = f_y'(x) \cdot dx, \qquad dz = f_z'(x) \cdot dx$$

einsetzt, zu

(66)
$$X + Y \cdot f_y'(x) + Z \cdot f_z'(x) = 0.$$

Diese Gleichung, in der die Komponenten X, Y, Z von P bekannte Funktionen der drei Koordinaten sind, dient in Verbindung mit den beiden Kurvengleichungen zur Ermittlung der Koordinaten der Gleichgewichtslagen des Punktes C auf der Kurve c.

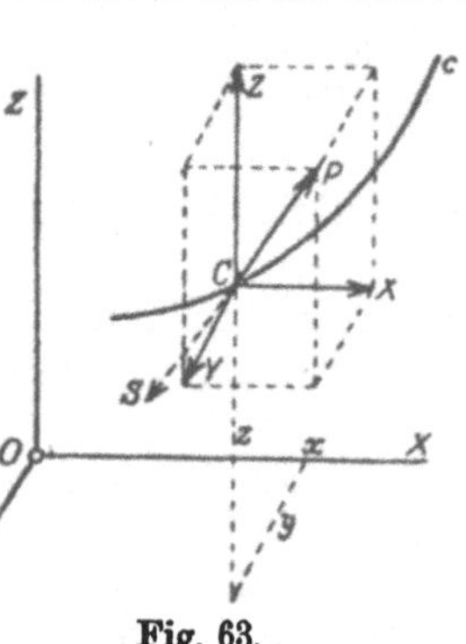

Fig. 63.

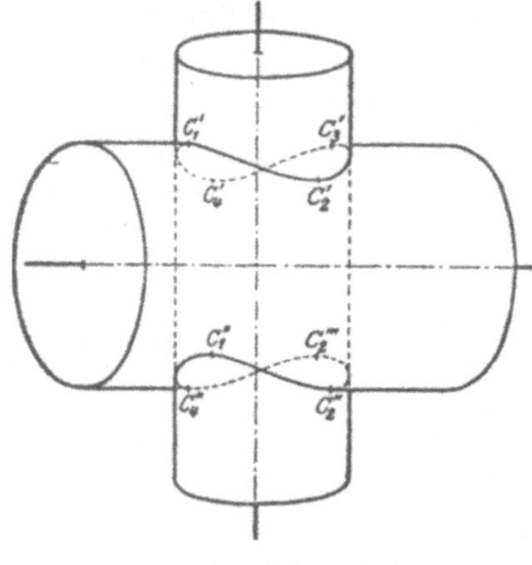

Fig. 64.

Die Arten des Gleichgewichtes sind dieselben wie bei der ebenen Kurve und auch das analytische Kennzeichen dieser Arten bleibt das gleiche; je nachdem also $d^2 A \lessgtr 0$, wird das Gleichgewicht labil, indifferent oder stabil.

Endlich wird auch die Stützkraft der Kurve in gleicher Weise bestimmbar, und zwar als die Kraft, welche der Kraft P gleich, aber entgegengesetzt gerichtet ist.

Beispiel: Bewegt sich ein schwerer Punkt auf der Durchdringungslinie zweier Kreiszylinder von verschiedenem Durchmesser und rechtwinklig sich schneidenden Achsen (s. Fig. 64), so gibt es auf den zwei getrennten Zweigen offensichtlich je vier reelle Gleichgewichtslagen und zwar dort, wo die Tangenten an die Durchdringungslinie horizontal sind. Vier dieser Lagen weisen stabiles, die anderen labiles Gleichgewicht auf, wie man analytisch, wie auch unmittelbar aus der Anschauung erkennt.

3. Gleichgewicht auf Flächen.

Die Gleichgewichtslagen eines Punktes auf einer Fläche sind dadurch gekennzeichnet, daß die Resultierende der auf den Punkt wirkenden Kräfte in die Flächennormale fällt. Aus dieser besonderen Eigenschaft lassen sich die Bedingungsgleichungen des Gleichgewichts ableiten. Kürzer gelangt man zu ihnen aus der Definition des Gleichgewichtes, nämlich

$$\delta A = X \delta x + Y \delta y + Z \delta z = 0,$$

in der X, Y, Z die Komponenten der resultierenden Kraft P sind. Die Koordinatenänderungen δx, δy, δz hierin müssen der Flächengleichung

$$F(xyz) = 0$$

genügen; es muß also

$$\frac{\partial F}{\partial x}\,\delta x + \frac{\partial F}{\partial y}\,\delta y + \frac{\partial F}{\partial z}\,\delta z = 0$$

sein. Die Elimination einer dieser Koordinatenänderungen, z. B. δz aus beiden Gleichungen führt auf die Bedingungsgleichung

$$\left(X \frac{\partial F}{\partial z} - Z \frac{\partial F}{\partial x}\right) \partial x + \left(Y \frac{\partial F}{\partial z} - Z \frac{\partial F}{\partial y}\right) \partial y = 0,$$

welche für alle möglichen Werte von ∂x und ∂y bestehen muß, weil das Wegelement δu des Punktes alle möglichen Richtungen in der Tangentialebene der Fläche haben kann. Es sind sonach

$$X \frac{\partial F}{\partial z} - Z \frac{\partial F}{\partial x} = 0 \quad \text{und} \quad Y \frac{\partial F}{\partial z} - Z \frac{\partial F}{\partial x} = 0$$

die beiden Bedingungsgleichungen des Gleichgewichtes, die zusammen mit der Flächengleichung die Koordinaten der Gleichgewichtslagen auf der Fläche bestimmen. An die Stelle einer der beiden Gleichungen kann auch die nachstehende

$$X \frac{\partial F}{\partial y} - Y \frac{\partial F}{\partial x} = 0$$

treten, die eine Folge der beiden anderen, also von ihnen abhängig ist. Die Arten des Gleichgewichtes sind dieselben, wie auf Kurven, nur ist hier zu beachten, daß die Art des Gleichgewichtes in einer Lage von der Richtung des Wegelementes δu in der Tangentialebene abhängen kann. Das analytische Kennzeichen der drei Arten des Gleichgewichtes $\delta^2 A \gtrless 0$ wird sonach ebenfalls abhängig von jener Richtung, oder, was auf dasselbe hinauskommt, von der Wahl zweier unendlich kleiner Koordinatenänderungen.

Die Kraft, welche den Punkt als freibeweglichen im Gleichgewicht erhalten würde, wird die **Stützkraft der Fläche** oder auch **Flächenwiderstand** genannt. Bezeichnen wir sie wieder mit S und die Resultierende aller **auf den Punkt wirkenden Kräfte** mit P, so besteht an dem freibeweglichen Punkte Gleichgewicht, falls

$$S \mp P = 0$$

st. Daraus folgt, daß S in der Flächennormalen liegt und P entgegengesetzt gleich ist.

Beispiel: Ein schwerer Punkt hat auf einer Kugelfläche nur zwei Gleichgewichtslagen, wie man sofort übersieht, und zwar an der tiefsten und der höchsten Stelle der Kugel. In der tiefsten Stelle ist das Gleichgewicht stabil, in der obersten labil, und zwar unabhängig von der Bewegungsrichtung des Punktes. Anders ist das mit dem Gleichgewicht eines schweren Punktes auf einem einschaligen Rotationshyperboloid mit horizontaler Achse (s Fig. 65). Auch hier sind nur zwei Gleichgewichtslagen C' und C'' vorhanden, aber je nach der Richtung des Wegeelementes ist das Gleichgewicht stabil oder labil. Die beiden Gebiete in jeder Gleichgewichtslage werden getrennt durch die horizontalen Mantellinien des Hyperboloides, und zwar ist in C' der Flächenteil zwischen m_1 und m_2, der sich dem Winkel γ zuordnet, stabil, der andere labil. In der Lage C'' ist es gerade umgekehrt. Die trennenden Mantellinien selbst haben indifferentes Gleichgewicht, und zwar in ihrer ganzen Ausdehnung; sie sind astatische Kurven.

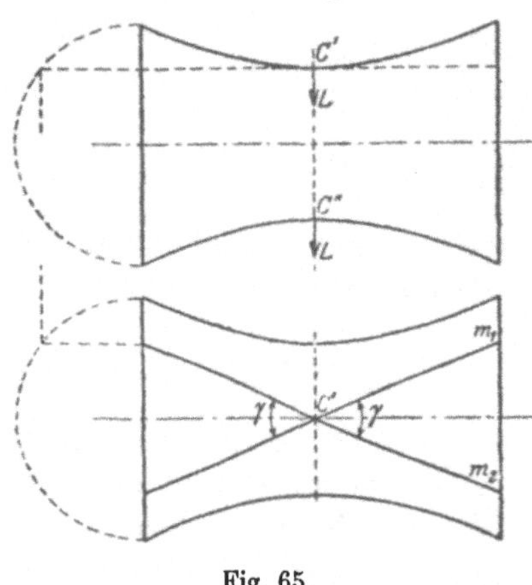

Fig. 65.

Astatische Flächen nennt man solche Flächen, auf denen in allen Punkten unter dem Einfluß der wirkenden Kräfte Gleichgewicht besteht. Die Differentialgleichung der **astatischen Flächen** ist

$$dA = X\,dx + Y\,dy + Z\,dz = 0;$$

in dieser sind X, Y, Z bekannte Funktionen der Koordinaten, da die Kraft P ja gegeben sein muß. So ist z. B. für einen schweren Punkt eine jede horizontale Ebene astatische Fläche, für einen Punkt dagegen, der einer von einem Zentrum ausgehenden Anziehungskraft unterliegt, eine Kugelfläche, deren Mittelpunkt mit dem Anziehungszentrum zusammenfällt.

Zwölftes Kapitel.

Zusammensetzung und Gleichgewicht von Kräften in einer komplan beweglichen freien starren Ebene.

Ein beliebiger Punkt einer starren Ebene, die gegen eine andere Ebene komplan sich zu bewegen gezwungen ist, sei der Angriffspunkt einer Kraft, die in der Ebene liegt; die Gerade, in der die Kraft wirkt, heiße die **Wirkungslinie** der Kraft. Unter der **Wirkung der Kraft** auf die Ebene werde verstanden die Elementararbeit der Kraft, unter der **Wirkung mehrerer Kräfte** die algebraische Summe der Elementararbeiten der einzelnen Kräfte bei jeder möglichen Bewegung der Ebene. Da die Ebene starr ist, so hängen die Bahnelemente ihrer Punkte voneinander ab; es ist folglich auch die Wirkung einer Kraft von der Lage ihres Angriffspunktes in der Ebene abhängig, falls letztere irgendwelche mögliche Bewegungen ausführt. Wir wollen zunächst unter Berücksichtigung des Umstandes, daß diese Bewegungen sowohl Schiebungen in jeder Richtung, als Drehungen um jeden Punkt der Ebene sein können, die Abhängigkeit für eine einzelne Kraft ermitteln

1. bei **Schiebungen.**

Vollzieht die Ebene E (s. Fig. 66) eine beliebig gerichtete Elementarschiebung, mit deren Richtung die im Punkte A angreifende Kraft P den Winkel φ einschließt, so ist die Wirkung von P

$$\delta A = P \cdot \cos\varphi \cdot \delta u.$$

Bei einer Schiebung (vgl. Bewegungslehre, Kap. 8) haben aber alle Körperpunkte nach Größe und Richtung gleiche Bahnelemente; es wurde sich sonach δA nicht ändern, falls der Angriffspunkt von P in jeden beliebigen anderen Punkt der Ebene gelegt würde, wenn nur die Kraft P nach Größe und Richtung dieselbe bleibt. Hieraus folgt der **Satz**:

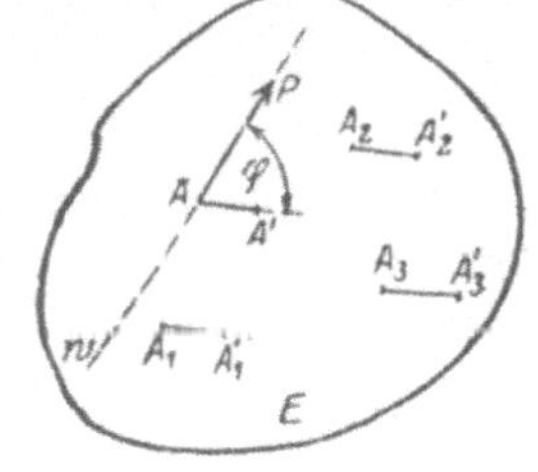

Fig. 66.

Die Wirkung einer Kraft auf eine Ebene, die eine Schiebung ausführt, ändert sich nicht durch die willkürliche Verlegung ihres Angriffspunktes in der Ebene, falls Größe und Richtung der Kraft ungeändert bleibt.

2. bei Drehungen.

Es sei D der augenblickliche Drehpunkt (oder Pol) der Elementardrehung der Ebene (s. Fig. 67) und δ_ψ der Drehwinkel, dann beschreibt jeder beliebige Punkt A der Ebene ein Bahnelement

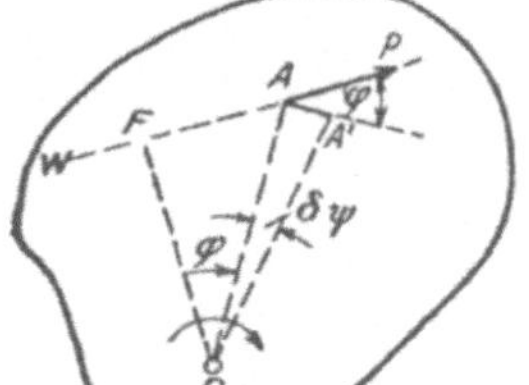

Fig. 67.

$\overline{AA'} = \delta u = r \cdot \delta \psi$ senkrecht zu $\overline{AD} = r$; es ist folglich

$$\delta A = P \cdot \cos \varphi \cdot \delta u$$

die Wirkung der Kraft auf die Ebene, falls φ den Winkel zwischen der Wirkungslinie w der Kraft P, die in A angreift, und dem Bahnelement $\overline{AA'}$ bezeichnet. Ist $\overline{DF} = a$ das Lot von D auf w, und beachten wir, daß, wie aus dem Dreieck ADF folgt, $a = r \cos \varphi$, so wird

$$\delta A = P \cdot r \cdot \cos \varphi \cdot \delta \psi = P a \, \delta \psi.$$

Dieser Ausdruck für δA läßt erkennen, daß die Wirkung der Kraft auf die Ebene unabhängig ist von der Lage des Angriffspunktes auf der Wirkungslinie; es folgt hieraus der Satz:

Die Wirkung einer Kraft auf eine starre Ebene ändert sich bei einer Drehung nicht, wenn man ihren Angriffspunkt in der Wirkungslinie der Kraft willkürlich verlegt.

Aus dem Ausdruck für δA ersehen wir aber weiter, daß die Wirkung der Kraft auf die Ebene nicht von der Größe P der Kraft, noch von dem Abstand a des Drehpunktes D von der Wirkungslinie w an sich abhängt, sondern nur von dem Produkt beider Größen. Wir führen daher als eine neue Größe jenes Produkt ein und setzen

(67) $$P \cdot a = M.$$

Die Größe M wird das Moment der Kraft für den Punkt D der Ebene genannt. Sie ist von derselben Dimension, wie die Arbeit, denn die Einheit des Momentes wird

$$M_I = P_I \cdot l_I = A_I;$$

Momente werden sonach in Arbeitseinheiten gemessen. Sehr zu beachten ist, daß das Moment einer Kraft positiv oder negativ sein kann, und zwar je nach der Lage des Drehpunktes gegenüber der Wirkungslinie. Es seien w_1 und w_2 (s. Fig. 68) zwei parallele Wirkungslinien in gleichen Abständen $\overline{DF_1} = \overline{DF_2} = a$ vom Drehpunkte D auf entgegengesetzten Seiten von ihm, und es greife in F_1 und F_2 je eine Kraft P von gleicher Größe und Richtung an, dann ist, wenn der Drehsinn der Ebene von links nach rechts gewählt wird, die Wirkung der Kraft P in w_1

$$\delta A_1 = P \cdot \overline{F_1 F_1}' \cdot \cos 0 = P \cdot a \cdot \delta \psi,$$

dagegen die von P in w_2

$$\delta A_2 = P \cdot \overline{F_2 F_2}' \cdot \cos \pi = - P \cdot a \cdot \delta \psi.$$

Folglich erhält das Moment der ersteren Kraft den Wert $M_1 = + Pa$, der letzteren den Wert $M_2 = - Pa$; die beiden Momente sind sonach von entgegengesetztem Vorzeichen, wenn auch von absolut gleicher Größe. Wäre der Drehsinn der umgekehrte, so würden die Vorzeichen beider Momente sich vertauschen.

Um zu einer einheitlichen Festsetzung des Vorzeichens der Momente zu kommen, wollen wir, falls nichts anderes bestimmt wird, den Drehsinn der Ebene stets von links nach rechts, also wie den der Drehung des Uhrzeigers annehmen und das Vorzeichen des Momentes abhängig machen von dem der Arbeit, die die Kraft verrichtet, wenn sie im Fußpunkt des Lotes vom Drehpunkt auf die Wirkungslinie angreift. Bewegt sich also der Fußpunkt F bei der Drehung gleichsinnig mit der Kraft, so wird die Arbeit positiv, und es ist dann das Moment ebenfalls positiv zu nehmen, im anderen Falle negativ.

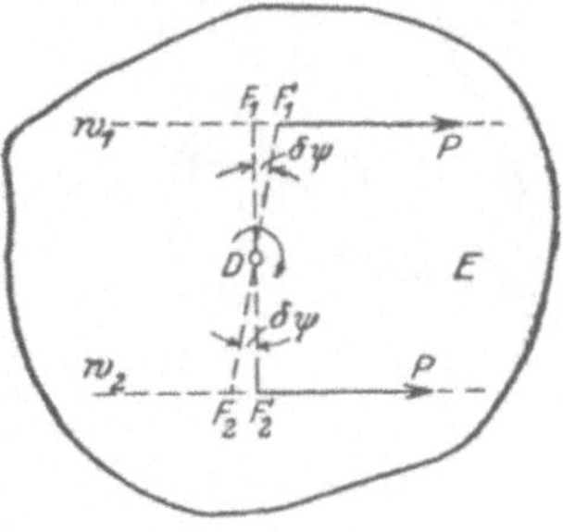

Fig. 68.

Da das Moment einer Kraft proportional ist dem Abstande $DF = a$ des Drehpunktes D von der Wirkungslinie w der Kraft P, so hat das Moment gleiche Größe und gleiches Vorzeichen für alle Punkte D der Ebene auf einer Parallelen zur Wirkungslinie. Für die Punkte der Wirkungslinie selbst wird es zu Null, und die Punkte auf verschiedenen Seiten dieser Linie ergeben verschiedenes Vorzeichen für die entsprechenden Momente.

Momente lassen sich durch Vektoren darstellen, welche Momentvektoren genannt werden. Zu dem Ende wählen wir für die Einheit M_I des Momentes eine beliebige Strecke $\mathfrak{M}_I$, den Einheitsvektor, und tragen den M entsprechenden Vektor $\mathfrak{M}$ im Drehpunkte D der Ebene senkrecht zu letzterer nach der Seite hin auf, von welcher aus gesehen der Drehsinn der Ebene mit dem des Uhrzeigers übereinstimmt. Die Endpunkte der Momentvektoren aller Punkte der Ebene liegen dann, wie man sofort ersieht, auf einer Ebene. welche die Ebene der Kraft in deren Wirkungslinie schneidet.

Wirken zwei Kräfte von beliebiger Größe und Richtung und beliebiger Lage ihrer Wirkungslinie auf eine Ebene, so lassen sich diese durch eine einzige Kraft ersetzen, deren Wirkung gleich der Wirkung beider Kräfte ist. Bezüglich aller Schiebungen folgt dies aus dem Satze, daß die Wirkung einer Kraft sich durch die willkürliche Verlegung ihres Angriffspunktes in der Ebene nicht ändert. Lassen wir sonach beide Kräfte in demselben Punkte der Ebene angreifen, so können sie zufolge des früheren durch eine resultierende Kraft

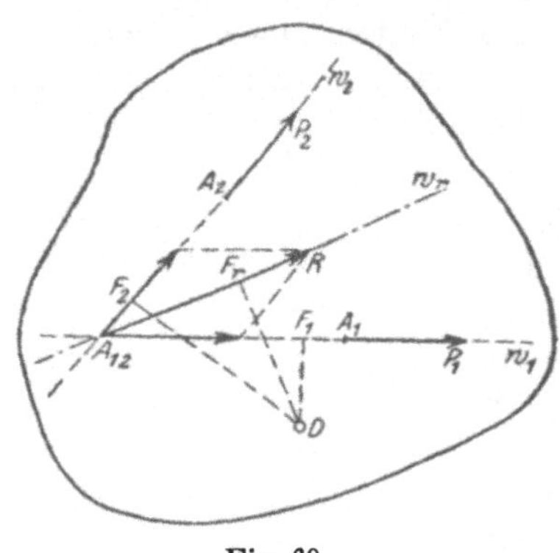

Fig. 69.

R ersetzt werden, deren Größe. und Richtung durch das Kräfteparallelogramm eindeutig bestimmt wird. Bezüglich der Drehungen um alle Punkte der Ebene benutzen wir die Unveränderlichkeit der Wirkung einer Kraft bei Verlegung ihres Angriffspunktes in der Wirkungslinie der Kraft und wählen als gemeinsamen Angriffspunkt der Kräfte den Schnittpunkt A_{12} (s. Fig. 69) ihrer Wirkungslinien w_1 und w_2. Dann müssen sich die beiden Kräfte ohne Änderung ihrer Wirkung durch eine Kraft ersetzen lassen, deren Größe und Richtung durch das Kräfteparallelogramm bestimmt ist und deren Wirkungslinie w_r durch A_{12} geht. Der Angriffspunkt der resultierenden Kraft R kann willkürlich auf w_r gewählt werden. Zusammenfassend erkennen wir sonach, daß sich zwei Kräfte in einer Ebene von beliebiger Größe, Richtung und Lage ohne Änderung ihrer Wirkung auf die Ebene im allgemeinen durch eine einzige Kraft ersetzen lassen, deren Größe und Richtung durch das Parallelogramm der Kräfte und deren Wirkungslinie durch den Schnittpunkt der Wirkungslinien beider Kräfte eindeutig bestimmt ist.

Bezeichnet D in Fig. 69 einen beliebigen Drehpunkt der Ebene, dessen Abstände von den Wirkungslinien $\overline{DF_1} = a_1$, $\overline{DF_2} = a_2$, $\overline{DF_r} = a_r$ seien, so werden die Momente der drei Kräfte für den Punkt D

$$M_1 = P_1 a_1, \qquad M_2 = P_2 a_2, \qquad M_R = R a_r,$$

und die Elementararbeiten bei der Drehung um den Winkel δ_ψ

$$\delta A_1 = M_1 \delta\psi, \qquad \delta A_2 = M_2 \delta\psi, \qquad \delta A_R = M_R \cdot \delta\psi,$$

Da nun R dieselbe Wirkung haben soll, wie die beiden Kräfte zusammen, also
$$\delta A_R = \delta A_1 + \delta A_2,$$
so folgt, daß auch
(68)
$$M_R = M_1 + M_2$$
sein muß; wir haben folglich den Satz: Das Moment der Resultierenden zweier Kräfte in einer Ebene ist für jeden beliebigen Punkt der letzteren gleich der algebraischen Summe der Momente der beiden Kräfte.

Diesen Satz kann man zur Berechnung der Lage der Wirkungslinie der Resultierenden R benutzen, da ja Größe und Richtung von R durch die Formeln (54) bestimmt ist, denn aus (68) folgt

(68a)
$$a_r = \frac{P_1 a_1 + P_2 a_2}{R}.$$

Da auch das Vorzeichen von M_R aus (68) hervorgeht, so erhält man die Lage von w_r eindeutig.

Sind die beiden Kräfte P_1 und P_2 parallel, rückt also der Schnittpunkt ihrer Wirkungslinien ins Unendliche, so läßt sich die

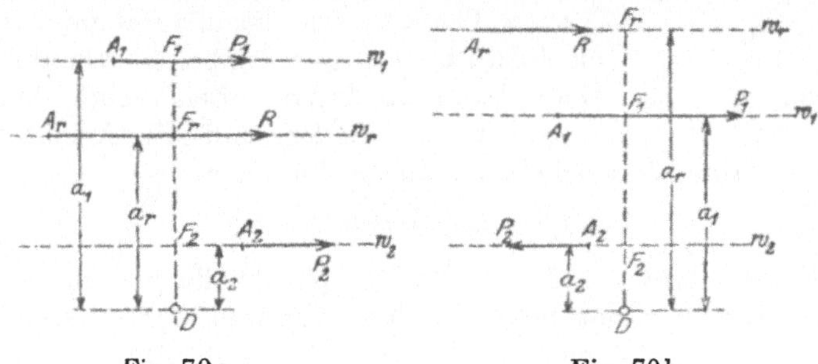

Fig. 70a.   Fig. 70b.

Lage der Wirkungslinie w_r nur mit Hilfe der Gleichung (68) finden. Sind die beiden parallelen Kräfte gleichsinnig, also der Winkel α zwischen beiden $= 0$, so erhält man zunächst nach (43)
$$R = \sqrt{P_1^2 + P_2^2 + 2 P_1 P_2} = P_1 + P_2,$$
und folglich für einen beliebigen Drehpunkt D (s. Fig. 70a) aus (68a)
$$a_r = \frac{P_1 a_1 + P_2 a_2}{P_1 + P_2}.$$

Hieraus folgt leicht, daß $a_2 < a_r < a_1$ ist, also w_r zwischen w_1 und w_2 liegt. Wenn dagegen P_1 und P_2 entgegengesetzt gerichtet sind (s. Fig. 70b), also $\alpha = \pi$ ist, so wird

$$R = \sqrt{P_1{}^2 + P_2{}^2 - 2\,P_1\,P_2} = P_1 - P_2,$$

falls $P_1 > P_2$, und man erhält

$$a_r = \frac{P_1\,a_1 - P_2\,a_2}{P_1 - P_2}\,;$$

hieraus folgt $a_r > a_1$, d. h. es liegt w_r außerhalb des Raumes zwischen a_1 und a_2, und zwar auf der Seite der größeren Kraft.

Von besonderem Interesse ist der Fall, in dem $P_1 = P_2 = P$ wird und $\alpha = \pi$. Man erhält dann

$$R = 0$$

und für jeden beliebigen Drehpunkt D (s. Fig. 71)

(69) $$M_R = P \cdot a_1 - P \cdot a_2 = P \cdot b,$$

d. h. dasselbe resultierende Moment beider Kräfte für jeden Punkt der Ebene. In diesem Falle verrichten die beiden Kräfte bei einer

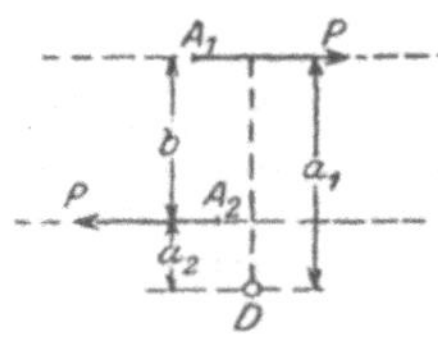

Fig. 71.

Schiebung der Ebene keine Arbeit, wohl aber bei der Drehung um jeden ihrer Punkte. Daraus folgern wir, daß sich die beiden Kräfte nicht durch eine resultierende Kraft ersetzen lassen, wie im allgemeinen, denn da die letztere sich $= 0$ ergibt, so könnte sie bei einer Drehung keine Arbeit verrichten, während wir hier finden, daß die Arbeit für die Drehungen um alle möglichen Punkte der Ebene

$$\delta A_r = M_R \cdot \delta\psi = P \cdot b \cdot \delta\psi$$

von Null verschieden und für alle Drehpunkte die gleiche ist. Zwei derartige Kräfte nennt man ein Kräftepaar, der Abstand b der Wirkungslinien heißt die Breite oder der Arm und das Produkt $P \cdot b$ das Moment des Paares; letzteres kann positiv oder negativ sein, je nachdem es mit dem Drehsinn der Ebene übereinstimmt oder nicht. Kräftepaare lassen sich ebenfalls durch Strecken darstellen, die der Größe des Momentes entsprechen. Da das Moment des Paares für alle Punkte der Ebene das gleiche ist, so kann die Strecke in jedem Punkte senkrecht zu letzterer aufgetragen werden. Die Wirkung eines Kräftepaares auf eine Ebene ändert sich nicht, wenn man die Kräfte des Paares willkürlich in der Ebene verlegt, ohne sein Moment zu ändern. Ebenso können die Kraft oder die Breite des Paares willkürlich geändert werden, wenn nur das Moment des Paares nach Größe und Vorzeichen das gleiche bleibt.

Wie die vorausgehenden Darlegungen ersichtlich machen, können zwei Kräfte in einer freibeweglichen Ebene nur im Gleichgewicht sein, wenn ihre Resultierende und ihr resultierendes Moment $=0$ sind, denn nur dann wird $\delta A_r = 0$ für alle Schiebungen und

Fig. 72.

Drehungen der Ebene. Nun wird aber $R = 0$ nur, wenn $P_1 = P_2$ und $\alpha = \pi$ ist, und $M_R = 0$ nur, wenn $b = 0$; die beiden Kräfte müssen daher (s. Fig. 72) in einer Geraden liegen und entgegengesetzt gleich sein.

Das wichtige Ergebnis, daß sich zwei Kräfte von beliebiger Größe, Richtung und Lage in einer Ebene zu einer Kraft zusammensetzen, d. h. durch eine eine einzige Kraft von eindeutig bestimmter Größe, Richtung und Lage ersetzen lassen, kann leicht auf beliebig viele Kräfte verallgemeinert werden. Dann setzen wir die Resultierende zweier Kräfte mit der dritten Kraft in der gleichen Weise zusammen, so erhalten wir die Resultierende der drei Kräfte eindeutig bestimmt. Dieses Verfahren, d. h. die Benutzung des Kräfteparallelogramms und des Schnittpunktes der Wirkungslinien, führt sonach zu der Einsicht, daß sich n beliebige Kräfte in einer freibeweglichen Ebene durch eine einzige Kraft ersetzen lassen, deren Wirkung auf die Ebene dieselbe ist, wie die der n Kräfte.

Unmittelbar überzeugt man sich von der Richtigkeit dieses Ergebnisses wie folgt. Bezüglich der Schiebungen können wir alle Angriffspunkte der Kräfte in einen beliebigen Punkt der Ebene verlegen und erhalten nach dem zehnten Kapitel eine nach Größe und Richtung eindeutig bestimmte resultierende Kraft als Ersatz der n Kräfte. Lassen wir ferner die Ebene sich um einen beliebigen Punkt D drehen und bezeichnen mit a_k das Lot von D auf die Wirkungslinie w_k der Kraft P_k, so wird, weil $P_k a_k = M_k$ das Moment von P_k für den Punkt D ist, die Arbeit aller Kräfte bei dieser Drehung

$$\delta A_r = \sum_{k=1}^{n} (\delta A_k) = \delta\psi \cdot \sum_{k=1}^{n} (M_k) = \delta\psi \cdot M_r.$$

Das Moment M_R der Resultierenden aller Kräfte ist sonach

$$(70) \qquad M_R = \sum_{k=1}^{n} (M_k) = M_r,$$

weil die Arbeit von R bei der Drehung $\delta A_R = M_R \cdot \delta\psi = \delta A_r$ sein soll. Die Gleichung (70), die die Verallgemeinerung von (68) darstellt, sagt aus, daß das Moment der Resultierenden eines ebenen Kräftesystems für jeden beliebigen Punkt der Ebene gleich der algebraischen Summe der Momente aller Kräfte ist. Beachten wir nun, daß

$$M_R = R \cdot a_r$$

ist, so erhalten wir den Abstand a_r der Wirkungslinie w_r der Resultierenden zu

$$(71) \qquad a_r = \frac{1}{R} \sum_{k=1}^{n} (P_k a_k),$$

und da die Richtung von R sowie das Vorzeichen von M_R schon bestimmt sind, so wird die Lage von w_r zu einer eindeutig bestimmten.

Bei dieser Zusammensetzung der n Kräfte können folgende Sonderfälle eintreten:

1. es wird $M_R = \sum_{k=1}^{n} (M_k) = 0$, während R von Null verschieden sich findet. Das bedeutet nur eine besondere Lage des gewählten Drehpunktes D und zwar die auf der Wirkungslinie w_r.

2. es sei $R = 0$, $M_R \neq 0$. In diesem Falle läßt sich das Kräftesystem nicht durch nur eine Kraft ersetzen, sondern durch mindestens zwei Kräfte, die ein Kräftepaar bilden. Nur das Moment dieses Paares ist nach Größe und Vorzeichen durch (70) bestimmt.

3. es werde $R = 0$ und $M_R = 0$ für einen beliebigen Punkt. Dann wird $M_R = 0$ für jeden beliebigen Punkt und folglich

$$\delta A = 0$$

für alle möglichen Bewegungen der Ebene. In diesem Falle nennen wir die Kräfte im Gleichgewicht befindlich.

Um die Bedingungsgleichungen des Gleichgewichtes der n Kräfte aufstellen zu können, ist es erforderlich, die Zusammensetzung der Kräfte auf dem Rechnungswege durchzuführen, was im folgenden Kapitel geschehen soll.

Dreizehntes Kapitel.

Die analytische Zusammensetzung der Kräfte in einer Ebene und die Bedingungsgleichungen des Gleichgewichtes.

Es sei A_k (s. Fig. 73) einer der n Angriffspunkte der Kräfte P_k, die mit der positiven X-Achse die Winkel α_k einschließen mögen, und $X_k = P_k \cos \alpha_k$, $Y_k = P_k \sin \alpha_k$ die Komponenten von P_k in Richtung der Koordinatenachsen, dann läßt sich nach (60) für die Elementararbeit der Kraft P_k setzen

$$\delta A_k = X_k \delta x_k + Y_k \delta y_k,$$

falls δx_k und δy_k die Änderungen der Koordinaten x_k und y_k des Angriffspunktes A_k von P_k bezeichnen. Nach (II) wird folglich die Gesamtarbeit aller Kräfte bei jeder möglichen Bewegung der Ebene

$$\delta A = \sum_{k=1}^{n} (X_k \delta x_k + Y_k \delta y_k).$$

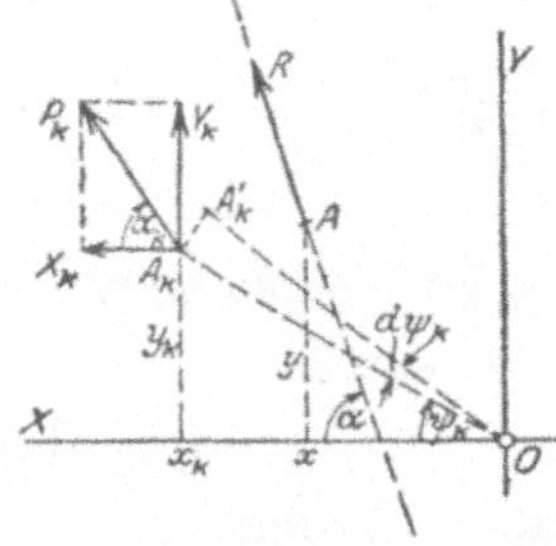

Fig. 73.

Bezeichnen X und Y die Komponenten der gesuchten Resultierenden R und x und y die Koordinaten ihres Angriffspunktes, so müßte

$$\delta A = X \delta x + Y \delta y$$

sein, und folglich für alle möglichen Elementarbewegungen der Ebene die Gleichung

$$X \delta x + Y \delta y = \sum_{k=1}^{n} (X_k \delta x_k + Y_k \delta y_k)$$

bestehen.

Bei einer Schiebung der Ebene sind alle Wegelemente der Angriffspunkte A_k gleich und gleichgerichtet, sonach auch $\delta x_k = \delta x$, $\delta y_k = \delta y$; vorstehende Gleichung geht dann über in

$$\left\{ X - \sum_{k=1}^{n} (X_k) \right\} \delta x + \left\{ Y - \sum_{k=1}^{n} (Y_k) \right\} \delta y = 0.$$

Mit Rücksicht auf die völlige Willkürlichkeit der Änderungen δx und δy kann dieser nur genügt werden, wenn

$$X = \sum_{k=1}^{n} (X_k), \qquad Y = \sum_{k=1}^{n} (Y_k).$$

Bezeichnet α den Winkel zwischen der Wirkungslinie der Resultierenden R und der positiven X-Achse, so ist andrerseits

$$X = R \cos \alpha, \qquad Y = R \cdot \sin \alpha.$$

Daraus folgt

$$(72\,\mathrm{a}) \qquad R = \sqrt{X^2 + Y^2} = \sqrt{\left\{ \sum_{k=1}^{n} (X_k) \right\}^2 + \left\{ \sum_{k=1}^{n} (Y_k) \right\}^2};$$

ferner

$$(72\,\mathrm{b}) \qquad \cos \alpha = \frac{X}{R} = \frac{\sum_{k=1}^{n} (X_k)}{R}, \qquad \sin \alpha = \frac{Y}{R} = \frac{\sum_{k=1}^{n} (Y_k)}{R}.$$

Diese Ausdrücke stimmen mit denen in (63) gegebenen völlig überein, da hier die $Z_k = 0$ sind. Das ist ganz natürlich, da wir im 12. Kapitel nachwiesen, daß die Wirkung einer Kraft bei einer Schiebung der Ebene sich nicht ändert, wenn man deren Angriffspunkt willkürlich verlegt; wir könnten sonach alle Angriffspunkte hierbei in einen zusammenfallen lassen.

Bei einer Drehung der Ebene um einen willkürlichen Punkt O der Ebene, den wir als Koordinatenanfang wählen, ist das Bahnelement $\overline{A_k A_k'} \perp \overline{O A_k}$ und, wenn man $\overline{O A_k} = r_k$ setzt, der Größe nach $= r_k \delta \psi_k$ (s. Fig. 73). Es wird dann, wie man auch aus den Beziehungen $x_k = r_k \cos \psi_k$, $y_k = r_k \sin \psi_k$ sofort erkennt,

$$\delta x_k = - r_k \sin \psi_k \delta \psi_k = - y_k \delta \psi_k \quad \text{und} \quad \delta y_k = r_k \cos \psi_k \delta \psi_k = x_k \delta \psi_k,$$

und sonach

$$\delta A_k = X_k \delta x_k + Y_k \delta y_k = (Y_k x_k - X_k y_k)\, \delta \psi_k.$$

Hierin bedeutet

(73) $$Y_k x_k - X_k y_k = M_k$$

das Moment der Kraft P_k für den Punkt O ausgedrückt durch die Summe der Momente ihrer Komponenten; man kann sonach

$$\delta A_k = M_k \cdot \delta \psi_k$$

in den Ausdruck für δA einsetzen, und erhält

$$\delta A = \sum_{k=1}^{n} (Y_k x_k - X_k y_k)\, \delta \psi_k = \sum_{k=1}^{n} (M_k \cdot \delta \psi_k).$$

Da die Ebene starr ist, so sind alle Drehwinkel $\delta \psi_k$ einander gleich; setzen wir daher $\delta \psi_k = \delta \psi$, so wird zufolge (70)

$$\delta A = \delta \psi \sum_{k=1}^{n} (M_k) = \delta \psi \cdot M_r;$$

darin bezeichnet M_r das resultierende Moment aller Kräfte für den Drehpunkt O. Unter Benutzung von (73) können wir als Moment der Resultierenden

$$M_R = Yx - Xy$$

einführen und finden folglich, weil $M_R = \sum_{k=1}^{n} (M_k) = M_r$ sein muß,

$$Yx - Xy = \sum_{k=1}^{n} (Y_k x_k - X_k y_k),$$

oder, weil $X = \sum_{k=1}^{n} (X_k)$, $Y = \sum_{k=1}^{n} (Y_k)$,

(74) $$x \sum_{k=1}^{n} (Y_k) - y \sum_{k=1}^{n} (X_k) = \sum_{k=1}^{n} (Y_k x_k - X_k y_k).$$

Diese Gleichung ist linear in den Koordinaten des Angriffspunktes A der Resultierenden R; sie stellt sonach die Gleichung einer Geraden dar, und diese ist der geometrische Ort der Angriffspunkte A, also die Wirkungslinie der Resultierenden. Dieses Ergebnis stimmt überein mit dem auf S. 88 bewiesenen Satze, daß sich die Wirkung einer Kraft auf eine frei bewegliche Ebene nicht ändert, wenn man ihren Angriffspunkt in der Wirkungslinie willkürlich verlegt.

Die Formeln (72a) und (72b) bestimmen die Größe und Richtung der resultierenden Kraft P eindeutig und die Gleichung (74) legt die Wirkungslinie eindeutig fest; es gibt sonach im allgemeinen eine und nur eine Kraft, welche die Wirkung eines ebenen Kräftesystems ersetzt.

Sind die Kräfte P_k unendlich klein, ihre Anzahl aber unendlich groß, so treten in den Ausdrücken für X, Y und $M_R = M_r$ $= \sum\limits_{k=1}^{n} (Y_k x_k - X_k y_k)$ an Stelle der endlichen Summen Integrale, sonst aber bleibt die Ermittlung der Größe, Richtung und Lage der Resultierenden die gleiche.

Beispiel: Ein Massenpunkt O von der Masse m wirke nach dem Newtonschen Gesetz, d. i. nach (2) anziehend auf eine ebene homogene Kurve in der Ebene der letzteren, ihre Gleichung sei

$$F(xy) = 0.$$

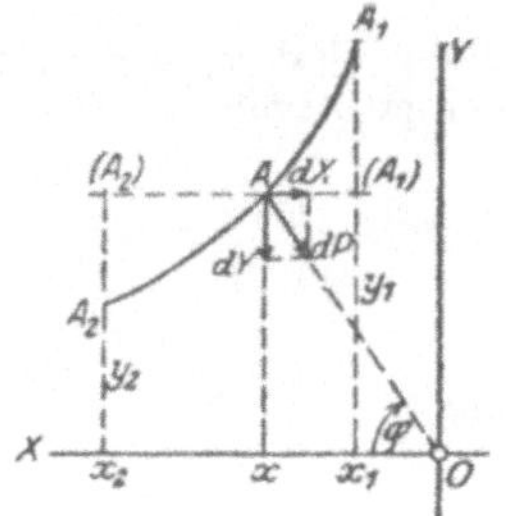

Fig. 74.

Die Kraft, mit der ein Kurvenelement ds im Punkte A (s. Fig. 74) von O angezogen wird, ist nach Formel (2)

$$dP = \varkappa \, \frac{m \, dM}{r^2} ;$$

hierin hat man $\overline{OA} = r = \sqrt{x^2 + y^2}$ zu setzen, falls der Koordinatenanfang in den anziehenden Punkt O gelegt wird. Ferner ist $dM = \mu \cdot ds$ und, weil $M = \int dM = \mu \int ds = \mu \cdot L$, falls L die Länge der Kurve bezeichnet, $\mu = M : L$. Zerlegen wir dP in Komponenten in Richtung der X- und Y-Achse, so werden diese

$$dX = - dP \cdot \cos \varphi = - \varkappa m \mu \cdot \frac{x \, ds}{r^3} \quad \text{und} \quad dY = - \varkappa m \mu \cdot \frac{y \, ds}{r^3},$$

weil $x = r \cos \varphi$ und $y = r \sin \varphi$ ist. Benutzt man, daß $ds = \sqrt{dx^2 + dy^2}$ $= dx \sqrt{1 + \left(\dfrac{dy}{dx}\right)^2}$, worin $\dfrac{dy}{dx} = - \dfrac{\partial F}{\partial x} : \dfrac{\partial F}{\partial y}$ aus der Kurvengleichung erhalten wird, so findet sich

$$X = \int\limits_{x=x_1}^{x=x_2} dX = - \varkappa m \mu \int\limits_{x_1}^{x_2} \frac{x}{r^3} \sqrt{1 + \left(\frac{dy}{dx}\right)^2} \, dx$$

und

$$Y = \int\limits_{x=x_1}^{x=x_2} dY = - \varkappa m \mu \int\limits_{x_1}^{x_2} \frac{y}{r^3} \sqrt{1 + \left(\frac{dy}{dx}\right)^2} \, dx ;$$

die Ausführung der Integrationen erfordert nur noch die Ersetzung von y durch x mittels der Kurvengleichung. Weiter erhält man

$$M_r = \int\limits_{x=x_1}^{x=x_2} (dY\cdot x - dX\cdot y) = -\varkappa m\mu \int\limits_{x_1}^{x_2}\left(\frac{yx}{r^3} - \frac{xy}{r^3}\right)ds = 0,$$

wie erforderlich, da die Momente der Kräfte dP sämtlich Null sind. Die Wirkungslinie der Resultierenden geht sonach durch O und schließt mit der positiven X-Achse den Winkel α ein, der durch die Ausdrücke (72b) eindeutig bestimmt wird.

Ist die Kurve eine Gerade im Abstande a von O und legen wir die Y-Achse senkrecht zu ihr durch O, so daß die Kurvengleichung $y = a$ und $\frac{dy}{dx} = 0$, also $ds = dx$ wird, so erhält man:

$$X = -\varkappa m\mu \int\limits_{x_1}^{x_2}\frac{x\,dx}{r^3} = -\varkappa m\mu \int\limits_{r_1}^{r_2}\frac{dr}{r^2} = \varkappa m\mu\left(\frac{1}{r_2} - \frac{1}{r_1}\right) = \frac{\varkappa m\mu}{a}(\sin\varphi_2 - \sin\varphi_1),$$

$$Y = -\varkappa m\mu \int\limits_{x_1}^{x_2}\frac{a\,dx}{r^3} = \frac{\varkappa m\mu}{a}\int\limits_{\varphi_1}^{\varphi_2}\sin\varphi\,d\varphi = -\frac{\varkappa m\mu}{a}(\cos\varphi_2 - \cos\varphi_1);$$

hierin sind φ_1 und φ_2 die Winkel der Strahlen $\overline{O(A_1)} = r_1$ und $\overline{O(A_2)} = r_2$ mit der positiven X-Achse. Damit findet sich

$$R = \sqrt{X^2 + Y^2} = \frac{\varkappa m\mu}{a}\sqrt{(\sin\varphi_2 - \sin\varphi_1)^2 + (\cos\varphi_2 - \cos\varphi_1)^2}$$

$$= 2\varkappa\frac{m\mu}{a}\sin\left(\frac{\varphi_1 - \varphi_2}{2}\right)$$

und

$$\tan\alpha = \frac{Y}{X} = \frac{\cos\varphi_2 - \cos\varphi_1}{\sin\varphi_1 - \sin\varphi_2} = \tan\left(\frac{\varphi_1 + \varphi_2}{2}\right);$$

die Wirkungslinie von R halbiert sonach den Winkel $(A_1)O(A_2) = \varphi_1 - \varphi_2$.

Wie man sich leicht überzeugt, sind Größe, Richtung und Lage der Resultierenden des Kräftesystems von der Wahl des Koordinatensystems ganz unabhängig, dagegen ist das nicht der Fall mit dem resultierenden Moment $M_r = \sum\limits_{k=1}^{n}(Y_k x_k - X_k y_k)$ aller Kräfte, denn dieses ist nach Größe und Vorzeichen gleich dem Moment der Resultierenden für den gewählten Drehpunkt und ändert sich folglich mit der Lage dieses Punktes gegenüber der Wirkungslinie. So kann $M_r \gtrless 0$ werden, je nachdem der Drehpunkt O der Ebene auf der einen oder anderen Seite der Wirkungslinie, bzw. auf ihr liegt. Finden wir daher $R > 0$ und $M_r = 0$, so bedeutet das nur eine besondere Lage des Drehpunktes, nämlich die auf der Wirkungslinie von R.

Wenn dagegen $R = 0$ und $M_r \neq 0$, so bedeutet das einen Sonderfall des ebenen Kräftesystems, wie aus folgender Überlegung hervorgeht. Da nämlich $R = \sqrt{X^2 + Y^2}$, so muß auch $X = Y = 0$ werden, wenn R verschwinden soll, während

$$M_r = \sum_{k=1}^{n} (Y_k x_k - X_k y_k)$$

irgendeinen von Null verschiedenen Wert haben kann. Bilden wir nun das resultierende Moment aller Kräfte für einen beliebigen anderen Punkt Q der Ebene, dessen Koordinaten x_0 und y_0 (s. Fig. 75) sein mögen, also den Ausdruck

$$(M_r)_Q = \sum_{k=1}^{n} \{ Y_k (x_k - x_0) - X_k (y_k - y_0) \}$$

$$= \sum_{k=1}^{n} (Y_k x_k - X_k y_k) - x_0 \sum_{k=1}^{n} (Y_k) + y_0 \sum_{k=1}^{n} (X_k) = M_r - x_0 Y + y_0 X,$$

so erhalten wir, weil hier $X = Y = 0$,

$$(M_r)_Q = M_r.$$

In diesem Falle hat sonach das resultierende Moment aller Kräfte für jeden Punkt denselben Wert, und da das nur bei einem Kräfte- paar möglich ist, wie wir sahen, so erkennen wir, daß sich das Kräftesystem in diesem besonderen Falle nicht durch eine einzige Kraft, sondern nur durch die zwei Kräfte eines Kräfte- paares ersetzen läßt. Die Größe der Kräfte und die Breite des Paares bleiben hier- bei ganz unbestimmt; nur die Größe und das Vorzeichen des Paares haben einen be- stimmten Wert, nämlich den des resultieren- den Momentes aller Kräfte für einen be- liebigen Punkt der Ebene.

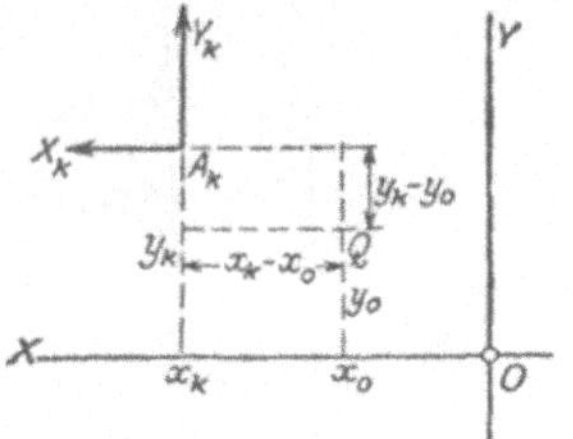

Fig. 75.

Finden wir nicht nur $R = 0$, sondern auch $M_r = 0$ für den ge- wählten Drehpunkt, so wird folglich das resultierende Moment der Kräfte für alle Punkte der Ebene zu Null. Wir erkennen daraus, daß die Arbeit δA aller Kräfte verschwindet für die Drehungen der Ebene um alle ihre Punkte, und da $\delta A = 0$ ist auch für alle Schie- bungen, weil $R = 0$, so wird die Arbeit der Kräfte des Systems zu Null für alle möglichen Bewegungen der Ebene; diesen besonderen Fall haben wir den des Gleichgewichtes genannt. Damit ergeben sich die notwendigen und hinreichenden Bedingungsgleichungen des Gleichgewichtes eines Kräftesystems in einer komplan beweglichen freien starren Ebene zu

$$(IV) \qquad \sum_{k=1}^{n} (X_k) = 0, \qquad \sum_{k=1}^{n} (Y_k) = 0, \qquad \sum_{k=1}^{n} (Y_k x_k - X_k y_k) = 0,$$

wie aus den gefundenen Ausdrücken für X, Y und M_r hervorgeht. Sie drücken aus, daß, wenn ein Kräftesystem dieser Art im Gleichgewicht sein soll, die Summen der Komponenten aller Kräfte in Richtung der Achsen eines beliebigen Koordinatensystems verschwinden müssen und das resultierende Moment aller Kräfte für den willkürlich gewählten Koordinatenanfang zu Null wird. Daß umgekehrt $\delta A = 0$ wird für alle möglichen Bewegungen der Ebene, falls die drei Gleichungen (IV) bestehen, ersieht man mittels der Arbeitsausdrücke für δA sofort.

<h3 style="text-align:center">Vierzehntes Kapitel.</h3>

Die Grundlagen der graphischen Statik.

Die Darstellung der Kräfte durch Vektoren ermöglicht eine rein zeichnerische Ermittlung der Resultierenden eines ebenen Kräftesystems, die sich zur Lösung zahlreicher Aufgaben der Statik als sehr zweckmäßig erwiesen hat. Aus ihr entwickelte sich die graphische Statik, deren wichtigste Grundlagen hier abgeleitet werden sollen. Bei dieser Ableitung stützen wir uns in der Hauptsache nur auf zwei früher bewiesene Sätze, näm-

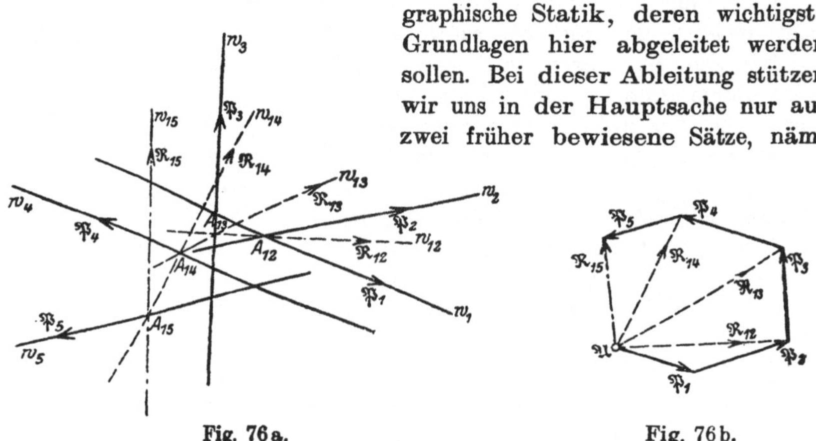

Fig. 76a.   Fig. 76b.

lich auf den Satz, daß die Wirkung einer Kraft auf eine komplan bewegliche freie starre Ebene sich nicht ändert, wenn man den Angriffspunkt der Kraft in deren Wirkungslinie willkürlich verlegt, und auf den Satz vom Parallelogramm der Kräfte.

Sollen n Kräfte in einer Ebene (s. Fig. 76a), deren Größen P_k und deren Wirkungslinie w_k gegeben sind, auf dem zeichnerischen Wege zusammengesetzt werden, so stellen wir die Kräfte P_k zunächst nach beliebigem Maßstab durch Vektoren $\mathfrak{P}_k$ dar. Wählen wir nun in der Ebene willkürlich einen Punkt $\mathfrak{A}$ als Anfangspunkt der ersten

Kraft $\mathfrak{P}_1$ und addieren die Vektoren $\mathfrak{P}_k$ geometrisch, so erhalten wir das bereits im zehnten Kapitel behandelte **Krafteck** oder **Kräftepolygon**, denn die Größe und Richtung der Resultierenden R der Kräfte ist ja dieselbe, als ob alle Kräfte gemeinsamen Angriffspunkt hätten. Die Schlußlinie dieses Krafteckes (s. Fig. 76b) ergibt den Vektor $\mathfrak{R}_{15}$, der die Resultierende R_{15} nach Größe und Richtung darstellt, falls $n = 5$ ist. Um auch die Wirkungslinie w_{15} dieser Resultierenden zu finden, verfahren wir so, daß wir zunächst die Wirkungslinien w_1 und w_2 der beiden Kräfte P_1 und P_2 zum Schnitt bringen (s. Fig. 74a) und in den Schnittpunkt A_{12} beider die Angriffspunkte der Kräfte verlegen. Die Wirkungslinie w_{12} der Resultierenden $\mathfrak{R}_{12}$ beider Kräfte geht dann notwendig durch A_{12}, während ihre Richtung durch die des Vektors $\mathfrak{R}_{12} = \mathfrak{P}_1 + \mathfrak{P}_2$ im Krafteck bestimmt ist. Nunmehr setzen wir $\mathfrak{R}_{12}$ mit $\mathfrak{P}_3$ in der gleichen Weise zusammen, indem wir die Wirkungslinie w_{13} der Resultierenden $\mathfrak{R}_{13} = \mathfrak{R}_{12} + \mathfrak{P}_3 = \mathfrak{P}_1 + \mathfrak{P}_2 + \mathfrak{P}_3$ durch den Schnittpunkt A_{13} von w_{12} und w_3 legen und zwar parallel zu $\mathfrak{R}_{13}$. In dieser Weise fortfahrend erhalten wir A_{14} als Schnittpunkt von w_{13} mit w_4 und damit $w_{14} \parallel \mathfrak{R}_{14}$, und schließlich A_{15} und $w_{15} \parallel \mathfrak{R}_{15}$. Hiermit ist das Ziel, die Resultierende $\mathfrak{R}_{15}$ nach Größe, Richtung und Lage zu finden, auf zeichnerischem Wege erreicht, und zwar die Größe und Richtung von $\mathfrak{R}_{15}$ durch das Krafteck, die Lage der Wirkungslinie w_{15} durch den Linienzug $A_{12} A_{13} A_{14} A_{15}$, der **Seileck**, **Seilpolygon** oder **Seilplan** genannt wird.

Der hier entwickelte Weg hat den Mangel, daß er versagt, wenn die in Frage kommenden Schnittpunkte der Wirkungslinien außerhalb des Zeichnungsraumes liegen, also gerade in dem häufigsten Falle paralleler Kräfte. Doch läßt er sich durch Zufügung einer willkürlich wählbaren Hilfskraft derart umgestalten, daß er in allen Fällen verwendbar wird.

Es sei S_0 diese Hilfskraft, und s_0 die willkürlich gewählte Wirkungslinie derselben (s. Fig. 77a, S. 102), dann tragen wir zunächst von dem willkürlich gewählten Punkte O (s. Fig. 77b) den Vektor $\overline{O\mathfrak{A}} = \mathfrak{S}_0$ an, und wenden jetzt das vorher beschriebene Verfahren zur Ermittlung der Resultierenden der sechs Kräfte $S_0, P_1, \ldots, P_5$ an, wodurch wir die Zwischenresultierenden $\mathfrak{S}_1 = \mathfrak{S}_0 + \mathfrak{P}_1$, $\mathfrak{S}_2 = \mathfrak{S}_1 + \mathfrak{P}_2$, usf. erhalten. Die Zwischenresultierende $\mathfrak{S}_1$ bzw. ihre Wirkungslinie s_1 geht durch den Schnittpunkt I von s_0 und w_1 und ist parallel $\mathfrak{S}_1$; sie schneidet w_2 im Punkte II und durch diesen geht die Wirkungslinie $s_2 \parallel \mathfrak{S}_2$ usf. Auf diesem Wege erhält man schließlich den Eckpunkt V des Seileckes $I\,II\,III\,IV\,V$ und dessen letzte Seite $s_5 \parallel \mathfrak{S}_5$; in dieser liegt die Resultierende $\mathfrak{S}_5$ aller sechs Kräfte $S_0, P_1, P_2, \ldots, P_5$. Beachten wir, daß die Schlußlinie $\overline{\mathfrak{A}\mathfrak{P}_5}$ des

Kraftecks die Resultierende $\Re$ der fünf Kräfte $\mathfrak{P}_1$, $\mathfrak{P}_2$, ..., $\mathfrak{P}_5$ darstellt, so können wir $\mathfrak{S}_5$ auch als Resultierende von $\mathfrak{S}_0$ und $\Re$ auffassen, wie Figur 77b ersichtlich macht; es muß daher die Wirkungslinie von $\mathfrak{S}_5$ durch den Schnittpunkt Q der Wirkungslinien s_0 von $\mathfrak{S}_0$ und w_r von $\Re$ gehen. Nun kennen wir die Lage von w_r nicht, wohl aber die von s_5; es schneiden sich folglich s_0 und s_5 im Punkte Q, durch den wir $w_r \parallel \Re$ legen. Damit ist R der Größe, Richtung und Lage nach auf zeichnerischem Wege gefunden. Der Punkt O im Krafteck heißt der Pol des letzteren; die Kräfte $\mathfrak{S}_0$, $\mathfrak{S}_1$, ..., $\mathfrak{S}_5$ werden Seilspannkräfte oder auch Seilspannungen genannt. Ferner heißen die Wirkungslinien $s_0, s_1, ..., s_5$ der Seilspann-

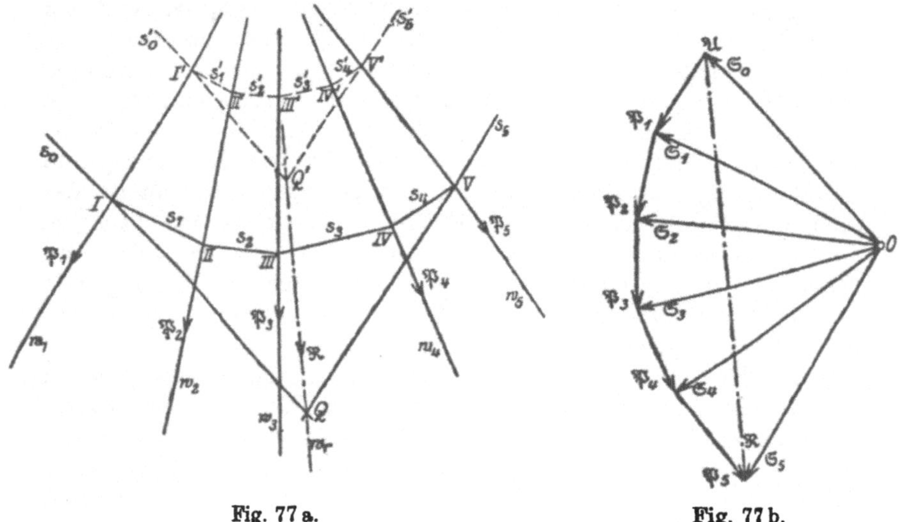

Fig. 77 a.
Fig. 77 b.

kräfte die Seiten des Seileckes; s_0 heißt die Anfangs-, s_5 die Endseite des Seileckes und die Punkte I, II, ..., V werden die Ecken des Seileckes genannt.

Da die Hilfskraft $\mathfrak{S}_0$ nach Größe, Richtung und Lage ganz willkürlich ist, so folgt, daß man nicht nur den Pol O des Kraftecks, sondern auch einen Punkt auf s_0, z. B. den Eckpunkt I auf w_1 ganz beliebig wählen kann. Entsprechend dieser Willkürlichkeit gibt es folglich dreifach unendlich viele zusammengehörige Kraft- und Seilecke, die aber sämtlich nur auf dieselbe Resultierende nach Größe, Richtung und Lage führen, denn im vorigen Kapitel wurde gezeigt, daß es im allgemeinen eine und nur eine Resultierende für jedes ebene Kräftesystem gibt. Es erübrigt sich deshalb hier der Nachweis, daß die Wahl des Poles O und des Punktes I keinen Einfluß auf $\Re$ und w_r hat.

Der geometrische Zusammenhang zwischen den Seilecken, die sich demselben Pol im Krafteck zuordnen, ist sehr einfach. Denn wählen wir einen anderen Punkt I' auf w_1 statt I, so werden die einander entsprechenden Seiten der Seilecke parallel, also $s_0' \parallel s_0$, $s_1' \parallel s_1$ usf. Daraus folgt aber, daß das Büschel der Strahlen s_k' perspektivisch ·ist dem Büschel der Strahlen s_k, und sich als geometrischer Ort der Schnittpunkte Ω die Gerade w_r ergibt, da R als Resultierende aus S_0 und S_5 aufgefaßt werden kann, falls man S_0 in umgekehrter Richtung annimmt.

Um den Zusammenhang zwischen den Seilecken zu ermitteln, die sich zwei und mehreren Polen im Krafteck zuordnen, zeichnen wir zunächst die Seilecke für nur eine Kraft P, deren Wirkungslinie w sei (s. Fig. 78a und b), und zwar mit den beiden willkürlich gewählten Polen O und O', indem wir die Punkte J und J'

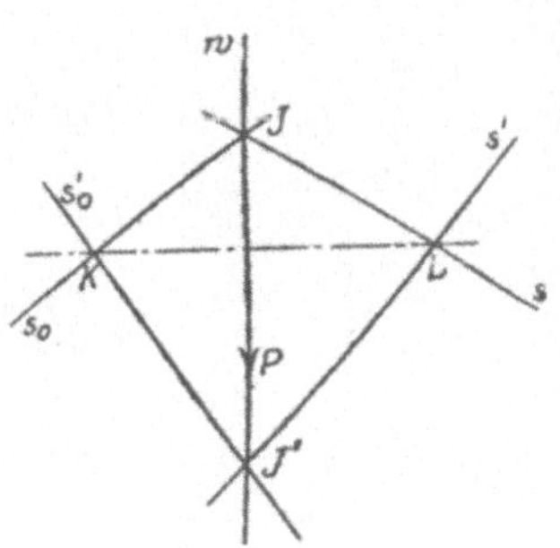

Fig. 78 a.   Fig. 78 b.

auf w ebenfalls ganz willkürlich wählen. Kraft- und Seilecke bilden dann zwei Vierecke, von denen die einander entsprechenden Seiten und eine Diagonale parallel zueinander sind, also $s_0 \parallel S_0$, $s \parallel S$, $s_0' \parallel S_0'$, $s' \parallel S'$ und $JJ' \parallel \mathfrak{A}\mathfrak{P}$. Nach einem bekannten planimetrischen Satze sind dann auch die beiden anderen Diagonalen der Vierecke einander parallel, also $\overline{KL} \parallel \overline{OO'}$. Damit ist zunächst bewiesen, daß sich die einander entsprechenden Seiten zweier Seilecke, die sich zwei willkürlich gewählten Polen für eine beliebige Kraft zuordnen, in zwei Punkten schneiden, deren Verbindungslinie der die beiden Pole verbindenden Geraden parallel ist.

Übertragen wir dieses Ergebnis auf ein ebenes Kräftesystem von z. B. $n = 4$ Kräften (s. Fig. 79a und b), so ersehen wir, daß sich die Seileckseiten s_0 und s_0' zweier Seilecke, die sich den beiden willkürlich gewählten Polen O und O' zuordnen, in einem Punkte L_0, ferner s_1 und s_1' in L_1 schneiden, wobei nach dem vorher Bewiesenen $L_0 L_1 \parallel OO'$ ist; ferner daß s_2 und s_2' sich in L_2 schneiden, und wieder $L_1 L_2 \parallel OO'$ sein muß, usf. Daraus folgt aber, daß sämtliche 4 Punkte L_1, L_2, L_3 und L_4 auf einer Geraden liegen müssen, die OO' parallel ist. Erweitern wir diese Überlegung auf ein ebenes Kräftesystem von beliebig vielen Kräften, so erhalten wir den sehr brauchbaren Satz: Die einander entsprechenden Seiten zweier Seilecke, die sich zwei beliebigen Polen im Krafteck zuordnen, schneiden sich in den Punkten einer Geraden, die der Verbindungslinie der Pole parallel ist.

Eine geometrische Verwandtschaft, wie sie die beiden Seilecke zeigen, nennt man eine Kollineation und die beiden Seilecke

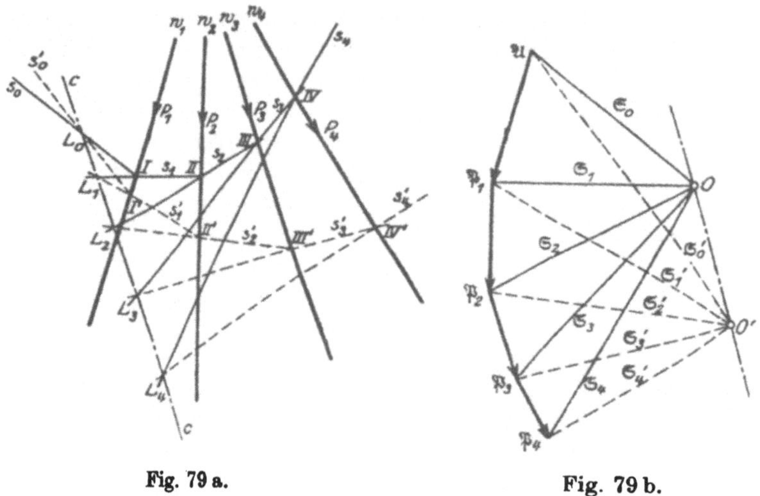

Fig. 79 a.   Fig. 79 b.

kollinear; der geometrische Ort der Punkte L_k wird die Kollineationsachse genannt.

Die Kollineation der Seilecke bietet ein sehr einfaches Hilfsmittel zur Aufzeichnung weiterer Seilecke, wenn zu einem gewählten Pol bereits ein Seileck gefunden wurde. Wenn z. B. in Fig. 79 a das Seileck *I II III IV*, das sich dem Pol O im Krafteck 79 b zuordnet, gezeichnet worden ist, und man will das Seileck ermitteln, das dem beliebigen Pol O' und dem Eckpunkt I' zugehört, so ziehen wir durch I' die Parallele s_0' zu $O'\mathfrak{A}$, womit wir L_0 erhalten. Dann legen wir die Kollineationsachse c parallel zu OO' durch L_0 und bringen die Seileckseiten s_1, s_2 [usf.] zum Schnitt mit c, womit die Punkte L_1, L_2 [usf.] gefunden werden. Verbinden wir nunmehr I' mit L_1, so ist diese Gerade die Seileckseite s_1', welche w_2 in II'

schneidet, ziehen dann $L_2 II'$, wodurch sich s_2' ergibt, das w_3 in III' schneidet usf.

Ein weiterer Vorzug der kollinearen Verwandtschaft der Seil ecke besteht darin, daß sich mit ihrer Hilfe Seilecke finden lassen, von denen einige ihrer Seiten durch gegebene Punkte gehen. Soll ein Seileck gefunden werden, dessen Anfangsseite s_0 durch einen gegebenen Punkt A, dessen Endseite s_n durch den Punkt B (siehe Fig. 80a und b) geht, so legen wir zunächst durch A die Seite s_0' ganz willkürlich parallel zu der Seilspannkraft $O'\mathfrak{A} = \mathfrak{S}_0'$ und zeichnen das zugehörige Seileck I' II' III' IV', dessen Endseite im allgemeinen aber nicht durch B gehen wird. Um letzteres herbeizuführen, be-

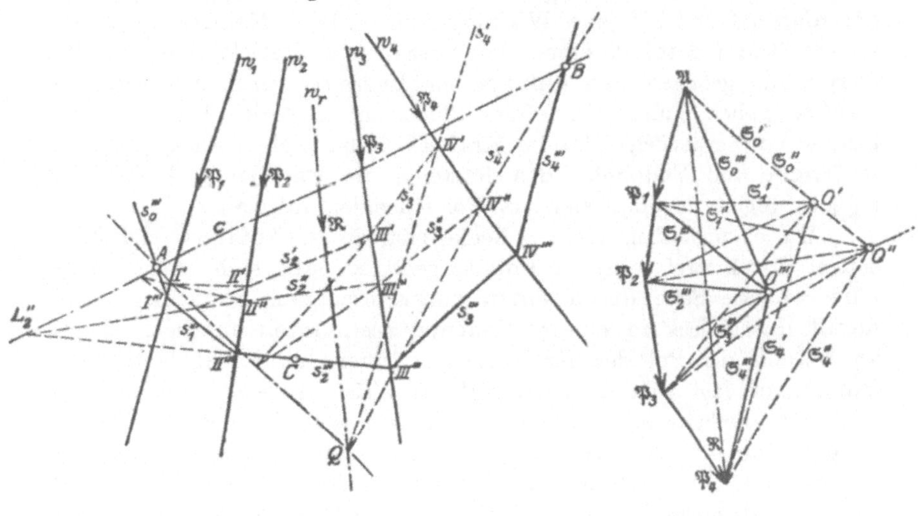

Fig. 80 a.   Fig. 80 b.

nutzen wir die Kollineation des gesuchten mit dem gezeichneten, indem wir als Kollineationsachse die Seite s_0 selbst wählen. Bringen wir daher s_4' mit s_0' zum Schnitt und verbinden den Schnittpunkt L_4' mit B, so stellt diese Gerade die Endseite s_4'' des gesuchten Seileckes dar, das durch die Punkte A und B geht. Das Seileck selbst erhalten wir in der vorher angegebenen Weise, indem wir den Schnittpunkt IV'' von s_4'' und w_4 mit L_3' verbinden, hierdurch III'' bekommen, dann III'' mit L_2', womit sich s_2'' und dadurch II'' ergibt und schließlich II'' mit I', da hier I' und I'' zusammenfallen. Den zugehörigen Pol O'' des Krafteckes erhalten wir im Schnittpunkt von $\mathfrak{A}O'$ mit der Parallelen $\mathfrak{S}_4''$ zu s_4'' durch den Endpunkt von $\mathfrak{P}_4$. Nun gibt es unendlich viele Seilecke, die der Forderung genügen, daß Anfangs- und Endseite durch zwei gegebene Punkte gehen.

denn der Strahl s_0' war ja in beliebiger Richtung durch A gelegt worden. Alle diese Seilecke sind kollinear und die Kollineationsachse c ist die Verbindungslinie von A und B, auf der sich alle einander entsprechenden Seileckseiten schneiden. Jedem dieser Seilecke ordnet sich ein bestimmter Pol im Krafteck zu; der geometrische Ort aller dieser Pole ist die Gerade γ'', d. i. $O''O'''$, welche nach dem vorher bewiesenen Satze parallel der Kollineationsachse c sein und durch O'' gehen muß. Beachten wir weiter, daß der Schnittpunkt L_4' von s_0' und s_4' mit dem Punkte Q übereinstimmt, durch den die Wirkungslinie w_r der Resultierenden R des Kräftesystems geht, so erkennen wir, daß der geometrische Ort der Schnittpunkte der Strahlen s_0' und s_4'' jene Wirkungslinie w_r ist. Kennen wir diese, so erhalten wir sofort eines der unendlich vielen Seilecke, die der Forderung genügen, daß Anfangs- und Endseite durch zwei gegebene Punkte gehen, indem wir einen Punkt auf w_r mit A und B verbinden; der zugehörige Pol im Krafteck findet sich, indem wir durch Anfangs- und Endpunkt des letzteren die Parallelen $\mathfrak{S}_0 \parallel s_0$ und $\mathfrak{S}_n \parallel s_n$ legen, da diese sich im Pol schneiden müssen.

Da es unendlich viele Seilecke gibt, deren Anfangs- und Endseiten durch zwei gegebene Punkte gehen, so läßt sich offenbar noch eine weitere Seite durch einen vorgeschriebenen Punkt legen und damit das Seileck zu einem eindeutig bestimmten machen. Damit wird auch der Pol des Krafteckes zu einem eindeutig bestimmten Punkt; er läßt sich in verschiedener Weise finden. Soll z. B. in Fig. 80a die Seite s_2 durch den willkürlich gewählten Punkt C gehen, so erhalten wir das entsprechende Seileck am kürzesten, wenn wir die Seite s_2'' zum Schnitt mit der Kollineationsachse c bringen und den Schnittpunkt L_2''' mit C verbinden; die entsprechende Gerade ist dann die Seite s_2''' des gesuchten Seileckes, das sich wie vorher angegeben zeichnen läßt, während wir den zugeordneten Pol O''' des Krafteckes erhalten, indem wir durch den Endpunkt von $\mathfrak{P}_2$ im Krafteck (s. Fig. 80b) die Parallele $\mathfrak{P}_2 O'''$ zu s_2''' legen; diese schneidet γ'' in O'''. Ein anderer Weg ist der, daß wir die beiden Pole des Krafteckes suchen, deren zugeordnete Seilecke durch A und B einerseits und durch A und C, oder durch B und C andererseits gehen; legen wir die Parallelen zu AB bzw. AC oder BC durch die gefundenen Pole im Krafteck, so schneiden sich diese in dem Pol O''', dessen zugeordnetes Seileck durch die drei Punkte A, B und C geht.

Ein bemerkenswerter Sonderfall tritt ein, wenn das Krafteck sich schließt, also $R = 0$ wird. Das Krafteck zeigt dann (siehe Fig. 81a und b), daß die Anfangs- und die Endseite zueinander parallel und die Seilspannkräfte S_0 und S_5 gleich groß, aber entgegengerichtet werden. Letztere bilden somit ein Kräftepaar, dessen Moment $= S_0 \cdot b$ ist, falls b den Abstand der Anfangs- und Endseite bezeichnet. Obwohl je nach Wahl des Poles im Krafteck S_0 und b sich ändern, bleibt doch das Moment des Kräftepaares unabhängig von der Lage des Poles, wie im vorhergehenden Kapitel gezeigt wurde.

In diesem Sonderfall kann es eintreten, daß die Endseite s_5 mit s_0 in eine Gerade fällt, also der Eckpunkt (V) auf s_0 zu liegen kommt (s. Fig. 81 a). Dann bildet das Seileck ein geschlossenes Vieleck, und man sagt, das Seileck

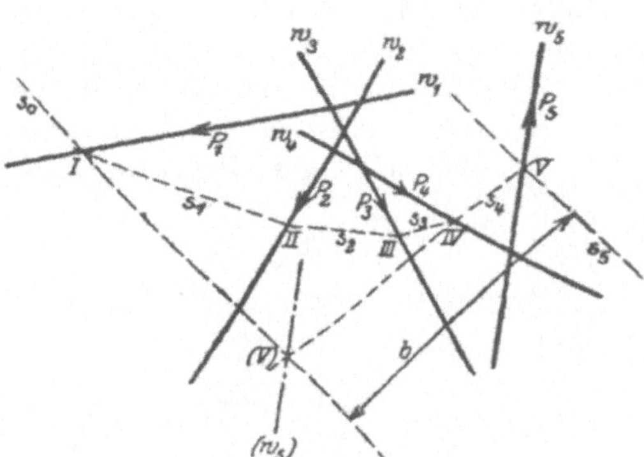

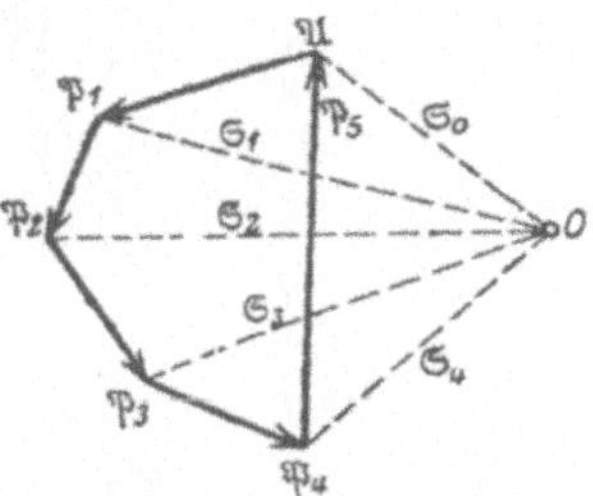

Fig. 81 a.   Fig. 81 b.

schließt sich. Da nun $R = 0$ ist und auch $b = 0$ wird, also das Moment $S_0 b$ verschwindet, so haben wir ein Kräftesystem vorliegen, das wir im Gleichgewicht befindlich genannt haben. Schließen sich sonach Kraft- und Seileck, so sind die Kräfte im Gleichgewicht.

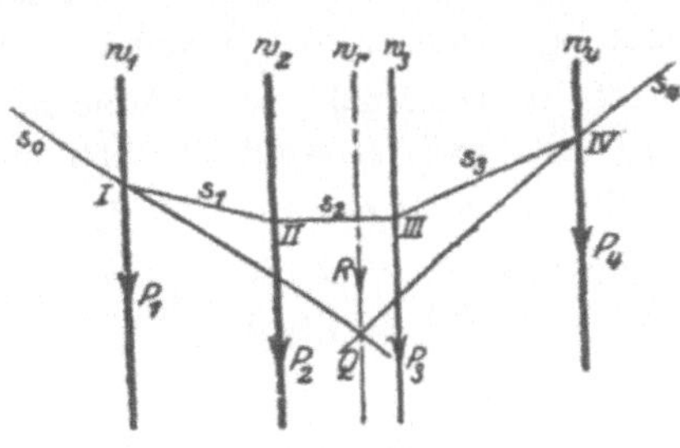

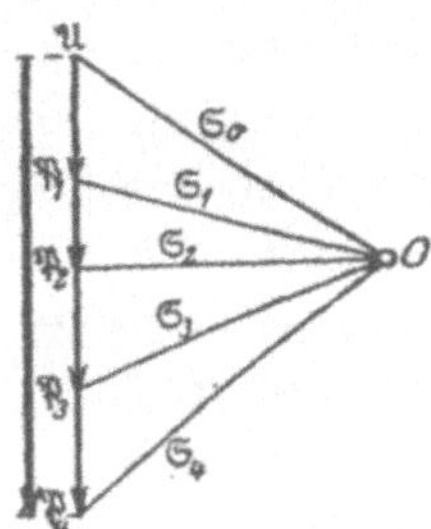

Fig. 82 a.   Fig. 82 b.

Bei drei im Gleichgewicht befindlichen Kräften bilden die entsprechenden Vektoren ein Dreieck und deren drei Wirkungslinien schneiden sich in einem Punkte.

Das im Vorausgehenden entwickelte zeichnerische Verfahren eignet sich besonders auch für Systeme paralleler Kräfte, denn die Willkürlichkeit der Lage des Poles O im Krafteck (s. Fig. 82 a u. 82 b) ermöglicht die Zeichnung des Seileckes immer in solcher Gestalt, daß die Ecken des Seileckes in den Zeichnungsraum fallen, insbesondere der Schnittpunkt Q der Anfangs- und Endseite, durch den die Wirkungslinie der Resultierenden geht.

Bei parallelen Kräften hat das Seileck noch den Vorzug, daß mit seiner Hilfe auch die Momente einzelner und mehrerer Kräfte des Systems für jeden beliebigen Punkt der Ebene zeichnerisch gefunden werden können, und zwar auf Grund folgender Überlegung.

Es sei w die Wirkungslinie einer **Kraft** P und es werde mit beliebigem Pol O ein Kraft-

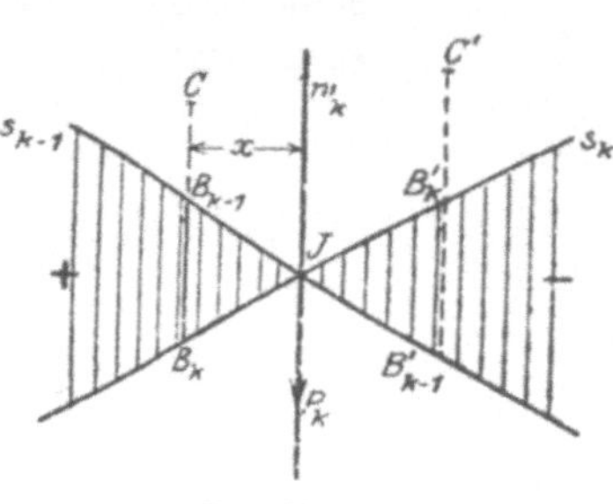

Fig. 83 a.

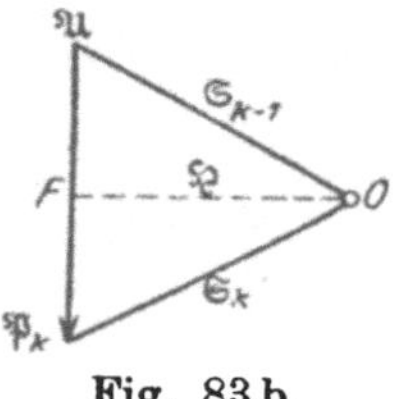

Fig. 83 b.

eck und das zugehörige Seileck gezeichnet (s. Fig. 83 a und b). Das Moment M_x der Kraft P_k für den beliebigen Punkt C im Abstande x von w_k ist

$$M_x = P_k x$$

und zwar positiv, wenn wir den Drehsinn der Ebene von links nach rechts festsetzen. Legen wir durch C eine Parallele zu w_k, so schneiden die beiden Seileckseiten s_{k-1} und s_k auf dieser die Strecke $\overline{B_{k-1} B_k} = \eta_k$ aus, und diese ist proportional dem Moment M_x. Denn es ist $\triangle J B_{k-1} B_k \sim \triangle O \mathfrak{A} \mathfrak{P}_k$, und es verhält sich folglich $\eta_k : x = \overline{\mathfrak{A} \mathfrak{P}_k} : \overline{OF}$, falls $\overline{OF}$ die Höhe des Dreieckes $O \mathfrak{A} \mathfrak{P}_k$ darstellt. Nun entspricht die Strecke $\overline{\mathfrak{A} \mathfrak{P}_k}$ der Kraft P_k, und die Strecke $\overline{OF} = \mathfrak{H}$ einer Kraft H, so daß $\overline{\mathfrak{A} \mathfrak{P}_k} : \overline{OF} = P_k : H$. Somit folgt

$$(75) \qquad M_x = P_k \cdot x = H \cdot \eta_k,$$

woraus hervorgeht, daß M_x der Strecke η_k proportional ist. Man nennt die Fläche zwischen den beiden Seileckseiten s_{k-1} und s_k die **Momentenfläche** für die Kraft P_k; ferner heißt η_k die **Ordinate** der Momentenfläche für den Punkt C, während die Strecke $\overline{OF} = \mathfrak{H}$ die **Poldistanz** oder der **Polabstand** genannt wird. Hierbei ist zu beachten, daß die Strecke η_k in wahrer Größe eingeführt werden muß, also, wenn das Seileck im Maßstabe $1 : n$ gezeichnet wird, und y_k die der Figur entnommene Strecke $\overline{B_{k-1} B_k}$ bezeichnet,

$\eta_k = n \cdot y_k$ zu setzen ist. Ferner hat man H als die Kraft in Kraft-einheiten einzusetzen, die dem Kräftemaßstab des Krafteckes ent-spricht. Die Momentenfläche macht anschaulich, wie sich das Moment M_x mit der Lage des Punktes C ändert, auf den das Moment sich bezieht, und zwar durch die Größe der Ordinate. Da aber das Moment positiv wie negativ sein kann, und zwar je nach der Lage von C gegenüber der Wirkungslinie von P, so ist es zweckmäßig, die Ordinate ebenfalls positiv oder negativ einzuführen, und zwar entsprechend dem Vorzeichen des Momentes der Kraft für den be-treffenden Punkt. So würde z. B. in Fig. 83a, wenn der Drehsinn der Ebene von links nach rechts gewählt wird, das M_x für den Punkt C positiv, also $= + H \cdot \eta_k$ sein, während für C' sich $M_x = - H \eta_k'$ findet; die Momentenfläche links von w_k ergibt sonach positive, die

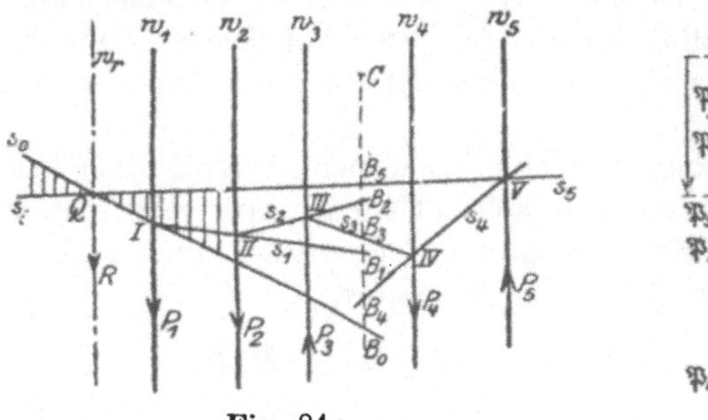

Fig. 84a.

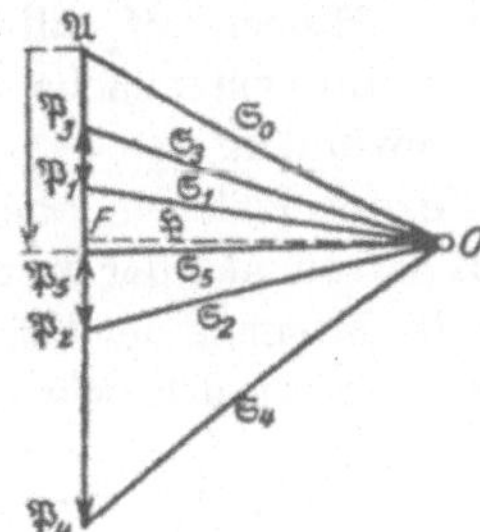

Fig. 84b.

rechts von w_k negative Ordinaten. Hat P_k den entgegengesetzten Wirkungssinn, so ist es gerade umgekehrt.

Besonders vorteilhaft erweist sich die Verwendung der Momen-tenflächen zur zeichnerischen Ermittlung der Momente bei einer größeren Zahl von parallelen Kräften, weil das resultierende Moment mehrerer Kräfte nach (70)

$$(76) \qquad M_r = \sum_{k=1}^{n}(M_k) = H \cdot \sum_{k=1}^{n}(\eta_k)$$

ist, die Summe der η_k der Zeichnung aber sofort entnommen werden kann. So sind z. B. in Fig. 84a $n = 5$ Kräfte gegeben, und das Seileck, das dem Pol O sich zuordnet. Soll für den Punkt C das resultierende Moment aller fünf Kräfte gefunden werden, so bringen wir alle Seileckseiten zum Schnitt mit der Parallelen zu den Kräften durch C und erhalten dann $\eta_1 = \overline{B_0 B_1}$, $\eta_2 = \overline{B_1 B_2}$ usf., folglich

$$M_x = H\,(-\,\eta_1 - \eta_2 + \eta_3 + \eta_4 - \eta_5)$$
$$= H\,(-\,\overline{B_0 B_1} - \overline{B_1 B_2} + \overline{B_2 B_3} + \overline{B_3 B_4} - \overline{B_4 B_5})$$
$$= -\,H \cdot \overline{B_0 B_5} = -\,H \cdot \eta_r,$$

wie man unter Beachtung der Vorzeichen der einzelnen Momente aus der Figur leicht ersieht. Die Strecke $\overline{B_0 B_5} = \eta_r$, die man der Zeichnung unmittelbar entnehmen kann, hat die Bedeutung der entsprechenden Ordinate der Momentenfläche der Resultierenden R aller Kräfte, denn nach (71) wird

$$R \cdot a_r = \sum_{k=1}^{n} (M_k),$$

worin in diesem Falle a_r den Abstand der Wirkungslinie w_r von C bedeuten würden. Da sich s_0 und s_5 in einem Punkte Q von w_r schneiden, so würde die Momentenfläche für R der von s_0 und s_5 begrenzte Teil der Ebene sein, der in der Figur etwas schraffiert ist, und zwar positiv für alle links, negativ für alle rechts von w_r gelegenen Punkte der Ebene. Wie erforderlich, erhalten wir also dasselbe Moment M_x aller Kräfte für jeden beliebigen Punkt C, ob wir die Momentenfläche der einzelnen Kräfte oder der Resultierenden verwenden.

Ferner läßt sich ebenso leicht das Moment irgend einer Gruppe von Kräften aus der Momentenfläche ableiten. Soll z. B. das resultierende Moment der Kräfte links von C für diesen Punkt bestimmt werden, so ist das, wie die Figur 84a lehrt,

$$M_x = - H \cdot \eta_1 - H \cdot \eta_2 + H \cdot \eta_3 = H \cdot \overline{B_0 B_3},$$

oder das der drei Kräfte P_3, P_4, P_5 für C gleich $- H \cdot \overline{B_2 B_5}$ usf.

Wird die Resultierende der parallelen Kräfte zu Null, so müssen Anfangs- und Endseite des Seilecks parallel werden. Dann erhalten wir für alle Punkte der Ebene die gleiche Ordinate η_0, wie man sich sofort überzeugt und demgemäß dasselbe Moment $H \cdot \eta_0$, wie früher festgestellt wurde. Schließt sich das Seileck, d. i. fällt die Endseite auf die Anfangsseite, so wird $\eta_0 = 0$ und folglich das resultierende Moment aller Kräfte zu Null entsprechend dem Fall des Gleichgewichtes, der dann eintritt.

Sind die Kräfte P_k unendlich klein, ist ihre Anzahl aber unendlich groß, und verteilen sich ihre Wirkungslinien stetig über ein begrenztes Gebiet der Ebene, so gehen Kraft- und Seileck in ebene Kurven über und die Seileckseiten werden zu Tangenten an die Seilkurve. Auch in diesem Falle läßt sich die zeichnerische Ermittlung der Größe, Richtung und Lage der Resultierenden durchführen, wenn es nur gelingt, das Gebiet in solche Teile zu zerlegen, daß die Resultierenden und deren Wirkungslinien für jeden Teil genau oder mit hinreichender Annäherung gefunden werden können. Dann erhält man wieder ein ebenes Kräftesystem der bisher behandelten Art, also ein Kraft- und ein Seileck, und diese umschließen die entsprechenden beiden Kurven, die **Kraft-** und die **Seilkurve**, diese berührend; die Berührung erfolgt in den Kurvenpunkten, die den Trennstellen der Gebietsteile sich zuordnen.

Beispiel: Eine ebene Fläche F (s. Fig. 85a und b) sei gleichmäßig mit Masse bedeckt und der Schwere unterworfen; es soll die resultierende Schwerkraft der Fläche nach Größe, Richtung und Lage bestimmt werden. Bezeichnet u die Masse der Flächeneinheit bezogen auf letztere, so ist die Masse der ganzen Fläche $M = F \cdot \mu$. Wir zerlegen F durch lotrechte Parallelen in so schmale Teile, daß der Massenmittelpunkt M_k jeden Teiles f_k als Massenmittelpunkt eines Paralleltrapezes oder eines Parabelabschnittes aufgefaßt und dementsprechend angegeben werden kann. Die Schwerkraft des Flächenteiles f_k ist dann $P_k = \mu \cdot f_k \cdot g$, unter g die Beschleunigung des freien Falles verstanden (s. Formel I); ihre Wirkungslinie w_k geht durch den Massenmittel-

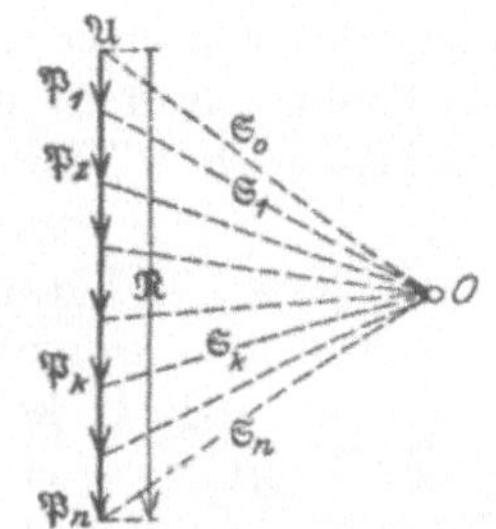

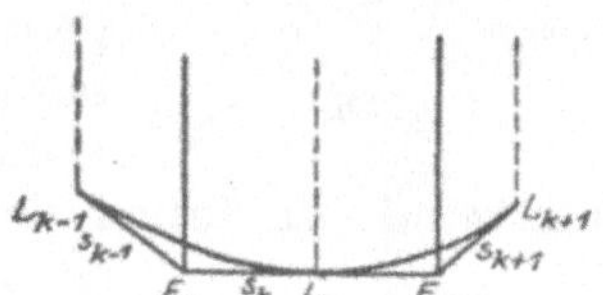

Fig. 85 b.

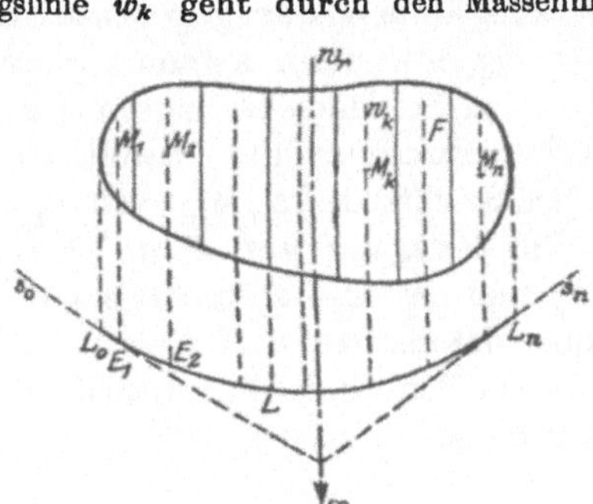

Fig. 85 a.

Fig. 85 c.

punkt M_k. Bei homogenen Flächen wird die Angabe der Wirkungslinien w_k insofern recht einfach, als w_k mit der vertikalen Mittellinie des Streifens f_k zusammenfällt und die Breite des Flächenstreifens nahezu halbiert[1]), während sie bei den Endabschnitten die Breite im Verhältnis $2 : 3$ teilt, da nach S. 29 der Abstand des Massenmittelpunktes von der Sehne $\frac{2}{5} a$ ist. Das Krafteck geht hier in eine vertikale Gerade von der Länge $\Re = \mathfrak{P}_1 + \mathfrak{P}_2 + \ldots + \mathfrak{P}_n = \sum_{k=1}^{n}(\mathfrak{P}_k)$ über, während das dem willkürlichen Pol zugeordnete Seileck die in Fig. 85a gezeichnete allgemeine Gestalt hat. Die entsprechende Seilkurve läßt sich nunmehr als eingeschriebene Kurve die Seileckseiten berührend einzeichnen, und zwar sind die Berührungspunkte von Kurve und Tangente die Punkte L_k, in denen die Trennlinie zweier benachbarter Flächenstreifen, z. B. von f_{k-1} und f_k die Seilseite s_k trifft, wie man leicht erkennt. In Fig. 85c ist der Verlauf der Seilkurve gegenüber dem Seileck in vergrößertem Maßstab dargestellt, und zwar für die Berührung im Punkte L_k auf der die Eckpunkte E_k und

---

[1]) Eine genauere zeichnerische Ermittlung des Massenmittelpunktes homogener Paralleltrapeze wurde S. 27 und 28 mitgeteilt.

E_{k-1} verbindenden Seileckseite s_k. Die Endtangenten s_0 und s_n der Seilkurve, die letztere in L_0 und L_n berühren, schneiden sich in dem Punkte Q auf der Wirkungslinie der resultierenden Schwerkraft R, die, wie später gezeigt werden soll, durch den Massenmittelpunkt der Fläche geht, also eine Mittellinie der Fläche ist; die Größe von R erhält man sofort zu $M \cdot g$, entsprechend dem Vektor $\Re$.

Fünfzehntes Kapitel.

Die Zerlegung einer Kraft in Seitenkräfte in einer Ebene.

Die Zerlegung einer Kraft in Seitenkräfte oder Komponenten ist verschieden je nach der Zahl der letzteren.

Soll eine Kraft P in zwei Seitenkräfte zerlegt werden, die in vorgeschriebenen Wirkungslinien w_1 und w_2 liegen, so ist das nur

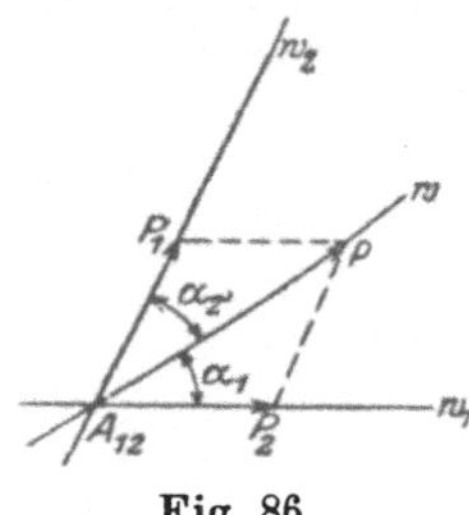

Fig. 86.

möglich, wenn sich letztere in einem Punkte auf der Wirkungslinie w der gegebenen Kraft schneiden (s. Fig. 86), denn setzen wir umgekehrt die beiden Seitenkräfte zusammen, so muß die Wirkungslinie w der Resultierenden P durch den Schnittpunkt A_{12} von w_1 und w_2 gehen. Die Zerlegung von P in die Komponenten P_1 und P_2 erfolgt mittels des Parallelogramms der Kräfte und liefert, da die Winkel zwischen den drei Wirkungslinien gegeben sind, auf Grund der Formeln (56)

$$P_1 = P \cdot \frac{\sin \alpha_2}{\sin (\alpha_1 + \alpha_2)}, \qquad P_2 = P \cdot \frac{\sin \alpha_1}{\sin (\alpha_1 + \alpha_2)},$$

wie im 9. Kapitel schon erörtert. Zeichnerisch finden sich diese Kräfte ebenso einfach in der Weise, wie auf S. 71 angegeben, nämlich durch das Kräftedreieck, das die Hälfte des Kräfteparallelogramms darstellt.

Sind die Wirkungslinien w_1 und w_2 parallel w und zwar in den Abständen a_1 und a_2 (s. Fig. 87a), so ermittelt man P_1 und P_2 rechnerisch einfach durch den Momentensatz, indem man den Drehpunkt der Ebene auf w_2 bzw. w_1 wählt. Im ersteren Falle erhält man, da $M_R = M_1 + M_2 = P_1 (a_1 + a_2) + P_2 \cdot 0 = P_1 a$ sein muß, hierin $a_1 + a_2 = a$ gesetzt,

$$P_1 = P \frac{a_2}{a},$$

da ja P die Resultierende von P_1 und P_2 sein soll, also $M_R = P \cdot a_2$ ist für einen auf w_2 liegenden Drehpunkt. Durch die gleiche Betrachtungsweise ergibt sich für einen Drehpunkt D_1 auf w_1

$$P_2 = P \cdot \frac{a_1}{a}.$$

Liegen die beiden Wirkungslinien w_1 und w_2, wie in Fig. 87b, auf derselben Seite von w, so daß $a = a_2 - a_1$ wird, dann finden wir auf dem gleichen Wege

$$P_1 = P \cdot \frac{a_2}{a}, \qquad P_2 = P \cdot \frac{a_1}{a},$$

jedoch mit dem Unterschied, daß P_1 gleichsinnig mit $P = P_1 - P_2$ sein muß, während P_2 entgegengesetzten Wirkungssinn hat, wie die

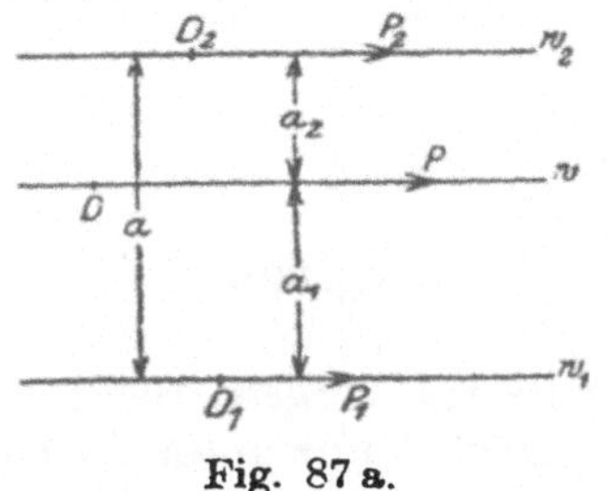

Fig. 87 a.

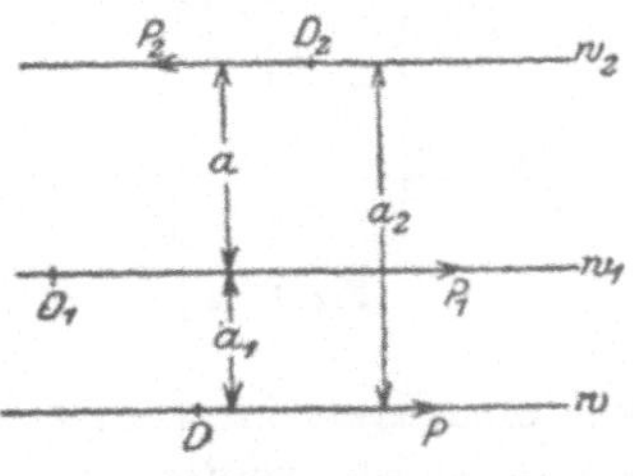

Fig. 87 b.

Vorzeichen der Momente von P für die beiden Drehpunkte D_1 und D_2 ohne weiteres erkennen lassen.

Die zeichnerische Lösung dieser Aufgabe läßt sich am einfachsten mittels Kraft- und Seileckes durchführen. Wir zeichnen (s. Fig. 88a und b) für die gegebene Kraft P mit beliebigem Pol O das Kraft-

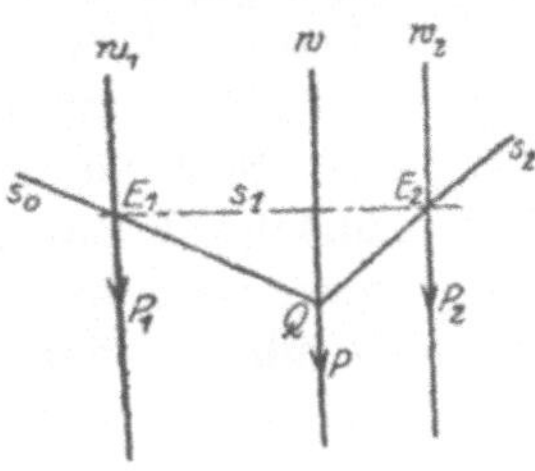

Fig. 88 a.

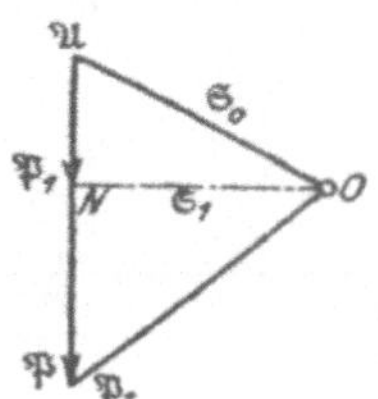

Fig. 88 b.

eck und ziehen $s_0 \parallel \mathfrak{S}_0$ bzw. $s_2 \parallel \mathfrak{S}_2$ durch einen willkürlichen Punkt Q auf w. Dann sind die Schnittpunkte E_1 von s_0 und w_1, E_2 von s_2 und w_2 die Ecken des Seilecks, deren Verbindungslinie die Seite s_1 darstellt. Legen wir daher durch O die Parallele ON zu s_1, so ist $\overline{ON} = \mathfrak{S}_1$ und folglich $\overline{\mathfrak{A}N} = \mathfrak{P}_1$, $\overline{N\mathfrak{P}_2} = \mathfrak{P}_2$; beide Komponenten P_1 und P_2 sind gleichsinnig mit P, falls w zwischen w_1 und w_2 liegt.

Wenn dagegen w_1 und w_2 auf derselben Seite von w liegen, wie in Fig. 89a u. b, S. 114), so hat zwar $\mathfrak{P}_1$ dasselbe Vorzeichen wie $\mathfrak{P}$, d. h. denselben Wirkungssinn, aber nicht $\mathfrak{P}_2$, denn hier wird $P = P_1 - P_2$, wie die Figur zeigt, weil s_1 notwendig steiler ist wie s_2, daher auch N tiefer liegen muß, als der Endpunkt von $\mathfrak{P}$. Es ist sonach P_1 nach abwärts, P_2 aber nach aufwärts gerichtet.

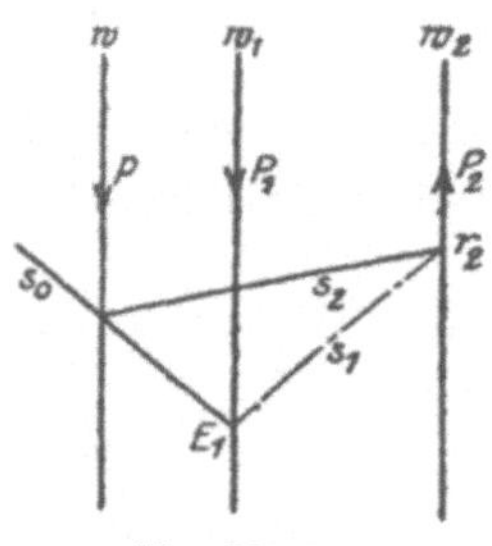

Fig. 89 a.

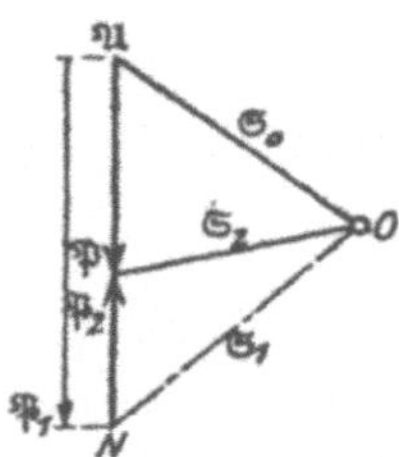

Fig. 89 b.

Soll eine Kraft in drei Seitenkräfte mit vorgeschriebenen Wirkungslinien zerlegt werden, so ist das möglich nur unter der Voraussetzung, daß sich nicht drei von den gegebenen vier Wirkungslinien (denn auch die Wirkungslinie der zu zerlegenden Kraft ist gegeben) in einem Punkte schneiden oder parallel sind, da die Zerlegung entweder unmöglich wird, falls sich die Wirkungslinien der Seitenkräfte in einem Punkte schneiden, oder auf eine Zerlegung in zwei Komponenten führt.

Der rechnerische Weg zur Ermittlung der Größe und des Wirkungssinnes der gesuchten drei Seitenkräfte beruht auf dem Momentensatz. Für jeden beliebigen Punkt der Ebene ist das Moment der gegebenen Kraft P in w (s. Fig. 90) gleich dem resultierenden

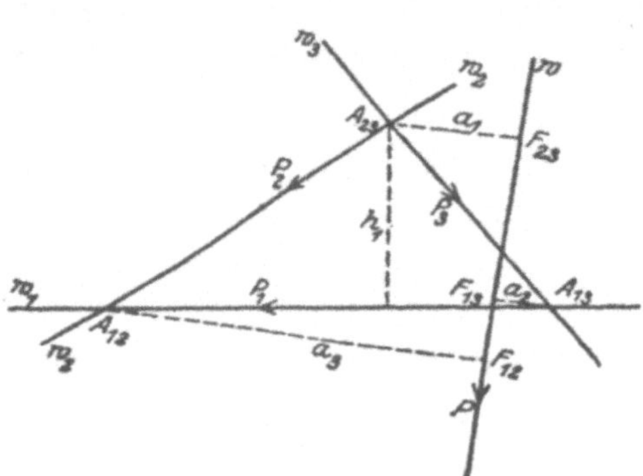

Fig. 90.

Moment aller Kräfte, also nach (71) $M_R = P a_r = \sum\limits_{\varkappa=1}^{3} (P_\varkappa \, a_\varkappa)$, worin die $a_\varkappa$ und a_r die Abstände des Drehpunktes von den vier Wirkungslinien bezeichnen. Wählen wir als Drehpunkt der Ebene einen der drei Schnittpunkte der Wirkungslinien w_1, w_2 und w_3, z. B. A_{23}, so wird für diesen $M_2 = M_3 = 0$, und daher

$$ P \cdot a_1 = M_1 = P_1 h_1 , $$

worin $\overline{A_{23} F_{23}} = a_1$ das Lot von A_{23} auf w und h_1 das von A_{23} auf

w_1 bezeichnet. Aus dieser Gleichung findet sich sofort

$$P_1 = P \cdot \frac{a_1}{h_1}$$

der Größe nach, während der Wirkungssinn daraus hervorgeht, daß das Vorzeichen des Momentes von P_1 für A_{23} dasselbe sein muß, wie von P. In gleicher Weise ergeben sich

$$P_2 = P \cdot \frac{a_2}{h_2}, \qquad P_3 = P \cdot \frac{a_3}{h_3}$$

und der Wirkungssinn der drei Kräfte entspricht den Pfeilen in Fig. 90.

Das zeichnerische Verfahren (nach Culmann) benutzt Kraft- und Seileck, jedoch in umgekehrter Reihenfolge. Denkt man sich in Fig. 91a die beiden noch unbekannten Seitenkräfte P_1 und P_2 zu

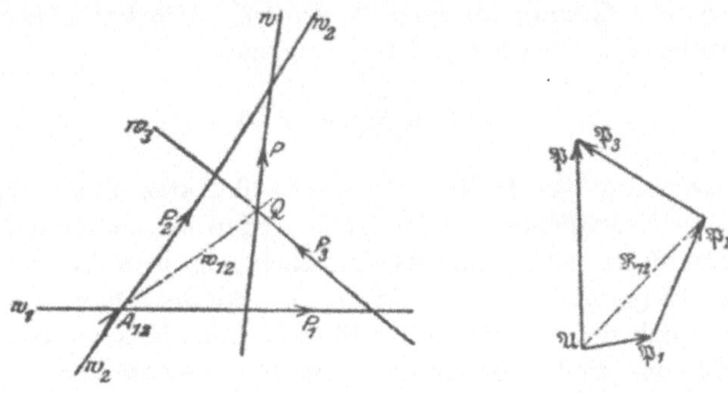

Fig. 91a.Fig. 91b.

einer Resultierenden R_{12} zusammengesetzt, so geht deren Wirkungslinie w_{12} durch den Schnittpunkt A_{12} von w_1 und w_2. Setzt man dann R_{12} mit P_3 zusammen, so muß sich als Resultierende die Kraft P ergeben, deren Wirkungslinie w folglch durch den Schnittpunkt Q von w_{12} mit w_3 gehen. Daraus folgt, daß die A_{12} mit Q verbindende Gerade die Wirkungslinie w_{12} ist. Zerlegen wir daher $\mathfrak{P}$ im Krafteck (Fig. 91b) in Seitenkräfte in Richtung von w_{12} und w_3, indem wir durch $\mathfrak{A}$ eine Parallele zu w_{12}, durch den Endpunkt von $\mathfrak{P}$ eine Parallele zu w_3 ziehen, so schneiden sich diese im Endpunkt von $\mathfrak{R}_{12}$ bzw. Anfangspunkt von $\mathfrak{P}_3$. Indem wir in der gleichen Weise $\mathfrak{R}_{12}$ in $\mathfrak{P}_1$ und $\mathfrak{P}_2$ zerlegen, erhalten wir das aus $\mathfrak{P}_1$, $\mathfrak{P}_2$ und $\mathfrak{P}_3$ bestehende Krafteck, dessen Schlußlinie $\mathfrak{P}$ ist, wie erforderlich. Sind zwei der drei Wirkungslinien $w_\varkappa$ parallel, so ermittelt man nach dem hier entwickelten Verfahren zuerst die Resultierende der parallelen Kräfte und die dritte Seitenkraft, und zerlegt dann erstere nach dem Verfahren, das in den Figuren 88 und 89 angewandt wurde.

8*

Sechzehntes Kapitel.

Gleichgewicht der Kräfte an einer komplan beweglichen nicht freien starren Ebene.

Wir nennen die komplane Bewegung einer starren Ebene nicht frei oder gebunden bzw. gezwungen, wenn die Ebene durch Bedingungen irgendwelcher Art verhindert ist, sämtliche Bewegungen auszuführen, die der frei beweglichen Ebene möglich sind. Durch die beschränkenden Bedingungen wird der Freiheitsgrad f der Bewegung der Ebene eingeschränkt, und zwar ist $3 > f \geq 0$, da für die freie komplane Bewegung einer starren Ebene $f = 3$ gefunden wurde. Demgemäß werden die Bedingungsgleichungen des Gleichgewichtes an Zahl geringer und außerdem durch die Bewegungsbeschränkungen beeinflußt; sie müssen daher von Fall zu Fall nach der Art der Bewegungsbeschränkung aufgestellt werden. Hierbei gehen wir von der Definition des Gleichgewichtes, nämlich

$$\delta A = \sum_{k=1}^{n} (\delta A_k) = 0$$

aus und benutzen das frühere Ergebnis, daß sich das Kräftesystem in einer frei beweglichen Ebene ohne Änderung seiner Wirkung im allgemeinen durch eine nach Größe, Richtung und Lage völlig und eindeutig bestimmte Resultierende, in Sonderfällen von Kräftesystemen durch das resultierende Moment eines Kräftepaares ersetzen läßt. Daß das auch für eine nicht frei bewegliche Ebene gilt, leuchtet ohne weiteres ein, weil die nicht frei bewegliche Ebene nur einen Teil der Bewegungen auszuführen vermag, die der freien Ebene möglich sind. Hierbei soll auch die Art des Gleichgewichtes in den einzelnen Gleichgewichtslagen der Ebene ermittelt werden, indem wir genau wie im 11. Kapitel bei dem Gleichgewicht von Kräften an einem nicht frei beweglichen Punkte auch hier stabiles, indifferentes und labiles Gleichgewicht unterscheiden, je nachdem $\delta^2 A \lessgtr 0$ ist, oder, was auf dasselbe hinauskommt, je nachdem die Kräfte bei einer kleinen Bewegung der Ebene aus der Gleichgewichtslage die Ebene in letztere zurückführen, in der neuen Lage wieder im Gleichgewicht sind, oder sie noch weiter von der Gleichgewichtslage entfernen.

Wir behandeln die verschiedenen in Frage kommenden Möglichkeiten der Bewegungsbeschränkungen der Ebene in nachstehender Reihenfolge:

1. Schiebung. Eine Ebene werde gezwungen, eine bestimmte (gerad- oder krummlinige) Schiebung auszuführen. Da sich hierbei

die Wirkung der **Kräfte** durch Verlegung ihrer Angriffspunkte in der Ebene nicht ändert (s. S. 88), so können wir sie durch eine nach Größe und Richtung bestimmte Resultierende R in einem willkürlich gewählten Angriffspunkte A ersetzen. Letzterer beschreibt eine ganz bestimmte Bahnkurve und so führt dieser Fall zurück auf den ersten im 11. Kapitel, nämlich den des Gleichgewichtes von Kräften an einem Punkte, der gezwungen ist, sich auf einer ebenen ruhenden starren Kurve zu bewegen. Die Ebene befindet sich folglich in einer Gleichgewichtslage, wenn die Wirkungslinie der Resultierenden in die Bahnnormale des Punktes A fällt. Die Bedingungsgleichungen des Gleichgewichtes werden daher dieselben, wie im ersten Falle des 11. Kapitels.

Ist $R = 0$, so besteht in allen Lagen der Ebene Gleichgewicht. weil ein Kräftepaar bei einer Schiebung der Ebene keine Arbeit verrichtet.

Beispiel: Die Ebene sei ein Glied eines Gelenkparallelogramms $B_1 B_2 A_2 A_1$ (s. Fig. 92a und b), das, wie in Bd. I. S. 65 festgestellt wurde, eine krummlinige Schiebung ausführt, bei der alle Punkte kongruente Kreise mit gleich-

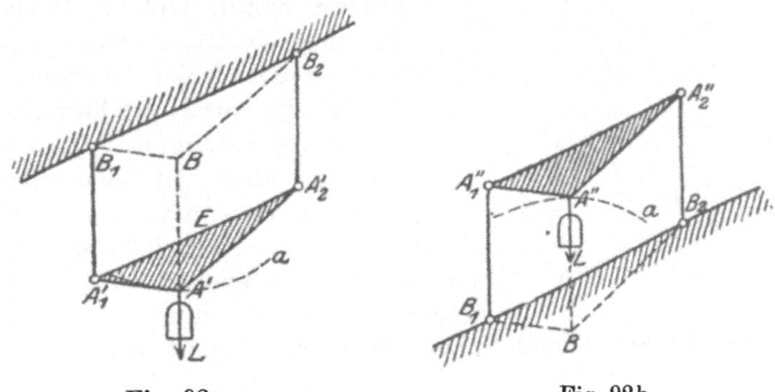

Fig. 92 a.   Fig. 92 b.

liegenden Mittelpunkten beschreiben. Ist A ein Punkt dieser Ebene, in dem die Last L angreift (z. B. die Schwere des Gliedes), so beschreibt A einen Kreis a mit dem Radius $\overline{AB} \mathbin{\#} \overline{A_1 B_1} \mathbin{\#} \overline{A_2 B_2}$. Der Punkt A ist nach dem früheren (s. S. 83) auf dem Kreise in dessen tiefster (A' in Fig. 92a) und höchster Stelle (A'' in Fig. 92b) im Gleichgewicht; demgemäß sind die beiden entsprechenden Lagen der Ebene Gleichgewichtslagen derselben, und zwar ist das Gleichgewicht stabil in der ersteren, labil in der letzteren Lage, wie sofort ersichtlich.

2. Drehung der Ebene um einen ruhenden Punkt.

Es sei O (s. Fig. 93, S. 118) der Drehpunkt der Ebene, auf die n Kräfte P_k in den Punkten A_k angreifend wirken mögen, dann ist, weil hier keine Schiebung stattfinden kann,

$$\delta A = dA = M_r \cdot d\psi,$$

unter

$$M_r = \sum_{k=1}^{n} (Y_k x_k - X_k y_k)$$

das resultierende Moment aller Kräfte für den Drehpunkt O und unter $d\psi$ den Drehwinkel verstanden (vgl. S. 93). Gleichgewicht kann sonach nur eintreten, wenn

$$(77) \qquad M_r = \sum_{k=1}^{n} (Y_k x_k - X_k y_k) = 0.$$

Es ist diese Bedingungsgleichung des Gleichgewichtes die einzige notwendige und hinreichende Bedingung, weil der Freiheitsgrad der Bewegung hier den Wert 1 hat. Zufolge (74) drückt diese Gleichung aus, daß die Wirkungslinie w_r der Resultierenden R durch den Drehpunkt der Ebene gehen muß, wenn die Kräfte an der Ebene sich das Gleichgewicht halten sollen. Größe und Richtung der Resultierenden werden wie bei der freien Bewegung der Ebene, also durch die Formeln (72a) und (72b) bestimmt. Die Art des Gleichgewichtes in den einzelnen Gleichgewichtslagen, die durch (77) gefunden werden, läßt sich hier oft einfach durch das Vorzeichen von M_r entscheiden, da $M_r = M_R$ ist und das Vorzeichen des Momentes der Resultierenden aus der Lagenänderung der Wirkungslinie der letzteren erkannt wird, wenn man die Ebene aus der Gleichgewichtslage ein wenig entfernt. Analytisch folgt auf alle Fälle die Art des Gleichgewichtes aus der Beziehung

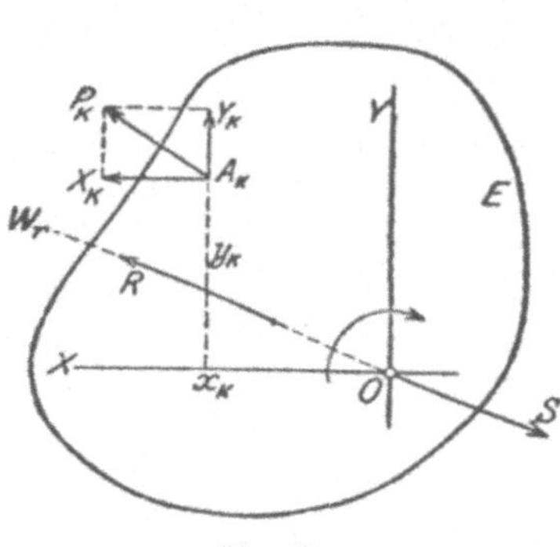

Fig. 93.

$$d^2 A = \frac{dM_r}{d\psi} \cdot d\psi^2 \gtreqless 0,$$

falls M_r als Funktion des Drehwinkels ψ der Ebene bekannt ist.

Für die späteren Untersuchungen von Bedeutung wird die Kraft, die im Drehpunkte der Ebene anzubringen ist, um letztere im Gleichgewicht zu erhalten; wir wollen sie die Stützkraft (auch Zwangskraft oder Stützenreaktion usw. geheißen) der Ebene nennen. Um das Gleichgewicht an der frei beweglichen Ebene herzustellen, braucht nur die Resultierende aller Kräfte einschließlich der Stützkraft Null zu sein, also, wenn letztere mit S bezeichnet wird,

$$S \widehat{+} R = 0,$$

denn nach (77) ist hier bereits $M_r = 0$. Aus vorstehender Beziehung folgt aber, daß S dieselbe Wirkungslinie wie R haben muß, und entgegengesetzt gleiche Größe.

Beispiele:

1. Der um den Punkt D drehbare Winkelhebel (s. Fig. 94a) sei in den Punkten A_1 und A_2 mit schweren Körpern belastet. Bezeichnen L_1 und L_2 diese Lasten, so besteht Gleichgewicht am Hebel, wenn

$$M_r = + L_1 \cdot \overline{DF_1} - L_2 \cdot \overline{DF_2} = 0$$

ist, d. h. falls die Lasten im umgekehrten Verhältnis der Lote von D auf die Wirkungslinien der Lasten stehen. Setzen wir in vorstehender Beziehung

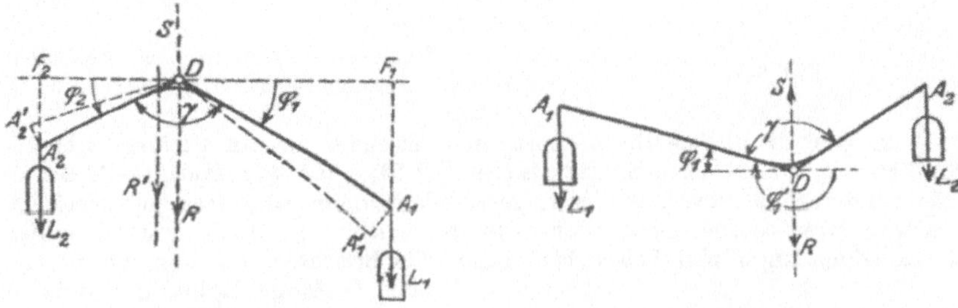

Fig. 94 a.Fig. 94 b.

$\overline{DF_1} = l_1 \cos \varphi_1$ und $\overline{DF_2} = l_2 \cos \varphi_2$, falls $\overline{DA_1} = l_1$ und $\overline{DA_2} = l_2$, und benutzen, daß $\varphi_1 + \varphi_2 + \gamma = \pi$, so nimmt die Bedingungsgleichung des Gleichgewichtes die Form

$$L_1 l_1 \cos \varphi_1 + L_2 l_2 \cos(\gamma + \varphi_1) = 0$$

an, aus der

$$\tan \varphi_1 = \frac{L_1 l_1}{L_2 l_2 \sin \gamma} + \cot \gamma$$

hervorgeht. Daraus folgen zwei verschiedene Gleichgewichtslagen, weil $\tan(\pi + \varphi_1) = \tan \varphi_1$ ist; sie unterscheiden sich darin, daß der Winkelhebel in dem einen Falle in seiner tiefsten, im anderen in seiner höchsten Lage sich befindet (s. Fig. 94a und b). Erstere ist eine stabile, letztere eine labile Gleichgewichtslage, denn es wird

$$\frac{dM_r}{d\varphi_1} = - L_1 l_1 \sin \varphi_1 - L_2 l_2 \sin(\gamma + \varphi_1) = - \frac{(L_2 l_2 \sin \gamma)^2 + (L_1 l_1 + L_2 l_2 \cos \gamma)^2}{L_2 l_2 \sin \gamma} \cdot \cos \varphi_1 ,$$

woraus hervorgeht, daß vorstehender Ausdruck negativ wird, falls $\gamma < \pi$ und $\varphi_1 < \frac{\pi}{2}$, dagegen positiv, falls $\varphi_1' = \varphi_1 + \pi$, entsprechend der Lage des Hebels in Fig. 94b. Mit $\frac{dM_r}{d\varphi_1}$ wird aber zugleich $d^2 A$ negativ, bzw. positiv; es ist demnach in der Tat die untere Lage des Hebels eine stabile, die obere eine labile. Das hätte man auch unmittelbar, d. h. ohne Rechnung erkennen können, denn drehen wir den Hebel im Falle von Fig. 94a ein wenig nach links oder rechts aus der Gleichgewichtslage, so wandert die Wirkungslinie von R ebenfalls nach links oder rechts, und daraus folgt in beiden Fällen ein Moment von R für D, das den Hebel in die Gleichgewichtslage zurückbringen würde, wie bei stabilem Gleichgewicht erforderlich. Das Entgegengesetzte tritt in der labilen Gleichgewichtslage ein, wie Fig. 94b zeigt.

Indifferentes Gleichgewicht kann bei einem Winkelhebel nicht vorkommen, wohl aber bei dem geradlinigen Hebel (s. Fig. 94c), denn dann wird $\varphi_1 + \varphi_2 = 0$, weil $\gamma = \pi$, und sonach

$$M_r = (L_1 l_1 - L_2 l_2)\cos\varphi_1 = 0.$$

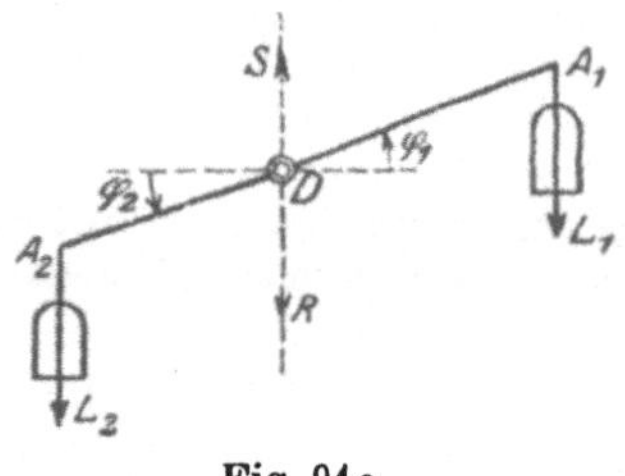

Fig. 94c.

Dieser Bedingung wird unabhängig von der Größe des Winkels φ_1 genügt, wenn

$$L_1 : L_2 = l_2 : l_1 ;$$

es geht in diesem Falle die Resultierende $R = L_1 + L_2$ in allen Lagen des Hebels durch dessen Drehpunkt D.

Die Stützkraft S wird in allen drei Fällen $= R$, nur entgegengesetzt, d. h. nach aufwärts gerichtet.

2. Der Pronysche Bremszaum stellt ebenfalls ein im Gleichgewicht befindliches System ebener Kräfte dar (s. Fig. 95). Auf der Hauptwelle des zu bremsenden (d. h. seine Leistung zu messenden) Motors sitzt fest eine Scheibe S, die von Bremsklötzen ganz oder teilweise umschlossen wird; letztere werden durch Zugstangen und Schrauben gegen die Bremsscheibe gepreßt, um an deren Umfange Reibung und damit der Drehung des Motors entgegenwirkende Kräfte zu erzeugen. Mit dem Zaum ist ein Balken (der sogen. Bremshebel) fest verbunden, an dessen Ende A eine Wagschale mit Gewichten hängt. Im Beharrungszustande des Motors, d. i. bei gleichförmiger Drehung seiner Hauptwelle herrscht Gleichgewicht zwischen dem drehenden Moment M_m des Motors und dem Moment M_w der widerstehenden Reibungskräfte; es ist also $M_w = M_m$

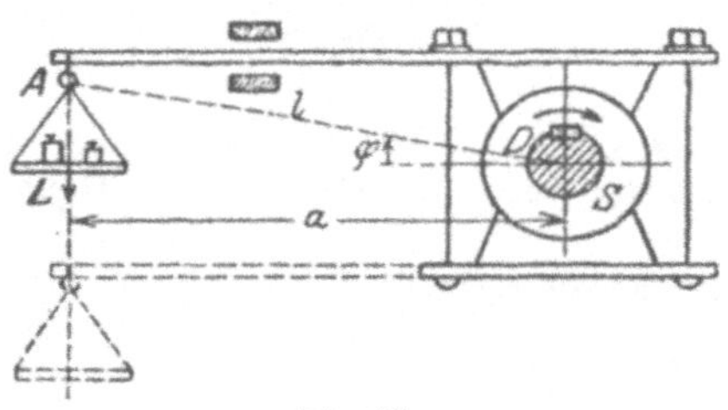

Fig. 95.

für die Drehachse D. Andrerseits wirken auf den Bremszaum die Reibungskräfte in der gleichen Größe im entgegengesetzten Sinne und halten hierdurch der Schwerkraft L der Gewichte in der Wagschale bezüglich der Drehung des Bremszaumes um die Achse D das Gleichgewicht, falls

$$M_r = -L \cdot a + M_w = 0$$

ist. Die Gleichgewichtslage ist dadurch ausgezeichnet, daß der Bremshebel frei schwebt. Da hiernach

$$L \cdot a = M_w = M_m,$$

so findet sich die Leistung des Motors in der Form

$$N = M_w \cdot \omega = L \cdot a \cdot \omega,$$

worin ω die Winkelgeschwindigkeit der Motorwelle im Gleichgewichtszustande bezeichnet. Durch Anpressen der Bremsklötze erzielt man zunächst die erforderliche, bzw. vorgeschriebene Winkelgeschwindigkeit und durch Auflegen der Gewichte auf die Wagschale den Schwebe-, d. i. den Gleichgewichtszustand.

Die Art des Gleichgewichtes folgt hier, da $a = l \cdot \cos \varphi$ (s. Fig. 95) und sonach

$$M_r = - Ll \cos \varphi + M_w,$$

aus

$$d^2 A = \frac{dM_r}{d\varphi} \cdot (d\varphi)^2 = Ll \sin \varphi \cdot (d\varphi)^2$$

als labil, falls $0 < \varphi < \dfrac{\pi}{2}$ ist, wie in der Figur 95 gezeichnet, dagegen als stabil, wenn $0 > \varphi > - \dfrac{\pi}{2}$, d. i. wenn der Bremshebel unterhalb der Bremsklötze liegt. Das ist sehr wichtig für die Bremsung, da die Erhaltung des labilen Gleichgewichtszustandes in Wirklichkeit unmöglich ist. Bei Verwendung von Brückenwagen kehren sich die Verhältnisse um, wie man leicht ersieht; es wird das Gleichgewicht stabil in der oberen und labil in der unteren Lage des Bremshebels. Übrigens erkennt man auch unmittelbar, wie im vorigen Beispiel, hier die Art des Gleichgewichts aus der Verschiebung der Wirkungslinie der Last L bei einer kleinen Drehung des Bremszaumes.

3. **Ein Punkt der Ebene bewege sich auf gegebener Kurve.** Ist der Punkt C (s. Fig. 96) der Ebene E gezwungen, sich auf der Kurve c zu bewegen, so hat die Bewegung der Ebene den Freiheitsgrad $f = 2$, da die Ebene sich um C drehen und in Richtung der Tangente CT schiebend bewegen kann. Wir erhalten daher zwei Bedingungsgleichungen des Gleichgewichtes, nämlich es muß sowohl das resultierende Moment M_r aller Kräfte für C zu Null werden, als auch die Resultierende R aller Kräfte senkrecht zu c stehen (also in die Bahnnormale n fallen), wenn bei

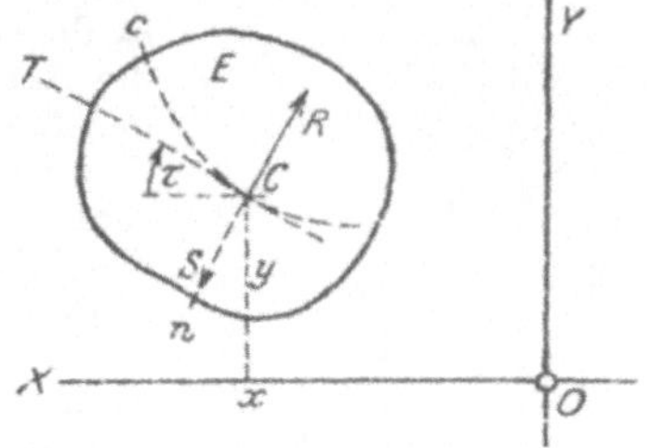

Fig. 96.

diesen möglichen Bewegungen der Ebene $\delta A = 0$ werden soll. Diese beiden Gleichungen werden:

$$(78a) \qquad (M_r)_C = \sum_{k=1}^{n} \{ Y_k(x_k - x) - X_k(y_k - y) \} =$$

$$\sum_{k=1}^{n} \{ Y_k x_k - X_k y_k \} - Y \cdot x + X \cdot y = 0,$$

und entsprechend (65a), S. 81

$$(78b) \qquad Y \frac{\partial F}{\partial x} - X \frac{\partial F}{\partial y} = 0,$$

falls $F(xy) = 0$ die Gleichung der Kurve c ist und zur Abkürzung $\sum\limits_{k=1}^{n}(X_k) = X,\ \sum\limits_{k=1}^{n}(Y_k) = Y$ gesetzt wurde.

Die Gleichgewichtslagen des Punktes C auf der Kurve c folgen aus (78b) in Verbindung mit der Kurvengleichung, die der Ebene aus (78a). Die Art des Gleichgewichtes muß sowohl für die Lagen von C auf c, als auch für die Drehung der Ebene um C in den Gleichgewichtslagen dieses Punktes auf c festgestellt werden, und zwar mittels der Beziehung $\delta^2 A \gtrless 0$.

Unter der **Kurvenstützkraft** werde wieder die **Kraft** verstanden, welche im gestützten (geführten) Punkte C anzubringen ist, um die Ebene als freibewegliche im Gleichgewicht zu erhalten. Da sich hier das Kräftesystem durch eine resultierende Kraft R in der Kurvennormalen n des Punktes C ersetzen läßt, so wird die Ebene als freibewegliche im Gleichgewicht verbleiben müssen, wenn wir die Stützkraft S im Punkte C entgegengesetzt gerichtet und gleich R wählen, so daß die Beziehung $S \widehat{\mp} R = 0$ erfüllt wird.

Beispiel: Eine schwere Scheibe sei am Endpunkt C eines Fadens befestigt, der über einen Kreis in vertikaler Ebene geschlungen ist (s. Fig. 97). Demgemäß beschreibt C eine Kreisevolvente c, und es folgt daraus, daß C in allen Lagen auf der Evolvente im Gleichgewicht ist, in denen letztere eine horizontale Tangente hat. Denn die Resultierende R stimmt hier mit der Last L der Scheibe überein und L ist lotrecht. Da die Wirkungslinie von L durch den Massenmittelpunkt M der Scheibe geht und das Moment von L für C zu Null werden muß, falls die Scheibe im Gleichgewicht sein soll, so folgt, daß in den Gleichgewichtslagen der Scheibe M, C und der Berührungspunkt B des Fadens mit dem Kreis (s. Fig. 97) in einer Vertikalen liegen müssen; hierbei kann M sowohl unter als über C sich befinden. Demgemäß kann das Gleichgewicht der Scheibe in jeder Gleichgewichtslage des Punktes C sowohl stabil als labil sein. Die Kurvenstützkraft ist gleich der Schwere L der Scheibe, aber nach aufwärts gerichtet, während die Spannkraft des Fadens nach Größe und Richtung mit L übereinstimmt.

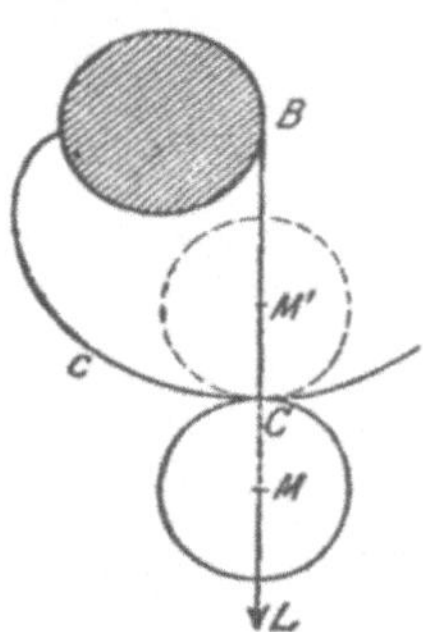

Fig. 97.

4. **Die bewegte Ebene berühre die ruhende in einem Hüllkurvenpaar.** Bewegt sich die Ebene E derart, daß die in ihr liegende Kurve γ (s. Fig. 98) dauernd die Kurve c der ruhenden Ebene berührt, so ist der Freiheitsgrad f der Ebene wie im vorhergehenden Falle $= 2$, weil sich die Ebene um den Berührungspunkt C des Hüllkurvenpaares drehen und in Richtung der gemeinsamen Tangente von γ und c verschieben kann. Demgemäß sind auch die Bedingungen des Gleichgewichts dieselben, wie vorher, denn es muß das resultierende Moment der Kräfte, die auf E wirken, für C

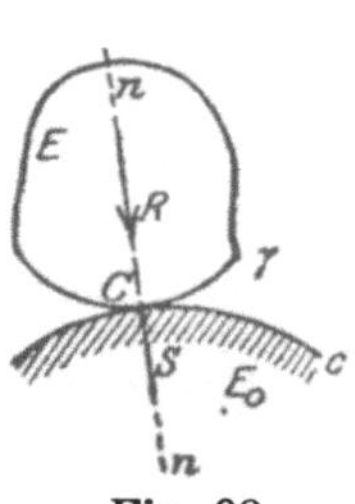

Fig. 98.

verschwinden, also die Resultierende R der Kräfte durch C gehen, und ferner muß die Wirkungslinie der Resultierenden in die Berührungsnormale n des Hüllkurvenpaares (c, γ) fallen. Die Aufstellung der Bedingungsgleichungen selbst wird in diesem Falle aber mathematisch umständlicher, weil die Bedingung der Berührung des Hüllkurvenpaares die Berücksichtigung der Kurvengleichungen erfordert und das zu Weiterungen führt; sie soll daher unterbleiben. Ähnlich ist es mit der Feststellung der Art des Gleichgewichtes auf analytischem Wege; auch sie wird wesentlich verwickelter als in den früheren Fällen und soll deshalb hier auf sie nicht weiter eingegangen werden, sondern nur hervorgehoben, daß auch die Krümmungen der Hüllkurven an der Berührungsstelle die Art des Gleichgewichtes beeinflussen. Denken wir uns z. B. eine elliptische homogene schwere Scheibe auf horizontaler Ebene gestützt, so kann das Gleichgewicht nur eintreten, wenn die Berührungen in den Endpunkten der beiden Hauptachsen stattfinden. Das Gleichgewicht ist dann stabil in den Endpunkten der kleinen, und labil in den Endpunkten der großen Hauptachse, wie man sich leicht unmittelbar überzeugt. Eine homogene schwere Kreisscheibe auf horizontaler Ebene gestützt würde dagegen im indifferenten Gleichgewicht sein müssen, weil ihr Massenmittelpunkt immer in dem Lote durch den Berührungspunkt liegt. Die Stützkraft der Ebene liegt in der Berührungsnormalen des Hüllkurvenpaares und ist der Resultierenden entgegengesetzt gleich, weil nur in dieser Weise die Ebene als freibewegliche im Gleichgewicht erhalten werden kann.

5. **Die bewegte Ebene berühre die ruhende in zwei Hüllkurvenpaaren.** Es seien (c_1, γ_1) und (c_2, γ_2) die beiden Hüllkurvenpaare (s. Fig. 99), die sich in C_1 bzw. C_2 berühren. Dann ist die Bewegung der Ebene E eine zwangläufige, d. i. ihr Freiheitsgrad $f = 1$, weil ihre Elementarbewegung in einer Drehung um den Pol P besteht (vgl. Bd. I, S. 77). Soll die Ebene unter dem Einfluß der auf sie wirkenden Kräfte im Gleichgewicht sein, so muß folglich das resultierende Moment der Kräfte für den Pol P zu Null werden. Das ist der Fall, wenn die Wirkungslinie w_r der Resultierenden R aller Kräfte durch den Pol geht. Wir haben demnach hier eine einzige Bedingungsgleichung des Gleichgewichtes, die mit (78a) übereinstimmt, wenn in ihr x und y die Koordinaten des Poles P be-

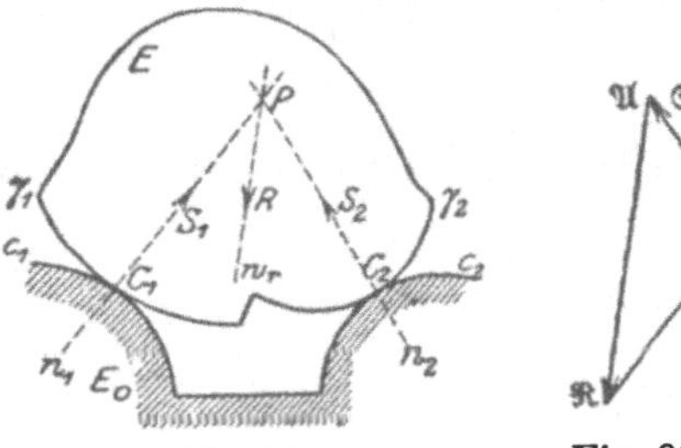

Fig. 99.　　　　Fig. 99a.

deuten würden. Die Art des Gleichgewichtes in den einzelnen Gleichgewichtslagen der Ebene, die aus dieser Gleichung hervorgehen,
wird wieder durch das Vorzeichen des Ausdruckes für $d^2 A$ ent-
schieden. Bezüglich der Stützkräfte dagegen ist zu beachten, daß
wir hier deren zwei einführen müssen, die in den Punkten C_1 und
C_2 angreifend die Ebene als freibewegliche im Gleichgewicht erhalten. Das ist möglich, wenn sich ihre Wirkungslinien auf w_r
schneiden und wenn sie zusammengesetzt die entgegengesetzt genommene Resultierende R ergeben. Da der Schnittpunkt der Wirkungslinien der Stützkräfte hierbei willkürlich auf w_r angenommen
werden kann, so wollen wir über diese Wirkungslinien so verfügen,
daß sie in die bezüglichen Berührungslinien n_1 und n_2 fallen. Dann
findet man ihre Größe durch Zerlegung von $- R$ in Seitenkräfte in
Richtung der beiden Stütznormalen n_1 und n_2, oder zeichnerisch
mittels des geschlossenen Kräftedreiecks in Fig. 99 a.

Beispiel: Die Hüllkurve γ_1 ziehe sich auf den Punkt Γ_1 (s. Fig. 100)
und die Hüllbahn c_2 auf den Punkt C_2 zusammen; ferner seien c_1 und γ_2 Geraden. Dann vollzieht die mit γ_2 verbundene Ebene E gegen E_0 dieselbe Bewegung, wie die Stange γ_2 in dem durch Fig. 100
dargestellten Getriebe. Der Pol P der momen-
tanen Bewegung von γ_2 liegt im Schnittpunkt
der Senkrechten n_1 zu c_1 und der Normalen n_2
zu γ_2, und wenn die einzige auf E wirkende
Kraft die im Punkte A befestigte Last L ist,
so befindet sich die Ebene in einer Gleichgewichtslage, wenn die Wirkungslinie von L, d. i. die
Lotrechte durch A den Pol P
enthält, weil dann und nur
dann $(M_r)_P = 0$ ist. Um die
Bedingungsgleichung des
Gleichgewichtes aufstellen
zu können, legen wir durch
C_2 eine Horizontale und
eine Vertikale als X- und

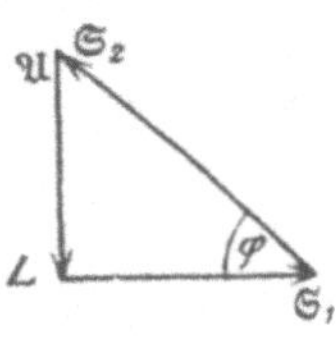

Fig. 100.   Fig. 100a.

Y-Achse eines Koordinatensystems, dann sind die Seitenkräfte von L in bezug
auf dieses $X = 0$; $Y = - L$, und wenn die Koordinaten des Punktes A mit
x und y bezeichnet werden, dann ist die Elementararbeit von L

$$dA = X\,dx + Y\,dy = - L \cdot dy.$$

Setzt man zur Abkürzung das Lot von C_2 auf c_1, d. i. $\overline{C_2 F_1} = e$, und die
Länge des Stabes $\overline{\Gamma_1 A} = l$, so wird, wie man aus der Figur leicht ersieht,
$y = l\cos\varphi - e\cot\varphi$, falls φ den veränderlichen Winkel zwischen γ_2 und c_1 bezeichnet. Sonach erhält man

$$dA = + L\left(l\sin\varphi - \frac{e}{\sin^2\varphi}\right) d\varphi,$$

und dieser Ausdruck zeigt, daß $dA = 0$ wird, bzw. Gleichgewicht vorhanden
ist, falls

$$\sin^3\varphi = \frac{e}{l}.$$

Damit erhalten wir zwei Gleichgewichtslagen der Ebene, die der einen reellen Lösung vorstehender Gleichung 3. Grades sich zuordnen, nämlich $\varphi_1 = \arc\sin\left(\sqrt[3]{\frac{e}{l}}\right)$ und $\varphi_2 = \pi - \varphi_1$, weil $\sin(\pi - \varphi_1) = \sin\varphi_1$ ist. Die eine Lage von γ_2 ist die in Fig. 100 gezeichnete, die andere ist symmetrisch zu ihr in bezug auf das Lot $\overline{C_2 F_1}$. Die Art des Gleichgewichtes findet sich aus

$$d^2A = + L\left(l\cos\varphi + 2\,\frac{e}{\sin^3\varphi}\cdot\cos\varphi\right)d\varphi^2 = +3\,Ll\cos\varphi\cdot d\varphi^2,$$

und zwar wird $d^2A > 0$ für $\varphi = \varphi_1$ und $d^2A < 0$ für $\varphi = \varphi_2$, weil $\cos\varphi_2 = -\cos\varphi_1$. Damit wird ersichtlich, daß die untere Gleichgewichtslage (die in Fig. 100 gezeichnete) labil, die obere dagegen stabil ist.

Die beiden Stützkräfte S_1 und S_2 ergeben sich leicht aus dem Kräftedreieck Fig. 100a durch Zerlegung von L in eine horizontale und eine in n_2 liegende Komponente: es findet sich $S_1 = L\cot\varphi$ und $S_2 = L : \sin\varphi$.

6. **Die Ebene berühre die ruhende Ebene in drei Hüllkurvenpaaren.** Sind die drei Hüllkurvenpaare ganz willkürlich gewählt, so ist jede Bewegungsmöglichkeit ausgeschlossen, also der Freiheitsgrad $f = 0$. Denn die Ebene könnte sich nur um einen Schnittpunkt zweier Berührungsnormalen drehen, und da sich die drei Normalen im allgemeinen in drei verschiedenen Punkten schneiden, so ist jede Drehung der Ebene unmöglich. Wirken nun beliebige Kräfte, deren Resultierende R sei, auf die Ebene, so ist sie in der durch die Hüllkurvenpaare bedingten Lage an sich im Gleichgewicht, weil die Kräfte keine Arbeit verrichten können. Die einzige hier zu beantwortende Frage besteht in der nach der Größe der Stützkräfte, die wir in den Berührungsnormalen annehmen. Die Antwort wird durch die im 15. Kapitel mitgeteilten Verfahren gegeben, wenn wir nur beachten, daß hier die der Resultierenden R entgegengesetzt gleiche Kraft in Seitenkräfte zu zerlegen ist, die in den drei Berührungsnormalen liegen.

Beispiel: Ein Stab γ_3, der im Punkte A_3 mit der Schwerkraft L belastet ist, stütze ich in C_1 auf einer

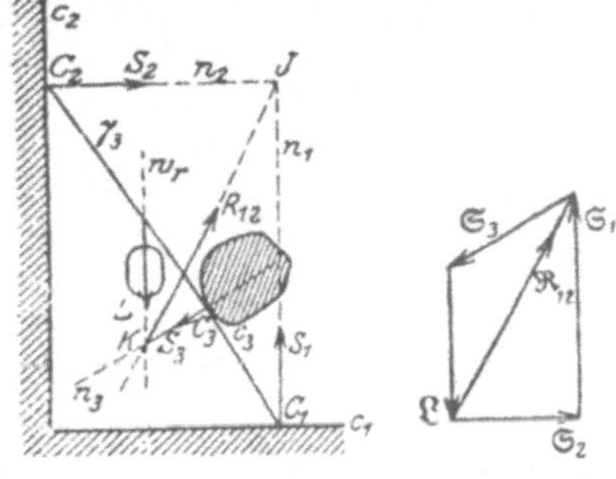

Fig. 101. Fig. 101a.

Horizontalen c_1', in C_2 auf einer Vertikalen c_2 (s. Fig. 101) und in C_3 gegen einen Kreis c_3. Um die Stützkräfte zu finden, benutzen wir, daß die Wirkungslinie der Resultierenden R_{12} von S_1 und S_2 einerseits durch den Schnittpunkt J der Stütznormalen n_1 und n_2, andererseits durch den Schnittpunkt K von n_3 mit der Wirkungslinie w_r der Last L gehen muß, also die Richtung von R_{12} durch JK gegeben ist. Wir zerlegen deshalb in Fig. 101a die Kraft $\mathfrak{L}$ in Seitenkräfte in Richtung von n_3 und JK, wodurch wir $\mathfrak{S}_3$ und $\mathfrak{R}_{12}$ erhalten, und letztere Kraft in die beiden Seitenkräfte $\mathfrak{S}_1$ und $\mathfrak{S}_2$. Größe und Richtung der drei Stützkräfte ist dann durch das geschlossene Krafteck in Fig. 101a bestimmt, wenn es vom Anfangspunkt $\mathfrak{A}$ aus im Sinne von $\mathfrak{L}$ durchlaufen wird.

Schneiden sich die drei Berührungsnormalen der Hüllkurvenpaare in einem Punkte, so ist dieser der Drehpunkt der Elementarbewegung der Ebene. In diesem Falle könnte Gleichgewicht nur bestehen, wenn die Wirkungslinie der Resultierenden aller Kräfte durch diesen Punkt geht. Die Stützkräfte werden ihrer Größe nach unbestimmt, da sich die Resultierende der Kräfte in unendlich vielfacher Weise in drei Seitenkräfte zerlegen läßt.

Von den Sonderfällen, die bei der Stützung in der Ebene in drei Hüllkurvenpaaren eintreten können, seien nur die folgenden beiden erwähnt:

6a. Sind die Hüllkurven oder Hüllbahnen zweier Paare parallele Gerade, etwa c_1 und c_2, wie in Fig. 102, dann ändert sich das Verfahren zur Ermittlung der Stützkräfte S_1 und S_2 nur insofern, als ihre Wirkungslinien n_1 und n_2 einander parallel werden, und folglich die Wirkungslinie w_{12} ihrer Resultierenden R_{12} ebenfalls beiden parallel sein muß. Hat man deshalb wie vorher R_{12} aus Fig. 102a ermittelt, so zerlegt man nunmehr das entgegengesetzte R_{12} in parallele Seitenkräfte S_1 und S_2, die in n_1 bzw. n_2 liegen, und

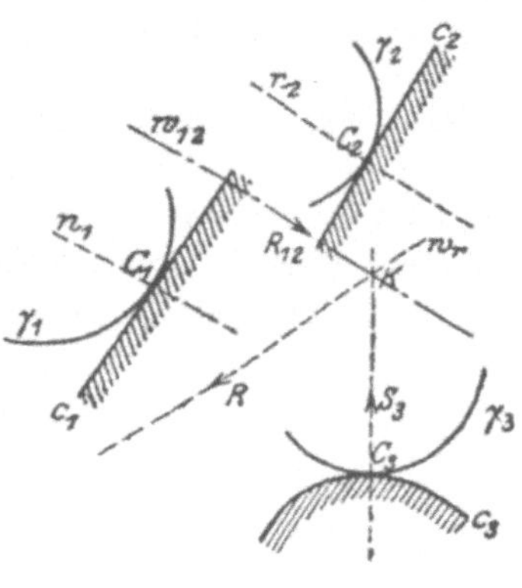

Fig. 102.

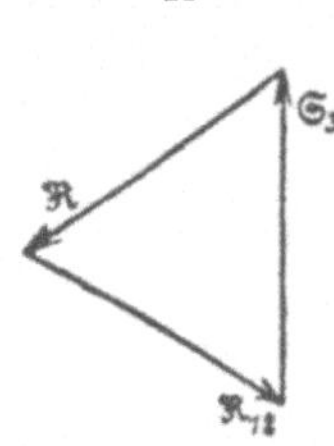

Fig. 102a.

zwar mittels des auf S. 113 angegebenen Verfahrens.

6b. Sind zwei der Hüllkurven, z. B. γ_1 und γ_2, konzentrische Kreise, so muß sich die Ebene dauernd um deren gemeinsamen Mittelpunkt D drehen; es ist sonach dasselbe, als ob die Ebene in D festgehalten würde. Wenn die Ebene dann noch in einem beliebigen Hüllkurvenpaar $\gamma_3 c_3$ (s. Fig. 103, S. 127) gestützt würde, dann wäre sie unbeweglich und folglich im Gleichgewicht. Die beiden Stützkräfte S_1 und S_2 lassen sich dann durch eine S ersetzen, die mit R_{12} im allgemeinen Falle übereinstimmt. Schneidet die Stütznormale n_2

die Wirkungslinie w_r der Resultierenden R in Q, so ist DQ die
Wirkungslinie der Stützkraft S im Punkte D; man kann daher, wie

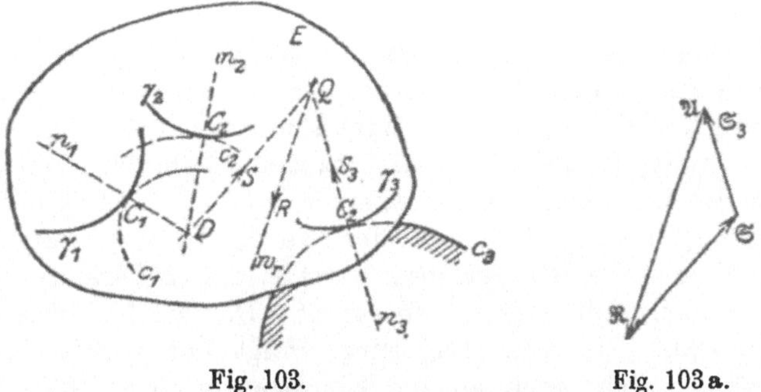

Fig. 103.   Fig. 103 a.

in Fig. 103 a, beide Stützkräfte als Seiten eines geschlossenen Kräftedreiecks finden.

Beispiele liefern alle statisch bestimmten Träger, d. s. solche,
deren Stützung auf die durch drei Hüllkurvenpaare zurückgeführt
werden kann, wie die des Bogenträgers in Fig. 104, der so gestützt
ist, daß die Achse D des einen Gelenkes fest liegt, während die

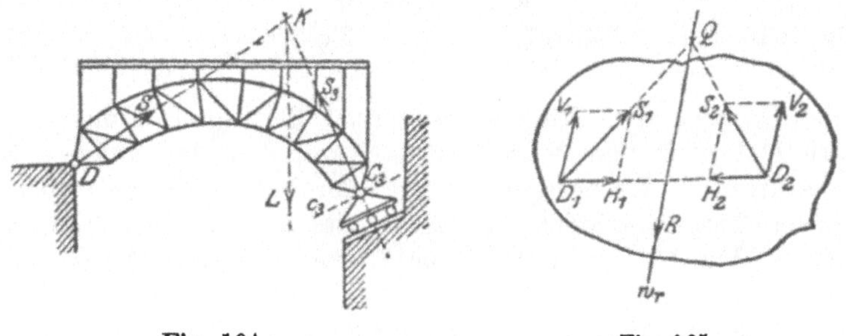

Fig. 104.   Fig. 105.

Punkte der Achse C_3 durch Verwendung sogen. Rollenkipplager gezwungen werden, sich auf geneigten Geraden c_3 zu bewegen.

Wird die Ebene in zwei Punkten festgehalten (s. Fig. 105), so
sind die Stützkräfte statisch nicht mehr bestimmbar, weil der Punkt Q,
in dem sich beide Stützkräfte S_1 und S_2 schneiden, auf w_r ganz
willkürlich angenommen werden kann. Zerlegt man S_1 und S_2 in
Seitenkräfte in Richtung von $D_1 D_2$ und einer Parallelen zu w_r, so
lassen sich letztere, nämlich V_1 und V_2, mittels des Momentensatzes
eindeutig bestimmen, während H_1 und H_2 zwar einander entgegengesetzt gleich sein müssen, aber unbestimmt bleiben.

Siebzehntes Kapitel.

Querkräfte und Biegungsmomente.

Das Gleichgewicht der Kräfte an statisch bestimmten Trägern läßt sich in den meisten Fällen zurückführen auf das an einer unbeweglich gelagerten Ebene, in der Kräfte wirken, und zwar ist es gewöhnlich der im vorigen Kapitel behandelte Fall 6 b, dem es untergeordnet werden kann. Die Lagerung oder Stützung der Trägerenden erfolgt derart, daß die eine die Stelle des festgehaltenen Punktes D im Falle 6 b vertritt, während die andere der Stützung in dem Hüllkurvenpaar $(\gamma_3 c_3)$ entspricht. Das wird in verschiedener Weise erreicht. Die feste Lagerung erfolgt bei großen Trägern in der Regel durch ein sogenanntes Kipplager (s. Fig. 106), das eine

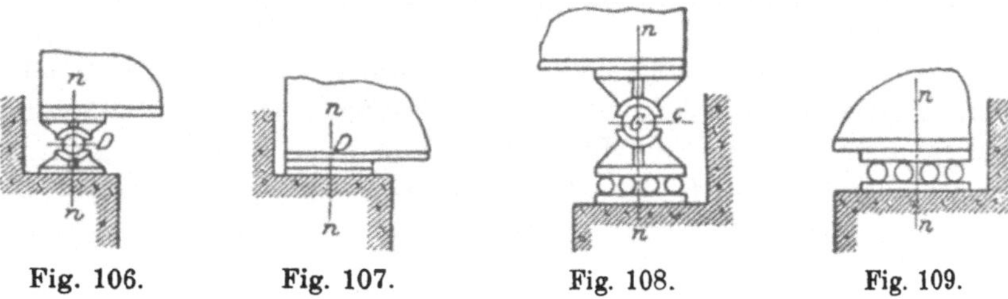

Fig. 106.   Fig. 107.   Fig. 108.   Fig. 109.

kleine Drehung des Trägers bei Formänderungen ermöglicht; der Punkt D liegt in der Achse des Gelenkes, das das Trägerende mit dem stützenden Widerlager oder Pfeiler beweglich verbindet. Bei kleineren Trägern erfolgt die feste Stützung in einer rechteckigen Platte (s. Fig. 107), also in einer Fläche, in deren Mitte man den Punkt D annimmt. Die bewegliche Lagerung dagegen wird bei großen Trägern durch ein Rollenkipplager (s. Fig. 108) bewirkt, um dessen Gelenkachse der Träger sich drehen kann und zugleich parallel zur Ebene der Platte, auf der die Rollen liegen, sich verschieben, so daß jeder Punkt der Gelenkachse eine zur Plattenebene parallele Gerade beschreiben müßte, wenn das Trägerende bei den elastischen Gestaltsveränderungen sich bewegt. Die Stütznormale ist in diesem Falle die in der Ebene der Kräfte liegende Senkrechte zur Ebene, auf der die Rollen lagern; sie geht durch die Gelenkachse. Bei kleineren Trägern benutzt man nur ein Rollenlager (Fig. 109), bei dem die Stütznormale in der Mitte zwischen den beiden äußersten Rollen angenommen wird. In den einfachsten Fällen werden beide Trägerenden wie in Fig. 107 gestützt.

Die Kräfte, welche auf die Träger wirken, sind zumeist Lasten, also Schwerkräfte und als solche parallel und lotrecht. Sie greifen entweder in einzelnen Punkten des Trägers an, oder verteilen sich stetig über einen Teil oder den ganzen Träger. Zu letzteren Kräften ist auch die eigne Schwere des Trägers zu zählen. Wir wollen von allen diesen Kräften voraussetzen, daß sie sich wenigstens mit hinreichender Annäherung durch Kräfte in der Mittelebene des Trägers ersetzen lassen und zwar ohne wesentliche Änderung ihrer Wirkung. Dann können wir in der Tat das Gleichgewicht der Kräfte am Träger als das von Kräften in einer unbeweglich gestützten Ebene ansehen und die Bestimmung der Stützkräfte wie im Falle 6 b des vorigen Kapitels ausführen.

Zu dem Ende denken wir uns zunächst, wie in Fig. 110a schematisch dargestellt, einen prismatischen Träger, der in C' durch ein Kipplager, in C'' durch ein Rollenkipplager gestützt und in einzelnen Punkten durch gegebene Lasten P_k beansprucht wird. Zwecks vereinfachter Darstellung möge der Träger als horizontale starre

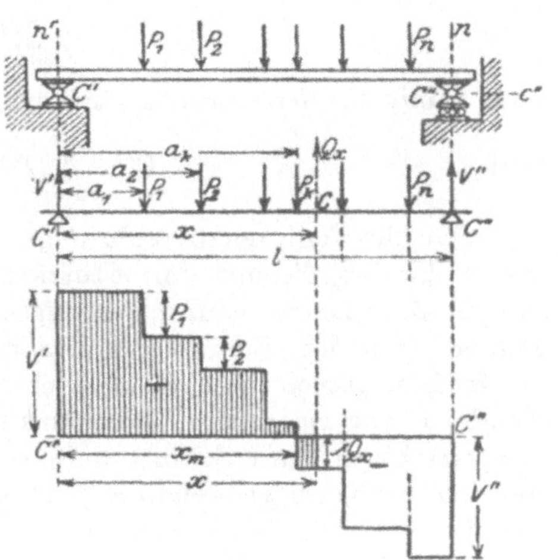

Fig. 110a bis c.

Linie gezeichnet werden, wie in Fig. 110b, der in C' und C'' frei auf Schneiden liegt; die entsprechenden Stützkräfte V' und V'' müssen dann ebenfalls vertikale Kräfte und den P_k parallel sein. Die Entfernung beider Stützpunkte sei $C'C'' = l$; sie wird die Spannweite des Trägers genannt. Die Lage der Wirkungslinien der Kräfte P_k werde bestimmt durch ihre Abstände a_k von einem der beiden Stützpunkten, z. B. von C'. Dann finden sich die Stützkräfte aus den Bedingungsgleichungen des Gleichgewichtes der Lastkräfte P_k und der Stützkräfte, deren Zahl hier nur zwei beträgt. Denn die sämtlichen Kräfte P_k wurden lotrecht gerichtet vorausgesetzt, also ist es auch deren Resultierende, und wenn wir das eine Trägerende horizontal beweglich anordnen, so wird die Stütznormale, z. B. n'', auch lotrecht. Dann aber muß n' ebenfalls lotrecht werden und das gilt sonach auch für die Wirkungslinien der Stützkräfte V' und V''. Die Bedingung, daß die Summe der Horizontalkomponenten aller Kräfte zu Null werde, ist sonach identisch erfüllt. Die beiden Bedingungsgleichungen des Gleichgewichtes werden

$$V' + V'' - \sum_{k=1}^{n}(P_k) = 0,$$

$$- V'' \cdot l + \sum_{k=1}^{n}(P_k a_k) = 0,$$

falls n die Anzahl aller Kräfte P_k ist. Die zweite Gleichung, die ausdrückt, daß das resultierende Moment aller Kräfte für den Punkt C' verschwinden muß, falls Gleichgewicht bestehen soll, liefert sofort

$$(79\,\mathrm{a}) \qquad V'' = \frac{1}{l}\sum_{k=1}^{n}(P_k a_k)$$

und damit aus der ersteren Gleichung

$$(79\,\mathrm{b}) \qquad V' = \sum_{k=1}^{n}(P_k) - \frac{1}{l}\sum_{k=1}^{n}(P_k a_k).$$

Für die Festigkeitsberechnungen der Träger bedarf man weiter zweier Größen, die mit den Stützkräften in engem Zusammenhang stehen, der Querkräfte und Biegungsmomente. Denken wir uns den Träger unter dem Einfluß der Lastkräfte und Stützkräfte, demnach als freibeweglichen im Gleichgewicht und durch eine Ebene im Abstande x von einem der Stützpunkte, z. B. von C', senkrecht zur Trägerrichtung einen Schnitt geführt, der den Träger in zwei Teile trennen würde, so verstehen wir unter der Querkraft (auch Transversal-, Scher- oder Schubkraft genannt) des Schnittes die Resultierende aller auf den einen Trägerteil wirkenden Kräfte und nehmen deren Wirkungslinie im Schnitt liegend an. So würde hier für den Trägerteil links vom Schnitt (s. Fig. 110b) diese Kraft

$$Q_x' = V' - \sum_{x=0}^{x}(P_k)$$

werden, dagegen für den Trägerteil rechts vom Schnitt

$$Q_x'' = V'' - \sum_{x}^{l}(P_k).$$

Damit folgt

$$Q_x' + Q_x'' = V' + V'' - \sum_{x=0}^{l}(P_k) = 0;$$

es sind sonach die Querkräfte der beiden Trägerteile für denselben Schnitt absolut gleich groß, nur entgegengesetzt gerichtet. Dementsprechend brauchen wir nur eine der beiden Querkräfte zu ermitteln, und zwar wollen wir die Querkraft Q_x', d. h. für den Trägerteil links vom Schnitt hierzu wählen und sie künftig mit Q_x bezeichnen, so daß

$$(80) \qquad Q_x = V' - \sum_{x=0}^{x} (P_k)$$

ist. Das Änderungsgesetz von Q_x mit x wird anschaulich durch das sog. Querkraftdiagramm, das wir erhalten, wenn wir Q_x in Streckendarstellung als Ordinate zu x als Abszisse auftragen (siehe Fig. 110 c). Wir ersehen aus ihm, daß die Querkraft ihr Vorzeichen wechseln, bzw. durch Null hindurchgehen kann; es ist also Q_x in dem einen Trägerteil positiv, in dem anderen negativ zu nehmen.

Unter dem Biegungsmoment für den Schnitt verstehen wir das resultierende Moment aller Kräfte auf der einen Seite des Schnittes bezogen auf den Punkt C im Schnitt. Dieses Moment für den Teil des Trägers links vom Schnitt wird

$$M_x' = V' \cdot x - \sum_{x=0}^{x} \{P_k (x - a_k)\},$$

wie aus Fig. 110 b sofort zu ersehen ist. Für den rechtsliegenden Teil dagegen erhält man als Biegungsmoment

$$M_x'' = - V'' (l - x) + \sum_{x}^{l} \{P_k (a_k - x)\}$$

und bildet man nun

$$M_x' + M_x'' = (V' + V'')x - V'' l + \sum_{x=0}^{l} (P_k a_k) - x \sum_{x=0}^{l} (P_k),$$

so erkennt man unter Benutzung der Beziehungen (79a) und $V' + V'' = \sum_{k=1}^{n} (P_k)$, daß

$$M_x' + M_x'' = 0$$

wird, also die Biegungsmomente beider Trägerteile für den Punkt C absolut einander gleich sind, und nur von entgegengesetztem Vorzeichen. Wir führen deshalb wieder nur das eine, und zwar M_x' ein, und setzen

$$(81) \qquad M_x = V' \cdot x - \sum_{0}^{x} \{P_k (x - a_k)\}.$$

An Stelle dieses Ausdruckes für das Biegungsmoment läßt sich unter Benutzung von (80) auch der folgende setzen

$$(81\,a) \qquad M_x = Q_x \cdot x + \sum_{0}^{x} \{P_k a_k\},$$

wie man leicht erkennt, und dieser zeigt, daß $M_x = 0$ wird sowohl für $x = 0$, als auch für $x = l$. Ersteres ergibt sich unmittelbar, letzteres daraus, daß für $x = l$ die Querkraft $Q_x = - V''$ wird und

zufolge (79a) $V'' \cdot l = \sum\limits_{0}^{l} (P_k a_k)$ ist. Da außerdem für $0 < x < l$
zweifellos M_x nur endliche Werte annimmt, so besitzt das Biegungsmoment zwischen beiden Stützpunkten extreme Werte, deren Kenntnis für die Festigkeitsberechnungen unerläßlich ist. Haben alle P_k
gleiches Vorzeichen, d. h. sind sie alle nach abwärts gerichtet, so
wird M_x stets positiv sein, und demnach nur einen größten Wert
haben müssen. Dieser heißt **maximales Biegungsmoment** oder
auch **Bruchmoment** des Trägers und der Querschnitt, für den das
eintritt, **gefährdeter** oder **Bruchquerschnitt**.

Aus dem Querkraftdiagramm Fig. 110c läßt sich das Änderungsgesetz von M_x mit x ebenfalls leicht ableiten. Denn die Beziehung (81) lehrt, daß die in Fig. 110c vertikal schraffierte Fläche
das Biegungsmoment darstellt und daß diese Fläche zunimmt bis zu
der Stelle $x = x_m$, an der Q_x das Vorzeichen wechselt, um dann
wieder bis auf Null abzunehmen, weil die Querkräfte Q_x von jener
Stelle ab, d. i. für $x \geq x_m$ negativ werden. Es leuchtet ohne weiteres
ein, daß infolge der sprungweisen Änderung der Kräfte der gefährdete Querschnitt nur in der Wirkungslinie einer der Kräfte
liegen kann.

Besonders einfach wird die Ermittlung des Bruchquerschnittes
und -momentes auf zeichnerischem Wege, weil sie unmittelbar mit
der zeichnerischen Bestimmung der Stützkräfte in Verbindung gebracht werden kann. Wir verfahren hierbei so, daß wir zunächst
mittels Kraft- und Seileck (s. Fig. 111) genau nach dem 14. Kapitel
die Resultierende R und ihre Wirkungslinie suchen und dann die
entgegengesetzt genommene Kraft R in zwei Komponenten zerlegen,
die in den Wirkungslinien der Stützkräfte V' und V'' liegen, denn
dann sind V' und V'' mit R, und folglich auch mit allen P_k im
Gleichgewicht. Führen wir diese Zerlegung nach dem 15. Kapitel
aus, dann gestaltet sich das Verfahren insofern etwas einfacher, als
wir die Kenntnis der Wirkungslinie von R nicht bedürfen, sondern
nach Aufzeichnung des Seileckes den Schnittpunkt K' der Anfangsseite s_0 des Seileckes mit der Senkrechten durch C' und den Schnittpunkt K'' der Endseite s_6 mit der Senkrechten durch C'' durch eine
Gerade s verbinden. Zu dieser Geraden, die die **Schlußlinie** des
Seileckes heißt, weil die Kräfte P_k, V' und V'' ein Gleichgewichts-
system bilden, also das Seileck sich schließen muß, ziehen wir die
Parallele ON im Krafteck; dann stellt die Strecke $\overline{NA}$ die nach
aufwärts gerichtete Stützkraft $\mathfrak{V}'$ und ebenso $\overline{\mathfrak{P}_6 N}$ die Kraft $\mathfrak{V}''$ dar,
weil die drei Kräfte R, V' und V'' ein geschlossenes Krafteck bilden
müssen. Um nun für einen beliebigen Schnitt im Punkte C das
Biegungsmoment zu ermitteln, entnehmen wir der Zeichnung in

Fig. 111 die Ordinate $\eta = \overline{BB_2}$ der Momentenfläche, die durch
s und die anderen Seileckseiten begrenzt wird; dann ist nach dem
Früheren (s. S. 110) das Biegungsmoment

$$(82) \qquad M_x = H \cdot \eta,$$

falls H die dem willkürlich gewählten Polabstand $\mathfrak{H} = \overline{OF}$ entsprechende Kraft bezeichnet. Hierbei ist zu beachten, daß zweck-

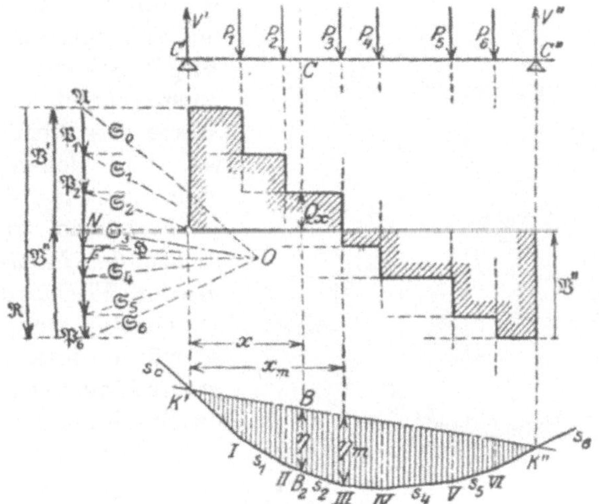

Fig. 111.

mäßig die **Kraft** H zwecks möglichster Vereinfachung der Multiplikation als das zehn-, hundert- oder tausendfache der Krafteinheit gewählt wird. Als maximales Biegungsmoment $\max(M_x)$ erhält man
dann offenbar

$$(83) \qquad \max(M_x) = H \cdot \max(\eta)$$

und diese größte Ordinate $\eta_m = \max(\eta)$ kann dann der Figur unmittelbar — unter Berücksichtigung des Zeichnungsmaßstabes —
entnommen werden; sie ordnet sich selbstredend einer der Ecken
des Seileckes zu. Mit der Aufzeichnung des Krafteckes läßt sich
leicht die des Querkraftdiagramms verbinden, wie es Fig. 111 zeigt.
Man lege durch den Punkt N eine Parallele zur Trägerachse und
trage von ihr aus die Querkraft Q_x auf. An den Stellen, wo Q_x
durch Null geht, hat die Ordinate η der Momentenfläche einen —
positiv oder negativ — größten Wert.

Es kommt nicht selten vor, daß die Lastkräfte z. T. auch außerhalb der Spannweite $\overline{C'C''} = l$ des Trägers angreifen. Das bedingt in dem angegebenen zeichnerischen Verfahren an sich keinen Unterschied, da die Stützkräfte unter die Kräfte P_k gerechnet werden können. Nur kann es dann vorkommen, daß mehrere extreme Werte des Biegungsmomentes auftreten, insbesondere die in den Stützpunkten C' und C'' absolut genommen manchmal größer sind, als innerhalb C' und C''. Zeichnet man z. B. in Fig. 112 das Seileck mit der Schlußlinie zu den z. T. nach aufwärts gerichteten Kräften, so erhält man einen dreimaligen Zeichenwechsel des Biegungsmomentes und dementsprechend vier extreme Werte des Biegungsmomentes, von denen zwei die Momente in den Stützpunkten sind. Da die Ordinate der Momentenfläche in der Wirkungslinie von P_2 absolut am größten ist, so würde dort das absolut größte Biegungsmoment, also das Bruchmoment vorhanden sein. Das zugehörige Querkraftdiagramm läßt entsprechend dem viermaligen Zeichenwechsel von Q_x erkennen, daß das Biegungsmoment vier extreme Werte hat. Daß die Stützung des Trägers in C'' von oben her erfolgen muß, macht die im Krafteck ermittelte Richtung von V'' sofort ersichtlich.

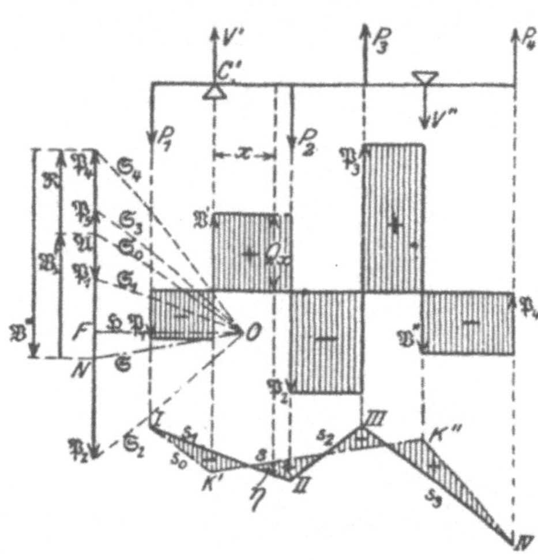

Fig. 112.

Für die Festigkeitsberechnung von Trägern ist es manchmal von Wert die Stellen zu kennen, in denen das Biegungsmoment zu Null wird. Analytisch ergeben sie sich aus der Gleichung, die aus (81) für $M_x = 0$ erhalten wird, während sie zeichnerisch unmittelbar aus der Momentenfläche hervorgehen.

Beispiel: Ein Träger von $l = 7,5$ m Spannweite sei, wie Fig. 113 angedeutet, gestützt und mit den Kräften $P_1 = 5,5\,t_s$, $P_2 = 8,2\,t_s$, $P_3 = 4,1\,t_s$ in den Entfernungen, wie in der Figur eingetragen, belastet. Berechnet man nach der Formel (79a) zunächst V'', so findet sich $V'' = 11,38\,t_s$, und damit aus

$$V' + V'' = \sum_{k=1}^{k=3} (P_k) = 17,8\,t_s \quad V' = 6,42\,t_s.$$

Aus (80) folgt dann, weil hier $a_1 = 2,1$ m, $a_2 = 4,5$ m, $a_3 = l + 1,5 = 9,0$ m, für

$$
\begin{aligned}
0 < x < a_1 \quad & Q_x = V' = 6,42 \; t_s, \\
a_1 < x < a_2 \quad & = + 0,92 \; t_s \\
a_2 < x < l \quad & = - 7,28 \; t_s \\
l < x < a_3 \quad & = + 4,10 \; t_s.
\end{aligned}
$$

Daraus geht hervor, daß Q_x zweimal das Vorzeichen wechselt, und zwar für $x = x_m = a_2 = 4,5$ m und für $x = l = 7,5$ m. In diesen Stellen wird das Biegungsmoment einen extremen Wert annehmen und zwar, falls $x = x_m$, $\max(M_x) = + 15,69$ mt, und für $x = l$ $\max(M_x) = - 6,15$ mt,; es ist· also ersteres der größte Wert des Biegungsmomentes überhaupt, der hier auftritt.

Der Schnitt im Abstande $x = 6,66$ m von C' ergibt für M_x den Wert Null. Das Querkraftdiagramm und die Momentenfläche, sowie das Krafteck sind maßstäblich dazu gezeichnet und zwar im Zeichnungsmaßstab $1:200$ und im Kräftemaßstab $1 \; t_s \mathrel{\widehat{=}} 2,0$ mm.

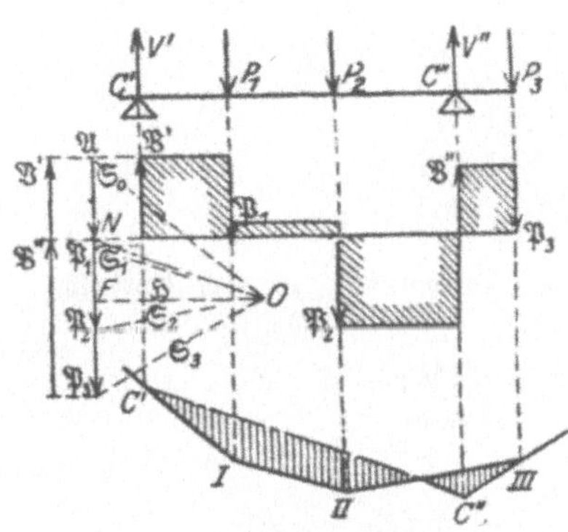

Fig. 113.

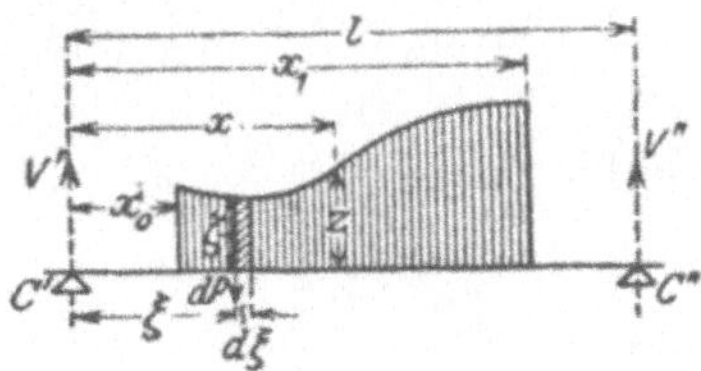

Fig. 114.

Ist der Träger über einen Teil seiner Länge stetig belastet, dann erweist es sich als zweckmäßig die sogenannte Belastung für die laufende Einheit der Trägerlänge einzuführen, zu der wir durch folgende Überlegung gelangen. Es sei die Belastung des Trägers zwischen den Schnitten im Abstande ξ und $\xi + d\xi$ von C' die unendlich kleine Kraft dP, dann setzen wir $dP = q \cdot d\xi$, also dP proportional .der Länge $d\xi$. Man nennt den Quotienten $dP : d\xi = q$ die Belastung auf die laufende Einheit der Trägerlänge; diese ist im allgemeïnen veränderlich, also $q = \varphi(\xi)$. Stellt man q durch eine Strecke dar und trägt sie als Ordinate ζ zur Abszisse ξ von der Trägerachse aus auf, so erhält man eine Kurve, die zusammen mit der Anfangs- und der Endordinate eine Fläche begrenzt (s. Fig. 114); man bekommt von letzterer, die man die Belastungsfläche nennt, eine gute Vorstellung, wenn man sich die Belastung des Trägers durch eine homogene Mauer von konstanter Breite und der veränderlichen Höhe ζ hergestellt denkt. Die Kraft, mit der der Träger von $\xi = x'$ bis $\xi = x$ belastet wird, ist hiernach

$$
P = \int_{\xi = x_0}^{\xi = x} dP = \int_{\xi = x_0}^{\xi = x} q \, d\xi
$$

und die Gesamtlast, falls die Belastung bis $\xi = x_1$ reicht,

$$R = \int\limits_{\xi = x_0}^{\xi = x_1} q\, d\xi.$$

Die Stützkraft im Punkte C'' findet sich aus Formel (70a), die hier die Gestalt

$$(84\,\text{a}) \qquad V'' = \frac{1}{l} \int\limits_{\xi = x_0}^{\xi = x_1} \xi\, q\, d\xi = \frac{1}{l} \int\limits_{\xi = x_0}^{\xi = x_1} \varphi(\xi)\, \xi\, d\xi$$

annimmt; demgemäß folgt aus $V' + V'' - R = 0$

$$(84\,\text{b}) \qquad V' = \int\limits_{\xi = x_0}^{\xi = x_1} q\, d\xi - \frac{1}{l} \int\limits_{\xi = x_0}^{\xi = x_1} q\, \xi\, d\xi.$$

Ferner finden wir aus (80) hier die Querkraft in der Gestalt

$$(85) \qquad Q_x = V' - P = V' - \int\limits_{\xi = x_0}^{\xi = x} q\, d\xi,$$

und das Biegungsmoment

$$(86) \qquad M_x = V' \cdot x - \int\limits_{\xi = x_0}^{\xi = x} (x - \xi)\, q\, d\xi;$$

letzteres läßt sich auch in der Form

$$M_x = \left(V' - \int\limits_{\xi = x_0}^{\xi = x} q\, d\xi \right) x + \int\limits_{\xi = x_0}^{\xi = x} q\, \xi\, d\xi$$

schreiben, also auf die frühere Form (81a) bringen, nämlich

$$(86\,\text{a}) \qquad M_x = Q_x \cdot x + \int\limits_{\xi = x_0}^{\xi = x} q\, \xi\, d\xi.$$

Zwischen M_x und Q_x besteht noch ein weiterer Zusammenhang, der für die Ermittlung des maximalen Biegungmomentes und der Lage des gefährdeten Querschnittes besonders wertvoll ist. Man erhält zunächst

$$\frac{dM_x}{dx} = Q_x + x\, \frac{dQ_x}{dx} + \frac{d}{dx} \left[\int\limits_{\xi = x_0}^{\xi = x} q\, \xi\, d\xi \right]$$

Zufolge des bekannten, leicht beweisbaren Satzes der Integralrechnung, daß der Differentialquotient eines bestimmten Integrales nach dessen oberer Grenze gleich der Funktion unter dem Integral für die Grenze ist, also

$$\frac{d}{du}\left[\int\limits_{u_0}^{u} f(z)\,dz\right] = f(u),$$

findet man sofort

$$\frac{dQ_x}{dx} = -\frac{d}{dx}\left[\int\limits_{\xi=x_0}^{\xi=x}\varphi(\xi)\,d\xi\right] = -\varphi(x),$$

$$\frac{d}{dx}\left[\int\limits_{\xi=x_0}^{\xi=x} q\,\xi\,d\xi\right] = \varphi(x)\cdot x$$

und damit

$$\frac{dM_x}{dx} = Q_x - x\cdot\varphi(x) + \varphi(x)\cdot x,$$

also

(87) $$\frac{dM_x}{dx} = Q_x.$$

Da M_x eine Funktion von x ist, und bekanntlich eine solche extreme Werte annimmt für die Werte der Veränderlichen x, die der Gleichung

$$\frac{dM_x}{dx} = 0$$

genügen, so erhalten wir den Satz: **Die Bruchquerschnitte des Trägers liegen dort, wo die Querkraft durch Null geht.**

Die entsprechenden Werte von x erhalten wir sonach aus der Gleichung

(88) $$Q_x = 0,$$

und wenn x_m eine Lösung dieser Gleichung ist, so wird das Biegungsmoment für $x = x_m$ ein Maximum oder Minimum. Bezeichnen wir das mit M_m, so findet sich aus (86 a)

(89) $$M_m = \int\limits_{\xi=x_0}^{\xi=x_m} q\,\xi\,d\xi,$$

Als besonders häufig vorkommender Fall mag der der gleichmäßig verteilten Belastung behandelt werden, also etwa der durch eine homogene Mauer von konstanter Höhe und Breite, die sich von x_0 bis x_1 erstreckt (siehe Fig. 115). Hierbei ist $q = \varphi(\xi) = \mathrm{const} = q_0$, und es wird folglich

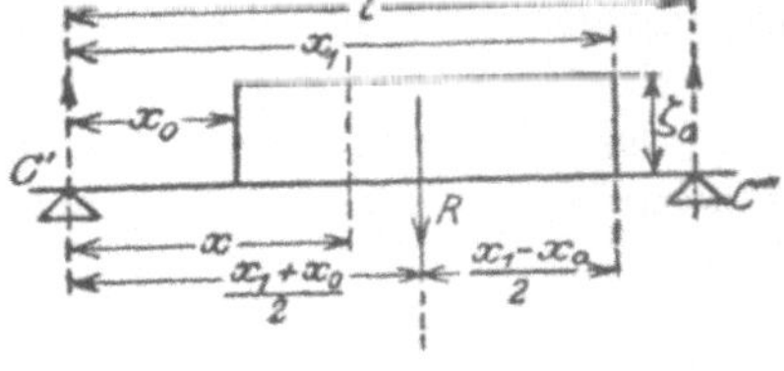

Fig. 115.

$$V'' = \frac{1}{l} \int_{x_0}^{x_1} q_0\, \xi\, d\xi = \frac{q_0}{l} \left[\frac{\xi^2}{2} \right]_{x_0}^{x_1} = \frac{q_0\,(x_1{}^2 - x_0{}^2)}{2\,l}\,.$$

Beachten wir, daß

$$R = \int_{x_0}^{x_1} q\, d\xi = q_0\,(x_1 - x_0)$$

ist, so schreibt sich auch

$$V'' = R \cdot \frac{x_0 + x_1}{2\,l}:$$

es wird sonach

$$V' = R - V'' = \frac{R}{l} \cdot \left(l - \frac{x_0 + x_1}{2} \right).$$

Man erkennt hieraus, daß man an die Stelle der gleichmäßig verteilten Belastung deren Resultierende R setzen könnte, deren Wirkungslinie ja den Abstand $\frac{x_0 + x_1}{2}$ von C' hat, ohne die Stützkräfte zu ändern. Aus (85) folgt weiter die Querkraft

$$Q_x = V' - q_0\,(x - x_0),$$

falls $x_1 \geqq x \geqq x_0$, während Q_x zwischen $x = 0$ und $x = x_0$ konstant und zwar $= V'$ ist. Ebenso wird zwischen' x_1 und $.l$ die Querkraft ebenfalls konstant $= - V''$. Aus $Q_x = 0$ folgt bei der in der Figur gemachten Annahme die Entfernung des Bruchquerschnittes von C' zu

$$x_m = x_0 + \frac{V'}{q_0}.$$

Das Biegungsmoment M_x ändert sich zwischen 0 und x_0 linear mit x, da es hier $= V' \cdot x$ wird. Dagegen erhält es zwischen x_0 und x_1 den Wert

$$M_x = V' \cdot x - q_0 \cdot \int_{\xi = x_0}^{\xi = x} (x - \xi)\, d\xi = V' \cdot x - q_0 \left[x\,\xi - \frac{1}{2}\,\xi^2 \right]^x$$

$$= V' \cdot x - \frac{q_0}{2}\,(x - x_0)^2;$$

es ändert sich folglich quadratisch mit x. Zwischen x_1 und l wird das Biegungsmoment wieder linear von x abhängig und zu Null in C''. Es gibt hier nur einen größten Wert von M_x und zwar im Abstande x_m; er findet sich aus (89) zu

$$M_m = q_0 \int_{x_0}^{x_m} \xi\, d\xi = V' \left[x_0 + \frac{V'}{2\,q_0} \right].$$

Erstreckt sich die gleichmäßige Belastung des Trägers über seine gahze Länge, ist also $x_0 = 0$; $x_1 = l$, so wird $V' = V'' = \dfrac{q_0 l}{2}$, $x_m = \dfrac{l}{2}$ und $M_m = \dfrac{q_0 l^2}{8}$. Beachtet man, daß hier $R = q_0 l$ ist, so erkennt man, daß zur Berechnung des Biegungsmomentes die gleichmäßig verteilte Last nicht durch ihre Resultierende ersetzt werden darf, denn dann erhielte man als größten Wert des Biegungsmomentes einen doppelt so großen, als vorstehend gefunden, nämlich $= \dfrac{V'l}{2} = \dfrac{q_0 l^2}{4}$, wie man leicht erkennt.

Auch bei den stetig belasteten Trägern erweist sich das Querkraftdiagramm und die Momentenfläche zur zeichnerischen Ermitt-

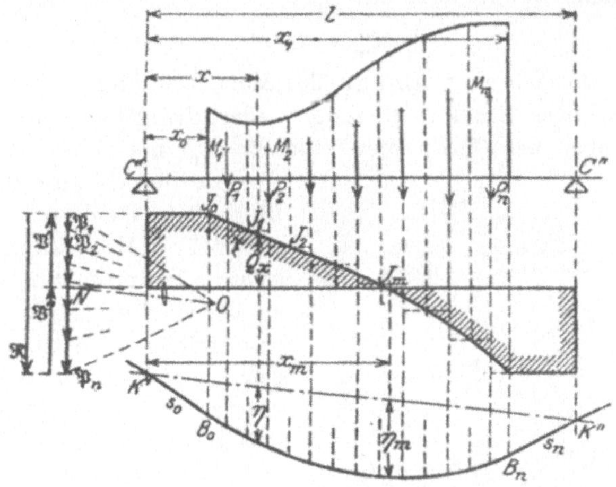

Fig. 116.

lung des Bruchquerschnittes und der Biegungsmomente sehr vorteilhaft. Das Verfahren zur Aufzeichnung des Krafteckes und der Seilkurve ist das gleiche, wie auf Seite 111, Fig. 85a, b, c, angegeben. Wir zerlegen die Belastungsfläche durch entsprechend gewählte Lotrechte in Streifen, deren Massenmittelpunkte M_1, M_2 usf. leicht entweder schätzungsweise oder genauer nach dem auf S. 27 mitgeteilten Verfahren gefunden werden können (s. Fig. 116). Die diesen Streifen entsprechenden Kräfte haben die vertikalen Mittellinien der Streifen als Wirkungslinien und sind den Inhalten der Flächenstreifen proportional; sie lassen sich demnach durch Strecken darstellen, die aneinander gereiht das Krafteck ergeben. Dann zeichnet man mit beliebig gewähltem Pol O das Seileck, das die

Seilkurve, diese berührend umschließt, wie in Fig. 85 c genauer ersichtlich wird. Es schneiden dann s_0 die Vertikale durch C' in K', und s_n die durch C'' in K'', und die Gerade $K'K''$ ist die Schlußlinie des Seileckes, zu der ON im Krafteck parallel gelegt wird. Damit ergeben sich wie früher die Stützkräfte $\mathfrak{V}'$ und $\mathfrak{V}''$, und nun läßt sich auch das Querkraftdiagramm zeichnen, zunächst für die Kräfte P_k. Aber es leuchtet ein, daß Q_x sich stetig ändern muß, also innerhalb $x = x_0$ und $x = x_1$ als stetige Kurve verlaufen. Letztere beginnt im Punkte J_0 unter der Stelle, wo die Belastung anfängt, und geht durch die Punkte J_1, J_2 usf., die unter den Trennstellen der Streifen liegen, wie leicht erkannt wird. In dem Punkte, wo die Kurve die Achse des Querkraftdiagramms schneidet, liegt der gefährdete Querschnitt, und das maximale Biegungsmoment ergibt sich dann, wie früher, zu

$$M_m = H \cdot \eta_m,$$

falls η_m die zugehörige Ordinate der Momentenfläche bezeichnet.

Als wichtiger Sonderfall mag wieder die gleichmäßig verteilte Belastung über den Trägerteil von $x = x_0$ bis $x = x_1$ behandelt werden, bei der die Belastungsfläche ein Rechteck ist (siehe Fig. 117). Hier kann man insofern viel einfacher verfahren, als die Wirkungslinie w_r von R unmittelbar sich angeben läßt, denn sie halbiert die Strecke $x_1 - x_0$. Demgemäß schneiden sich Anfangs- und Endseite des Seileckes in einem Punkte W auf w_r, und so finden wir sofort K' und K'', d. i. die Schlußlinie des Seileckes. Da $M_x = H \cdot \eta$ vom zweiten Grade in x ge-

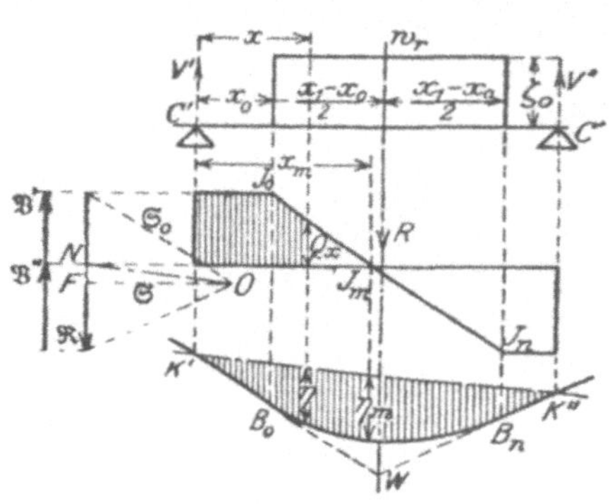

Fig. 117.

funden wurde (s. S. 138), so wird folglich auch η eine Funktion zweiten Grades in x und die Seilkurve zwischen B_0 und B_n eine Parabel, deren Tangenten in B_0 und B_n die Anfangsseite s_0 und die Endseite s_n sind. Die Parabel läßt sich mittels bekannter Methoden leicht zeichnen, am einfachsten, indem man die Strecken $\overline{B_0 W}$ und und $\overline{W B_n}$ in gleiche Teile teilt und den Teilpunkten von B_0 bis W die von W bis B_n aufeinander folgend zuordnet; die Verbindungslinien zugeordneter Punkte sind Tangenten der Parabel (s. Fig. 117). Zieht man wieder $ON \parallel K'K''$ im Krafteck, so erhält man $\mathfrak{V}'$ und $\mathfrak{V}''$, und dann läßt sich das Querkraftdiagramm unmittelbar zeichnen.

da die Kurve von J_0 bis J_n eine Gerade wird, wie aus dem für Q_x gefundenen Ausdruck (s. S. 138) hervorgeht. Diese Gerade schneidet die Achse des Querkraftdiagramms im Punkte J_m, in dem der Bruchquerschnitt des Trägers im Abstande x_m von dem Stützpunkte C' liegt; ihm ordnet sich der größte Wert η_m der Ordinate η zu, mittels dessen sich das maximale Biegungsmoment $M_m = H \cdot \eta_m$ findet.

Reicht die Trägerlänge, bzw. die Belastung über eine Stütze hinaus, wie in Fig. 118, so bleibt das Verfahren zur Aufzeichnung der Momentenfläche dasselbe, nur das Querkraftdiagramm ändert sich insofern, als die Stützkraft $\mathfrak{V}''$ im Punkte C'' einen Zeichenwechsel der Querkraft herbeiführt. Wir haben folglich nicht nur in x_m einen extremen Wert des Biegungsmomentes, sondern auch im Stützpunkte C''; die Größe der Ordinate der Momentenfläche ihrem Absolutwert nach in den beiden Punkten gibt die Entscheidung, welches der beiden Biegungsmomente den größten Wert hat.

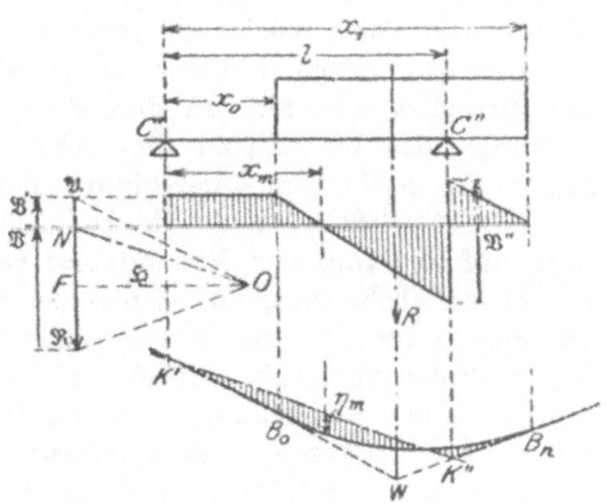

Fig. 118.

Wird ein Träger nicht nur stetig, sondern auch durch Einzelkräfte belastet, oder durch mehrere verschiedenartige stetige Belastungen, wie z. B. durch die eigne Schwere, durch eine Deckenlast und durch eine Mauer, so ist es zweckmäßig, die verschiedenartigen Belastungen getrennt zu behandeln, d. h. für sie Querkraftdiagramme und Momentenflächen getrennt aufzuzeichnen, dabei aber die Kraftecke mit demselben Polabstand $\mathfrak{H}$ zu versehen, und zwar, weil sich dann die einzelnen Momentenflächen durch Addition ihrer Ordinaten für dasselbe x (unter Beachtung des Vorzeichens der Ordinaten) zu einer vereinigen lassen. Denn das resultierende Biegungsmoment für einen beliebigen Schnitt ist

$$M_x = M_x' + M_x'' + M_x''' + \ldots$$

falls M_x', M_x'', M_x''' usf. die Biegungsmomente der einzelnen Belastungen bezeichnen. Haben nun die einzelnen entsprechenden Kraftecke dasselbe $\mathfrak{H}$, so wird

$$M_x = H\,(\eta' + \eta'' + \eta''' + \ldots) = H \cdot \eta,$$

worin

$$\eta = \eta' + \eta'' + \eta''' + \cdots$$

die Ordinate der zusammengelegten Momentenflächen bezeichnet. In letzterer nimmt dann η an einzelnen Stellen einen extremen Wert an, und der größte unter letzteren liefert das maximale Biegungsmoment $M_m = H \cdot \eta_m$. Ganz ähnlich verfährt man mit dem Querkraftdiagramm, denn es läßt sich zufolge (80) ohne weiteres

$$Q_x = Q_x' + Q_x'' + Q_x''' + \cdots$$

setzen, falls Q_x', Q_x'', Q_x''', ... die Querkräfte der einzelnen Belastungen für denselben Schnitt, bzw. dieselbe Trägerstelle bezeichnen. Man kann daher auch ein resultierendes Querkraftdiagramm aufzeichnen, das durch Addition der einzelnen die Querkräfte darstellenden Strecken entsteht. In den Punkten, für welche die Kurve des resultierenden Diagramms die Achse schneidet, also $Q_x = 0$ wird, liegen die gefährdeten Querschnitte des Trägers.

Nicht selten ist auch die Laststellung auf dem Träger von Einfluß auf die Lage der Bruchquerschnitte und -momente, wie z. B. bei Eisenbahnbrücken, auf denen der belastende Zug seine Stellung zu ändern vermag. In diesem Falle ermittelt man für eine beliebige Laststellung Bruchquerschnitte und -momente als Funktionen der a_k, d. h. der Laststellung und bestimmt dann auf rechnerischem Wege, für welches $a_\varkappa$ das maximale Biegungsmoment am größten wird. Zeichnerisch läßt sich diese Untersuchung auch durchführen, und zwar mittels der sog. Einflußlinie; doch soll hierauf nicht weiter eingegangen werden.

Achtzehntes Kapitel.

Zusammensetzung und Gleichgewicht von Kräften an einem frei beweglichen starren Körper.

Wie bei Kräften in einer frei beweglichen starren Ebene fragen wir auch hier nach der kleinsten Zahl von Kräften, welche ein räumliches Kräftesystem, d. h. eine Anzahl von Kräften, die auf einen freien starren Körper wirken, ersetzen können, ohne daß eine Änderung ihrer Wirkung auf den Körper bei allen möglichen Bewegungen des letzteren eintritt. Die Beantwortung der Frage erfordert die Voruntersuchung über die Wirkung zunächst einer Kraft bei allen möglichen Bewegungen des Körpers, und da diese, wie in der Bewegungslehre nachgewiesen wurde, sich aus Schiebungen und Drehungen zusammensetzen lassen, so erörtern wir erst die Wirkung einer Kraft einerseits bei Schiebungen, andrerseits bei Drehungen.

Vollzieht der Körper eine Elementar-Schiebung, so beschreiben alle Körperpunkte gleiche und gleichgerichtete Bahnelemente. Die Arbeit einer auf den Körper wirkenden Kraft P, welche mit dem Bahnelement δu ihres Angriffspunktes den Winkel φ einschließt, nämlich

$$\delta A = P \cdot \cos \varphi \cdot \delta u,$$

erfährt folglich keine Änderung, wenn man den Angriffspunkt der Kraft P ohne Änderung ihrer Größe und Richtung willkürlich im Körper verlegt, weil die drei Faktoren P, $\cos \varphi$ und δu sich hierbei nicht ändern. Das führt zu dem wichtigen Satz·

Die Wirkung einer Kraft auf einen frei beweglichen starren Körper bei einer Elementar-Schiebung ändert sich nicht, wenn man den Angriffspunkt der Kraft willkürlich im Körper verlegt, ohne Größe und Richtung der Kraft zu ändern.

Führt dagegen der Körper eine Drehung um eine beliebige Achse DD (s. Fig. 119) aus, so beschreibt der Angriffspunkt A der Kraft P, deren Wirkungslinie w sei, den Weg $\delta u = \overline{AA'} = r \cdot \delta \varphi$ senkrecht zur Meridianebene von A, worin $\delta \varphi$ den Drehwinkel und $r = \overline{DA}$ die Länge des Lotes von A auf die Drehachse DD bezeichnet. Zerlegen wir P in die Komponenten $P_b = P \cdot \sin \varepsilon$ senkrecht und $P_0 = P \cdot \cos \varepsilon$ parallel zur Drehachse, wobei ε den spitzen Winkel zwischen w und DD bezeichnet, so läßt sich die Arbeit von P bei der Drehung ersetzen durch

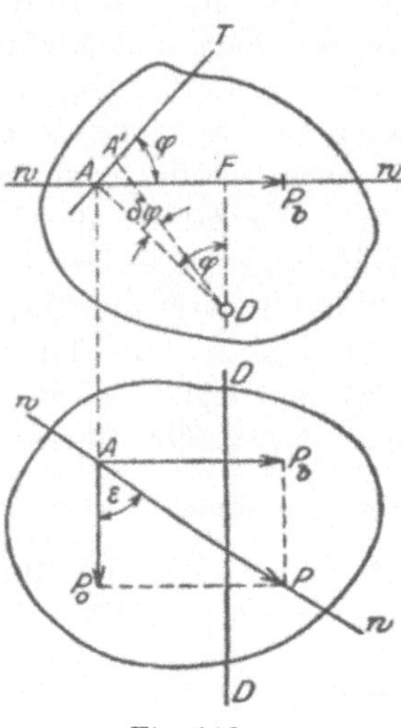

Fig. 119.

die Summe der Arbeiten ihrer Komponenten P_b und P_0, womit sich

$$\delta A = P_b \cdot \cos \varphi \cdot \delta u + P_0 \cdot \cos \frac{\pi}{2} \cdot \delta u = P_b \cdot \cos \varphi \cdot r \cdot \delta \varphi$$

ergibt, falls φ den Winkel zwischen P_b und δu bezeichnet. Nun ist

$$\overline{DF} = \overline{DA} \cdot \cos \varphi = r \cdot \cos \varphi = a,$$

wenn der kürzeste Abstand der Wirkungslinie w von der Drehachse mit a bezeichnet wird; wir erhalten sonach

$$\delta A = P \cdot a \cdot \sin \varepsilon \cdot \delta \varphi.$$

Wie dieser Ausdruck zeigt, ist die Wirkung der Kraft auf den Körper außer vom Drehwinkel $\delta \varphi$ nur von dem Produkt $P \cdot a \cdot \sin \varepsilon$ abhängig, nicht aber von der Größe der einzelnen Faktoren P, a und $\sin \varepsilon$. Wir bezeichnen dieses Produkt mit M und nennen es das Moment der Kraft P für die Achse DD. Diese Definition des Momentes deckt sich völlig mit der früher (s. 12. Kap. S. 88) für Kräfte in der Ebene aufgestellten, denn da

$$(90) \qquad M = P \cdot a \sin \varepsilon = P_b \cdot a,$$

so bedeutet M zugleich das Moment von P_b für den Punkt, in dem die zu DD senkrechte Ebene durch P_b die Drehachse schneidet. Dementsprechend ist auch das Maß bzw. die Einheit des Momentes die gleiche, ebenso die Bestimmungsweise seines Vorzeichens. Ist nämlich der Pfeil von P_b gleichsinnig mit dem Drehsinn, so hat man das Moment positiv, andernfalls negativ zu nehmen.

Von größtem Einfluß auf Größe und Vorzeichen des Momentes ist die Lage und Richtung der Drehachse gegenüber der Wirkungslinie der Kraft. Um den entsprechenden Einfluß zu studieren, untersuchen wir zunächst die Änderung des Momentes bezüglich aller Achsen, die durch einen willkürlich gewählten Punkt O gehen.

Alle Achsen, die in der Ebene liegen, welche durch O und die Wirkungslinie w der Kraft P bestimmt wird, ergeben das Moment M zu Null, weil für diese Achsen der kürzeste Abstand $a = 0$ ist. Wir nennen diese Ebene die Hauptebene der Kraft für den Punkt C. Dagegen ergibt die zur Hauptebene senkrechte Achse durch O offenbar das größte Moment von P, denn es ist nicht nur der Winkel $\varepsilon = \dfrac{\pi}{2}$, sondern auch zugleich a am größten, nämlich gleich dem Lot von O auf die Wirkungslinie w. Bezeichnen wir letzteres mit a_m, so ist folglich

$$\max(a) = a_m,$$

und ferner

$$\max(M) = P \cdot a_m.$$

Wir nennen dieses Moment, das wir künftig mit M_h bezeichnen, das Hauptmoment der Kraft P für den Punkt O und die erwähnte Achse senkrecht zur Hauptebene die Hauptachse in O.

Das Hauptmoment

$$(91) \qquad M_h = P \cdot a_m$$

stimmt überein mit dem Moment der Kraft P für den Punkt O, wenn man die Nullebene als eine um O komplan sich drehende Ebene betrachtet. Je nach dem Pfeil von P wird das Hauptmoment sonach positiv oder negativ werden, falls man den Drehsinn der Ebene übereinstimmend mit der Uhrzeigerdrehung annimmt. Da das Hauptmoment unabhängig von der Lage des Angriffspunktes A der Kraft P in deren Wirkungslinie w ist, so erhalten wir den Satz:

Das Hauptmoment einer Kraft für einen bestimmten
Punkt des Körpers ändert sich nicht, wenn man den Angriffspunkt der Kraft in deren Wirkungslinie willkürlich
verlegt.

Mittels des Hauptmomentes lassen sich die Momente der Kraft
für alle durch O gehenden Achsen leicht berechnen. Es sei (s. Fig. 120)
OD_h die Hauptachse der
Kraft P in der Wirkungslinie w für den Punkt O
und $\overline{OF_m} = a_m$ das Lot
von O auf w; ferner sei
OD eine beliebige Achse
durch O, welche mit w
bzw. der Parallelen w' zu
w den Winkel ε einschließen
möge. Der kürzeste Ab-
stand der Achse OD von
w sei $\overline{\Phi\varDelta} = a$, dann ist

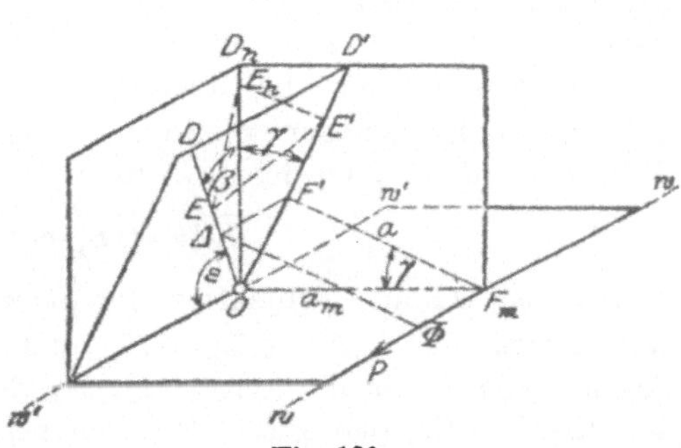

Fig. 120.

$$M = P \cdot a \cdot \sin \varepsilon$$

das Moment von P für die Achse OD. Legen wir nun durch OD
und die Parallele w' zu w eine Ebene, so schneidet diese die durch
die Hauptachse OD_h und das Lot $\overline{OF_m}$ gelegte Ebene in der Geraden OD', die mit OD_h den Winkel γ einschließen möge. Ziehen
wir $\varDelta F' \parallel w$, so ist

$$\overline{F_m F'} \mathbin{\#} \overline{\Phi\varDelta} \mathbin{\#} a$$

und aus dem Dreieck $F_m F' O$ folgt, weil $\angle F'F_m O = \gamma$,

$$\overline{F_m F'} = a = a_m \cos \gamma.$$

Sonach wird

$$M = P \cdot a_m \cos \gamma \sin \varepsilon$$
$$= M_h \cos \gamma \cos \left(\frac{\pi}{2} - \varepsilon \right).$$

Die drei Geraden OD, OD_h, OD' sind aber die Kanten einer rechtwinkligen Ecke, deren rechter Winkel an der Kante OD' liegt, und
für diese besteht, falls β den Winkel $D_h OD$ bezeichnet, bekanntlich
die Beziehung

$$\cos \beta = \cos \gamma \cdot \cos \left(\frac{\pi}{2} - \varepsilon \right);$$

damit findet sich

(92) $$M = M_h \cos \beta.$$

Es besteht sonach ein sehr einfacher Zusammenhang zwischen dem Moment M für eine beliebige durch O gehende Achse und dem Hauptmoment M_h für den Punkt O, der nur von dem Winkel β abhängt, den die Achse OD mit der Hauptachse OD_h für O bildet; er wird besonders geometrisch sehr einfach, wenn wir die Momente durch einen Vektor darstellen. In dieser Absicht tragen wir auf der Hauptachse von O aus eine Strecke $\overline{OE_h}$, welche nach irgendeinem beliebigen Maßstabe für die Arbeitseinheit das Hauptmoment M_h darstellt, auf und zwar nach der Seite der Hauptebene hin, von welcher aus gesehen die Kraft P von links nach rechts gerichtet ist, und in der gleichen Weise auch die Strecke $\overline{OE}$ auf OD, welche dem Moment M entspricht. Dann ist zufolge (92)

$$\overline{OE} = \overline{OE_h} \cdot \cos \beta,$$

d. h. es ist $\overline{OE}$ die Projektion der Strecke $\overline{OE_h}$ auf die Achse OD. Wir setzen $\overline{OE} = \mathfrak{M}$, $\overline{OE_h} = \mathfrak{M}_h$ und nennen $\mathfrak{M}$ den Momentvektor von P für die Achse OD, $\mathfrak{M}_h$ den Hauptmoment-Vektor der Kraft P für den Punkt O; dann besteht die einfache Beziehung

$$(92\,\mathrm{a}) \qquad\qquad \mathfrak{M} = \mathfrak{M}_h \cdot \cos \beta.$$

Sie zeigt, daß die Endpunkte E dieser Vektoren $\mathfrak{M}$ auf einer Kugelfläche liegen, die die Hauptebene im Punkte O berührt und den Vektor $\mathfrak{M}_h$ zum Durchmesser hat.

Für die verschiedenen Punkte O des Körpers sind die Größe des Hauptmomentes und die Richtung der Hauptachse im allgemeinen verschieden; nur für die Punkte auf einer Parallelen zur Wirkungslinie w der Kraft P stimmen sie überein.

Von Wichtigkeit ist aber der Umstand, daß der Momentvektor $\mathfrak{M}$ nicht abhängt von dem Punkte, in dem wir den Hauptmomentvektor $\mathfrak{M}_h$ einer Kraft antragen, denn die Projektion einer Strecke auf parallele Geraden ist für alle die gleiche. Es läßt sich daher der Satz aussprechen, daß der Anfangspunkt des Hauptmomentvektors einer gegebenen Kraft ohne Änderung ihrer Wirkung in jeden beliebigen Punkt des Körpers gelegt werden kann. Wie aus ihm hervorgeht, verhalten sich sonach Hauptmoment-Vektoren gegen Drehungen des Körpers genau wie Kraft-Vektoren gegen Schiebungen, d. h. man kann sie ohne Änderung der Wirkung nach jedem Körperpunkt verlegen, wenn man nur ihre Größe und Richtung beibehält.

Aber nicht nur in dieser Hinsicht gleichen Hauptmoment- und Kraftvektoren einander, sondern auch hinsichtlich ihrer Zusammensetzung. Das tritt hervor bei Beantwortung der Frage, ob sich zwei in beliebigen Geraden auf den Körper wirkende Kräfte bezüglich

der Drehungen um alle durch einen Punkt gehende Achsen durch
eine Kraft ersetzen lassen von der gleichen Wirkung, wie die beider
Kräfte zusammen. Es seien P_1 und P_2 die beiden Kräfte in den
beliebig gewählten, also im allgemeinen sich kreuzenden Wirkungslinien w_1 und w_2, ferner R die nach Größe, Richtung und Lage
gesuchte Resultierende in der Wirkungslinie w_r. Es soll R durch
die Forderung bestimmt werden, daß ihre Arbeit

$$\delta A = \delta A_1 + \delta A_2,$$

d. i. gleich der Summe der Arbeiten beider Kräfte P_1 und P_2 sei
und zwar bezüglich der Drehungen um alle durch den willkürlichen
Punkt O gehenden Achsen. Da $\delta A_1 = M_1 \delta \psi$, $\delta A_2 = M_2 \cdot \delta \psi$, δA
$= M_r \cdot \delta \psi$, falls $\delta \psi$ den Drehwinkel der Elementardrehung um eine
beliebige Achse OD bezeichnet, so folgt auch

$$(93) \qquad M_r = M_1 + M_2,$$

d. h. das Moment der gesuchten Kraft R, das sogen. resultierende
Moment beider Kräfte muß für jede durch O gehende Achse OD
gleich der algebraischen Summe der Momente beider Kräfte sein.
Stellen wir diese drei Momente nach (92) durch ihre Hauptmomente
dar, setzen also

$$M_1 = M_{h1} \cdot \cos \beta_1, \qquad M_2 = M_{h2} \cdot \cos \beta_2, \qquad M_r = M_{hr} \cos \beta_r,$$

worin β_1, β_2 und β_r die Winkel bezeichnen, welche die drei Hauptachsen der Kräfte für O mit der beliebigen Achse OD einschließen,
so muß folglich für alle die unendlichen vielen Achsen OD die Beziehung

$$(94\,a) \qquad M_{hr} \cos \beta_r = M_{h1} \cos \beta_1 + M_{h2} \cos \beta_2$$

bestehen, der sich mittels der Hauptmoment-Vektoren auch die Form

$$(94\,b) \qquad \mathfrak{M}_{hr} \cos \beta_r = \mathfrak{M}_{h1} \cos \beta_1 + \mathfrak{M}_{h2} \cos \beta_2$$

geben läßt. In der gleichen Weise wie bei den Kraftvektoren folgt
hieraus, daß die drei Vektoren $\mathfrak{M}_{h1}$, $\mathfrak{M}_{h2}$ und $\mathfrak{M}_{hr}$ gleich den Seiten
eines Dreieckes sein müssen, also $\mathfrak{M}_{hr}$ die dritte Seite eines Drei-
eckes ist, dessen beide andere $\mathfrak{M}_{h1}$ und $\mathfrak{M}_{h2}$ sind, da die Projektion
von $\mathfrak{M}_{hr}$ auf alle beliebig gerichteten Geraden gleich der algebraischen
Summe der Projektionen der beiden gegebenen Hauptmomente $\mathfrak{M}_{h1}$
und $\mathfrak{M}_{h2}$ sein soll. Wir können sonach

$$(95) \qquad \mathfrak{M}_{hr} = \mathfrak{M}_{h1} + \mathfrak{M}_{h2}$$

setzen, wodurch ausgedrückt wird, daß $\mathfrak{M}_{hr}$ die Diagonale eines
Parallelogramms ist, dessen Seiten durch die beiden gegebenen
Hauptmoment-Vektoren gebildet werden. Kürzer ausgedrückt sagt
die Beziehung (95), daß der Hauptmoment-Vektor der gesuchten re-

sultierenden Kraft R gleich der geometrischen Summe der beiden gegebenen Hauptmoment-Vektoren ist. Wir finden folglich nicht die Kraft R selbst, sondern nur ihren Hauptmoment-Vektor für den Punkt O; dieser aber ist· nach Größe und Richtung eindeutig bestimmt.

Bilden die beiden Kräfte P_1 und P_2 ein Kräftepaar, so tritt an die Stelle der Beziehung (94a) die einfachere (92), bzw. an Stelle von (95) dann (91), denn die Wirkungslinien des Paares lassen sich in dessen Ebene ohne Änderung der Kräftewirkung willkürlich verlegen, und es kann folglich eine der Wirkungslinien durch die Drehachse gelegt werden, womit sich das Moment der entsprechenden Kraft zu Null ergibt. Das Moment des Kräftepaares läßt sich folglich durch das Moment einer Kraft ersetzen. Bezeichnet b die Breite des Paares, so wird das resultierende Hauptmoment des Paares für Punkte in seiner Ebene $\pm P \cdot b$, und die resultierende Hauptachse senkrecht zu dieser Ebene. Für Punkte außerhalb der Ebene des Paares ergibt sich natürlich nach dem auf S. 146 bewiesenen Satze dasselbe resultierende Hauptmoment $\pm P \cdot b$ bzw. derselbe Vektor nach Größe und Richtung. Kräftepaar-Vektoren lassen sich folglich wie Hauptmoment-Vektoren behandeln, nur mit dem Unterschied, daß ihre Größe und Richtung (die senkrecht zur Ebene des Paares ist) von der Lage des Punktes O im Körper nicht abhängt.

Gehen wir nunmehr zu dem allgemeinen Fall über, daß auf den Körper beliebig viele Kräfte in willkürlich gewählten Wirkungslinien liegen, so bieten die bisher abgeleiteten Sätze die ausreichenden Mittel zur Beantwortung der eingangs dieses Kapitels aufgeworfenen Frage nach den resultierenden Kräften, welche bei allen möglichen Elementarbewegungen des Körpers der Bedingung

$$\delta A = \sum_{k=1}^{n} (\delta A_k)$$

genügen.

Da wir bei Elementar-Schiebungen den Angriffspunkt der Kräfte willkürlich verlegen dürfen, ohne ihre Wirkung zu ändern (s. S. 143), so können wir alle n Angriffspunkte der Kräfte P_k in einen beliebigen Punkt legen. Aber Kräfte mit gemeinschaftlichem Angriffspunkte lassen sich nach Kap. 10 (s. S. 73) durch eine nach Größe und Richtung eindeutig bestimmte resultierende Kraft R ersetzen, deren entsprechender Vektor $\mathfrak{R}$ durch geometrische Addition der Vektoren $\mathfrak{P}_k$ gefunden wird, d. i. als Schlußlinie des von den $\mathfrak{P}_k$ gebildeten Krafteckes.

Bezüglich der Drehungen um alle Achsen, die durch einen willkürlich gewählten Punkt O des Körpers gehen, finden wir zunächst mit $\delta A = M_r \delta \psi$, $\delta A_k = M_k \delta \psi$ aus der Bedingungsgleichung für δA

$$(96) \qquad M_r = \sum_{k=1}^{n} (M_k),$$

weil $\delta \psi > 0$. Das resultierende Moment aller Kräfte ist folglich für alle durch O gehenden Achsen gleich der Summe der Momente M_k der einzelnen Kräfte.

Ersetzen wir in (96) die Momente nach (92) durch die entsprechenden Hauptmomente M_{hk} und diese durch die Hauptmoment-Vektoren $\mathfrak{M}_{hk}$, so lassen sich letztere nach (95) geometrisch addieren, indem wir genau wie bei den Kraftvektoren verfahrend ein Hauptmomenteck bilden, dessen Schlußlinie nach Größe und Richtung der resultierende Hauptmoment-Vektor $\mathfrak{M}_{hr}$ ist. Wir erhalten sonach durch die wiederholte Anwendung der Beziehung (95)

$$(97) \qquad \mathfrak{M}_{hr} = \sum_{k=1}^{n} (\mathfrak{M}_{hk});$$

hiermit ist $\mathfrak{M}_{hr}$, somit auch M_{hr} nach Größe und Richtung eindeutig bestimmt. Wir finden folglich den Satz:

Die Wirkung von beliebig vielen Kräften auf einen starren Körper läßt sich bezüglich seiner Drehungen um alle Achsen, die durch einen willkürlichen Körperpunkt gehen, durch die einer einzigen Kraft ersetzen, deren Hauptmoment und Hauptachse nach Größe und Richtung übereinstimmt mit dem resultierenden Hauptmoment aller Kräfte für den gewählten Punkt.

Wie hieraus hervorgeht, ist die Kraft selbst nicht bestimmt, sondern nur ihr Hauptmoment und die Hauptachse, und zwar mittels der Hauptmoment-Vektoren ebenso einfach, wie die Resultierende von beliebig vielen Kräften mit gemeinschaftlichen Angriffspunkten, nämlich durch ein Vektorvieleck.

Aus den bisherigen Ergebnissen geht hervor, daß sich beliebig viele auf einen Körper wirkende Kräfte ohne Änderung ihrer Wirkung ersetzen lassen durch eine nach Größe und Richtung bestimmte resultierende Kraft, deren Angriffspunkt im Körper willkürlich gewählt werden kann, vorausgesetzt, daß der Körper nur Schiebungen ausführt. Die Rücksichtnahme auf die Drehungen um alle Achsen, die durch einen willkürlichen Punkt O des Körpers gehen, erfordert dagegen eine Beschränkung der Wahl des Punktes O, denn würden wir die resultierende Kraft R in einem beliebigen Körperpunkte angreifen lassen, so müßte zu dem resultierenden Moment M_{hr} aller Kräfte noch das Hauptmoment von R für den Punkt O treten und das widerspricht der Tatsache, daß M_{hr} das resultierende Hauptmoment aller Kräfte ist. Es folgt daraus, daß R so gelegt werden muß, daß das Hauptmoment von R für O zu Null wird, und das ist der Fall, wenn die Wirkungslinie w_r von R durch O geht. Wir können folglich die n Kräfte bezüglich aller Schiebungen des Körpers

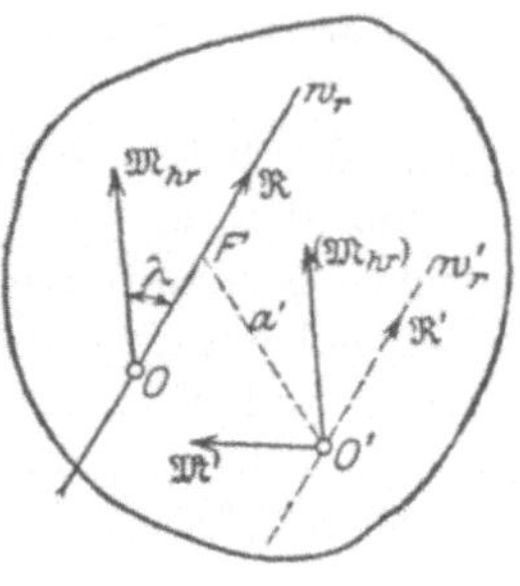

und der Drehungen um alle durch den willkürlichen Punkt O gehenden Achsen ersetzen durch eine resultierende Kraft R von bestimmter Größe, Richtung und Lage, sowie ein resultierendes Hauptmoment M_{hr} von bestimmter Größe und Richtung. Stellen wir R und M_{hr} durch ihre Vektoren $\mathfrak{R}$ und $\mathfrak{M}_{hr}$ dar, so schließen letztere einen ganz bestimmten Winkel λ ein (s. Fig. 121), dessen Größe sich mit der Lage von O im Körper ändert, weil M_{hr} nach Größe und Richtung von der Lage des Punktes O abhängt.

Fig. 121.

Für einen anderen Punkt O' des Körpers (s. Fig. 121) würde das Ergebnis ein anderes werden, jedoch nur bezüglich des resultierenden Hauptmomentes M'_{hr}, das nach Größe und Richtung von M_{hr} abweicht, während $R' =\!\!\shortparallel R$ sein muß, also auch $w_r' \parallel w_r$. Um M'_{hr} zu ermitteln, haben wir zu benützen, daß zu dem Hauptmoment M_{hr} für den Punkt O noch das Hauptmoment von R für den Punkt O' hinzutritt. Bezeichnen wir letzteres mit M' und den Abstand des Punktes O' von w_r mit a', so ist $M' = R \cdot a'$ und die entsprechende Hauptachse senkrecht zur Ebene der beiden Parallelen w_r und w_r', also der M' entsprechende Vektor $\mathfrak{M}'$ senkrecht zu $\mathfrak{R}'$, und

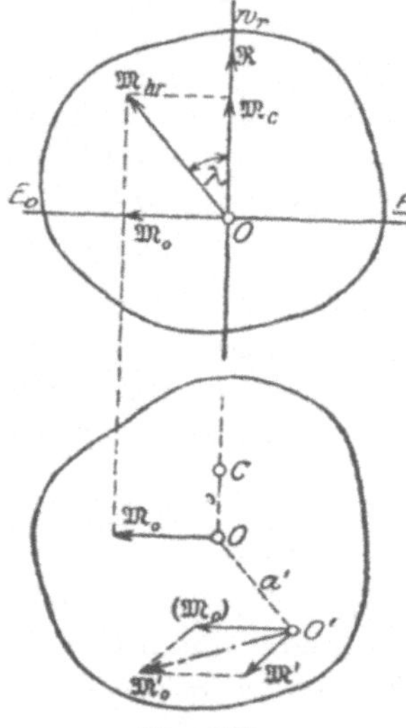

$$\mathfrak{M}'_{hr} = (\mathfrak{M}_{hr}) + \mathfrak{M}',$$

worin $(\mathfrak{M}_{hr})$ den Hauptmomentvektor $\mathfrak{M}_{hr}$ im Punkte O' angetragen bezeichnen soll.

Beachten wir, daß für alle Punkte auf w_r' das resultierende Hauptmoment M'_{hr}

Fig. 122.

nach Größe und Richtung das gleiche wird, weil M' dasselbe bleibt, so brauchen wir bezüglich des Einflusses, den die Lage von O auf M_{hr} hat, nur die Punkte O' des Körpers in Betracht zu ziehen, die in einer Ebene durch O senkrecht zu w_r liegen. Es sei E_0 (s. Fig. 122) diese Ebene und O' einer ihrer Punkte, $\overline{O'O} = a'$ und folglich das

Hauptmoment von R für O' $M' = R a'$; dann liegt der M' entsprechende Vektor $\mathfrak{M}'$ in E_0 und zwar senkrecht zu $\overline{O'O}$. Zerlegen wir nun M_{hr} in die beiden Komponenten

$$M_c = M_{hr} \cos \lambda \quad \text{und} \quad M_0 = M_{hr} \sin \lambda$$

in Richtung von w_r und einer dazu Senkrechten, so können wir zunächst M' mit M_0 zusammensetzen zu einem Hauptmoment M_0', das sich vektoriell durch die Beziehung

$$\mathfrak{M}_0' = (\mathfrak{M}_0) + \mathfrak{M}' = \mathfrak{M}_0 + \mathfrak{M}'$$

ergibt. Durch geeignete Wahl des Punktes O' kann aber M_0' zu Null gemacht werden, und das ist der Fall für den Punkt C in der Ebene E_0, der in der Senkrechten zu der Ebene liegt, die $\mathfrak{R}$ und $\mathfrak{M}_{hr}$ enthält. Denn dann fallen $\mathfrak{M}_0$ und $\mathfrak{M}'$ in dieselbe Gerade und erhalten entgegengesetzten Pfeil auf der einen Seite von O, und entgegengesetzt gleiche Größe, wenn $R \cdot \overline{OC} = M_0$, also

$$(98) \qquad \overline{OC} = \frac{M_0}{R} = \frac{M_{hr} \sin \lambda}{R} \ .$$

Für den (eindeutig bestimmten) Punkt C wird sonach das resultierende Hauptmoment gleich M_c, und die resultierende Hauptachse fällt in die Wirkungslinie von R. Je nachdem $\lambda \lessgtr \dfrac{\pi}{2}$, werden $\mathfrak{R}$ und $\mathfrak{M}_c$ gleich oder entgegengesetzt gerichtet.

Man nennt R und M_c zusammen eine **Dyname**, ferner M_c das **Zentralmoment** und die Gerade, in der R und M_c liegen, die **Zentralachse** des Kräftesystems. Für alle Punkte der letzteren behalten R und M_c Größe und Richtung bei. Das Zentralmoment hat, wie aus dem Ausdruck $M_c = M_{hr} \cos \lambda$ hervorgeht, die bemerkenswerte Eigenschaft, das kleinste unter allen möglichen resultierenden Hauptmomenten des Kräftesystems zu sein; es ist also

$$M_c = \min (M_{hr}).$$

Die Zusammenfassung der Ergebnisse führt zu dem Satz:

Die Wirkung einer Anzahl von Kräften beliebiger Größe, Richtung und Lage läßt sich durch die einer Dyname ersetzen, d. i. durch eine resultierende Kraft und ein resultierendes Hauptmoment, deren Wirkungslinie und Hauptachse in die eindeutig bestimmte Zentralachse des Kräftesystems fallen.

Mittels der Dyname läßt sich ein sehr einfacher Ausdruck für die Arbeit des Kräftesystems aufstellen, falls der Körper eine beliebige Elementarbewegung ausführt. Letztere ist im allgemeinen eine Elementarschraubung, deren Achse SS (s. Fig. 123) sei; δs bezeichne das Wegelement der Schiebung in Richtung von SS, und $\delta\psi$ den Drehwinkel des Körpers. Ferner sei cc die Zentralachse des Kräftesystems, $\overline{FC} = e$ ihr kürzester Abstand von SS, und γ der Winkel zwischen δs und R. Denken wir uns $\Re$ in C angetragen, so ist die Arbeit der Dyname bei der Schraubung

$$(99)\qquad \delta A = R \cdot \cos\gamma \cdot \delta s + R \cdot e \cdot \sin\gamma \cdot \delta\psi + M_c \cos\gamma \cdot \delta\psi,$$

wie man sofort erkennt. Setzt man hierin $M_c = R \cdot c$, $\delta s = \varrho \cdot \delta\psi$, so wird

$$(99\,\mathrm{a})\qquad \delta A = R\left[(\varrho + c)\cos\gamma + e \sin\gamma\right]\delta\psi$$

und sind hierin R und c als gegebene Größen anzusehen, während e und γ die Lage der Schraubenachse gegenüber der Zentralachse bestimmen. Für alle Schraubenachsen, die den Kreiszylinder um die Zentralachse cc

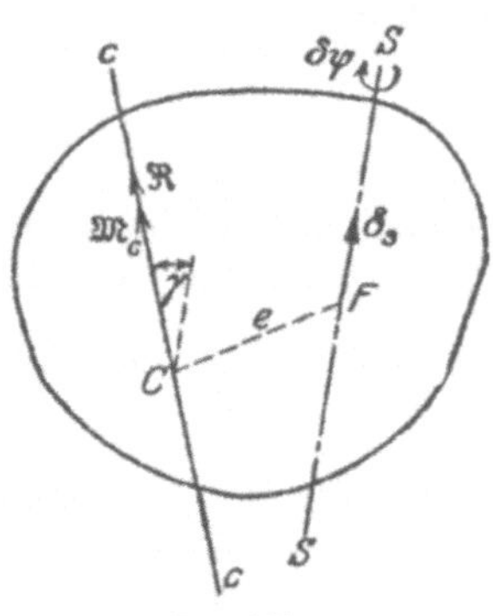

mit dem Radius e berühren und mit dessen Mantellinien im gleichen Sinne den Winkel γ einschließen, ergiebt sich die gleiche Arbeit δA. Insbesondere wird $\delta A = 0$ für alle Achsen, die der Bedingung

$$(\varrho + c)\cos\gamma + e \sin\gamma = 0$$

genügen, für welche also

$$\tan\gamma = -\frac{\varrho + c}{e}$$

ist. Das findet statt z. B. für $e = 0$ und $\gamma = \dfrac{\pi}{2}$, also für alle Schraubenachsen,

Fig. 123.

welche die Zentralachse unter rechtem Winkel schneiden.

Von den Sonderfällen, die die Dyname eines räumlichen Kräftesystems zeigt, seien folgende drei hervorgehoben:

1. es sei $M_c = 0$, die Dyname reduziere sich also auf eine Kraft R in bestimmter Wirkungslinie. Für alle Körperpunkte außerhalb der Zentralachse im Abstande x von ihr wird dann das resultierende Hauptmoment $M_{hr} = R \cdot x$ und dessen Hauptachse senkrecht zu R, also $\lambda = \dfrac{\pi}{2}$, wie man unmittelbar daraus erkennt, daß die Hauptebene für jeden Körperpunkt die Zentralachse enthalten muß. Dieser Sonderfall tritt z. B. ein, wenn sich die Wirkungslinien aller Kräfte in einem Punkte schneiden, oder parallel sind.

2. es sei $R = 0$, aber M_{hr} verschieden von Null. In diesem Falle wird $M' = R \cdot a' = 0$; es ändert sich folglich M_{hr} nicht für die

verschiedenen Körperpunkte und es ist $M_c = M_{hr}$. In diesem Falle
reduziert sich die Dyname auf das Zentralmoment, das eine bestimmte
Größe und eine der Richtung nach bestimmte Hauptachse hat, oder,
was auf das gleiche hinauskommt, auf ein Kräftepaar von bestimmtem
Moment und bestimmt gerichteter Hauptachse. Eine Zentralachse
besteht jedoch in diesem Falle nicht.

3. es sei $R = 0$ und $M_c = 0$. Dann verrichten die Kräfte bei
keiner Bewegung des Körpers eine Arbeit, wie aus (99) hervorgeht.
Diesen Sonderfall eines Kräftesystems nennen wir den des Gleichgewichtes der Kräfte am freien starren Körper. Er tritt
ein, wenn sich für einen beliebigen Körperpunkt sowohl R als M_{hr}
zu Null ergibt, also sowohl das Krafteck, als das Hauptmomenteck
sich schließt.

Beachtet man, daß das Zentralmoment als Hauptmoment einer
Kraft aufgefaßt werden kann, so liegt es nahe, das Kräftesystem
durch zwei Kräfte zu ersetzen, die in sich kreuzenden Geraden
liegen. Zwei derartige resultierende Kräfte bilden eine sogenannte
Dyade, zu der man in allgemeinster Weise durch folgende einfache
Überlegung gelangt.

Wir wählen eine beliebige Ebene E des Körpers und einen Punkt Q
(s. Fig. 124). Die Wirkungslinie w_k der Kraft P_k schneide E in A_k,
in welchem Punkte wir P_k angreifend
denken und P_k in zwei Komponenten
zerlegen, von denen die eine P_k' in der
Verbindungslinie von A_k mit Q, die andere
P_k'' in der Ebene E liegt. Den Angriffspunkt von P_k' verlegen wir nach Q und
erhalten sonach, indem wir diese Maß-
nahme für alle n Kräfte durchführen,
n Kräfte P_k' mit dem gemeinsamen Angriffspunkte Q und n Kräfte P_k'' in der
Ebene E. Erstere lassen sich durch eine
nach Größe und Richtung eindeutig bestimmte Resultierende R', letztere durch
eine Resultierende R'' in der Ebene E

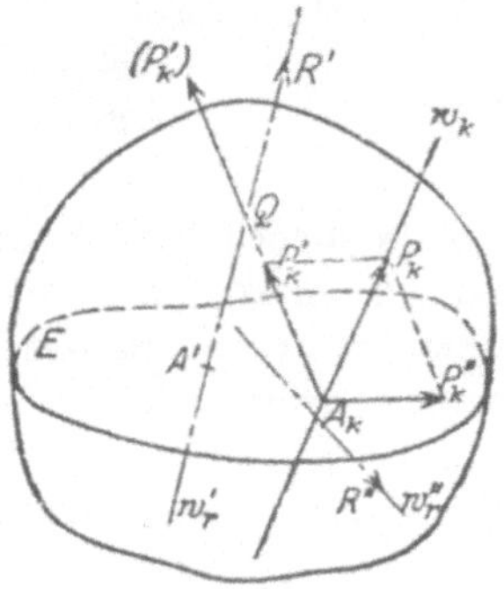

Fig. 124.

ersetzen, deren Wirkungslinien sich im allgemeinen kreuzen werden;
beide Kräfte bilden die gesuchte Dyade. Legt man Q ins Unendliche, so bilden die P_k' ein System paralleler Kräfte, das sich im
allgemeinen ebenfalls durch eine resultierende Kraft ersetzen läßt.
Ist die Ebene E senkrecht zur Richtung dieser Parallelen, so kreuzen
sich die Wirkungslinien von R' und R'' rechtwinklig; die entsprechende
Dyade heißt dann eine orthogonale.

Zu einer solchen gelangt man auch einfach auf darstellendgeometrischem Wege, und zwar unter Benutzung dreier senkrechter Projektionen der Vektoren. Wir zerlegen jede Kraft P_k, deren Angriffspunkt A_k in der Grundrißebene liege (s. Fig. 125), in zwei Komponenten P_k'' in der Grundrißebene und Z_k senkrecht zu ihr. Dann bilden die sämtlichen P_k'' ein ebenes Kräftesystem, das sich mittels Kraft- und Seilecks sofort durch eine resultierende Kraft R_1'' ersetzen läßt. Ferner ermitteln wir die Projektionen des Systems der parallelen Kräfte Z_k im Auf- und Seitenriß, wobei zu beachten, daß in Fig. 125 $\mathfrak{Z}_k''' \neq \mathfrak{Z}_k'$ ist. Jede dieser beiden Projektionen läßt sich

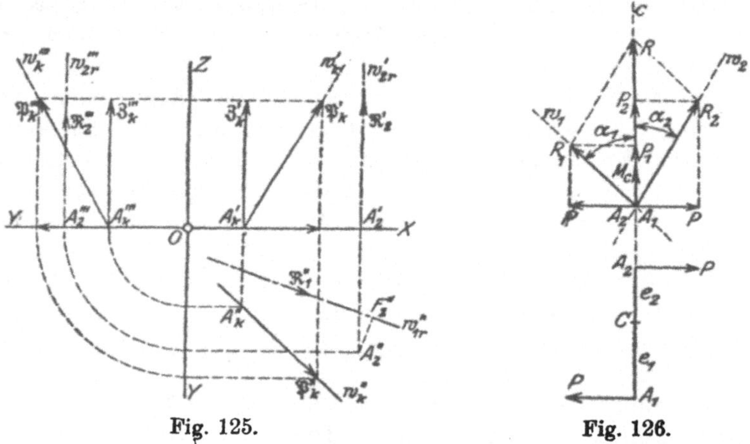

Fig. 125.　　　　　　　　　　　　Fig. 126.

als ein ebenes System paralleler Kräfte auffassen und dementsprechend mittels eines Kraft- und eines Seileckes zu einer Resultierenden $\mathfrak{R}_2'$ bzw. $\mathfrak{R}_2'''$ zusammensetzen. Wie eine einfache geometrische Überlegung zeigt, sind die Wirkungslinien derselben, nämlich w_{2r}' und w_{2r}''', die Projektionen der Wirkungslinie w_{2r} in der die Resultierende R_2 des Systems der parallelen Komponenten Z_k liegt. Der Punkt A_2, in dem w_{2r} die Grundrißebene schneidet, ergibt sich in bekannter Weise. Die beiden Kräfte R_1 in w_{1r} und R_2 in w_{2r} bilden eine orthogonale Dyade, deren gemeinsames Lot $A_2'' F_2''$ ist.

Der Übergang von einer Dyade zur Dyname läßt sich leicht vollziehen. Es seien R_1 und R_2 die beiden Dyadenkräfte (s. Fig. 126) und $\overline{A_1 A_2} = e$ das gemeinsame Lot ihrer Wirkungslinien w_1 und w_2, in dessen Fußpunkten A_1 und A_2 die Kräfte angreifen mögen. Denken wir uns die beiden Kräfte zu einer Resultierenden R zusammengesetzt, so ist die Größe und Richtung von R eindeutig bestimmt. Wir zerlegen nun R_1 und R_2 in Seitenkräfte in der Richtung von R und senkrecht dazu, dann bilden erstere, nämlich $P_1 = R_1 \cos \alpha_1$

und $P_2 = R_2 \cos \alpha_2$ zwei parallele Kräfte, deren Resultierende $R = P_1 + P_2$ zugleich die von R_1 und R_2 ist (vgl. S. 70), und deren Wirkungslinie c das Lot $\overline{A_1 A_2}$ in dem Punkte C unter rechtem Winkel schneidet; die Abstände $\overline{A_1 C} = e_1$ und $\overline{A_2 C} = e_2$ des Punktes C von A_1 und A_2 finden sich nach S. 141 zu

$$e_1 = \frac{P_2}{R} \cdot e \quad \text{und} \quad e_2 = \frac{P_1}{R} \cdot e .$$

Die beiden anderen Komponenten von R_1 und R_2 senkrecht zu R sind einander gleich, nämlich $= R_1 \sin \alpha_1 = R_2 \sin \alpha_2 = P$, aber entgegengesetzt gerichtet; sie bilden folglich ein Kräftepaar, dessen Ebene senkrecht zu R steht, und dessen Hauptachse mithin der Richtung nach mit R zusammenfällt. Das Moment des Paares $P \cdot e$ stimmt folglich mit dem Zentralmoment M_c der gesuchten Dyname überein und hat die Größe $M_c = P \cdot e$. Beachtet man weiter, daß Größe und Richtung von R sich aus den Beziehungen

$$R = \sqrt{R_1^2 + R_2^2 + 2 R_1 R_2 \cos \alpha},$$

$$\sin \alpha_1 = \frac{R_2}{R} \sin \alpha, \quad \sin \alpha_2 = \frac{R_1}{R} \sin \alpha$$

ergibt, so erhält man für das Zentralmoment, falls man darin $P = R_1 \sin \alpha_1$ einsetzt,

$$M_c = \frac{R_1 R_2}{R} e \cdot \sin \alpha .$$

Endlich findet man die Lage der Zentralachse mittels der Beziehungen

$$e_1 = \frac{R_2 \cos \alpha_2}{R} \cdot e \quad \text{und} \quad e_2 = \frac{R_1 \cos \alpha_1}{R} \cdot e$$

die sich, wie leicht ersichtlich, auch in die Gestalt

$$e_1 = \frac{M_c}{R} \cot \alpha_2 \quad \text{und} \quad e_2 = \frac{M_c}{R} \cot \alpha_1$$

bringen lassen.

Aus vorstehenden Erörterungen ergibt sich zugleich der Satz von Möbius: **Die Zentralachse eines Kräftesystems schneidet das gemeinschaftliche Lot einer jeden Dyade des Kräftesystems unter rechtem Winkel.**

Neunzehntes Kapitel.

Die analytische Zusammensetzung der Kräfte und die Bedingungsgleichungen des Gleichgewichts.

Wir wollen uns die auf den Körper wirkenden Kräfte durch ihre Größe und Richtung, sowie die Lage ihrer Angriffspunkte A_k durch deren Koordinaten x_k, y_k, z_k in bezug auf ein rechtwinkliges Koordinatensystem (s. Fig. 127) gegeben denken, dessen Anfangspunkt O ein willkürlicher Punkt des Körpers sei. Zerlegen wir jede der Kräfte in ihre drei Seitenkräfte in Richtung der Koordinatenachsen, so daß letztere

$$(100) \quad X_k = P_k \cos \alpha_{kx}, \quad Y_k = P_k \cos \alpha_{ky}, \quad Z_k = P_k \cos \alpha_{ks}$$

werden, falls α_{kx}, α_{ky}, α_{ks} die Winkel zwischen P_k und den positiven Achseneinrichtungen bezeichnen, dann läßt sich nach (60) die virtuelle Arbeit jeder Kraft P_k in der Form

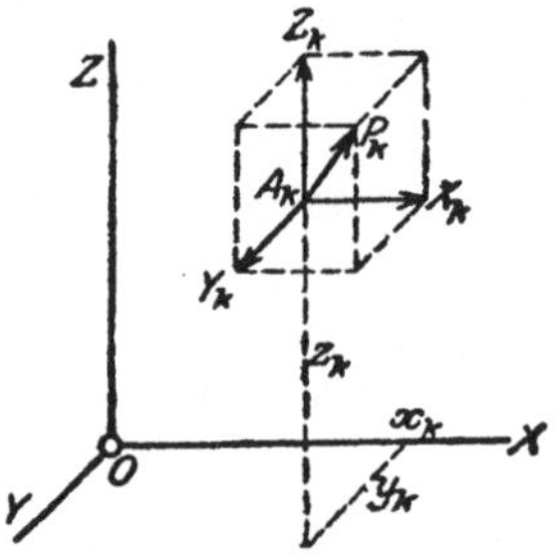

$$\delta A_k = X_k \delta x_k + Y_k \delta y_k + Z_k \delta z_k$$

schreiben; hierin bedeuten δx_k, δy_k, δz_k die Änderungen der Koordinaten des Angriffspunktes A_k bei der Bewegung des Körpers. Wir suchen nun zunächst die Kraft R nach Größe und Richtung, deren Wirkung bei jeder Elementar-Schiebung des Körpers dieselbe ist, wie die des gesamten Kräftesystems, für welche also die Beziehung

Fig. 127.

$$(101) \quad \delta A = \sum_{k=1}^{n} (\delta A_k)$$

besteht. Bezeichnen wir die Seitenkräfte von R mit X, Y und Z, und die Winkel zwischen R und den positiven Koordinatenachsen mit α_x, α_y, α_s, so ist

$$X = R \cos \alpha_x, \quad Y = R \cos \alpha_y, \quad Z = R \cos \alpha_s$$

zu setzen und die Arbeit von R in der Form

$$\delta A = X \delta x + Y \delta y + Z \delta z$$

zu schreiben, wenn x, y, z die Koordinaten des Angriffspunktes von R sind. Bei jeder Schiebung des starren Körpers durchlaufen seine Punkte gleiche und gleichgerichtete Bahnelemente; folglich sind auch deren Projektionen auf die Koordinatenachsen einander gleich, d. i.

$\delta x_k = \delta x$, $\delta y_k = \delta y$, $\delta z_k = \delta z$. Setzen wir diese Werte in die aus (101) folgende Gleichung

$$X\,\delta x + Y\,\delta y + Z\,\delta z = \sum_{k=1} (X_k\,\delta x_k + Y_k\,\delta y_k + Z_k\,\delta z_k)$$

ein, so erhalten wir

$$\{X - \sum_{k=1}^{n}(X_k)\}\,\delta x + \{Y - \sum_{k=1}^{n}(Y_k)\}\,\delta y + \{Z - \sum_{k=1}^{n}(Z_k)\}\,\delta z = 0.$$

Dieser Gleichung kann, da sie für alle die unendlich vielen Werte von δx, δy, δz bestehen muß, nur genügt werden, wenn

$$(102) \qquad X = \sum_{k=1}^{n}(X_k), \quad Y = \sum_{k=1}^{n}(Y_k), \quad Z = \sum_{k=1}^{n}(Z_k).$$

Hierdurch wird die Größe und Richtung von R bestimmt, und zwar ergibt sich nach (57)

$$(103) \qquad \begin{cases} R = \sqrt{X^2 + Y^2 + Z^2}, \\ \cos \alpha_x = \dfrac{X}{R}, \quad \cos \alpha_y = \dfrac{Y}{R}, \quad \cos \alpha_z = \dfrac{Z}{R}. \end{cases}$$

Bezüglich der Drehungen des Körpers um alle durch O gehenden Achsen benutzen wir den Teil I (Bewegungslehre), 11. Kapitel, S. 110, bewiesenen Satz daß sich jede Drehung um eine beliebige Achse zusammensetzen läßt aus den Drehungen um die Achsen eines rechtwinkligen Koordinatensystems, dessen Anfangspunkt auf der Achse liegt, und ermitteln die Arbeiten der Kräfte bei letzteren. Bezeichnet M_{kx} das Moment der Kraft P_k für die X-Achse, so ist die entsprechende Arbeit $M_{kx} \cdot \delta \psi_x$, falls $\delta \psi_x$ den Drehwinkel um die X-Achse bezeichnet; entsprechend werden die Arbeiten bei den Drehungen um die Y- und die Z-Achse $M_{ky} \cdot \delta \psi_y$ und $M_{kz} \cdot \delta \psi_z$. Sonach ist die Arbeit der Kraft P_k bei der Drehung des Körpers um eine beliebige durch O gehende Achse

$$\delta A_k = M_{kx} \cdot \delta \psi_x + M_{ky} \cdot \delta \psi_y + M_{kz} \cdot \delta \psi_z$$

und die Gesamtarbeit aller Kräfte gemäß Gleichung (101)

$$\delta A = \delta \psi_x \sum_{k=1}^{n}(M_{kx}) + \delta \psi_y \sum_{k=1}^{n}(M_{ky}) + \delta \psi_z \sum_{k=1}^{n}(M_{kz}).$$

Denken wir uns nun die Kräfte durch eine einzige Kraft ersetzt, deren Wirkung δA ist, so muß, wenn M_x, M_y und M_z ihre Momente bezüglich der drei Achsen bezeichnen,

$$\delta A = M_x \cdot \delta \psi_x + M_y \cdot \delta \psi_y + M_z \cdot \delta \psi_z$$

sein, und zwar für alle möglichen Drehachsen, die durch O gehen. Folglich muß nach (101) für alle die unendlich vielen Werte von

$\delta\psi_x$, $\delta\psi_y$, $\delta\psi_s$ die Gleichung

$$\{M_x - \sum_{k=1}^{n}(M_{kx})\}\,\delta\psi_x + \{M_y - \sum_{k=1}^{n}(M_{ky})\}\,\delta\psi_y + \{M_s - \sum_{k=1}^{n}(M_{ks})\}\,\delta\psi_s = 0$$

erfüllt werden, was nur möglich, wenn

$$(104) \qquad M_x = \sum_{k=1}^{n}(M_{kx}); \qquad M_y = \sum_{k=1}^{n}(M_{ky}); \qquad M_s = \sum_{k=1}^{n}(M_{ks}).$$

Bezeichnet M_{hr} das Hauptmoment der gesuchten Ersatzkraft für O, und sind β_x, β_y, β_s die Winkel ihrer Hauptachse mit den Koordinatenachsen, so bestehen nach Gleichung (92) die Beziehungen

$$M_x = M_{hr}\cos\beta_x, \qquad M_y = M_{hr}\cos\beta y, \qquad M_s = M_{hr}\cos\beta_s.$$

Aus ihnen folgt

$$(105) \qquad \begin{cases} M_{hr} = \sqrt{M_x^2 + M_y^2 + M_s^2}, \\[2mm] \cos\beta_x = \dfrac{M_x}{M_{hr}}, \quad \cos\beta_y = \dfrac{M_y}{M_{hr}}, \quad \cos\beta_s = \dfrac{M_s}{M_{hr}}: \end{cases}$$

es ist sonach das Hauptmoment der gesuchten resultierenden Kraft nach Größe und die Richtung ihrer Hauptachse eindeutig bestimmt, nicht aber die Kraft selbst. In den Ausdrücken (104) lassen sich die Momente M_{kx}, M_{ky}, M_{ks} durch die Momente der Komponenten der P_k ausdrücken; wie man leicht erkennt, wird

$$(104\,a) \qquad \begin{cases} M_x = \sum_{k=1}^{n}(Z_k y_k - Y_k z_k), \qquad M_y = \sum_{k=1}^{n}(X_k z_k - Z_k x_k), \\[2mm] M_s = \sum_{k=1}^{n}(Y_k x_k - X_k y_k). \end{cases}$$

Der Winkel λ zwischen R und der resultierenden Hauptachse ergibt sich zufolge der bekannten Beziehung

$$\cos\lambda = \cos\alpha_x \cos\beta_s + \cos\alpha_y \cos\beta_y + \cos\alpha_s \cos\beta_s$$

und damit das Zentralmoment

$$(106) \qquad M_c = M_{hr}\cos\lambda = \frac{1}{R}\{X M_s + Y M_y + Z M_s\}.$$

Um die Gleichungen der Zentralachse aufstellen zu können, ermitteln wir für ein paralleles Koordinatensystem, dessen Anfangspunkt ein beliebiger Körperpunkt C mit den Koordinaten x, y, z sei, die resultierenden Momente M_x', M_y', und M_s', und zwar ergibt sich, wie Fig. 128 zeigt,

$$M_x' = \sum_{k=1}^{n}\{Z_k(y_k - y) - Y_k(z_k - z)\} = M_x - Zy + Yz;$$

analog M_y' und M_z'. Liegt C auf der Zentralachse, so geht M'_{hr} in M_c über und es ist $\lambda' = 0$; es wird sonach $\beta_x' = \alpha_x$, $\beta_y' = \alpha_y$, $\beta_z' = \alpha_z$, oder, da $\cos\beta_x' = \dfrac{M_x'}{M}$, $\cos\beta_y' = \dfrac{M_u'}{M_c}$ und

$$\cos\beta_z' = \frac{M_z'}{M_c},$$

$$\frac{M_x'}{M_c} = \frac{X}{R}, \qquad \frac{M_y'}{M_c} = \frac{Y}{R}, \qquad \frac{M_z'}{M_c} = \frac{Z}{R}.$$

Aus diesen drei Gleichungen folgen die Gleichungen der Zentralachse durch Elimination von $M_c : R$ in der Gestalt

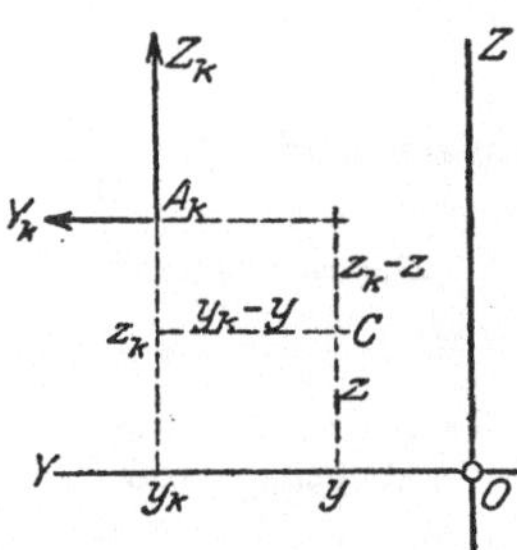

Fig. 128.

$$(107) \qquad \frac{1}{X}\{M_x - Zy + Yz\} = \frac{1}{Y}\{M_y - Xz + Zx\}$$

$$= \frac{1}{Z}\{M_z - Yx + Xy\},$$

in denen X, Y, Z, M_x, M_y, M_z die durch (102) bzw. (104a) gegebenen Werte haben, und in denen x, y, z die laufenden Koordinaten der Zentralachse sind. Durch die Formeln bzw. Gleichungen (105) bis (107) sind die Dyname des Kräftesystems und seine Zentralachse vollständig und eindeutig bestimmt.

Daß sich dieser Weg zur Bestimmung der Dyname auch auf den Fall unendlich vieler, unendlich kleiner Kräfte, die sich stetig über einen begrenzten Raum erstrecken, ausdehnen läßt, ist leicht ersichtlich; man hat nur in den Ausdrücken (102) und (104a) an die Stelle der Summen Integrale zu setzen. Ein Beispiel soll das erläutern.

Beispiel: Dreht sich ein starrer Körper dauernd um die ruhende Achse DD, und ist ω die Winkelgeschwindigkeit der Drehung, so hat die Zentripetalbeschleunigung eines Punktes A im Abstande r von der Drehachse die Größe $r\omega^2$ und die Richtung senkrecht zur Drehachse. Ist dm das Massenelement des Körpers in A, und dementsprechend $r\omega^2 \cdot dm$ die Zentripetalkraft des Massenelementes, so heißt die gleichgroße aber entgegengesetzt, d. i. senkrecht zu DD aber nach außen gerichtete Kraft die Zentrifugalkraft des Massenelementes. Wir suchen die Dyname der Zentrifugalkräfte aller Massenelemente des Körpers. In dieser Absicht legen wir die X-Achse eines rechtwinkligen Koordinatensystems in die Drehachse, die Y- und Z-Achse in einem beliebigen Punkt O von DD senkrecht dazu (s. Fig. 129a, S. 160). Wir bezeichnen die Koordinaten von A mit x, y, z, den Winkel, den r mit der XY-Ebene einschließt, mit φ und zerlegen die zur X-Achse senkrechte Zentrifugalkraft $r\omega^2\,dm$ in die drei Komponenten dX, dY, dZ, von denen $dX = 0$; $dY = r\omega^2 dm \cos\varphi = \omega^2 y\,dm$, $dZ = r\omega^2 dm \sin\varphi = \omega^2 z\,dm$ wird. Folglich erhalten wir nach (102)

$$X = \int dX = 0, \qquad Y = \int dY = \omega^2 \int y\,dm, \qquad Z = \int dZ = \omega^2 \int z\,dm.$$

Nun haben (s. 4. Kapitel) die Integrale, die über den ganzen Körper zu erstrecken sind, die Bedeutung als statische Momente des Körpers für die XZ- und die XY-Ebene, und zwar ist, falls $M = \int dm$ die Masse des ganzen Körpers und ξ, η, ζ die Koordinaten des Massenmittelpunktes M bezeichnen,

$$\int y\,dm = M \cdot \eta, \qquad \int z\,dm = M \cdot \zeta;$$

sonach wird

$$X = 0, \quad Y = M\omega^2 \cdot \eta, \quad Z = M\omega^2 \cdot \zeta.$$

Die resultierende Zentrifugalkraft des Körpers wird nach (103) folglich

$$R = \sqrt{X^2 + Y^2 + Z^2} = M\omega^2 \sqrt{\eta^2 + \zeta^2} = M\omega^2 \cdot \varrho,$$

falls ϱ den Abstand des Massenmittelpunktes M von der Drehachse bezeichnet. Ihre Richtung wird bestimmt durch

$$\cos \alpha_x = \frac{X}{R} = 0; \quad \cos \alpha_y = \frac{Y}{R} = \frac{\eta}{\varrho}, \quad \cos \alpha_z = \frac{Z}{R} = \frac{\zeta}{\varrho},$$

und daraus geht hervor, daß die Wirkungslinie von R parallel ist dem Lote von M auf die Drehachse. R selbst aber kann aufgefaßt werden als die

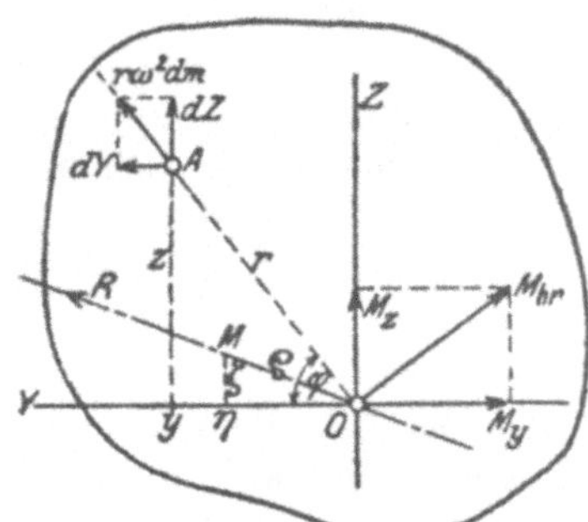

Fig. 129 a.

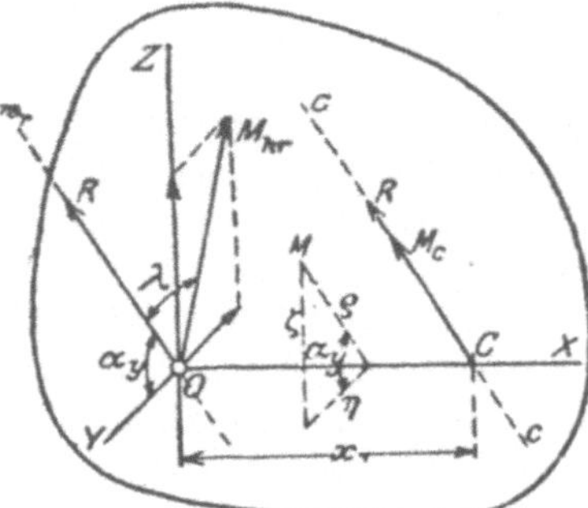

Fig. 129 b.

Zentrifugalkraft des Massenmittelpunktes M, wenn in ihm die Masse M verdichtet wäre.

Ferner finden wir

$$M_x = 0, \quad M_y = -\int x\,dZ = -\omega^2 \int xz\,dm = -\omega^2 C_{xz},$$
$$M_z = \int x\,dY = \omega^2 \int xy\,dm = \omega^2 C_{xy};$$

denn die Integrale stellen die Zentrifugalmomente (s. 6. Kapitel S. 67) des Körpers für die XZ-, bzw. XY-Achsen dar. Als resultierendes Hauptmoment erhalten wir sonach zufolge (105)

$$M_{hr} = \sqrt{M_x^2 + M_y^2 + M_z^2} = \omega^2 \sqrt{C_{xy}^2 + C_{xz}^2}$$

und die Richtung der Hauptachse bestimmt durch

$$\cos \beta_x = 0, \quad \cos \beta_y = -\frac{C_{xz}}{\sqrt{C_{xy}^2 + C_{xz}^2}}, \quad \cos \beta_z = \frac{C_{xy}}{\sqrt{C_{xy}^2 + C_{xz}^2}}.$$

Da sich $\beta_x = \frac{\pi}{2}$ findet, so steht die resultierende Hauptachse des Kräftesystems senkrecht zur Drehachse. Der Winkel λ (s. Fig. 129b) zwischen letzterer und R ergibt sich aus

$$\cos\lambda = \frac{-\eta\cdot C_{xz} + \zeta\cdot C_{xy}}{\varrho\sqrt{C_{xy}{}^2 + C_{xz}{}^2}};$$

es wird sonach das Zentralmoment

$$M_c = \frac{\omega^2}{\varrho}\left(C_{xy}\cdot\zeta - C_{xz}\cdot\eta\right).$$

Die Gleichungen der Zentralachse werden, weil $X = M_x = 0$,

$$x = \frac{\eta\cdot C_{xy} + \zeta\,C_{xz}}{M\varrho^2}; \qquad \eta\cdot z - \zeta\cdot y = 0.$$

Aus ihnen geht hervor, daß die Zentralachse die Drehachse unter einem rechten Winkel in einem Abstande schneidet, der im allgemeinen von ξ verschieden ist. Sie ist zwar parallel dem Lote von M auf die Drehachse, geht aber nicht durch M selbst.

Das Kräftesystem läßt sich durch eine einzige resultierende Kraft R ersetzen, wenn $M_c = 0$ wird, und das tritt, wie schon früher erörtert, ein, falls $\lambda = \dfrac{\pi}{2}$ also, wie aus dem Ausdruck (106) hervorgeht,

$$X M_x + Y M_y + Z M_z = 0.$$

Da in diesem Fall

$$M_c = M'_{hr} = \sqrt{M_x'^2 + M_y'^2 + M_z'^2} = 0,$$

so folgen, weil $M_x' = M_y' = M_z' = 0$, als Gleichungen der Wirkungslinie der resultierenden Kraft R, mit der die Zentralachse hier zusammenfällt,

$$M_x - Z\cdot y + Y z = M_y - X z + Z x = M_z - Y x + X y = 0.$$

Dagegen läßt sich das Kräftesystem durch ein resultierendes Hauptmoment von konstanter Größe und unveränderlicher Richtung seiner Hauptachse für alle Körperpunkte ersetzen, wenn $R = 0$ wird. Das ist nur möglich, wenn die drei Gleichungen

$$X = \sum_{k=1}^{n}(X_k) = 0, \qquad Y = \sum_{k=1}^{n}(Y_k) = 0, \qquad Z = \sum_{k=1}^{n}(Z_k) = 0$$

bestehen, und diese haben die weiteren

$$M_x' = M_x, \qquad M_y' = M_y, \qquad M_z' = M_z$$

zur Folge; aus letzteren geht hervor, daß

$$M'_{rh} = M_{rh}$$

ist, folglich auch $\beta_x' = \beta_x$, $\beta_y' = \beta_y$, $\beta_z' = \beta_z$, was zu beweisen war. Daß man dann M_{hr} als Hauptmoment eines Kräftepaares von bestimmtem Moment und bestimmt gerichteter Ebene auffassen kann, bedarf nach dem Früheren keines Nachweises.

Wenn endlich sowohl $R = 0$ als auch $M_c = 0$ sich ergibt, so ist für jede mögliche Elementarbewegung, wie aus (99) hervorgeht, $\delta A = 0$, und diesen Sonderfall des Kräftesystems nannten wir den des Gleichgewichtes.

Da $M_c = M_{hr}$ wird, falls $R = 0$ ist, so folgen mit Rücksicht auf (102) und (105) bzw. (104a) als Bedingungsgleichungen des Gleichgewichtes die nachstehenden sechs Gleichungen:

$$(V) \begin{cases} \sum_{k=1}^{n}(X_k) = 0, \qquad \sum_{k=1}^{n}(Y_k) = 0, \qquad \sum_{k=1}^{n}(Z_k) = 0, \\ \sum_{k=1}^{n}(Z_k y_k - Y_k z_k) = 0, \quad \sum_{k=1}^{n}(X_k z_k - Z_k x_k) = 0, \quad \sum_{k=1}^{n}(Y_k x_k - A'_k y_k) = 0. \end{cases}$$

Sie drücken aus, daß die Summen der Seitenkräfte aller Kräfte in Richtung der drei Achsen eines beliebigen Koordinatensystems verschwinden und die resultierenden Momente der Kräfte für die drei Koordinatenachsen Null sein müssen, wenn sich die Kräfte an dem Körper das Gleichgewicht halten sollen.

Beachten wir, daß jede allgemeine Elementarbewegung eines starren Körpers eine Schraubung ist und diese nach Teil I, 11. Kap. S. 110 aus drei Schiebungen in Richtung der Achsen eines beliebigen rechtwinkligen Koordinatensystems und drei Drehungen um diese Achsen zusammengesetzt werden kann, so läßt sich der Ausdruck (99) für die Arbeit der Dyname bei einer beliebigen Schraubung auch in der Form

$$\delta A = X \delta x + Y \delta y + Z \delta z + M_x \delta \psi_x + M_y \delta \psi_y + M_z \delta \psi_z$$

$$= \delta x \sum_{k=1}^{n}(X_k) + \delta y \sum_{k=1}^{n}(Y_k) + \delta z \sum_{k=1}^{n}(Z_k) + \delta \psi_x \sum_{k=1}^{n}(Z_k y_k - Y_k z_k)$$

$$+ \delta \psi_y \sum_{k=1}^{n}(X_k z_k - Z_k x_k) + \delta \psi_z \sum_{k=1}^{n}(Y_k x_k - X_k y_k)$$

schreiben. Aus ihm geht hervor, daß $\delta A = 0$ wird für alle möglichen Schraubungen des Körpers, wenn die Gleichungen (V) bestehen. Letztere sind folglich nicht nur notwendig, sondern auch hinreichend für das Bestehen des Gleichgewichtes der Kräfte in einem frei beweglichen starren Körper.

Zwanzigstes Kapitel.

Mittelpunkt paralleler Kräfte und Schwerpunkt.

Es ist leicht einzusehen, daß ein System paralleler Kräfte im allgemeinen sich durch eine einzige resultierende Kraft in bestimmter Wirkungslinie ersetzen läßt, die den Kräften parallel und gleich der algebraischen Summe der Kräfte ist. Denn legen wir die Z-Achse des Koordinatensystems parallel den Wirkungslinien der Kräfte, so finden wir aus (102), weil $X_k = Y_k = 0$, $Z_k = \pm P_k$,

$$X = 0, \quad Y = 0, \quad Z = \sum_{k=1}^{n}(\pm P_k)$$

und aus (103)

$$R = Z = \sum_{k=1}^{n}(\pm P_k),$$

$$\alpha_x = \frac{\pi}{2}, \quad \alpha_y = \frac{\pi}{2}, \quad \alpha_z = 0,$$

womit der erste Teil obiger Behauptung nachgewiesen ist. Bezeichnen wir die Koordinaten der Angriffspunkte A_k der Kräfte P_k wie bisher mit x_k, y_k, z_k, und die des Angriffspunktes A von R mit x, y, z, so erhält man nach (104a)

$$M_x = \sum_{k=1}^{n}(\pm P_k y_k), \quad M_y = -\sum_{k=1}^{n}(\pm P_k x_k), \quad M_z = 0;$$

weil aber

$$M_x = Z \cdot y - Y \cdot z = R \cdot y, \quad M_y = X \cdot z - Z \cdot x = -R \cdot x,$$

so folgen aus beiden Gleichungen eindeutig die Koodinaten x und y des Punktes, in welchem die zur Z-Achse parallele Wirkungslinie von R die XY-Ebene schneidet. Es ist also auch die Wirkungslinie von R eindeutig bestimmt.

Dieses Ergebnis läßt sich zunächst benutzen, um ein beliebiges räumliches Kräftesystem durch drei sich rechtwinklig kreuzende Kräfte von ganz bestimmter Größe, Richtung und Lage zu ersetzen. Denn zerlegen wir wie im 19. Kapitel jede der Kräfte P_k in drei Komponenten X_k, Y_k, Z_k in Richtung der drei Achsen eines beliebigen rechtwinkligen Koordinatensystems, so läßt sich jede der drei Gruppen paralleler Komponenten durch eine Resultierende ersetzen, deren zu je einer Achse parallele Wirkungslinie eine eindeutig bestimmte Lage hat. Ihrer Größe und Richtung nach stimmen diese drei Resultierenden überein mit den Komponenten von R, welche aus den Ausdrücken (102) des vorigen Kapitels hervorgehen, während die Gleichungen ihrer Wirkungslinien die nachstehenden sind:

11*

$$(108) \begin{cases} X \cdot y = \sum_{k=1}^{n}(X_k\, y_k) \qquad Y \cdot x = \sum_{k=1}^{n}(Y_k\, x_k) \qquad Z\, x = \sum_{k=1}^{n}(Z_k\, x_k) \\[2ex] X \cdot z = \sum_{k=1}^{n}(X_k\, z_k) \qquad Y \cdot z = \sum_{k=1}^{n}(Y_k\, z_k) \qquad Z\, y = \sum_{k=1}^{n}(Z_k\, y_k) \end{cases}$$

Zugleich erkennt man, daß, wenn die Kräfte sich an dem Körper das Gleichgewicht halten, jedes der erwähnten drei Systeme paralleler Kräfte für sich im Gleichgewicht sein muß.

Weiter aber läßt sich nachweisen, daß die Wirkungslinie der Resultierenden des parallelen Kräftesystems immer durch denselben

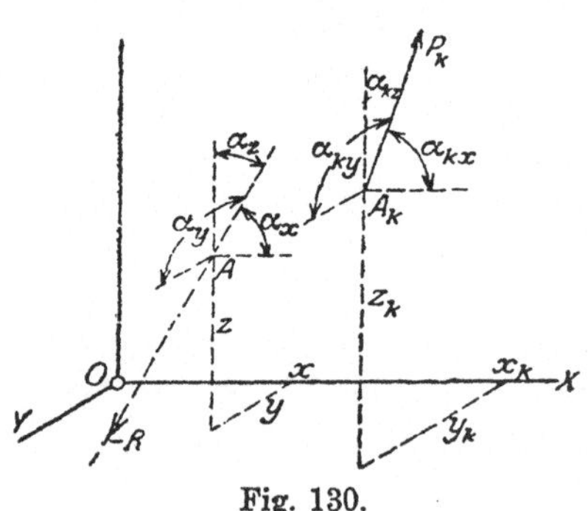

Fig. 130.

Körperpunkt geht, wie man auch die Richtung der Kräfte gegen den Körper ändern mag. Wäre das richtig, dann müßte, wenn man zu den Kräften P_k noch die Kraft R im entgegengesetzten Sinne in A angreifend fügt, das Kräftesystem im Gleichgewicht sein, und es müßten folglich die sechs Bedingungsgleichungen (V) des Gleichgewichtes für alle Richtungen der parallelen Kräfte gegen den Körper bestehen bleiben.

Um das zu untersuchen, beziehen wir den Körper auf ein willkürliches Koordinatensystem (s. Fig. 130) und bezeichnen wie bisher mit α_{kx}, α_{ky}, α_{kz} die Winkel von P_k mit den positiven Achsen, die der Resultierenden mit α_x, α_y, α_z. Dann ist wegen des Parallelismus aller Kräfte $\alpha_{kx} = \alpha_x$ oder $= \pi - \alpha_x$, weil P_k mit R entweder gleichen oder entgegengesetzten Pfeil hat; ebenso ist $\alpha_{ky} = \begin{cases} \alpha_y \\ \pi - \alpha_y, \end{cases}$

$\alpha_{kz} = \begin{cases} \alpha_z \\ \pi - \alpha_z \end{cases}$ Die drei ersten Gleichungen (V) nehmen dann die Formen an:

$$\sum_{k=1}^{n}(P_k \cos \alpha_{kx}) - R \cos \alpha_x = \left\{ \sum_{k=1}^{n}(\pm P_k) - R \right\} \cos \alpha_x = 0;$$

$$\left\{ \sum_{k=1}^{n}(\pm P_k) - R \right\} \cos \alpha_y = 0;$$

$$\left\{ \sum_{k=1}^{n}(\pm P_k) - R \right\} \cos \alpha_z = 0$$

und lassen erkennen, daß ihnen für alle Werte von α_x, α_y, α_z genügt wird, wenn

$$(109) \qquad R = \sum_{k=1}^{n} (\pm P_k),$$

in Übereinstimmung mit dem vorher Bewiesenen. Die vierte der Gleichungen (V) geht über in

$$\sum_{k=1}^{n} \left\{ \pm P_k \left(y_k \cos \alpha_{kz} - z_k \cos \alpha_{ky} \right) \right\} - R \left(y \cos \alpha_z - z \cos \alpha_y \right) = 0$$

oder nach entsprechender Umformung in

$$\left\{ \sum_{k=1}^{n} (\pm P_k y_k) - R \cdot y \right\} \cos \alpha_z - \left\{ \sum_{k=1}^{n} (\pm P_k z_k) - R \cdot z \right\} \cos \alpha_x = 0 \,.$$

Die beiden letzten Gleichungen werden dementsprechend

$$\left\{ \sum_{k=1}^{n} (\pm P_k z_k) - R \cdot z \right\} \cos \alpha_x - \left\{ \sum_{k=1}^{n} (\pm P_k x_k) - R \cdot x \right\} \cos \alpha_z = 0 \,,$$

$$\left\{ \sum_{k=1}^{n} (\pm P_k x_k) - R \cdot x \right\} \cos \alpha_y - \left\{ \sum_{k=1}^{n} (\pm P_k y_k) - R \cdot y \right\} \cos \alpha_x = 0 \,.$$

Diese drei Gleichungen werden für alle möglichen Werte von α_x, α_y, α_z befriedigt, wenn

$$R \cdot x = \sum_{k=1}^{n} (\pm P_k x_k). \quad R \cdot y = \sum_{k=1}^{n} (\pm P_k y_k), \quad R \cdot z = \sum_{k=1}^{n} (\pm P_k z_k).$$

Nennt man in Übereinstimmung mit der Benennung „statisches Moment" im 4. Kapitel das Produkt $\pm P_k x_k$ das statische Moment der Kraft P_k für die YZ-Ebene, das $+$ oder $-$ zu nehmen ist, je nachdem die Kraft ihre Richtung in dem einen oder dem entgegengesetzten Sinne hat, so drücken vorstehende drei Gleichungen den Satz aus, daß das statische Moment der Resultierenden eines Systems paralleler Kräfte für jede beliebige Ebene gleich ist der Summe der statischen Momente aller Kräfte. Hierbei kommt es auf die Winkel der Kräfte mit den Achsen nicht an, sondern nur auf ihre Größe und den lotrechten Abstand der Angriffspunkte von der Ebene; letzterer ist $+$ oder $-$ einzuführen, je nachdem der Angriffspunkt auf der einen oder anderen Seite der Ebene liegt.

Der durch die obigen drei Gleichungen bestimmte Angriffspunkt A der resultierenden Kraft R wird der Mittelpunkt paralleler Kräfte genannt. Seine Koordinaten ergeben sich zu

$$(110) \quad x = \frac{1}{R} \sum_{k=1}^{n} (\pm P_k x_k), \quad y = \frac{1}{R} \sum_{k=1}^{n} (\pm P_k y_k), \quad z = \frac{1}{R} \sum_{k=1}^{n} (\pm P_k z_k)$$

und zeigen, daß in jedem System paralleler Kräfte, dessen Resultierende R von Null verschieden ist, ein und nur ein solcher Punkt vorhanden ist.

Als Sonderfall ergibt sich leicht, daß der Mittelpunkt zweier paralleler Kräfte in der Verbindungslinie ihrer Angriffspunkte liegt und die Entfernung der letzteren im umgekehrten Verhältnis der Größe der Kräfte teilt; ferner daß, wenn die Angriffspunkte der Kräfte in einer Ebene sich befinden, auch der Mittelpunkt dieser in ihr liegt.

Sind die wirkenden Kräfte Schwerkräfte, so können sie innerhalb gewisser Grenzen als parallel angesehen werden; der Mittelpunkt eines derartigen Systems wird S c h w e r p u n k t genannt. Ein Schwerpunkt ist immer vorhanden, weil die Schwerkräfte sämtlich gleichsinnig, nämlich lotrecht nach abwärts gerichtet sind, und sonach die Resultierende immer größer als Null ist; letztere Voraussetzung muß erfüllt sein, wenn ein Mittelpunkt der parallelen Kräfte vorhanden sein soll. Die Koordinaten des Schwerpunktes werden, falls man die einzelnen Schwerkräfte (Lasten) mit L_k bezeichnet, und $\sum\limits_{k=1}^{n}(L_k)=L$ setzt,

$$(110\,\text{a})\qquad x=\frac{1}{L}\sum_{k=1}^{n}(L_k x_k),\qquad y=\frac{1}{L}\sum_{k=1}^{n}(L_k y_k),\qquad z=\frac{1}{L}\sum_{k=1}^{n}(L_k z_k).$$

Die Schwerkraft ist aber gleich dem Produkt aus Masse und Beschleunigung des freien Falles; folglich hat man, wenn letztere mit g bezeichnet wird, $L_k=m_k\cdot g$ und $L=M\cdot g=g\cdot\sum\limits_{k=1}^{n}(m_k)$, womit sich für die Koordinaten des Schwerpunktes die Ausdrücke

$$x=\frac{1}{M}\sum_{k=1}^{n}(m_k x_k),\qquad y=\frac{1}{M}\sum_{k=1}^{n}(m_k y_k),\qquad z=\frac{1}{M}\sum_{k=1}^{n}(m_k z_k)$$

finden. Diese stimmen aber völlig überein mit den Koordinaten des Massenmittelpunktes eines Massenpunktesystems (s. S. 20), womit erkannt wird, daß der Schwerpunkt eines Massensystems mit dessen Massenmittelpunkt zusammenfällt. Das gilt insbesondere auch von materiellen Körpern, deren Masse einen Raumteil stetig erfüllt. Bezüglich der Ermittlung des Schwerpunktes von Körpern kann daher auf die der Massenmittelpunkte (s. 4. Kap.) verwiesen werden.

Einundzwanzigstes Kapitel.

Zerlegung einer Dyname in Seitenkräfte mit vorgeschriebenen Wirkungslinien.

Die Umkehrung der zuletzt behandelten Aufgabe, nämlich der Zusammensetzung der Kräfte, die auf einen freien starren Körper wirken, zu einer Dyname ist die Zerlegung der letzteren in Kräfte, deren Wirkungslinien vorgeschrieben sind. Ihre Lösung wird analytisch am einfachsten mittels der Ausdrücke (102) und (104a) bewirkt, in denen die P_k als Unbekannte zu betrachten sind. Besonders einfach werden diese Gleichungen, wenn man eine der drei Koordinatenachsen in die Zentralachse legt, z. B. die Z-Achse und die Angriffspunkte A_k der gesuchten Kräfte in die Schnittpunkte der gegebenen Wirkungslinien mit der XY-Ebene des Koordinatensystems. In diesem Falle werden die Komponenten von R $X=Y=0$, $Z=R$, und die des Zentralmomentes M_c $M_x=M_y=0$, $M_z=M_c$. Unter Benutzung der Ausdrücke (100) erhalten wir zur Bestimmung der Größen der P_k die folgenden sechs Gleichungen

$$(111) \begin{cases} \sum_{k=1}^{n}(P_k \cos \alpha_{kx}) = 0; \quad \sum_{k=1}^{n}(P_k \cos \alpha_{ky}) = 0, \quad \sum_{k=1}^{n}(P_k \cos \alpha_{kz}) = R; \\[2mm] \sum_{k=1}^{n}(P_k y_k \cos \alpha_{kz}) = 0; \quad \sum_{k=1}^{n}(P_k x_k \cos \alpha_{kz}) = 0; \\[2mm] \sum_{k=1}^{n}\{P_k(x_k \cos \alpha_{ky} - y_k \cos \alpha_{kx})\} = M_c, \end{cases}$$

da die $z_k=0$ sind. Es leuchtet nun ohne weiteres ein, daß $n \le 6$ sein muß, falls die Zerlegung zu bestimmten Werten der P_k führen soll, ferner, daß die Gleichungen voneinander unabhängig sein müssen, falls $n=6$ ist. Die Gleichungen sind linear in den P_k, letztere werden daher durch sie zu eindeutig bestimmten. d. h. bei willkürlich gewählten Wirkungslinien führt die Zerlegung der Dyname zu nur einer Lösung für jede Kraft P_k. Dabei ist noch zu beachten, daß negative Lösungen für einzelne P_k bedeuten, daß die Winkel α_{kx}, α_{ky}, α_{kz} der betreffenden Kräfte mit den positiven Achsenrichtungen durch $\pi-\alpha_{kx}$, $\pi-\alpha_{ky}$, $\pi-\alpha_{kz}$ zu ersetzen sind, wenn die α_{kx}, α_{ky}, α_{kz} die Winkel der Wirkungslinien mit den Achsen bezeichnen.

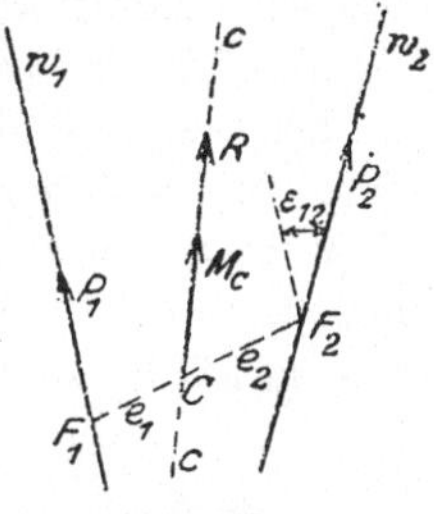

Fig. 131.

Ist dagegen $n<6$, so wird die Zerlegung nur möglich, wenn zwischen den gegebenen Wirkungslinien und der Dyname ein Zusammenhang bestimmter Art besteht. Dieser läßt sich durch Gleichungen ausdrücken, die man erhält, wenn man aus den sechs Gleichungen (111) die Kräfte P_k eliminiert. Die Zahl dieser Bedingungsgleichungen beträgt $6-n$.

In einzelnen Fällen lassen sich die Kräfte P_k auch einfacher ermitteln. Wenn z. B. die Zahl der Wirkungslinien der gesuchten Kräfte $n=2$ ist, so erhält man als Moment der Kraft P_1 in w_1 (s. Fig. 131) nach (90) den Ausdruck $P_1 e_{12} \sin \varepsilon_{12}$, in dem $e_{12}=\overline{F_1 F_2}$

das gemeinsame Lot der Wirkungslinien w_1 und w_2, und ε_{12} den Winkel zwischen letzteren bezeichnet. Ist nun M_{r2} das Moment der gegebenen Dyname (R, M_c) für w_2 als Achse, so folgt aus der Gleichung

$$P_1\, e_{12} \sin \varepsilon_{12} = M_{r2}$$

unmittelbar P_1; in der gleichen Weise erhält man P_2 aus der Momentengleichung für w_1 als Drehachse. Die beiden Kräfte P_1 und P_2 bilden eine Dyade, die zu einer Dyname zusammengesetzt die zu zerlegende Dyname ergeben muß. Daraus geht hervor, daß die gegebene Zentralachse c das Lot $\overline{F_1 F_2}$ unter rechtem Winkel schneidet, ferner die Resultierende aus P_1 und P_2 nach Größe und Richtung mit R und das resultierende Moment beider Kräfte für die Zentralachse c mit dem Zentralmoment M_c nach Größe und Drehsinn übereinstimmen muß. Und man erkennt weiterhin aus den auf S. 155 mitgeteilten Formeln, daß Richtung und Lage beider Wirkungslinien voneinander abhängig sind derart, daß die Wahl einer dieser Linien, z. B. w_1 durch e_1 und α_1 die andere völlig bestimmt. Reduziert sich die Dyname auf eine einzelne Kraft R, so ist die Zerlegung von R in zwei Seitenkräfte nur möglich, falls sich die Wirkungslinien der letzteren auf der Wirkungslinie von R schneiden, wie unmittelbar erkannt wird. Die Berechnung von P_1 und P_2 erfolgt in beiden Fällen nach (56).

Ist die Zahl der Wirkungslinien $n = 3$, so finden wir die Seitenkräfte P_k in ihnen wieder durch Anwendung des Momentensatzes auf je eine Gerade, welche zwei der drei gegebenen Wirkungslinien schneidet. Wird insbesondere diese Gerade parallel der Zentralachse gewählt, so folgen die P_k aus den drei Gleichungen

$$P_k \cdot e_k \cdot \sin \varepsilon_k = M_c, \qquad\qquad (k = 1,\, 2,\, 3)$$

worin e_k den kürzesten Abstand der Wirkungslinie w_k von jener Parallelen zur Zentralachse und ε_k den Winkel zwischen letzterer und w_k bezeichnet. Denn das Moment der Dyname (R, M_c) reduziert sich dann auf das von M_c, weil das Moment von R für eine zur Zentralachse parallelen Achse zu Null wird. Wenn jedoch $M_c = 0$, also nur eine Kraft R in Komponenten zu zerlegen ist, dann muß die Achse der Momente anders gewählt werden, also z. B. die Wirkungslinie von R rechtwinklig kreuzend und zwei der drei gegebenen Wirkungslinien schneidend. In der vorstehenden Gleichung tritt dann an Stelle von M_c das Moment von R in bezug auf jede der drei Achsen.

Wenn eine Dyname in $n = 4$ Seitenkräfte P_k zerlegt werden soll, so führt das gleiche Verfahren wie vorher zur Bestimmung der Kräfte P_k. Wir wählen als Momentenachse eine Gerade, welche drei der vier gegebenen Wirkungslinien schneidet; dann muß das Moment der vierten Kraft für diese Achse gleich dem Moment der Dyname sein. Aus dieser Gleichung folgt Größe und Wirkungssinn der einen Kraft.

Wenn endlich $n = 5$, so läßt sich mit Vorteil der Umstand benutzen, daß sich im allgemeinen immer eine Gerade findet, welche vier sich kreuzende Geraden schneidet. Diese Gerade als Momentenachse verwendet führt sofort zu der Gleichung, welche die Kraft in der fünften Wirkungslinie zu ermitteln gestattet. Dieses Verfahren auf je vier der fünf Wirkungslinien angewendet ermöglicht die unmittelbare Bestimmung der gesuchten fünf Kräfte P_k.

Die zeichnerischen bzw. graphostatischen und darstellend geometrischen Wege zur Lösung der hier berührten Aufgabe werden im allgemeinen viel zu umständlich, um darauf eingehen zu können; in besonderen für die Anwendungen wichtigen Fällen kommen wir später auf sie zurück.

Zweiundzwanzigstes Kapitel.

Das Gleichgewicht der Kräfte an nicht frei beweglichen starren Körpern.

Unter dem Gleichgewicht der Kräfte am nicht frei beweglichen Körper werde der Zustand verstanden, in dem die auf den Körper wirkenden Kräfte bei jeder möglichen Elementarbewegung des Körpers keine Arbeit verrichten, also

$$\delta A = \sum_{k=1}^{n} (\delta A_k) = 0$$

ist. Hieraus wird ersichtlich, daß die Bedingungen, denen die Kräfte in diesem Falle zu genügen haben, von der Art der Beweglichkeit des Körpers abhängen, also auch von den Beschränkungen, denen seine Bewegung unterworfen ist. Bezüglich der letzteren stützen wir uns auf die Darlegungen des 12. Kapitels der Bewegungslehre (1. Bd.), bzw. auf die dort behandelten Fälle der gebundenen Bewegungen starrer Körper und untersuchen hier, welche Bedingungen die Kräfte zu erfüllen haben, damit der Gleichgewichtszustand eintritt. In einzelnen Fällen werden dann auch die Bedingungsgleichungen des Gleichgewichtes aufgestellt, aus denen die Gleichgewichtslagen des Körpers hervorgehen. Bezüglich der Art des Gleichgewichtes in den einzelnen Lagen benutzen wir die im 11. und 16. Kapitel aufgestellten Erklärungen, und nennen auch hier das Gleichgewicht stabil, wenn der Körper, aus seiner Gleichgewichtslage sehr wenig entfernt, in diese zurückkehrt, labil, wenn er sich noch weiter von ihr entfernt, und indifferent, wenn er im Gleichgewicht verbleibt, oder, was auf dasselbe hinauskommt, wenn $\delta^2 A \lesseqgtr 0$ ist. Ferner führen wir wieder den Begriff der Stützkraft ein als der Kraft, die in einem gestützten Punkte, d. h. in einem Berührungspunkte des Körpers mit dem Bezugskörper der Bewegung anzubringen ist, um den Körper als frei beweglichen im Gleichgewicht zu erhalten, und bestimmen in einzelnen Fällen Größe und Richtung der Stützkräfte.

Bei den sämtlichen Untersuchungen verwenden wir endlich die Ergebnisse des 18. und 19. Kapitels, insbesondere die Ersetzung des Kräftesystems durch eine Dyname. Daß diese auch für nicht frei bewegliche Körper möglich ist, folgt aus dem Umstande, daß sie für einen frei beweglichen Körper gilt; denn die Bewegungen, die der nicht freie Körper noch ausführen kann, sind unter den Bewegungen des freien Körpers sicher enthalten.

Wir behandeln folgende Fälle:

1. **Drei nicht in einer Geraden liegende Punkte des Körpers** werden festgehalten. In diesem Falle kann der Körper sich überhaupt nicht bewegen; er ist daher unter Einwirkung jedes beliebigen Kräftesystems im Gleichgewichtszustande und es bestehen sonach auch keine Bedingungsgleichungen des Gleichgewichtes. Die einzige hier zu lösende Aufgabe besteht in der Bestimmung der Stützkräfte, deren Zahl hier $= 3$ ist. Denken wir uns letztere je in drei Komponenten in Richtung der drei Achsen eines beliebigen Koordinatensystems zerlegt, so müssen die 9 Komponenten den 6 Bedingungs-

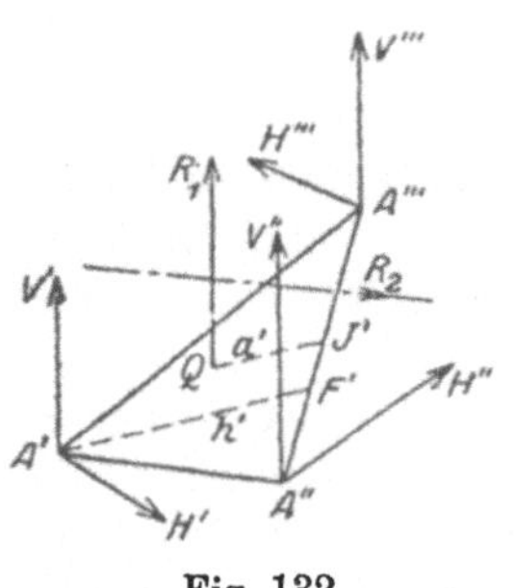

Fig. 132.

gleichungen (V) genügen. Daraus folgt, daß man drei der neun Komponenten willkürlich wählen kann, also die Stützkräfte statisch unbestimmt sind. Wohl aber lassen sich die Komponenten der Stützkräfte senkrecht zur Ebene des Dreieckes der Stützpunkte ermitteln. In dieser Absicht zerlegen wir die drei Stützkräfte in Komponenten senkrecht zur und in der Ebene des Dreiecks der Stützpunkte (s. Fig. 132); erstere seien mit V', V'', V''', letztere mit H', H'', H''' bezeichnet. Ersetzen wir nun das Kräftesystem nach S. 193 durch eine orthogonale Dyade R_1, R_2, und trifft die Wirkungslinie von R_1 die Ebene des Stützpunktdreiecks $A' A'' A'''$ im Punkte Q, dann ist das resultierende Moment aller auf den Körper wirkenden Kräfte in bezug auf eine der Dreiecksseiten, z. B. auf $A'' A''' = R_1 a'$, falls $a' = \overline{QJ'}$ den Abstand des Punktes Q von $A'' A'''$

bezeichnet. Da nun die Stützkräfte mit dem Kräftesystem im frei
beweglichen Körper im Gleichgewicht sein sollen, und das Moment
der Stützkräfte für die Dreiecksseite $A''A'''$ gleich $V'h'$ ist, unter h'
den Abstand des Stützpunktes A' von $A''A'''$ verstanden (denn die
Kräfte H schneiden $A''A'''$ und ergeben daher ebensowenig wie V''
und V''' ein Moment in bezug auf $A''A'''$), dann muß

$$- R_1 a' + V'h' = 0$$

sein, woraus

$$V' = R_1 \frac{a'}{h'}$$

folgt. In der gleichen Weise findet sich

$$V'' = R_1 \frac{a''}{h''} \quad \text{und} \quad V''' = R_1 \frac{a'''}{h'''}.$$

Die Kräfte H', H'', H''' in der Ebene des Stützpunktdreiecks dagegen sind nicht bestimmbar, weil im allgemeinen die Richtung derselben unbekannt ist.

2. **Zwei Punkte des Körpers bleiben in Ruhe.** Der Körper kann
dann nur eine Drehung um die Verbindungslinie $A'A''$ der festgehaltenen Punkte als Drehachse ausführen; seine Bewegung ist zwangläufig, sein Freiheitsgrad $f = 1$, weshalb es hier nur eine Bedingungsgleichung des Gleichgewichts gibt, welche ausdrückt, daß das Moment aller auf den Körper wirkenden Kräfte für die Drehachse
verschwindet. Denn die Arbeit der Kräfte bei der Drehung kann
in der Form

$$\delta A = M_r \cdot \delta \psi$$

geschrieben werden, worin M_r das resultierende Moment aller Kräfte
für die Drehachse und $\delta \psi$ den Drehwinkel bedeutet; damit $\delta A = 0$
werde, muß sonach $M_r = 0$ sein.
Denkt man sich das Kräftesystem
durch eine Dyname (R, M_c) ersetzt
und beachtet, daß in dem Ausdruck (99) für δA das erste Glied
fortfällt, weil der Körper keine
Schiebung ausführen kann, also
$\delta s = \varrho \cdot \delta \psi = 0$ ist, so erkennt
man, daß $M_r = 0$ wird für alle
Dynamen, die der Bedingung

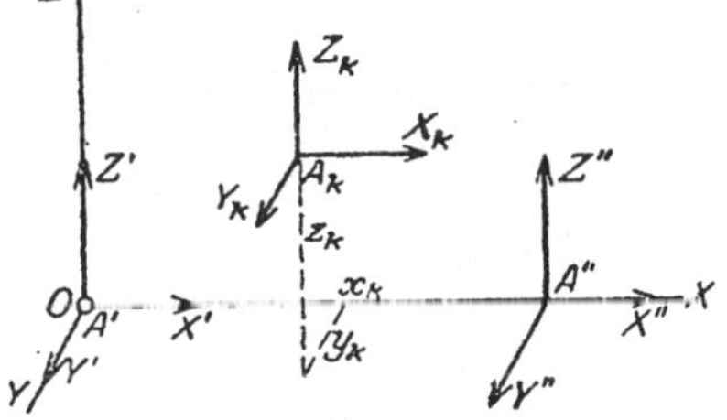

Fig. 133.

$$M_c \cos \gamma + R e \sin \gamma = 0$$

genügen; hierin bedeutet e den kürzesten Abstand zwischen Dreh-
und Zentralachse und γ den Winkel zwischen beiden Achsen. Bringen
wir in A' die Stützkraft S' (s. Fig. 133) und in A'' die Kraft S'' an,

um den Körper als frei beweglichen im Gleichgewicht zu erhalten, dann müssen die sechs Komponenten $X'Y'Z'$ und $X''Y''Z''$ der Stützkräfte den folgenden sechs Bedingungsgleichungen genügen, die aus (V) hervorgehen, wenn man die X-Achse des Koordinatensystems in die Drehachse, den Koordinatenanfangspunkt nach A' legt und $\overline{A'A''} = a$ setzt:

$$(112) \begin{cases} X' + X'' + \sum_{k=1}^{n}(X_k) = 0, & M_x = \sum_{k=1}^{n}(Z_k y_k - Y_k z_k) = 0, \\[2mm] Y' + Y'' + \sum_{k=1}^{n}(Y_k) = 0, & -Z'' \cdot a + \sum_{k=1}^{n}(X_k z_k - Z_k x_k) = 0, \\[2mm] Z' + Z'' + \sum_{k=1}^{n}(Z_k) = 0, & +Y'' \cdot a + \sum_{k=1}^{n}(Y_k x_k - X_k y_k) = 0. \end{cases}$$

Die Gleichungen zeigen, daß sich die Komponenten X' und X'' einzeln nicht ermitteln lassen, da sie nur in der ersten Gleichung auftreten. Diese statische Unbestimmtheit wird beseitigt, wenn man einen der beiden Punkte, z. B. A'' nicht festhält, sondern ihn auf einer Kurve sich zu bewegen zwingt, gewöhnlich (in den technischen Anwendungen) auf der Drehachse selbst. Dann muß S'' senkrecht zur Drehachse angenommen werden, also $X'' = 0$, und es wird somit $X' = -\sum_{k=1}^{n}(X_k)$. Die übrigen vier Stützkraftskomponenten erhalten die Ausdrücke

$$Y' = -\frac{1}{a}\sum_{k=1}^{n}\{Y_k(a - x_k) + X_k y_k\}, \qquad Y'' = -\frac{1}{a}\sum_{k=1}^{n}(Y_k x_k - X_k y_k),$$

$$Z' = -\frac{1}{a}\sum_{k=1}^{n}\{X_k z_k + Z_k(a - x_k)\}, \qquad Z'' = +\frac{1}{a}\sum_{k=1}^{n}(X_k z_k - Z_k x_k).$$

Die vierte der Gleichungen dagegen, in der die Stützkraftkomponenten nicht auftreten, stellt die einzige Bedingungsgleichung des Gleichgewichtes dar, denn das Moment M_x aller Kräfte für die X-Achse entspricht dem vorher mit M_r bezeichneten resultierenden Moment aller auf den Körper wirkenden Kräfte. Aus ihr folgen entweder die Gleichgewichtslagen des Körpers oder das Moment der Kraft, welche den Körper in der gegebenen Lage im Gleichgewicht erhält. Letzterer Fall ist in den Anwendungen der häufigere.

Beispiel: Eine ebene schwere homogene Platte von Rechteckform drehe sich um die Verbindungslinie zweier ihrer Punkte A' und A'' auf einer Kante, die den Winkel α mit dem Horizont bildet (s. Fig. 134). Die zur Drehachse senkrechte Plattenkante $F_1 E_1$ liege horizontal und werde in dieser Lage durch ein Seil erhalten, das in E_1 befestigt ist, in einer Vertikalebene liegt und mit dem Horizont den Winkel β einschließt. Um die Kraft S zu finden, mit der das Seil beansprucht wird, legen wir wie vorher die X-Achse des Koordinatensystems in die Drehachse, die Y-Achse horizontal durch A' und die Z-Achse senkrecht zur Platte, dann werden die Koordinaten des Massenmittelpunkts M der Platte $x_M = \frac{a}{2}$, $y_M = \frac{b}{2}$, $z_M = 0$, worin $a = \overline{A'A''}$ und $b = \overline{E_1 F_1}$; ferner die des Punktes E_1 $x_1 = \overline{A'F_1} = e$, $y_1 = b$, $z_1 = 0$. Die Komponenten der in M angreifenden Last L sind $X_L = -L \cdot \sin\alpha$, $Y_L = 0$, $Z_L = -L\cos\alpha$, und die von S werden $X_S = 0$; $Y_S = S\cos\beta$, $Z_S = S \cdot \sin\beta$. $\cos\alpha$. Somit wird die Bedingungsgleichung des Gleichgewichtes hier

$$M_x = \sum_{k=1}^{n} (Z_k y_k - Y_k z_k) = -L\cos\alpha \cdot \frac{b}{2} + S\sin\beta\cos\alpha \cdot b = 0,$$

aus der

$$S = \frac{L}{2\sin\beta}$$

folgt. Aus (122) finden sich weiter die Komponenten der Stützkräfte

$$Y' = -\frac{L}{2a}(a-e)\cot\beta. \qquad\qquad Y'' = -\frac{Le}{2a}\cot\beta.$$

$$Z' = \frac{L}{2a} \cdot e\cos\alpha, \qquad\qquad Z'' = \frac{L}{2a}(a-e)\cos\alpha.$$

Schließlich erhält man noch aus der ersten Gleichung

$$X' + X'' = -\sum_{k=1}^{n}(X_k) = -L\sin\alpha$$

und wenn man A'' verschieblich in der Drehachse voraussetzt, also $X'' = 0$ annimmt, $S' = -L \cdot \sin\alpha$. Damit sind S' und S'' nach Größe und Richtung bestimmt.

3. Ein Punkt des Körpers bleibe in Ruhe. Dann vollzieht der Körper eine sphärische Bewegung mit dem Freiheitsgrade $f = 3$,

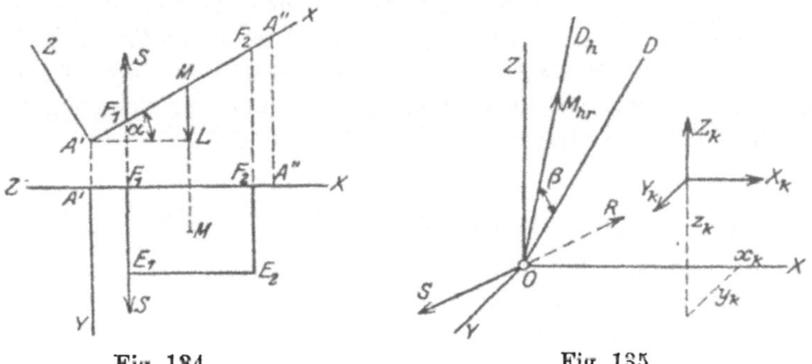

Fig. 134. Fig. 135.

und zwar kann er sich um alle durch den festgehaltenen Punkt gehenden Achsen drehen. Bezeichnet M_{hr} das resultierende Hauptmoment aller Kräfte für den genannten Punkt, und β den Winkel, den die beliebig gewählte Drehachse OD (s. Fig. 135) mit der Hauptachse OD_h einschließt, so ist die Arbeit der Kräfte bei der Drehung um OD.

$$\delta A = M_{hr} \cos \beta \, \delta \psi$$

und diese wird zu Null für alle Werte von β nur, falls

$$M_{hr} = \sqrt{M_x^2 + M_y^2 + M_z^2} = 0$$

oder, was auf das gleiche hinauskommt, falls $M_x = M_y = M_z = 0$ ist. Damit erhalten wir die notwendigen und hinreichenden Bedingungsgleichungen des Gleichgewichtes in diesem Falle zu

$$(113) \qquad \sum_{k=1}^n (Z_k y_k - Y_k z_k) = 0, \quad \sum_{k=1}^n (X_k z_k - Z_k x_k) = 0,$$

$$\sum_{k=1}^n (Y_k x_k - X_k y_k) = 0.$$

Aus ihnen folgen die Gleichgewichtslagen bzw. die Kräfte, die den Körper in bestimmten Lagen im Gleichgewicht erhalten. Die Arten des Gleichgewichtes in den einzelnen Lagen ergeben sich wie früher aus dem Kriterium $\delta^2 A \gtrless 0$, oder unmittelbar aus der Anschauung.

Beispiel: Wird ein schwerer Körper in einem beliebigen Punkte O festgehalten (s. Fig. 136a und 136b), so besitzt er im allgemeinen zwei Gleichgewichtslagen, die der tiefsten und der höchsten Lage seines Schwerpunktes M entsprechen. Man erkennt unmittelbar, daß die tiefe Lage (s. Fig. 136a) eine stabile, die hohe Lage (s. Fig. 136b) eine labile Gleichgewichtslage ist. Würde der festgehaltene Punkt der Schwerpunkt M selbst sein, so wäre der Körper in allen Lagen im Gleichgewicht, letzteres demnach indifferent.

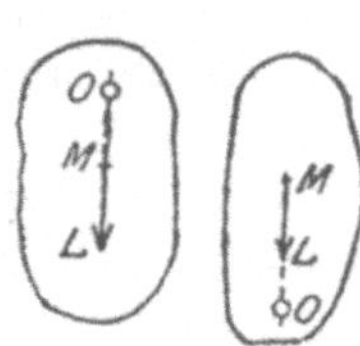

Fig. 136a und b.

Die Stützkraft S' des Körpers folgt einfach aus den Bedingungsgleichungen des Gleichgewichtes. Bezeichnen wir ihre Seitenkräfte mit X', Y', Z', so bestehen für den freibeweglichen Körper außer den Gleichungen (113) noch die folgenden drei

$$(114) \quad \sum_{k=1}^n (X_k) + X' = 0; \quad \sum_{k=1}^n (Y_k) + Y' = 0, \quad \sum_{k=1}^n (Z_k) + Z' + 0,$$

aus denen hervorgeht, daß S' entgegengesetzt gleich und gerichtet ist der Resultierenden R des Kräftesystems. Damit erkennen wir zugleich, daß das Gleichgewicht an einem Körper, der in einem Punkte festgehalten wird, nur eintreten kann, wenn sich die Kräfte durch eine resultierende Kraft ersetzen lassen.

4. Ein Punkt des Körpers werde auf einer ruhenden starren Kurve sich zu bewegen gezwungen. Wie schon in der Bewegungslehre (Bd. I, S. 112) festgestellt wurde, ist der Freiheitsgrad in diesem Falle $f = 4$; es sind demnach 4 Bedingungsgleichungen des Gleichgewichtes zu erfüllen nötig. Drei derselben decken sich im

Grunde mit (113), d. h. sie müssen zum Ausdruck bringen, daß die resultierenden Momente aller Kräfte für drei durch den geführten Punkt C zu den Koordinatenachsen gelegten Parallelen verschwinden, weil sich der Körper um alle Achsen durch C drehen kann. Da er aber außerdem noch eine Schiebung in Richtung der Kurventangente CT (s. Fig. 137) auszuführen vermag, so muß die Resultierende R des Kräftesystems senkrecht zur Tangente CT stehen, also ihre durch C gehende Wirkungslinie in die Normalebene der Kurve c fallen, damit die Arbeit von R hierbei Null wird.

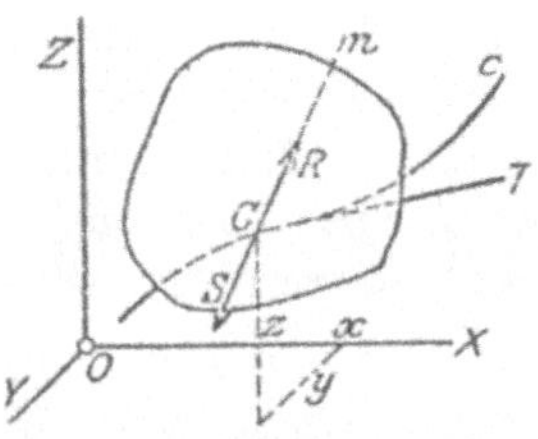

Fig. 137.

Die entsprechende Bedingungsgleichung für die Kräfte finden wir sofort aus der Bedingung, daß die Arbeit aller Kräfte bei der Schiebung, d. i.

$$dA = X\,dx + Y\,dy + Z\,dz = 0$$

sein muß; hierin bedeuten $X = \sum\limits_{k=1}^{n}(X_k)$, $Y = \sum\limits_{k=1}^{n}(Y_k)$, $Z = \sum\limits_{k=1}^{n}(Z_k)$ die Komponenten der Resultierenden R, und dx, dy, dz die Änderungen der Koordinaten des Punktes C bei seiner Bewegung auf der Kurve. Sind

$$y = f_y(x), \qquad z = f_z(x)$$

ihre Gleichungen, so nimmt vorstehende Bedingungsgleichung die besondere Form

$$(115) \qquad \sum\limits_{k=1}^{n}(X_k) + f_y'(x)\cdot\sum\limits_{k=1}^{n}(Y_k) + f_z'(x)\cdot\sum\limits_{k=1}^{n}(Z_k) = 0$$

an, in der $f_y'(x) = \dfrac{dy}{dx}$, $f_z'(x) = \dfrac{dz}{dx}$ bedeutet. Die drei Momentengleichungen aber werden

$$(116) \qquad \sum\limits_{k=1}^{n}\{Z_k(y_k - y) - Y_k(z_k - z)\} = 0;$$

$$\sum\limits_{k=1}^{n}\{X_k(z_k - z) - Z_k(x_k - x)\} = 0; \quad \sum\limits_{k=1}^{n}\{Y_k(x_k - x) - X_k(y_k - y)\} = 0.$$

Aus diesen vier Gleichungen folgen in Verbindung mit den Kurvengleichungen die Gleichgewichtslagen des Punktes C auf der Raumkurve c und die zugeordneten Lagen des Körpers.

Die Stützkraft des Körpers muß mit R in dieselbe Gerade senkrecht zur Kurventangente CT fallen und ihr entgegengesetzt gleich sein, wenn der Körper als freibeweglicher sich im Gleichgewicht befinden soll.

5. Ein Punkt des Körpers werde auf einer starren ruhenden Fläche geführt. Der Körper hat dann 5 Grade der Freiheit, und demgemäß ist hier die Anzahl der Bedingungsgleichungen des Gleichgewichts ebenfalls 5. Denn der Körper kann sich um alle durch den geführten Punkt gehenden Achsen drehen; es muß folglich, damit $\delta A = 0$ wird, das resultierende Hauptmoment M_{hr} für diesen Punkt zu Null werden, was auf die Gleichungen (116) führt. Da der Körper aber auch alle Schiebungen in Richtung der Tangentialebene auszuführen vermag, so muß weiter

$$\delta A = X\delta x + Y\delta y + Z\delta z = 0$$

sein für alle δx, δy, δz, die der Gleichung der Fläche $F(xyz) = 0$ genügen, für die also die Beziehung

$$\frac{\partial F}{\partial x} \cdot \delta x + \frac{\partial F}{\partial y} \cdot \delta y + \frac{\partial F}{\partial z} \cdot \delta z = 0$$

erfüllt ist. Das Zusammenbestehen dieser beiden Gleichungen führt auf die eine, nach Elimination einer der Koordinatenänderungen, z. B. δz sich ergebende

$$\left(Z \frac{\partial F}{\partial x} - X \frac{\partial F}{\partial z} \right) \delta x + \left(Z \frac{\partial F}{\partial y} - Y \frac{\partial F}{\partial z} \right) \delta y = 0,$$

die für alle möglichen Werte von δx und δy Gültigkeit haben muß. Das ist nur möglich, wenn zwei der drei Gleichungen

$$(117) \quad Z \frac{\partial F}{\partial x} - X \frac{\partial F}{\partial z} = 0, \qquad Z \frac{\partial F}{\partial y} - Y \frac{\partial F}{\partial z} = 0, \qquad X \frac{\partial F}{\partial y} - Y \frac{\partial F}{\partial x} = 0$$

erfüllt werden, denn die dritte ist eine Folge der beiden anderen. Aus den Gleichungen (116) und (117) in Verbindung mit der Flächengleichung gehen die Koordinaten der Gleichgewichtslagen des geführten Punktes und die zugeordneten Lagen des Körpers hervor. Zugleich lassen sie erkennen, daß das Gleichgewicht der Kräfte am Körper nur möglich ist, wenn sich die Kräfte durch eine Resultierende ersetzen lassen; letztere muß in die Normale der Fläche im geführten Punkte fallen.

Die Stützkraft S des Körpers liegt hiernach ebenfalls in der Flächennormalen des geführten Punktes und ist entgegengesetzt gleich R, der Resultierenden aller Kräfte.

6. Der Körper berühre den Bezugskörper in einem Punkte seiner Oberfläche. Auch hier ist der Freiheitsgrad $f = 5$, denn der Körper kann sich um alle durch den Berührungspunkt gehenden Achsen drehen und längs der gemeinsamen Berührungsebene verschieben, ohne die Berührung aufzuheben. Sonach tritt hier das

Gleichgewicht nur ein bei Kräften, die sich durch eine resultierende Kraft ersetzen lassen; deren Wirkungslinie muß in die Berührungsnormale fallen, wenn Gleichgewicht herrschen soll. Bezeichnen X, Y, Z die Seitenkräfte der Resultierenden R, und ist $F(xyz) = 0$ die Gleichung der Oberfläche des Bezugs- bzw. stützenden Körpers, dann liefern zwei der drei Gleichungen

$$\frac{\partial F}{\partial x} : X = \frac{\partial F}{\partial y} : Y = \frac{\partial F}{\partial z} : Z \left[= \sqrt{\left(\frac{\partial F}{\partial x}\right)^2 + \left(\frac{\partial F}{\partial y}\right)^2 + \left(\frac{\partial F}{\partial z}\right)^2} : R \right]$$

die entsprechenden Bedingungsgleichungen des Gleichgewichtes, zu denen noch die drei Momenten-Gleichungen für den Stützpunkt treten.

Beispiel: Ein schwerer Körper werde auf einer beliebig geformten Oberfläche des Bezugskörpers gestützt. Da sich das Kräftesystem hier durch eine einzige Kraft ersetzen läßt, nämlich durch die Schwerkraft des Körpers, deren Wirkungslinie durch den Schwerpunkt M geht, so kann der Körper eine Gleichgewichtslage einnehmen an allen Stellen jener Oberfläche, in denen eine horizontale Berührungsebene möglich ist, jedoch nur dann, wenn der Schwerpunkt des Körpers in die vertikale Berührungsnormale fällt (s. Fig. 138). Die Lage des Körpers selbst wird hierdurch noch zu keiner bestimmten, denn die Drehung des Körpers um diese Normale (die sogen. bohrende Bewegung) zeigt, daß die Bedingungen des Gleichgewichtes erfüllt bleiben. Was dagegen die Art des Gleichgewichtes anlangt, so hängt diese auch von den Hauptkrümmungen beider Flächen im Berührungspunkte ab, wie man sich leicht überzeugt. Es kann daher vorkommen, daß an derselben

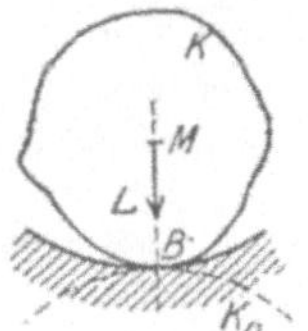

Fig. 138.

Stelle, je nach Art der Bewegung des Körpers, bzw. je nach dem Verhalten der Flächen in der Umgebung des Berührungspunktes das Gleichgewicht stabil, labil oder indifferent ist. Das gilt auch im allgemeinen.

Die Stützkraft fällt wie vorher in die Berührungsnormale und ist entgegengesetzt gleich R, der Resultierenden aller Kräfte.

7. Der Körper berühre den stützenden Körper in mehreren Punkten seiner Oberfläche. Es sei β die Anzahl der Berührungen, so wird, falls letztere voneinander unabhängig vorausgesetzt werden, der Grad der Freiheit

$$f = 6 - \beta$$

(vgl. Bd. I, S. 114), denn jede derartige Berührungsbedingung setzt die Bewegungsmöglichkeiten im allgemeinen um 1 herab. Sonach ist f die Zahl der Bedingungsgleichungen des Gleichgewichtes der Kräfte am Körper. Wir erhalten sie am einfachsten dadurch, daß wir das Gleichgewicht der Kräfte zurückführen auf das am freibeweglichen Körper und zwar, indem wir in jedem Berührungspunkte eine Stützkraft angebracht denken, die in der Berührungsnormalen liegt. Dann müssen die sämtlichen Kräfte die 6 Bedingungsgleichungen (V) erfüllen, in denen die Größen der β Stützkräfte S_i

$(i = 1, 2, 3, \ldots, \beta)$ als einzige Unbekannte auftreten. Eliminiert man sie aus den 6 Bedingungsgleichungen des Gleichgewichtes (V) für den freibeweglichen Körper, so erhält man die $f = 6 - \beta$ Bedingungsgleichungen, denen die Kräfte bzw. ihre Angriffspunkte unterworfen sind, falls das Gleichgewicht am gestützten Körper eintreten soll; aus ihnen finden sich gegebenenfalls die Gleichgewichtslagen des Körpers.

Ist z. B. $\beta = 2$, also der Körper in nur 2 Punkten seiner Oberfläche gestützt (s. Fig. 139), so erfordert das Gleichgewicht der Kräfte am Körper in dieser Lage, daß die Kräfte durch eine Dyname ersetzbar seien, deren Zentralachse c das gemeinsame Lot $\overline{F_1 F_2}$ der beiden Stütznormalen n_1 und n_2 unter rechtem Winkel schneidet. Das folgt daraus, daß die beiden Stützkräfte S_1 und S_2 in n_1 bzw. n_2 eine Dyade bilden, die mit der Dyname (R, M_c) des Kräftesystems im Gleichgewicht sein muß. Denn die Dyade (S_1, S_2) läßt sich durch eine Dyname ersetzen, deren Zentralachse das gemeinsame·Lot $\overline{F_1 F_2}$ von n_1 und n_2 unter rechtem Winkel schneidet.

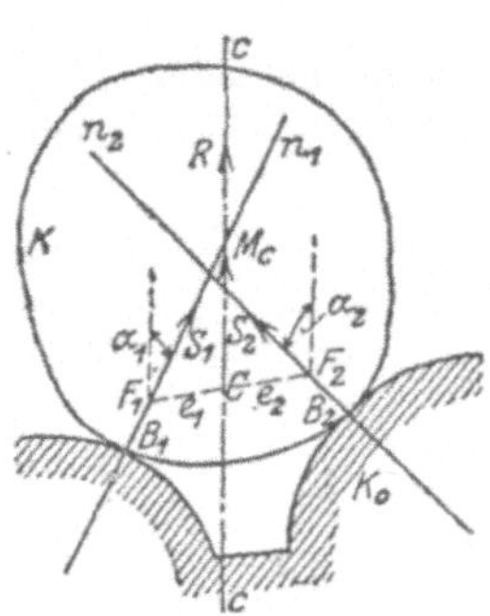

Fig. 139.

Der Zusammenhang zwischen S_1 und S_2 einerseits und der Dyname andrerseits geht dann daraus hervor, daß die durch Zusammensetzung von S_1 und S_2 erhaltene Dyname der gegebenen (R, M_c) entgegengesetzt gleich sein und die gleiche Zentralachse haben muß. Das liefert die Beziehungen

$$S_1 \widehat{+} S_2 \widehat{+} R = 0$$

und

$$S_1 e_1 \sin \alpha_1 + S_2 e_2 \sin \alpha_2 - M_c = 0,$$

in denen $e_1 = \overline{CF_1}$, $e_2 = \overline{CF_2}$ (s. Fig. 139) und α_1 bzw. α_2 die Winkel zwischen den Normalen n_1 und n_2 bzw. der Zentralachse c bezeichnen. Doch sind darin die vier Größen e_1, e_2, α_1, α_2 ganz bestimmte, wie aus den auf S. 155 abgeleiteten Formeln für e_1 und e_2 in Verbindung mit der Beziehung $\alpha_1 + \alpha_2 = \alpha$ folgt. Denn es ist

$$\cot \alpha = \cot(\alpha_1 + \alpha_2) = \frac{1 - \cot \alpha_1 \cot \alpha_2}{\cot \alpha_1 + \cot \alpha_2} = \frac{c^2 - e_1 e_2}{c(e_1 + e_2)},$$

falls $M_c : R = c$ gesetzt wird, und folglich, weil $e_1 + e_2 = e = \overline{F_1 F_2}$,

$$e_1 e_2 = c^2 + c e \cot \alpha.$$

Somit ergibt sich

$$e_1 = \frac{e}{2} + \sqrt{\frac{e^2}{4} - c^2 - c e \cot \alpha} \quad \text{und} \quad e_2 = \frac{e}{2} - \sqrt{\frac{e^2}{4} - c^2 - c e \cot \alpha}$$

und mit diesen Werten aus den Formeln für e_1 und e_2

$$\cot \alpha_1 = \frac{e_2}{c} \quad \text{und} \quad \cot \alpha_2 = \frac{e_1}{c}.$$

Hat man hiernach α_1 und α_2 berechnet, so erhält man unmittelbar

$$S_1 = R \cdot \frac{\sin \alpha_2}{\sin \alpha} \qquad S_2 = R \cdot \frac{\sin \alpha_1}{\sin \alpha}.$$

Lassen sich die auf den Körper wirkenden Kräfte durch eine Kraft ersetzen, ist also $M_c = 0$, so wird $e_1 = e_2 = e = 0$, d. h. die Stütznormalen n_1 und n_2 müssen sich schneiden und zwar auf R, da die Stützkräfte R das Gleichgewicht halten sollen.

Sind nur die Gleichgewichtslagen eines gestützten Körpers zu ermitteln, so ist es in manchen Fällen von Vorteil, die Bedingungsgleichungen des Gleichgewichtes unmittelbar, d. h. ohne Einführung der Stützkräfte aufzustellen, indem man von der Definition des Gleichgewichtes, nämlich $\delta A = 0$, ausgeht. Dieser Weg mag an dem folgenden Beispiel erläutert werden.

Beispiel: Die vier Eckpunkte eines homogenen schweren Tetraeders seien gezwungen, sich auf einer starren, ruhenden Fläche zweiten Grades zu bewegen. Es sei $F(xyz) = 0$ die Gleichung der Fläche, bezogen auf ein Koordinatensystem, dessen Z-Achse vertikal nach aufwärts gerichtet ist, und L die Schwere des Tetraeders, dessen Massenmittelpunkt M die Koordinaten ξ, η, ζ habe, dann ist

$$\delta A = - L \cdot \delta \zeta = - \frac{L}{4} (\delta z_1 + \delta z_2 + \delta z_3 + \delta z_4) = 0$$

zu setzen, falls $x_\varkappa y_\varkappa z_\varkappa$ ($\varkappa = 1, 2, 3, 4$) die Koordinaten der Eckpunkte des Tetraeders bezeichnen und beachtet wird, daß $\zeta = \frac{1}{4}(z_1 + z_2 + z_3 + z_4)$. Zwischen den Koordinaten zweier Eckpunkte des Tetraeders besteht die Beziehung

(α) $$(x_i - x_h)^2 + (y_i - y_h)^2 + (z_i - z_h)^2 = l_{hi}^2,$$

falls l_{hi} die Entfernung beider Eckpunkte bedeutet; aus ihr folgt

(α^*) $(x_i - x_h)(\delta x_i - \delta x_h) + (y_i - y_h)(\delta y_i - \delta y_h) + (z_i - z_k)(\delta z_i - \delta z_h) = 0.$

Solcher Gleichungen haben wir sechs, entsprechend den sechs Tetraederkanten. Ferner gelten die vier Gleichungen

(β) $$F(x_\varkappa, y_\varkappa, z_\varkappa) = 0, \qquad (\varkappa = 1, 2, 3, 4)$$

aus denen die vier weiteren

(β^*) $$\frac{\partial F}{\partial x_\varkappa} \delta x_\varkappa + \frac{\partial F}{\partial y_\varkappa} \delta y_\varkappa + \frac{\partial F}{\partial z_\varkappa} \delta z_\varkappa = 0$$

hervorgehen. Aus den 11 Gleichungen (α^*), (β^*) und $\delta A = 0$ lassen sich 10 der Koordinatenänderungen $\delta x_\varkappa$, $\delta y_\varkappa$, $\delta z_\varkappa$ eliminieren und wir erhalten dann eine Gleichung der Form

$$\Phi_1 \delta x + \Phi_2 \delta y = 0,$$

in der δx und δy zwei der 12 Koordinatenänderungen $\delta x_\varkappa$, $\delta y_\varkappa$, $\delta z_\varkappa$ bezeichnen sollen, dagegen Φ_1 und Φ_2 Funktionen jener Koordinaten selbst. Damit

12*

vorstehender Gleichung für alle möglichen Werte von δx und δy genügt werden kann, müssen die Gleichungen

$$\Phi_1 = 0 \quad \text{und} \quad \Phi_2 = 0$$

bestehen, die zusammen mit (α) und (β) 12 Gleichungen zur Berechnung der 12 Koordinaten $x_\varkappa$, $y_\varkappa$, $z_\varkappa$ der Tetraedereckpunkte in den Gleichgewichtslagen des Tetraeders liefern. Die Gleichgewichtslagen selbst sind offenbar dadurch gekennzeichnet, daß ζ in ihnen ein Maximum oder Minimum ist, also die Fläche, auf der sich der Massenmittelpunkt M zu bewegen gezwungen ist, in den Gleichgewichtslagen des Tetraeders horizontale Berührungsebene besitzt.

Wird ein Körper in fünf Punkten seiner Oberfläche gestützt, so ist der Freiheitsgrad seiner Bewegung $f = 1$, und letztere selbst eine ganz bestimmte Schraubung. Die auf den Körper wirkenden Kräfte sind an ihm im Gleichgewicht, falls ihre Dyname bei der Schraubung keine Arbeit verrichtet, also ihre Zentralachse der Bedingung (vgl. S. 152)

$$(\varrho + c)\cos\gamma + e\sin\gamma = 0$$

genügt, in der e der kürzeste Abstand und γ der Winkel zwischen Schrauben- und Zentralachse bedeutet, ferner $c = M_c : R$ und ϱ eine durch die Schraubensteigung bedingte Größe ist.

Besonders wichtig für die Anwendungen ist der Fall des Gleichgewichtes der Kräfte an dem in sechs Punkten gestützten Körper. Hier ist im allgemeinen $f = 0$, d. h. jede Bewegungsmöglichkeit ausgeschlossen. Das Gleichgewicht der Kräfte ist daher bei jedem beliebigen Kräftesystem vorhanden. Die Aufgabe besteht dann nur in der Bestimmung der Größe der Stützkräfte, deren Angriffspunkte in den Berührungspunkten des Körpers mit dem stützenden Körper liegen, und deren Wirkungslinien die Flächennormalen der Stützpunkte sind. Die Berechnung der Stützkräfte erfolgt dann mittels der Bedingungsgleichungen (V) des Gleichgewichtes.

Nicht immer findet die Stützung in 6 getrennten Punkten der Oberfläche des Körpers statt. Es kann vorkommen, daß einzelne Punkte des Körpers auf Kurven zu verbleiben gezwungen sind oder ein Punkt festgehalten wird. Der erstere Fall deckt sich mit der Forderung, daß ein Körperpunkt auf zwei Flächen sich bewegen muß, also auf ihrer Schnittlinie, der letztere mit der, daß der Punkt gleichzeitig auf drei Flächen sich bewegt. Die Stützkraft in einem solchen Punkte ist dann in ihrer Richtung nicht mehr völlig bestimmt; sie wird im ersteren Falle nur an die Normalebene der Kurve gebunden, im letzteren Falle aber an keinerlei Richtung. Das bedeutet im ersteren Fall, daß zwei der drei Komponenten der Stützkraft als unbekannt anzusehen sind, im letzteren, daß alle drei Komponenten bestimmt werden müssen.

Beispiel: Ein Körper bestehe aus zwei sehr dünnen schweren Stäben, die in C (s. Fig. 140) starr zu einem Winkel verbunden sind. Dieser Winkel werde in einem Hohlraum gestützt, der von vertikalen und horizontalen ebenen Wänden, sowie von einem Halbkreiszylinder begrenzt wird, wie in Fig. 140 angedeutet. Das Ende des einen Stabes liege im Schnittpunkt O dreier zueinander senkrechter Wände, das Ende B_3 des anderen stütze sich gegen eine vertikale Wand. Ferner mögen die beiden Schenkel des Winkels in B_1 bzw. B_2 auf der Oberfläche des Halbkreiszylinders aufliegen. Die Stützung des Körpers in O entspricht drei Stützungen auf drei Flächen; da er außerdem noch in B_1, B_2 und B_3 gestützt wird, so ist er in 6 Punkten, also unbeweglich gestützt anzusehen. Die Stützkraft S_0 in der Ecke O ist ihrer Richtung nach unbekannt, wir haben deshalb ihre drei Komponenten X_0, Y_0, Z_0 als Unbekannte zu betrachten. Die Stützkräfte S_1 und S_2 stehen senkrecht zur Zylinderfläche in den Punkten B_1 bzw. B_2, und da wir das Koordinatensystem so wählen, daß die Z-Achse in O senkrecht nach aufwärts gerichtet ist, und die Y-Achse parallel der Zylinderachse mit ihr in einer horizontalen Ebene, so werden die drei Komponenten von S_1 $X_1 = -S_1 \sin\alpha$, $Y_1 = 0$, $Z_1 = +S_1 \cos\alpha$, die von S_2 $X_2 = -S_2 \sin\alpha$, $Y_2 = 0$, $Z_2 = S_2 \cos\alpha$; hierin bezeichnet α den Winkel der Ebene beider Stäbe mit der XY-Ebene. Endlich werden die Komponenten von S_3, weil diese Stützkraft parallel der Y-Achse gerichtet ist, $X_3 = 0$, $Y_3 = -S_3$, $Z_3 = 0$. Als äußere Kräfte kommen nur die Schwerkräfte L' und L'' der beiden Stäbe in Betracht, die in den Massenmittelpunkten M' bzw. M'' angreifen. Bezeichnen x_i, y_i, z_i $(i = 1, 2, 3)$ die Koordinaten der drei Stützpunkte B_i $(i = 1, 2, 3)$, ferner x', y', z' bzw. x'', y'', z'' die Koordinaten beider Massenmittelpunkte, so erhalten die 6 Bedingungsgleichungen des Gleichgewichtes hier folgende Gestalt:

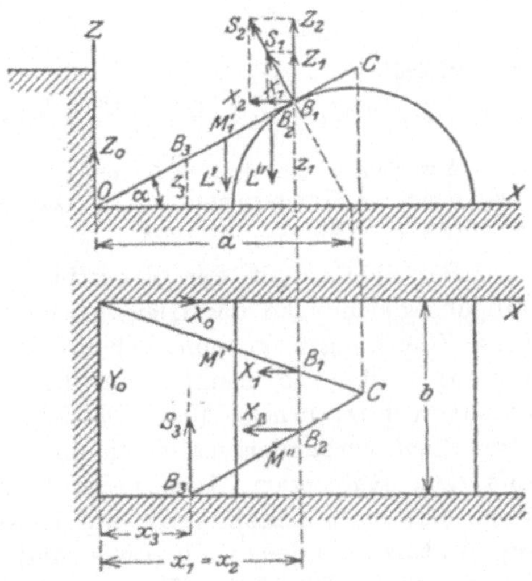

Fig. 140.

$$X_0 - S_1 \sin\alpha - S_2 \sin\alpha = 0;$$

$$\Sigma(Z_\varkappa y_\varkappa - Y_\varkappa z_\varkappa) = S_1 \cos\alpha\, y_1 + S_2 \cos\alpha\, y_2 + S_3 z_3 - L' y' - L'' y'' = 0;$$

$$Y_0 - S_3 = 0;$$

$$\Sigma(X_\varkappa z_\varkappa - Z_\varkappa x_\varkappa) = -S_1 \sin\alpha\, z_1 - S_1 \cos\alpha\, x_1 - S_2 \sin\alpha\, z_2 - S_2 \cos\alpha\, x_2 + L' x' + L'' x'' = 0;$$

$$Z_0 + S_1 \cos\alpha + S_2 \cos\alpha = L' + L'';$$

$$\Sigma(Y_\varkappa x_\varkappa - X_\varkappa y_\varkappa) = +S_1 \sin\alpha\, y_1 + S_2 \sin\alpha\, y_2 - S_3 x_3 = 0.$$

Eliminiert man aus der 4. und der 6. Gleichung S_3, so erhält man mit Benutzung der Beziehung $z_3 = x_3 \cdot \tan\alpha$ die Gleichung

$$S_1 y_1 + S_2 y_2 = (L' y' + L'' y'') \cos\alpha,$$

während aus der 5. Gleichung, weil $z_1 = z_2 = a \cos\alpha \cdot \sin\alpha$; $x_1 = x_2 = a \cos^2\alpha$,

$$S_1 + S_2 = \frac{L'x' + L''x''}{a \cos \alpha}$$

hervorgeht. Damit finden wir

$$S_1 = \frac{(L'x' + L''x'')y_2 - (L'y' + L''y'')\, a \cos^2 \alpha}{(y_2 - y_1)\, a \cos \alpha},$$

$$S_2 = \frac{(L'y' + L''y'')\, a \cos^2 \alpha - (L'x' + L''x'')y_1}{(y_2 - y_1)\, a \cos \alpha}.$$

und schließlich

$$S_3 = \frac{(L'y' + L''y'') \sin \alpha \cos \alpha}{x_2}.$$

Aus den ersten drei Bedingungsgleichungen des Gleichgewichtes erhält man dann die Komponenten X_0, Y_0, Z_0 der Stützkraft S_0 und damit diese selbst nach Größe und Richtung.

Die Möglichkeit der Ermittlung der Stützkräfte aus den Bedingungsgleichungen des Gleichgewichtes hat zur Voraussetzung, daß diese Gleichungen voneinander unabhängig sind. Ist diese Voraussetzung erfüllt, so nennt man die Stützkräfte bzw. die Stützung statisch bestimmt. Man übersieht sofort, daß die statische Bestimmtheit vorhanden ist, wenn durch jede Berührung des gestützten mit dem stützenden Körper der Freiheitsgrad um 1 vermindert wird, also bei β Stützpunkten um β. Geometrisch bedeutet das, daß die β Stütznormalen nach Lage und Richtung voneinander unabhängig sind. Das ist z. B. nicht mehr der Fall, wenn sich fünf dieser Normalen durch eine Gerade schneiden lassen. Doch sind die geometrischen Zusammenhänge zwischen den β Stütznormalen im Falle ihrer gegenseitigen Abhängigkeit nicht einfach genug, um hier darauf näher eingehen zu können.

Dreiundzwanzigstes Kapitel.

Gleichgewicht der Kräfte an in Flächen gestützten Körpern.

Im vorstehenden Kapitel haben wir angenommen, daß die Beschränkung der Beweglichkeit der Körper dadurch herbeigeführt wird, daß sie gezwungen sind, andere Körper in Punkten ihrer Oberfläche dauernd zu berühren. Diese Berührung in Punkten, z. B. bei den Kugeln eines Kugellagers, findet aber streng genommen niemals statt; vielmehr tritt infolge der Elastizität bzw. Plastizität des Materials, aus dem der Körper besteht, immer eine Berührung in einer sehr kleinen Fläche ein. Und in einer großen Reihe von Fällen wird die Berührung der Körper schon um der Verhinderung rascher Abnutzung willen in ausreichend großen Flächen herbeigeführt, wie z. B. in den Kraft- und Arbeitsmaschinen. Um nun die Bedingungsgleichungen des Gleichgewichtes einheitlich für die in

Flächen gestützten Körper aufstellen zu können, ist es zweckmäßig,
an Stelle der in Punkten angreifenden Stützkräfte hier Kräfte einzuführen, die sich über die Stützfläche stetig verteilen, und das kann
geschehen unter Benutzung eines neues Begriffes, der sog. Flächenkraft. Wir verstehen darunter eine Kraft, die sich nicht auf einen
Massenpunkt bzw. dessen Masse erstreckt, sondern
auf eine Fläche, obwohl sie ihrer Art, bzw. ihrer
Dimension nach völlig mit den Massenpunktkräften
übereinstimmen soll.

Zwecks möglichster Anschaulichkeit mag zuerst
ein besonders einfacher Fall behandelt werden, und zwar der
des schweren Körpers, der in
einer horizontalen ebenen Fläche
gestützt wird (s. Fig. 141 a). Um
ihn als frei beweglichen Körper
im Gleichgewicht zu erhalten,
denken wir uns in jedem Punkt A
der Stützfläche eine senkrecht
zu letzterer gerichtete unendlich kleine Kraft dN angebracht, deren
Größe dem Flächenelement df in diesem Punkte proportional ist.
Wir setzen also (s. Fig. 141 b)

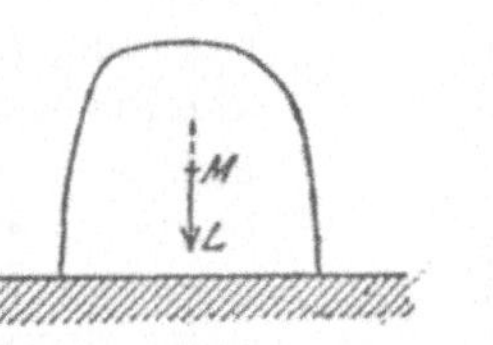

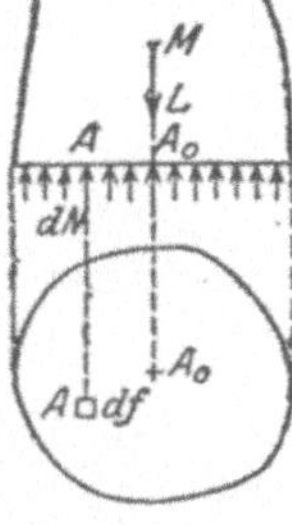

Fig. 141 a.   Fig. 141 b.

$$dN = v \cdot df$$

und nennen

$$v = \frac{dN}{df}$$

den Druck oder die Druckspannung im Punkte A der Stützfläche. Würden wir annehmen können, daß v in allen Punkten A
den gleichen Wert v_0 besäße, so erhielten wir als Resultierende N
aller der Kräfte dN

$$N = \int dN = v_0 \int df = v_0 \cdot F,$$

falls F die Größe der Stützfläche bezeichnet. Hieraus ergäbe sich

$$v_0 = \frac{N}{F}$$

und da im Gleichgewichtsfalle $N = L$, d. h. gleich der Last des
Körpers wäre, so fänden wir $v_0 = L : F$ abhängig von der Größe der
Last und der Stützfläche. Es ist sonach v_0 eine ganz andere Art
von Größen, wie die Kräfte sind, und zwar haben wir hier die Last
L des Körpers als die Ursache des Druckes, letzteren sonach als
die Wirkung jener Kraft anzusehen. Diese Bemerkung ist nicht
unwesentlich gegenüber dem häufig vorkommenden Mißbrauch des

Wortes „Druck" in der Technik, der darin besteht, daß man die
Ursache eines Druckes, also die Druckkraft, vielfach kurz Druck
nennt, während ν_0 meist, wenn auch ganz unnötigerweise „spezi-
fischer Druck" genannt wird. Im folgenden wird ν bzw. ν_0 stets
nur „Druck" genannt, die Kraft dagegen, die ihn hervorbringt,
Druckkraft.

Der Druck ist eine sinnlich wahrnehmbare Größe, und zwar
mittels der Gefühls- oder Tastnerven unserer Haut. Dieser Umstand hat vielfach zu der Annahme geführt,
daß die Kraft sinnlich wahrnehmbar sei. Daß
diese Annahme nicht richtig ist, wird durch
folgenden einfachen Versuch bewiesen, der
allerdings nur mit Menschen möglich ist, die
eine so weit entwickelte Druckempfindlichkeit
besitzen, daß sie Druckunterschiede, die das
Doppelte bis dreifache einer Druckintensität
sind, wahrzunehmen vermögen. Man stelle

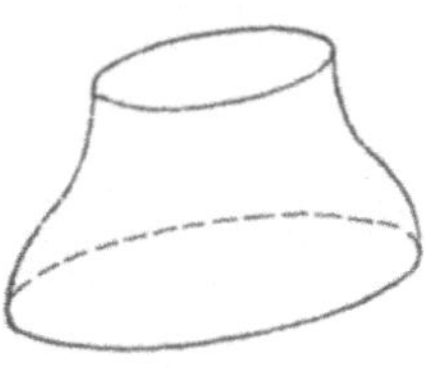

Fig. 142.

einen schweren Körper, am besten aus Blei, der die Gestalt eines
Rotationskörpers mit sehr verschieden großen ebenen parallelen
Basisflächen hat (s. Fig. 142), auf die ruhende Hand oder den Arm
eines Menschen mit vorerwähnter Eigenschaft (die experimentell ge-
prüft werden kann), der aber sonst gänzlich unbefangen ist, und

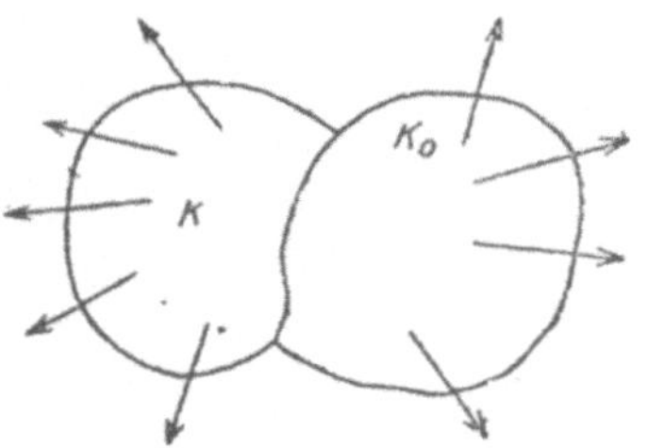

Fig. 143a.

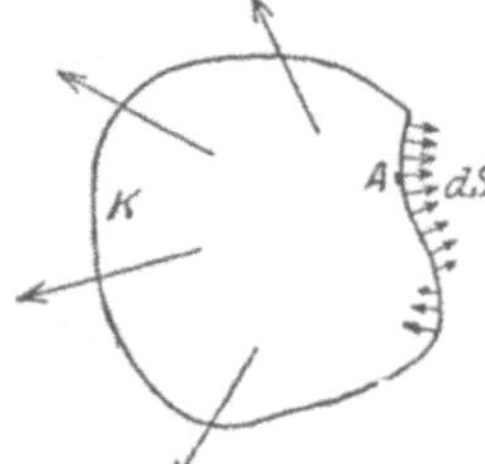

Fig. 143b.

zwar einmal mit der einen kleinen und dann mit der anderen großen
Stützfläche. Kann er nicht sehen, daß es derselbe Körper ist, so
wird er, nach seiner Druckempfindung befragt, bei der Stutzung in
der kleinen Fläche den Körper für den schwereren, bei der großen
für den leichteren erklären, obwohl in beiden Fällen die Schwere ja
dieselbe ist. Hieraus geht hervor, daß er nicht die Druckkraft wahrzunehmen imstande ist, sondern den Druck in dem hier dargeleg-
ten Sinne.

Die Verallgemeinerung dieser Betrachtung führt zu dem wichtigen Begriff der Spannung. Der Körper K (s. Fig. 143a) berühre

den Körper K_0 in einer beliebig gestalteten Fläche und sei unter dem Einfluß der auf ihn wirkenden äußeren Kräfte sowie der Stützung im Gleichgewichtszustande. Wir erhalten den nicht gestützten, also frei beweglichen Körper dadurch in seinem Gleichgewichtszustande, daß wir in allen Punkten A der Stützfläche (s. Fig. 143b) unendlich kleine Stützkräfte dS anbringen, die sich über die Fläche stetig verteilen und sich auf je ein Element dF der Stützfläche beziehen. Wir setzen nun

$$dS = \sigma \cdot dF$$

und nennen

(118) $$\sigma = \frac{dS}{dF}$$

die Spannung im Punkte A der Stützfläche. Die Größe σ ist eine endliche Größe und wird im allgemeinen mit der Lage des Punktes A sich ändern. Da die Stützkraft dS an eine Richtung gebunden ist, so legen wir auch der Spannung eine Richtung bei, und zwar die der Kraft dS; damit wird sie zu einer gerichteten Größe.

Wie schon aus dem Ausdruck für ν_0 (s. S. 183) hervorgeht, und (118) unmittelbar zeigt, ist die Spannungseinheit gleich dem Verhältnis der Krafteinheit zur Flächeneinheit, da die Spannung das Verhältnis einer Kraft zu einer Fläche darstellt. Es ergibt sich folglich für die Spannungseinheit eine abgeleitete Einheit, deren Dimension aus

$$\sigma_I = \frac{P_I}{F_I} = P_I\, l_I^{-2}$$

folgt. Im absoluten Maßsystem ist $P_I = m_I\, l_I\, t_I^{-2}$, daher

$$\sigma_I = m_I\, l_I^{-1}\, t_I^{-2}$$

und insbesondere im C.G.S.-System

$$\sigma_I = 1\ \mathrm{Dyn\ cm^{-2}} = 1\ \mathrm{g\ cm^{-1}\ s^{-2}}.$$

Da diese Spannungseinheit sehr klein ausfällt, wählt man meist die 10^6-fache, d. i. $\sigma_I = 10^6\ \mathrm{Dyn\ cm^{-2}} = 10^6\ \mathrm{g\ cm^{-1}\ s^{-2}}$ und nennt sie die absolute Atmosphäre. Im M.T.S.-System ist die Druckeinheit $1\ \mathrm{vis/m^2} = 1\ \mathrm{Sth\grave{e}ne/m^2}$; letztere heißt in Frankreich ein Piëz.

Im technischen Maßsystem ist $P_I = 1\ \mathrm{kg_s}$, d. i. gleich der Kilogrammschwere; die Spannungseinheit

$$\sigma_I = 1\ \mathrm{kg_s\ cm^{-2}}$$

heißt die metrische oder auch technische Atmosphäre; sie entspricht einem Barometerstande von 735,5 mm Quecksilber und wird häufig mit 1 at (oder umständlicher durch 1 kg/qcm) bezeichnet.

Wählen wir zur Darstellung von σ_I irgendeine Länge, dann läßt sich jede Spannung durch einen Vektor veranschaulichen.

Zerlegt man die Kraft dS in Richtung der Normalen n der Stützfläche und der Tangentialebene im Punkt A in Komponenten, so wird (s. Fig. 144)

$$dN = dS \cdot \cos \psi, \qquad dF = dS \cdot \sin \psi,$$

falls ψ den Winkel zwischen dS und der nach außen gerichteten Normalen n bezeichnet. Nun können wir aber nach (118)

$$dN = \nu \cdot dF, \qquad dT = \tau \cdot dF$$

setzen, da die Beziehung (118) unabhängig von der Richtung der Kraft dS ist. Sonach findet man

$$(119) \qquad \nu = \sigma \cdot \cos \psi, \qquad \tau = \sigma \cdot \sin \psi,$$

und wenn man ν und τ ebenfalls durch Vektoren darstellt, so erkennen wir, daß sich Spannungen wie Kräfte in Komponenten zer-

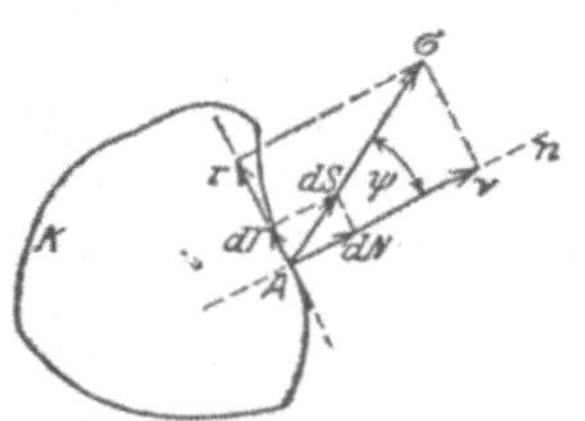

Fig. 144.

legen lassen und umgekehrt auch zusammensetzen. Man nennt ν die Normalspannung, τ die Tangential- oder Schubspannung im Punkte A der Stützfläche. Das Spannungsparallelogramm ist dem Parallelogramm der unendlich kleinen Stützkräfte ähnlich und ähnlich gelegen.

Da $0 \leqq \psi \leqq \pi$, so erkennt man, daß zwar τ immer positiv bleibt, dagegen ν positiv oder negativ werden kann, je nachdem $\psi \gtrless \dfrac{\pi}{2}$. In dem Falle $\psi < \dfrac{\pi}{2}$ ist ν nach außen gerichtet; man nennt dann ν eine Zugspannung oder kurz Zug und bezeichnet sie mit ν_z. Wenn dagegen $\psi > \dfrac{\pi}{2}$, also ν negativ und folglich in das Innere des gestützten Körpers gerichtet ist, so nennt man sie Druckspannung oder kurz Druck, wohl auch Pressung und bezeichnet sie mit ν_d.

Kennt man das Gesetz, nach dem sich Größe und Richtung von σ mit den Punkten der Stützfläche ändert, so lassen sich die Flächenkräfte zusammensetzen und ergeben im allgemeinen eine ganz bestimmte Dyname. Denken wir uns den Körper K auf ein beliebiges Koordinatensystem bezogen, und bezeichnen ψ_x, ψ_y, ψ_z die Winkel der Kraft dS mit den drei Koordinatenachsen, dann sind die drei Komponenten dX, dY, dZ von dS in der Form

$$dX = dS \cdot \cos \psi_x = \sigma \cdot \cos \psi_x \cdot dF, \qquad dY = dS \cdot \cos \psi_y = \sigma \cdot \cos \psi_y \cdot dF,$$
$$dZ = dS \cdot \cos \psi_z = \sigma \cdot \cos \psi_z \cdot dF$$

darstellbar, und wenn wir die Spannungskomponenten

$$\sigma_x = \sigma \cos \psi_x, \qquad \sigma_y = \sigma \cos \psi_y, \qquad \sigma_z = \sigma \cos \psi_z$$

einführen, in der Form

$$dX = \sigma_x \cdot dF, \qquad dY = \sigma_y \cdot dF, \qquad dZ = \sigma_z \cdot dF,$$

worin σ_x, σ_y, σ_z bekannte Funktionen der Koordinaten eines Punktes der Stützfläche bedeuten. Dementsprechend erhält man als Komponenten der Resultierenden aller Flächenkräfte

$$X = \int dX = \int \sigma_x\, dF, \qquad Y = \int \sigma_y\, dF, \qquad Z = \int \sigma_z\, dF,$$

wobei die Integrationen über die ganze Stützfläche zu erstrecken sind. Ferner findet man als resultierende Momente der Flächenkräfte in bezug auf die drei Koordinatenachsen

$$M_x = \int (\sigma_z y - \sigma_y z)\, dF, \qquad M_y = \int (\sigma_x z - \sigma_z x)\, dF,$$
$$M_z = \int (\sigma_y x - \sigma_x y)\, dF.$$

Größe und Richtung von R folgt dann wie früher aus

$$R = \sqrt{X^2 + Y^2 + Z^2},$$
$$\cos \alpha_x = \frac{X}{R}, \qquad \cos \alpha_y = \frac{Y}{R}, \qquad \cos \alpha_z = \frac{Z}{R};$$

ferner das resultierende Hauptmoment und seine Richtung aus

$$M_h = \sqrt{M_x^2 + M_y^2 + M_z^2},$$
$$\cos \beta_x = \frac{M_x}{M_h}, \qquad \cos \beta_y = \frac{M_y}{M_h}, \qquad \cos \beta_z = \frac{M_z}{M_h}.$$

Die Ermittlung der Dyname geschieht wie früher angegeben.

Beispiele:

1. Die Stützfläche sei eine ebene und die Spannung eine Normaldruckspannung von in allen Punkten gleicher Größe v_0 (s. Fig. 145). Um die Kräfte $dN = v_0 \cdot dF$ zusammenzusetzen, legen wir ein Koordinatensystem mit den Achsen X und Y in die Stützfläche, die Z-Achse senkrecht zu ihr in Richtung von v_0. Es wird dann $dX = dY = 0$; $dZ = dN$ und folglich $X = Y = 0$, $Z = \int v_0\, dF = v_0 \int dF = v_0 \cdot F$. Die Resultierende R aller Druckkräfte dN ergibt sich sonach zu

$$R = Z = v_0 \cdot F,$$

und ihre Richtung parallel zur Z-Achse. Bezeichnen $x_0\, y_0$ die Koordinaten des Punktes A_0 in der Stützfläche, in dem diese von der Wirkungslinie der Resultierenden getroffen wird,

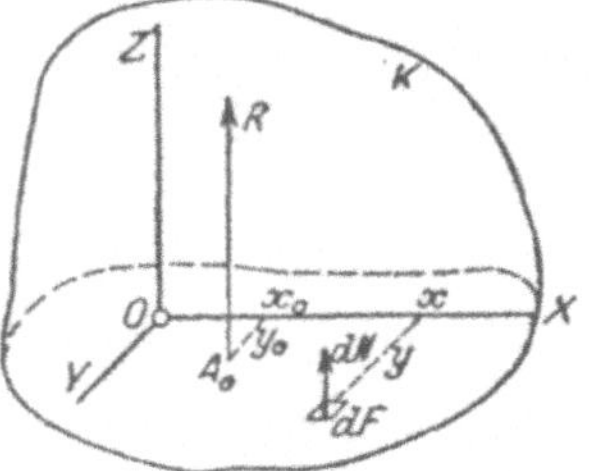

Fig. 145.

so folgt aus der Momentengleichung für die X-Achse

$$R \cdot y_0 = \int y\, dN = \nu_0 \int y\, dF = \nu_0 \cdot F \cdot \eta\,,$$

und aus der für die Y-Achse

$$- R \cdot x_0 = - \int x\, dN = - \nu_0 \int x\, dF = - \nu_0 \cdot F \cdot \xi\,;$$

es wird folglich, weil $R = F \cdot \nu_0$,

$$x_0 = \xi\,, \qquad y_0 = \eta\,,$$

d. h. der Punkt A_0, der **Druckmittelpunkt** genannte Angriffspunkt der resultierenden Druckkraft R fällt mit dem Massenmittelpunkt M_0 der Stützfläche zusammen.

2. Die Stützfläche sei eben, und die Spannung eine Normaldruckspannung ν, die sich proportional dem Abstande der Flächenelemente von einer gegebenen Geraden g in der Ebene der Stützfläche ändere. Wir legen zwecks vereinfachter Zusammensetzung der Stützkräfte $dN = \nu \cdot dF$ die X-Achse des Koordinatensystems in die Gerade g, die Z-Achse senkrecht zur Stützfläche durch einen beliebigen Punkt O von g (s. Fig. 146). Da ν proportional dem Abstand des Flächenelementes dF von g sein soll, so würde dieser Abstand hier $= y)$ der Ordinate des Punktes werden, in dem der Druck ν herrscht. Setzen wir daher

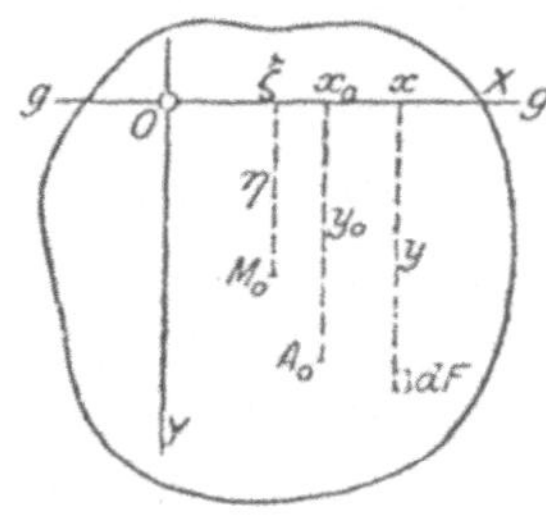

Fig. 146.

$$\nu = \varkappa \cdot y\,,$$

unter $\varkappa$ eine Konstante verstanden, und beachten, daß hier $dX = dY = 0$, $dZ = dN = \nu \cdot dF = \varkappa y\, dF$, so finden wir $X = Y = 0$, $Z = \int dZ = \varkappa \int y\, dF = \varkappa \cdot F \cdot \eta$, falls η die Ordinate des Massenmittelpunktes M_0 der Stützfläche bezeichnet, und somit

$$R = Z = \varkappa \cdot F \cdot \eta\,.$$

Da die Flächenkräfte dN alle parallel sind, so lassen sie sich durch eine Resultierende ersetzen, die parallel der Z-Achse sein muß und die Stützfläche in einem Punkt A_0, dem **Druckmittelpunkt**, trifft, dessen Koordinaten x_0, y_0 aus den Momentengleichungen für die X- und Y-Achse, nämlich

$$R \cdot y_0 = \int y\, dN = \varkappa \int y^2\, dF = \varkappa J_x\,,$$

$$- R \cdot x_0 = - \int x\, dN = - \varkappa \int xy\, dF = - \varkappa \cdot C_{xy}$$

hervorgehen; in diesen ist $J_x = \int y^2\, dF$ das äquatoriale Trägheitsmoment der Stützfläche für die Gerade g und $C_{xy} = \int xy\, dF$ das Zentrifugalmoment dieser Fläche für die X- und Y-Achse. Unter Verwendung des Ausdruckes für R erhält man sonach

$$y_0 = \frac{J_x}{F \cdot \eta}\,, \qquad x_0 = \frac{C_{xy}}{F \cdot \eta}\,.$$

Ist z. B. die Fläche eine Rechteck und g eine Rechteckseite, so findet man mit b als Breite und l als Länge des Rechteckes $J_x = \dfrac{b\,l^3}{3}$, $C_{xy} = \dfrac{b^2\,l^2}{4}$, $F = b \cdot l$, $\eta = \dfrac{l}{2}$, wenn die X- und die Y-Achse in zwei Rechteckseiten fallen; damit

aber wird $x_0 = \dfrac{b}{2}$, $y_0 = \dfrac{2}{3}\,l$ und es liegt folglich
der Druckmittelpunkt in der Mittellinie des Recht-
eckes parallel zur Längsseite l und teilt letztere
im Verhältnis $2:1$.

3. In dem Sektor einer Kreiszylinderfläche
herrsche ein gleichmäßig verteilter Normaldruck ν_0;
der Radius des Zylinders sei r, die Länge l und
der Öffnungswinkel α (s. Fig. 147). Wir legen die
Y-Achse des Koordinatensystems in die Zylinderachse, den Koordinatenanfang O in die Mitte der
Zylinderlänge und die XY-Ebene so, daß sie den
Zentriwinkel des Sektors halbiert. Da die Stützkraft dN senkrecht auf der Zylinderfläche steht,
so wird hier $\psi_y = 0$, $\psi_z = \dfrac{\pi}{2} - \psi_x$ und folglich

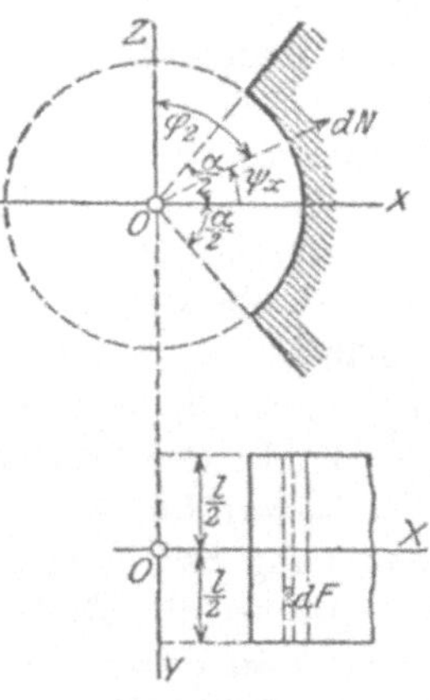

Fig. 147.

$$X = \int dX = \int dN\cdot\cos\psi_x = \nu_0 \int\limits_{-\frac{\alpha}{2}}^{+\frac{\alpha}{2}} dF\cdot\cos\psi_x = 2\,\nu_0\,l\,r\sin\frac{\alpha}{2}\,.$$

Andrerseits wird hier $Y = 0$, $Z = \int dZ = \nu_0 \int dF\cdot\cos\psi_z = 0$, womit erkannt
wird, daß $R = X = 2\,\nu_0\,l\,r\sin\dfrac{\alpha}{2}$ und daß R die Richtung der X-Achse hat.
Ferner erkennt man leicht unmittelbar, daß $M_x = M_y = M_z = 0$, und deshalb
sich die Flächenkräfte ersetzen lassen durch eine einzige Kraft, deren Wirkungslinie die X-Achse ist.

Die Stützkräfte dS stehen mit den äußeren Kräften, die auf
den Körper wirken, in dem Zusammenhang, daß sie ihnen das Gleichgewicht halten sollen. Damit werden aber die Spannungen in der
Stützfläche noch keineswegs bestimmt. Schon wenn der Körper in
drei Punkten, die nicht in einer Geraden liegen, festgehalten wird,
sind die drei Stützkräfte in diesen Punkten statisch unbestimmt,
wie wir fanden; um so mehr in den unendlich vielen Punkten einer
Stützfläche. Wir können daher nicht erwarten, daß das Gesetz der
Spannungsverteilung in der Stützfläche aus den sechs Bedingungsgleichungen des Gleichgewichtes sich ableiten läßt, denen die Spannkräfte dS und die äußeren Kräfte, die auf den Körper wirken,
unterworfen sind. Vielmehr könnte diese Ableitung in strenger
Weise nur erfolgen unter Berücksichtigung der plastischen und
elastischen Eigenschaften der Stoffe, aus denen der gestützte und
der stützende Körper bestehen. Da wir aber die Körper hier als
absolut starr voraussetzen, so bleibt nur die Möglichkeit, bezüglich
der Spannungsverteilung Annahmen zu machen und diese mit den
Bedingungsgleichungen des Gleichgewichtes in Einklang zu bringen.

Es bedingt aber einen Unterschied, ob die Stützung des Körpers in
einer Fläche eine bewegliche ist, oder nicht. Im allgemeinen ist ja bei
Berührung zweier Körper in einer Fläche jede gegenseitige Bewegung
ausgeschlossen (vgl. hierzu Bd. I., S. 116). Nur bei Berührungen in
besonderen Flächen, den sogen. sich selbsthüllenden Flächen
ist eine Bewegung möglich, deren Freiheitsgrad von der Flächenart
abhängt. So ist z. B. bei Schrauben- und Rotationsflächen $f = 1$,
bei Kreiszylinderflächen $f = 2$ und bei Kugelflächen und Ebenen
$f = 3$. In den letzten beiden Fällen ($f = 2$ und $f = 3$) wird man
die Stützkräfte senkrecht zur Fläche wählen, weil sie sonst bei einer
Bewegung des Körpers eine Arbeit verrichten würden. Es ist damit
wenigstens die Richtung der Spannungen bestimmt, indem man
$\tau = 0$, also $\sigma = \nu$ wählen wird. Das geschieht auch in den Fällen
$f = 1$, obwohl die Berechtigung dazu nur für die Bewegungsrichtung
vorhanden ist.

Was nun die Annahmen bezüglich des Verteilungsgesetzes der
Spannungen anlangt, so richten sich diese einerseits nach der Art
der Inanspruchnahme des Körpers durch die äußeren Kräfte, andrerseits aber nach dem elastischen bzw. plastischen Verhalten der
Stoffe, aus denen die sich berührenden Körper bestehen. Maßgebend
ist insbesondere der Gesichtspunkt, daß die Annahmen zu Ergebnissen führen, die mit den Beobachtungen in der Wirklichkeit in
hinreichender Übereinstimmung stehen. Wie wir dabei im besonderen verfahren, soll an dem Beispiel des schweren Körpers, der auf
einer horizontalen Ebene gestützt ist, erläutert werden.

Es sei der Körper K (Fig. 148) nur seiner eignen Schwere L
unterworfen, deren Wirkungslinie durch den Schwerpunkt M geht.
Nehmen wir in der ebenen Stützfläche F des Körpers einen gleichmäßig verteilten Normaldruck ν_0 an, so
würde dieser aus der Bedingungsgleichung
des Gleichgewichtes $R = N = L$ folgen
müssen (s. S. 187), also sich zu

$$\nu_0 = \frac{L}{F}$$

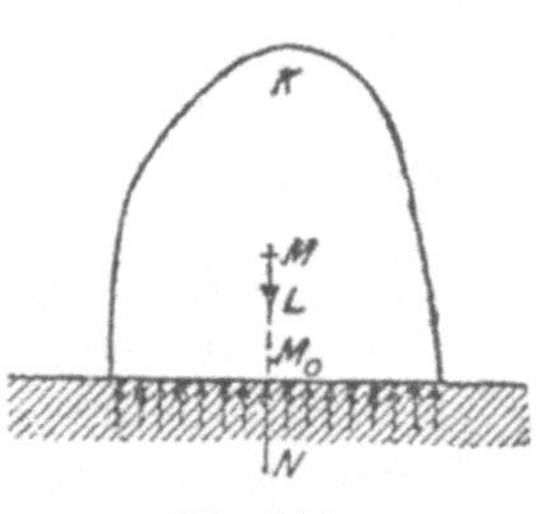

Fig. 148.

ergeben, falls den übrigen Bedingungen des
Gleichgewichtes hier genügt wird, nämlich
der Druckmittelpunkt A_0 mit dem Massenmittelpunkt M_0 der Stützfläche zusammen-
fällt. Das ist hier nur möglich, wenn der Körperschwerpunkt M
vertikal über M_0 liegt, woraus die wichtige Folgerung hervorgeht:
Die Annahme konstanten Druckes in der horizontalen
Stützfläche schwerer Körper ist nur zulässig, wenn der

Massenmittelpunkt der Stützfläche in einem Lote mit dem Körperschwerpunkt liegt.

Aber auch dann ist die Zulässigkeit der Annahme noch immer abhängig von dem elastischen und plastischen Verhalten des Materials des gestützten und des stützenden Körpers. Wenn z. B. der gestüzte Körper aus festem Stein bestünde, der stützende aber aus nachgiebigem Boden, so müßte man damit rechnen, daß letzterer nach dem Rande zu etwas ausweicht, und demnach der Druck v abnimmt. Eine erste Annäherung an die Wirklichkeit dürfte dann die Annahme $v = v_m - \varkappa \varrho^2$ sein, worin v_m den Druck im Massenmittelpunkt M_0 (s. Fig. 148a) und v den in den Flächenelementen im Abstand ϱ von M_0 bezeichnet, und $\varkappa$ ein Konstante ist. Denkt man sich die v durch Vektoren in den

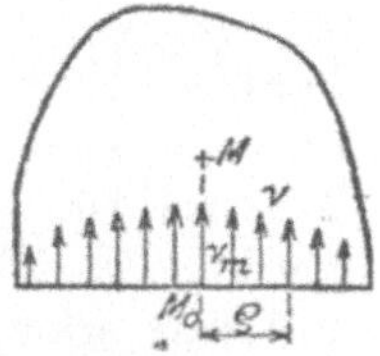

Fig. 148a.

einzelnen Punkten der Stützfläche dargestellt, so liegen deren Endpunkte auf einem Rotationsparaboloid, dessen Achse das Lot durch M_0 bzw. den Körperschwerpunkt M ist.

Wenn der Körperschwerpunkt nicht vertikal über M_0 liegt, dann muß bezüglich der Spannungsverteilung eine andere Annahme gemacht werden, und zwar wählt man als einfachste die, welche dem Beispiel 2 (S. 188) zugrunde liegt, nämlich, daß v sich proportional dem Abstande der Flächenelemente von einer Geraden g ändert, also, falls u diesen Abstand bezeichnet,

$$(120) \qquad v = \varkappa \cdot u$$

gesetzt werden könne. Nach allen Erfahrungen steht diese Annahme mit der Wirklichkeit in guter Übereinstimmung, solange beide sich berührende Körper hinreichend fest sind, um als starr betrachtet werden zu können. Die Konstante $\varkappa$ in dieser Beziehung und damit der Druck in den einzelnen Punkten der Stützfläche folgt aus

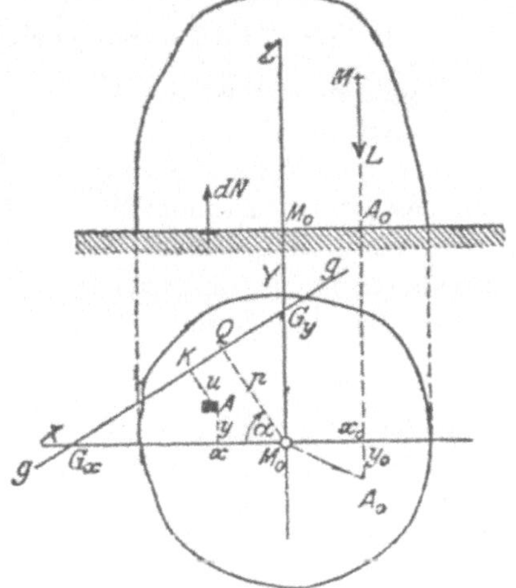

Fig. 149.

den Bedingungsgleichungen des Gleichgewichtes zwischen der Schwere L des Körpers und den Flächenkräften. Um diese Gleichungen aufstellen zu können, wählen wir das Koordinatensystem wie folgt. Wir legen (s. Fig. 149) die X- und Y-Achse in die beiden Haupt-

achsen der Zentralellipse der Stützfläche und die positive
Z-Achse senkrecht zu letzterer entgegengesetzt zur Richtung der
Last L. Der Punkt A_0, in dem die Wirkungslinie von L die Stütz-
fläche trifft, habe die Koordinaten x_0 und y_0, und die Gerade g,
deren Lage erst bestimmt werden muß, den Abstand $\overline{M_0 Q} = p$ vom
Massenmittelpunkt M_0 der Stützfläche; letzterer schließe mit der
X-Achse den Winkel α ein. In einem beliebigen Punkte A der Stützfläche sei ν der Druck; dieser soll also, falls $\overline{A K} = u$ den Abstand des
Punktes A von g bezeichnet, der Beziehung (120) genügen. Beachten
wir, daß $X_k = Y_k = 0$, $Z_k = Z = -L$ und $dN = \nu \cdot dF$ parallel der
Z-Achse ist, so erhalten wir aus (V) folgende drei Bedingungsgleichungen des Gleichgewichtes, da die anderen drei, wie man unmittelbar erkennt, identisch Null sind:

$$\int dN - L = 0, \quad -\int y\, dN + L y_0 = 0, \quad \int x\, dN - L x_0 = 0.$$

Berücksichtigt man, daß $dN = \nu \cdot dF = \varkappa \cdot u \cdot dF$, und benutzt, daß

$$u = p - x \cos \alpha - y \sin \alpha,$$

so erhält man die drei Gleichungen

$$\varkappa \{ p \int dF - \cos \alpha \int x\, dF - \sin \alpha \int y\, dF \} = L,$$
$$\varkappa \{ p \int y\, dF - \cos \alpha \int xy\, dF - \sin \alpha \int y^2\, dF \} = L y_0,$$
$$\varkappa \{ p \int x\, dF - \cos \alpha \int x^2\, dF - \sin \alpha \int xy\, dF \} = L x_0.$$

Beachten wir weiter, daß die X- und Y-Achse sich im Massenmittelpunkt M_0 der Stützfläche schneiden, so werden die statischen
Momente $\int x\, dF$ und $\int y\, dF$ der Stützfläche zu Null; ferner wird
auch das Zentrifugalmoment $C_{xy} = \int xy\, dF = 0$, weil die genannten
Achsen Hauptträgheitsachsen sind. Es gehen sonach die drei Glei-
chungen, in denen wir noch $\int y^2\, dF = J_{mx}$ und $\int x^2\, dF = J_{my}$ setzen,
über in die einfacheren

$$\varkappa p F = L, \quad -\varkappa \sin \alpha \cdot J_{mx} = L y_0, \quad -\varkappa \cos \alpha \cdot J_{my} = L x_0,$$

aus denen $\varkappa$, p und α hervorgehen. Setzen wir $\varkappa = L : F p$ in die
beiden letzten Gleichungen ein, so erhalten wir die Ausdrücke

$$(121) \qquad \frac{\sin \alpha}{p} = -\frac{F \cdot y_0}{J_{mx}}, \qquad \frac{\cos \alpha}{p} = -\frac{F \cdot x_0}{J_{my}},$$

die erkennen lassen, daß der Angriffspunkt A_0 der resultierenden
Druckkraft, bzw. der von L negative Koordinaten haben muß, falls
$p > 0$ und α zwischen 0 und $\dfrac{\pi}{2}$ liegen, d. h. die Gerade g die
positive X- und Y-Achse schneiden soll, wie in Fig. 149 angenommen
wurde. Daraus geht hervor, daß der Massenmittelpunkt M_0 der

Stützfläche stets zwischen A_0 und der Geraden g liegen muß. Die beiden Koordinaten x_0 und y_0 des sogen. Angriffspunktes oder Druckmittelpunktes A_0 bestimmen die Lage der Geraden g für eine gegebene Stützfläche vollständig, und zwar erhält man sie aus (121) zu

$$(121\,\mathrm{a}) \qquad p = 1 : F \sqrt{\left(\frac{x_0}{J_{my}}\right)^2 + \left(\frac{y_0}{J_{mx}}\right)^2} \quad \text{und} \quad \tan \alpha = \frac{J_{my} \cdot y_0}{J_{mx} \cdot x_0}.$$

Diese so bestimmte Gerade g heißt die Nullinie der Stützfläche, und zwar, weil in ihren Punkten $\nu = 0$ wird. Weiter ersieht man, daß die Spannung ν für die Flächenpunkte zu beiden Seiten der Nullinie entgegengesetztes Vorzeichen erhält, und das bedeutet, daß auf der einen Seite der Nullinie in der Stützfläche Druckspannungen, auf der anderen Seite Zugspannungen vorhanden sind, denn u besitzt je nach der Lage des Punktes A positives oder negatives Vorzeichen. Da sich im vorliegenden Falle im Punkte M_0 die Spannung

$$(122) \qquad \nu_M = \varkappa \cdot p = \frac{L}{F}$$

ergibt und diese notwendig eine Druckspannung ist, so würde der Flächenteil, in dem M_0 und A_0 liegen, Druckspannungen aufweisen, der andere (falls dies möglich ist) Zugspannungen. Die Spannung ν_M hat hierbei dieselbe Größe, als ob sich der Druck gleichmäßig über die Stützfläche verteilen würde.

Man ersieht, daß der Druck seinem Absolutwert nach zunimmt mit der Entfernung des Flächenelementes von der Nullinie. Bezeichnet u_m den absolut größten Wert von u, so erhalten wir

$$\max(\nu) = \varkappa \cdot u_m = \frac{L u_m}{F p};$$

diese kann entweder eine Zug- oder eine Druckspannung sein.

Die Nullinie läßt sich zeichnerisch verhältnismäßig einfach nach dem Verfahren von Mohr ermitteln. Führen wir in (121) die Hauptträgheitsradien ϱ_x und ϱ_y mittels der Beziehungen $J_{mx} = F \cdot \varrho_x{}^2$, $J_{my} = F \cdot \varrho_y{}^2$ ein, so gehen sie in

$$-y_0 \cdot \frac{p}{\sin \alpha} = \varrho_x{}^2 \qquad -x_0 \frac{p}{\cos \alpha} = \varrho_y{}^2$$

über. Benutzt man nun den Umstand, daß

$$a_x \cos \alpha = p = a_y \sin \alpha,$$

worin $\overline{M_0 G_x} = a_x$ und $\overline{M_0 G_y} = a_y$ die Achsenabschnitte der Nullinie bezeichnen (s. Fig. 149), so lassen sich vorstehende Gleichungen auf die Form

$$(-x_0)\,a_x = \varrho_y{}^2, \qquad (-y_0)\,a_y = \varrho_x{}^2$$

bringen, die zu folgender Konstruktion der Punkte G_x und G_y führt.
Wir tragen die Strecke $\overline{M_0\,R_y} = \varrho_y$ auf der Y-Achse von M_0 aus auf
(s. Fig. 150) und ziehen die Senkrechte $R_y\,G_x$ zu $F_x\,R_y$, dann erhalten wir im Schnittpunkte mit der Y-Achse G_x. In gleicher Weise
errichten wir, falls $\overline{M_0\,R_x} = \varrho_x$, zu $F_y\,R_x$ die Senkrechte, die auf der
Y-Achse G_y ausschneidet; die Verbindungsgerade $G_x\,G_y$ ist die gesuchte

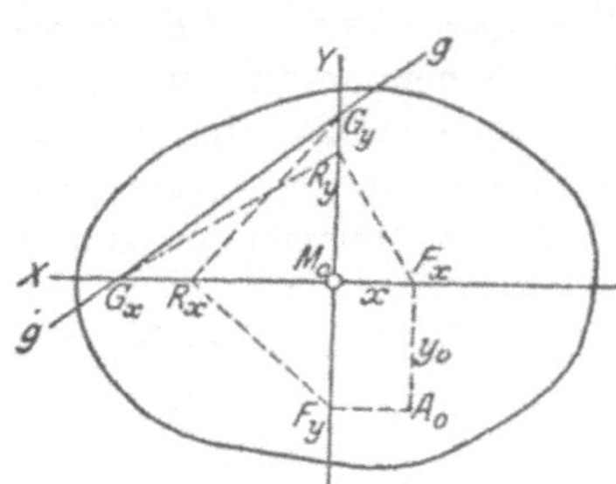

Fig. 150.

Nullinie. Die Richtigkeit der Konstruktion folgt aus dem bekannten
Satze, daß das Quadrat der Höhe
eines rechtwinkligen Dreieckes auf
der Hypothenuse gleich ist dem Produkt aus den beiden Hypothenusen-
abschnitten, in die der Lotfußpunkt
die Hypothenuse zerlegt. Hierbei
ist zu beachten, daß $(-x_0)$ den
auf der negativen X-Achse auf ge-
tragenen Absolutwert $\overline{M_0\,F_x}$ von x_0
bezeichnet, ebenso $(-y_0)$ den Wert ·
$\overline{M_0\,F_y}$.

Wie die bisherigen Betrachtungen zeigen, ist jedem Angriffspunkte A_0 in einer gegebenen Stützfläche eine Nullinie eindeutig
zugeordnet, wie auch umgekehrt jeder Nullinie ein eindeutig bestimmter Angriffspunkt, was aus den Formeln (121) unmittelbar
folgt. Man nennt deshalb Angriffspunkt und Nullinie einander
konjugiert. Dieser Zusammenhang zwischen beiden läßt sich auch
rein geometrisch darstellen, und zwar unter Verwertung der Zentralellipse der Fläche. Bezeichnet man mit X, Y die Koordinaten dieser
Ellipse für das gewählte Koordinatensystem und mit A und B ihre
beiden Halbachsen, so hat ihre Gleichung die Gestalt

$$\frac{X^2}{A^2} + \frac{Y^2}{B^2} = 1,$$

und darin ist

$$A = \sqrt{\frac{J_{my}}{F}}, \quad B = \sqrt{\frac{J_{mx}}{F}},$$

falls für die Zentralellipse die durch (31) bestimmte Konstante (siehe
S. 43) gewählt wird. Die Einführung der Halbachsen A und B in
(121) liefert dann die Beziehungen

$$\frac{\sin \alpha}{p} = -\frac{y_0}{B^2}, \quad \frac{\cos \alpha}{p} = -\frac{x_0}{A^2},$$

und mit diesen geht die Gleichung der Nullinie, d. i.

$$u = p - x \cos \alpha - y \sin \alpha = 0$$

über in

(123)
$$1 + \frac{x x_0}{A^2} + \frac{y y_0}{B^2} = 0$$

oder in

$$\frac{x(-x_0)}{A^2} + \frac{y(-y_0)}{B^2} = 1 .$$

Das ist aber die Gleichung der Polaren der Zentralellipse für einen Punkt A', dessen Koordinaten $x' = -x_0$, $y' = -y_0$ sind. Wir würden folglich die Nullinie als Polare der Zentralellipse für einen Punkt, der zu A_0 in bezug auf den Massenmittelpunkt M_0 symmetrisch liegt, auffassen und erhalten können. Man nennt deshalb diese Polare auch die Antipolare für den Angriffspunkt A_0 in bezug auf die Zentralellipse, und umgekehrt nennt man A_0 den Antipol der Nullinie für die Zentralellipse. Hat man die Zentralellipse gezeichnet (s. Fig. 151), so läßt sich zu jedem Punkt A_0 die Antipolare zeichnerisch ermitteln, indem man zu dem symmetrischen Punkt A' die Polare aufsucht, sei es mittels zweier Tangenten, von A' aus, deren Berührungspunkte B_1 und B_2 miteinander verbunden die Polare zu A' ergeben, sei es mittels eines vollständigen Vierseits 1 2 3 4, dessen einer Diagonalenschnittpunkt (III) nach A' gelegt wird. Die Umkehrung des Verfahrens ergibt A_0 als Antipol zu einer gegebenen Nullinie.

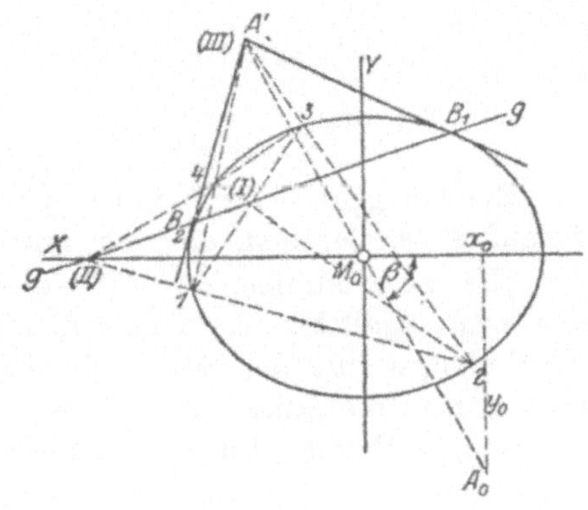

Fig. 151.

Da

$$v = \varkappa u = \varkappa (p - x \cos \alpha - y \sin \alpha)$$

$$= v_M \left(1 + \frac{x x_0}{A^2} + \frac{y y_0}{B^2} \right)$$

sich ergibt, so erkennt man aus diesem Ausdruck infolge der Vertauschbarkeit von x und x_0, bzw. y und y_0 sofort den Satz: Die Spannung v in einem Punkte $A(xy)$ der Stützfläche, verursacht durch eine Normalkraft im Punkte A_0, ist gleich der Spannung in A_0, verursacht durch dieselbe Kraft in

13*

A; er wird der Satz von der Gegenseitigkeit der Spannungen genannt.

Von Bedeutung ist in manchen Fällen, ob die Nullinie die Stützfläche durchschneidet oder ob sie außerhalb derselben verläuft. Wir erkennen das am einfachsten, indem wir uns zunächst vorstellen,

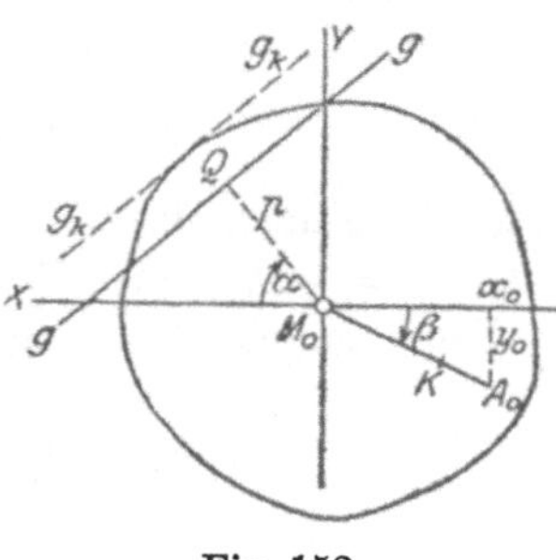

Fig. 152.

daß sich die Lage des Angriffspunktes A_0 nur auf einer bestimmten durch M_0 gehenden Geraden ändern kann. Schließt diese Gerade (s. Fig. 152) mit der negativen X-Achse den Winkel β ein so ist

$$\tan \beta = y_0 : x_0$$

und folglich nach (121)

$$\tan \beta = \frac{J_{mx}}{J_{my}} \cdot \tan \alpha.$$

Hieraus geht hervor, daß α dasselbe bleibt für alle Lagen von A_0 auf dieser Geraden, die man kurz die Angriffslinie nennt, daß also alle die Nullinien, die sich den verschiedenen Werten $\overline{M_0 A_0} = e$ zuordnen, parallel sind. Unter diesen Nullinien ist auch eine, die die Umfangskurve der Stützfläche berührt; wir wollen sie kurz die Tangente an die Stützfläche nennen. Dieser, nämlich g_k ordnet sich ein ganz bestimmter Punkt K auf der Angriffslinie zu, welcher Kernpunkt genannt wird. Da nun zwischen p und $\overline{M_0 A_0} = \sqrt{x_0^2 + y_0^2} = e$ die aus (121) folgende Beziehung

$$F \cdot p \cdot e = \sqrt{J_{mx}^2 \sin^2 \alpha + J_{my}^2 \cos^2 \alpha}$$

besteht, so erkennt man, daß für alle Punkte A_0, deren $\overline{M_0 A_0} = e$ kleiner als $\overline{M_0 K}$ ist, die zugeordnete Nullinie außerhalb g_k liegt, also die Stützfläche nicht schneiden kann, während für $e > \overline{M_0 K}$ notwendig g die Stützfläche schneidet; in letzteren Falle würden sonach in der Stützfläche sowohl Druck- als Zugspannungen auftreten.

Die angestellte Betrachtung gilt für alle Angriffslinien durch M_0; auf jeder derselben findet sich ein Kernpunkt K, und der geometrische Ort der Kernpunkte ist eine Kurve, die sogenannte Kernkurve, welche eine bestimmte Fläche umschließt, die Kernfläche oder der Zentralkern der Stützfläche genannt wird. Je nachdem der Angriffspunkt A_0 innerhalb oder außerhalb des Zentralkernes liegt, fällt die zugeordnete Nullinie außerhalb oder innerhalb der Stützfläche, und wenn A_0 auf der Kernkurve liegt, berührt die Nullinie die Begrenzung der Stützfläche. Diese drei Möglichkeiten werden durch die

Figuren 153 a, b und c dargestellt, und zwar zugleich mit der entsprechenden Spannungsverteilung. Das Maximum der Druckspannung

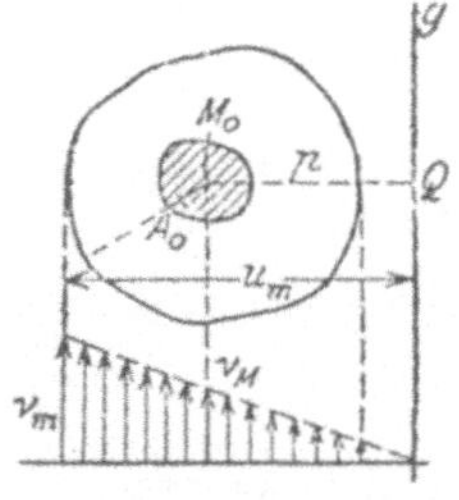

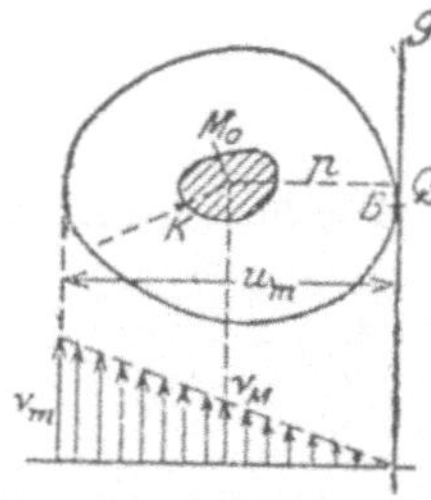

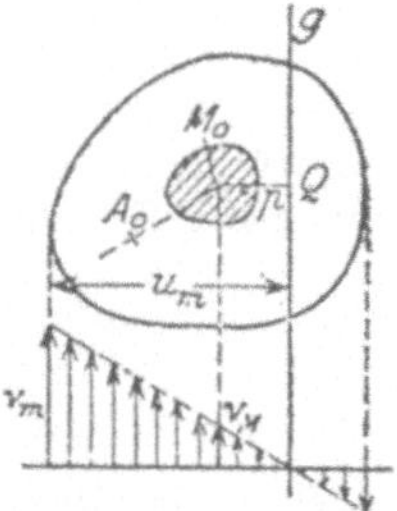

Fig. 153 a.　　　　　Fig. 153 b.　　　　　Fig. 153 c.

v_m liegt in dem Punkte des Umfanges der Stützfläche, der von der Nullinie den größten Abstand u_m hat; es ist $v_m = \varkappa \cdot u_m = v_M \cdot \dfrac{u_m}{p}$.

Der Satz, daß die Nulllinie die Stützfläche nicht schneidet, falls A_0 im Zentralkern liegt, erleidet eine Ausnahme bei Stützflächen mit Doppeltangenten, wie z. B. der in Fig. 154 gezeichneten, denn die Tangenten an die Begrenzungslinie der Fläche zwischen B_1 und B_2 würden die Fläche schneiden. In solchem Falle muß die Gerade $B_1 B_2$ als ein Teil der Flächengrenze angesehen werden und der Zentralkern für die in dieser Weise begrenzte Stützfläche bestimmt, damit der Satz gültig bleibt.

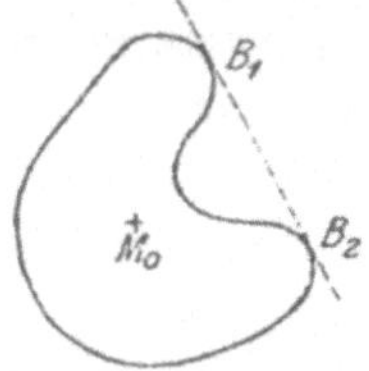

Fig. 154.

Die Ermittlung der Kernkurve erfolgt analytisch am einfachsten unter Benutzung der Formeln (121), indem man den Zusammenhang zwischen p und α aufsucht, der bei einer gegebenen Stützfläche für deren Tangenten besteht und mittels der Gleichung der Begrenzungskurve den Zusammenhang zwischen den Koordinaten x_0, y_0 des Kernpunktes aufsucht.

Beispiel: Die Stützfläche werde durch eine Ellipse von der Gleichung

$$\frac{x^2}{a^2} + \frac{y^2}{b^2} = 1$$

begrenzt. Bezeichnen ξ, η die laufenden Koordinaten der Tangente an die Ellipse im Punkte x, y, so ist deren Gleichung bekanntlich

$$(\xi - x)\frac{x}{a^2} + (\eta - y)\frac{y}{b^2} = 0.$$

Aus letzterer folgen sofort die Achsenabschnitte der Tangente

$$\overline{M_0\,T_x} = a_x = \frac{a^2}{x} \quad \text{und} \quad \overline{M_0\,T_y} = a_y = \frac{b^2}{y}$$

und mittels der Beziehungen (121)

$$-\frac{J_{my}}{Fy_0} = \frac{p}{\sin\alpha} = a_y = \frac{b^2}{y}, \qquad -\frac{J_{mx}}{Fx_0} = \frac{p}{\cos\alpha} = a_x = \frac{a^2}{x}$$

Ausdrücke für x und y, die in die Gleichung der Ellipse eingesetzt, als Gleichung der Kernkurve in den Koordinaten $x_k = x_0$, $y_k = y_0$

$$\frac{x_k^2}{\left(\dfrac{J_{my}}{Fa}\right)^2} + \frac{y_k^2}{\left(\dfrac{J_{mx}}{Fb}\right)^2} = 1$$

ergeben, also wieder eine Ellipse mit den Halbachsen $\dfrac{J_{my}}{Fa} = \dfrac{a}{4}$ und $\dfrac{J_{mx}}{Fb} = \dfrac{b}{4}$. Ist $a = b = R$, also die Stützfläche ein Kreis, so erhält man als Kernkurve wieder einen Kreis vom Radius $\dfrac{R}{4}$.

Geometrisch bzw. zeichnerisch ermittelt man am zweckmäßigsten die Kernkurve als geometrischen Ort der Antipole der Stützflächentangenten in bezug auf die Zentralellipse. Hierbei ist ein Satz von großem Vorteil, der leicht aus der Gleichung (123) der Nullinie abgeleitet werden kann. Alle Strahlen eines Büschels, dessen Träger ein beliebiger Punkt J der Ebene mit den Koordinaten $x_i y_i$ ist, können als Nullinien der Stützfläche, also als Antipolaren von bestimmten Punkten der Ebene aufgefaßt werden; die Koordinaten $x_0 y_0$ der letzteren haben nur der Gleichung (123) zu genügen, die hier die Gestalt

$$\frac{x_0 x_i}{A^2} + \frac{y_0 y_i}{B^2} + 1 = 0$$

annimmt. Diese Gleichung ist linear in x_i und y_i, und stellt sonach eine Gerade dar, und zwar ist diese Gerade die Antipolare des Büschelträgers J in bezug auf die Zentralellipse.

Dieser Satz ist sehr brauchbar für geradlinig begrenzte Stützflächen, denn jeder Eckpunkt E einer solchen ist der Träger eines Büschels von Tangenten, die durch ihn gehen, und folglich liegen die zugeordneten Kernpunkte auf der Antipolaren des Eckpunktes n bezug auf die Zentralellipse.

Beispiel: Die Stützfläche sei ein Rechteck von der Breite b und der Höhe h (s. Fig. 155), dann werden die Halbachsen der Zentralellipse

$$A = \sqrt{\frac{J_{my}}{F}} = \sqrt{\frac{hb^3}{12\cdot hb}} = \frac{b}{6}\sqrt{3}, \qquad B = \sqrt{\frac{J_{mx}}{F}} = \sqrt{\frac{bh^3}{12bh}} = \frac{h}{6}\sqrt{3}.$$

Für die Rechteckseite $E_1 E_2$ als Tangente der Stützfläche ergibt sich aus (121), weil hier $p = \dfrac{h}{2}$, $\alpha = \dfrac{\pi}{2}$, $x_0 = 0$, $y_0 = -\dfrac{h}{6}$; der $E_1 E_2$ zugeordnete Kernpunkt

K_{12} liegt sonach auf der negativen Seite der Y-Achse, und zwar ist $\overline{M_0 K_{12}}$ $= \frac{h}{6}$. In der gleichen Weise findet man die den anderen Rechteckseiten zugeordneten Kernpunkte in den Abständen $+\frac{h}{6}$ bzw. $\pm\frac{b}{6}$ von M_0 auf den Hauptträgheitsachsen. Benutzen wir nun den oben bewiesenen Satz, so liegen die Kernpunkte für alle Geraden durch den Eckpunkt E_1 auf der Geraden, die K_{12} und K_{14} verbindet, und diese Gerade g_1 ist die Antipolare des Eckpunktes E_1 bzw. die Polare des Eckpunktes E_3 in bezug auf die Zentralellipse. So finden wir als Kernkurve den Umfang eines Rhombus, dessen zueinander senkrechte Diagonalen die Längen $\frac{b}{3}$ bzw. $\frac{h}{3}$ haben. Hierauf fußt die bekannte Regel: sollen in einer rechteckigen Stützfläche nur Druckspannungen auftreten, so muß der Angriffspunkt der äußeren Kraft auf der Symmetrieachse des Rechteckes im inneren Drittel der Rechteckbreite bzw. -höhe liegen.

Wie dieses Beispiel zeigt, hätte sich die Kernkurve des Rechteckes unmittelbar durch die vier Antipolaren zeichnerisch erhalten lassen, die den vier Eckpunkten des Rechteckes zugeordnet sind.

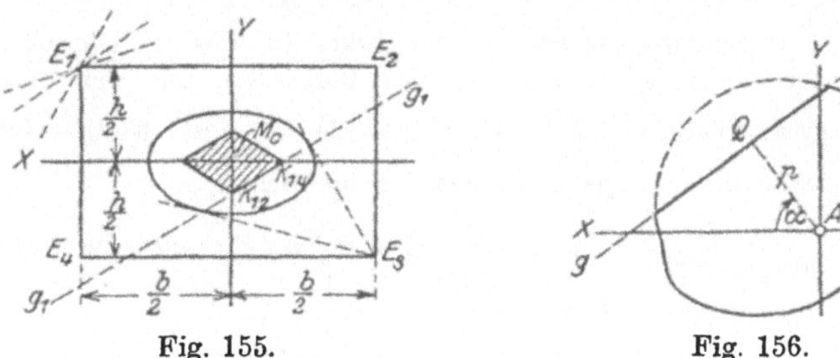

Fig. 155.   Fig. 156.

Das gilt. wesentlich allgemeiner, denn aus der Gleichung (123) der Antipolaren läßt sich sofort der Schluß ziehen, daß die den **Punkten der Begrenzung der Stützfläche zugeordneten Antipolaren die Kernkurve umhüllen**, weil ein und nur ein Punkt auf jeder dieser Antipolaren der zur Tangente der Stützflächengrenze zugeordnete Kernpunkt sein muß. Hierauf beruht das zeichnerische Verfahren zur Ermittlung der Kernkurve als Eingehüllte ihrer Tangenten.

Wird der schwere Körper auf seine Unterlage nur aufgesetzt, so können in der Stützfläche nur Druckspannungen auftreten, weil an den Stellen, wo sich Zugspannungen befinden, ein Abheben des Körpers von dem stützenden Körper stattfinden muß. Schneidet in diesem Falle die Nullinie die Stützfläche, so kommen für das Gleichgewicht zwischen der Last L und den Flächenkräften nur die Druckkräfte in Frage, die auf der einen Seite der Nullinie liegen (s. Fig. 156); als Stützfläche kommt dann nur der Teil der Basisfläche des Körpers in Betracht, der auf der Druckseite der Nullinie sich befindet, und da man die Lage der Nullinie zunächst nicht kennt, so müssen die drei Gleichungen auf S. 192, die bisher zur Ermittlung der Nullinie dienten, für ein willkürlich gewähltes Koordinatensystem aufgestellt und die dort auftretenden Integrationen nicht über die ursprüngliche Stützfläche ausgedehnt, sondern nur bis zur Nullinie als Flächengrenze erstreckt werden. Es treten dann p und α in den Integralen auf und das führt im allgemeinen zu sehr verwickelten Gleichungen. In besonderen Fällen können sie jedoch wesentlich einfacher werden und zwar bei Flächen mit orthogonalen Symmetrieachsen, falls der Angriffspunkt auf einer derartigen Achse liegt.

Beispiel: Die Stützfläche sei ein Rechteck und der Angriffspunkt A_0 liege auf einer der Symmetrieachsen außerhalb der Kernfläche; es sei also, falls M_0 den Massenmittelpunkt der ursprünglichen Stützfläche bezeichnet (s. Fig. 157) $\overline{M_0 A_0} = e > \dfrac{b}{6}$.

Bezeichnet $\overline{M_0 Q} = p$ den Abstand der Nullinie gg von M_0, so erhält die stützende Rechteckfläche statt b jetzt nur die Breite $\dfrac{b}{2} + p = x$, falls der Körper nur auf den stützenden Körper aufgesetzt war. In diesem Falle ist nun A der Kernpunkt der neuen Stützfläche, also $\overline{BA_0} = \tfrac{1}{3}x$, und weil andrerseits $\overline{BA_0} = \dfrac{b}{2} - e$, so folgt $x = 3\left(\dfrac{b}{2} - e\right)$, womit die Lage der Nullinie bestimmt wird. Aus der Bedingungsgleichung des Gleichgewichtes

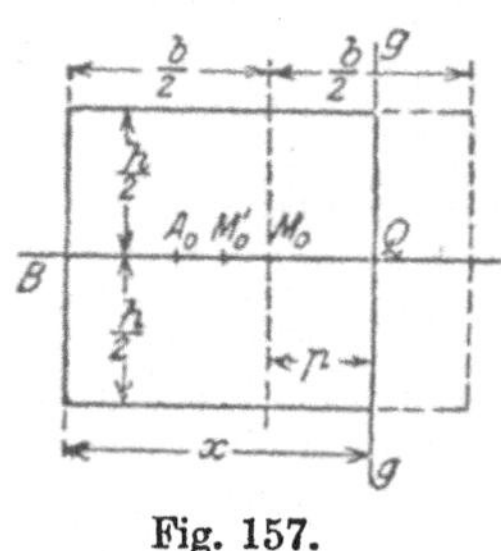

Fig. 157.

$$L = \int \nu \, dF = \varkappa \int u \, dF = \varkappa F' \cdot \frac{x}{2} = \tfrac{1}{2}\varkappa h x^2$$

folgt dann

$$\varkappa = \frac{2L}{hx^2} = \frac{8L}{9h(b-2e)^2}$$

und damit

$$\max(\nu) = \nu_m = \varkappa u_m = \varkappa x = \frac{4L}{3h(b-2e)};$$

es wird sonach ν_m wesentlich größer, als wenn die Stützfläche auch Zugspannungen aufzunehmen vermöchte.

Unsere Betrachtungen bezogen sich zunächst nur auf den schweren Körper, der auf ebener horizontaler Stützfläche ruht. Sie lassen aber eine wesentliche Verallgemeinerung zu, und zwar eine Ausdehnung auf den Fall, daß die Resultierende aller auf den Körper wirkenden Kräfte nicht senkrecht zur Ebene der Stützfläche steht. Wir brauchen nur in allen Flächenpunkten zur Wirkungslinie w_r der Resultierenden R parallele Spannungen σ anzunehmen (s. Fig. 158) und als Änderungsgesetz

$$\sigma = \varkappa \cdot u,$$

falls u den Abstand des Flächenelementes in einem beliebigen Punkte A

der Stützfläche von einer Geraden g in der Ebene der Stützfläche
bezeichnet. Denn zerlegen wir sämtliche Kräfte in Komponenten
senkrecht zur Stützfläche und in der letzteren, so gelten für die
Normalspannungen $\nu = \sigma \cdot \cos \varphi$ die vorhergehenden Ergebnisse unmittelbar, die tangentialen Flächenkräfte dagegen müssen mit der
Komponente $T = R \sin \varphi$ im Gleich-
gewicht sein, und die entsprechenden
Bedingungsgleichungen des Gleichgewichtes führen auf dieselben Glei-

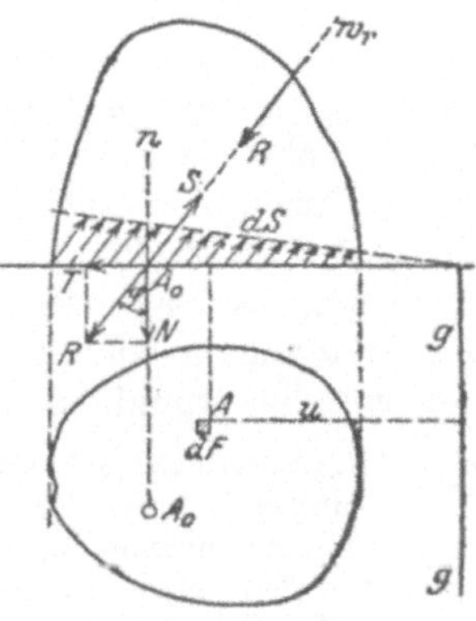

Fig. 158.

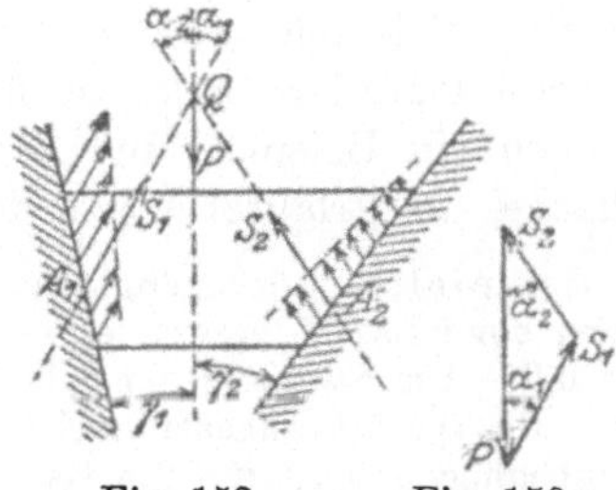

Fig. 159.　　　Fig. 159 a.

chungen, weil $\tau = \nu \cdot \tan \varphi$ und $T = N \cdot \tan \varphi$ ist. Sind die Körper
in der Stützfläche nicht fest verbunden, sondern gegeneinander be-
weglich, so wird das Gleichgewicht bezüglich der Schubkräfte meist
vermittelt durch die sogenannten Reibungswiderstände, auf die später
ausführlich eingegangen werden soll.

　　Beispiel: Ein keilförmiger Körper werde in zwei ebenen Flächen (s. Fig. 159),
die mit der Wirkungslinie der auf den Körper wirkenden äußeren Kraft P die
Neigungswinkel γ_1 und γ_2 bilden, gestützt. Soll zwischen den Flächenkräften
der Stützflächen und P Gleichgewicht bestehen, so müssen die Wirkungslinien
der Resultierenden S_1 und S_2 der Flächenkräfte mit der von P in einer Ebene
liegen und in einem Punkte Q sich schneiden, ferner die drei Kräfte ein
geschlossenes Kräftedreieck (s. Fig. 159a) bilden, aus dem

$$S_1 = P \cdot \frac{\sin \alpha_2}{\sin(\alpha_1 + \alpha_2)}, \qquad S_2 = P \cdot \frac{\sin \alpha_1}{\sin(\alpha_1 + \alpha_2)}$$

folgen. Ist S_1 und α_1 gegeben, so findet sich dann aus vorstehenden beiden
Beziehungen S_2 und α_2; ferner wird auch A_2 bestimmt, wenn A_1 bekannt bzw.
gegeben ist. Die Spannungsverteilung wurde hierbei, wie vorher erwähnt, an-
genommen, nämlich in jeder der beiden Stützflächen zu S_1 bzw. S_2 parallele
Spannungen, die dem Proportionalitätsgesetz $\sigma = \varkappa \cdot u$ folgen. Eine derartige
Annahme liegt der statischen Theorie der Gewölbe zugrunde; jeder Stein des
Gewölbes stellt einen keilförmigen belasteten Körper dar, der in zwei ebenen
Flächen gestützt wird. Man betrachtet das Gewölbe als tragfähig, wenn die
Angriffspunkte A_1, A_2, . . . in dem Zentralkern der Stützflächen liegen, also
im inneren Drittel der Gewölbdicke, falls die Stützflächen Rechtecke sind, wie
gewöhnlich.

Die Annahmen, welche bezüglich des Änderungsgesetzes der Spannungen in der Stützfläche gemacht werden, richten sich außer nach dem elastischen und plastischen Verhalten des Materials, aus dem die sich stützenden Körper bestehen, einerseits nach den äußeren Kräften, die auf den gestützten Körper wirken, andrerseits aber nach der Art der Stützflächen. Allgemeines läßt sich hierüber nicht sagen, außer, daß die Annahmen derart zu wählen sind, daß sie den Bedingungsgleichungen des Gleichgewichtes zwischen den äußeren und den Flächenkräften genügen. Es kann sich daher hier nur darum handeln, an Beispielen zu zeigen, welche Annahmen zweckmäßig sind. Derartige Beispiele werden, besonders in den Untersuchungen über die Reibungswiderstände, noch mehrere folgen; es mag daher hier nur noch ein Beispiel, und zwar das der Stützung in einer Schraubenfläche, als Erläuterung zu den allgemeinen Gesichtspunkten folgen.

Beispiel: Eine flachgängige Schraube (s. Fig. 160) mit vertikaler Achse soll zur Hebung einer Last L verwendet werden, deren Wirkungslinie in die Schraubenachse fällt. Die Stützung der Schraube erfolgt durch eine ruhende Schraubenmutter, die die Schraubenspindel in einem bestimmten Teile einer orthogonalen Schraubenfläche berührt. Die Radien der begrenzenden Schraubenlinien seien r_1 und r_2, der mittlere Schraubenradius $r = \dfrac{r_1 + r_2}{2}$, der Steigungswinkel der mittleren Schraubenlinie sei α. Wir nehmen in der stützenden Schraubenfläche einen gleichmäßigen Normaldruck ν_0 an, so daß auf ein Flächenelement der

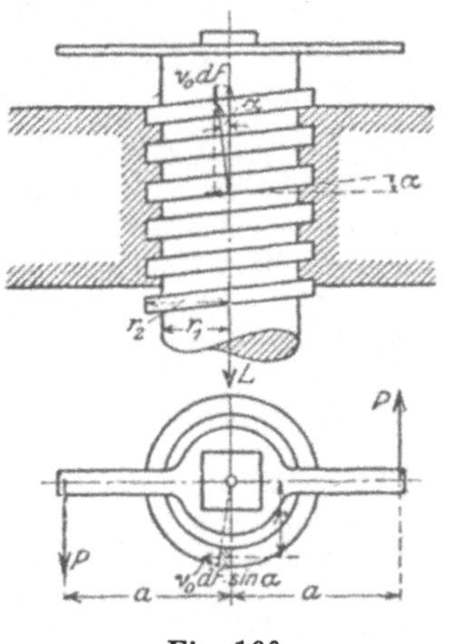

Fig. 160.

Schraubenfläche die Kraft $dN = \nu_0\, dF$ entfällt; diese Kraft denken wir uns im Abstande r von der Schraubenachse angreifend und letztere unter dem Winkel α kreuzend. Zerlegen wir dN in Komponenten in Richtung der Schraubenachse und senkrecht zu ihr, so stehen erstere mit der zu hebenden Last L in der einfachen Beziehung

$$\int dN \cdot \cos\alpha - L = 0,$$

die aus der Gleichgewichtsbedingung folgt; die Integration erstreckt sich hierbei auf alle Elemente der Schraubenfläche, in der die Berührung statt hat. Eine weitere Gleichung folgt aus der Forderung, daß das resultierende Moment aller Flächenkräfte für die Schraubenachse dem Moment der äußeren Kräfte entgegengesetzt gleich sei. Letzteres setzen wir als das eines Kräftepaares voraus, das durch zwei gleich große Kräfte P im gleichen Abstande a von der Achse gebildet wird, die die Schraubenspindel mittels eines Hebels drehen. Diese Gleichung wird daher

$$\int r\, dN \sin\alpha - 2Pa = 0.$$

Da in beiden Integralen α und r als Konstanten zu betrachten sind, nehmen die Gleichungen die Formen

$$v_0 \cos \alpha \int dF = L, \qquad v_0 r \sin \alpha \int dF = 2 P a = M_d$$

an; aus ihnen folgt sofort

$$M_d = L \cdot r \cdot \tan \alpha.$$

Soll also die Last L gleichförmig gehoben werden, so ist dazu das Moment M_d erforderlich; dabei ist jedoch der Reibungswiderstand der Bewegung der Schraubenspindel in der Mutter nicht berücksichtigt worden. Ist n die Anzahl der berührenden Schraubengänge, also $\int \cos \alpha \cdot dF = n \pi (r_2^2 - r_1^2)$, so wird

$$v_0 = L : n \pi (r_2^2 - r_1^2).$$

Vierundzwanzigstes Kapitel.

Gleichgewicht der Kräfte an Verbindungen starrer Körper.

Die Verbindungen starrer Körper können unbeweglich oder beweglich sein. Beispiele der ersteren Art bilden alle die Bauten in Stein, Holz und Eisen, die zum Aufnehmen und Befördern von Lasten bestimmt sind, wie Träger, Dachstühle, Brücken usw., der letzteren Art die Maschinen. Bezüglich der Bedingungen des Gleichgewichtes der Kräfte sind beide Arten von Körperverbindungen darin unterschieden, daß im ersteren Falle sich die Verbindung wie ein einziger starrer Körper verhält, an dem die Kräfte sich das Gleichgewicht halten, also nur die Bedingungsgleichungen des Gleichgewichts (V) am freibeweglichen starren Körper zu erfüllen haben, während im anderen Falle noch weitere Bedingungsgleichungen hinzutreten, aus denen die gegenseitigen Gleichgewichtslagen der gegeneinander beweglichen Körper der Verbindung hervorgehen. Wegen dieser Verschiedenheit der zu lösenden Aufgaben ist es zweckmäßig, das Gleichgewicht der Kräfte an beiden Arten von Verbindungen starrer Körper getrennt zu behandeln.

Ist die Körperverbindung unbeweglich, dann ist es nur erforderlich, den Einfluß festzustellen, den die auf die Verbindung wirkenden äußeren Kräfte auf die verschiedenen Einzelkörper haben, aus denen die Verbindung besteht, also z. B. die Last eines Eisenbahnzuges auf die Konstruktionsteile einer eisernen Brücke, denn die Kenntnis dieses Einflusses ist erforderlich für die Festigkeitsberechnung dieser Teile. Der erwähnte Einfluß zeigt sich in einer Beanspruchung jedes einzelnen Körpers der Verbindung durch Kräfte, die an den Verbindungsstellen der Körper auf letztere wirkend zu denken sind. Für diese Kräfte, die wir Stützkräfte oder innere Kräfte nennen, gilt nun die wichtige Forderung, daß sie an jedem Einzelkörper den auf letzteren wirkenden äußeren Kräften das Gleichgewicht halten, denn ist die Verbindung als Ganzes im Gleichgewicht, so sind es auch alle Teile, aus denen sie sich zusammensetzt. Würden wir daher einen Teil aus der Verbindung lösen, ihn aber in seinem Zustande der Beeinflussung durch die äußeren Kräfte belassen wollen, so wäre das nur möglich durch die Anbringung von Stützkräften an den Stützstellen, die den Bedingungen des Gleichgewichtes an ihm als freibeweglichen Körper genügen. Die entsprechenden sechs Bedingungsgleichungen für jeden einzelnen der Körper sind jedoch nicht die einzigen, die die Stützkräfte zu erfüllen haben. Es leuchtet unmittelbar ein, daß die inneren und äußeren Kräfte, die in einer jeden Stützstelle angreifen, unter sich im Gleichgewicht sein müssen, denn diese Kräfte würden andernfalls bei einer Bewegung der Körperverbindung Arbeit verrichten, was der Voraussetzung des Gleichgewichtes widerspricht. Aus diesen Erörterungen geht hervor, daß die inneren Kräfte nach Größe und Richtung aus den Gleichungen hervorgehen müssen, die ausdrücken, 1. **daß die auf jeden einzelnen Körper der Verbindung wirkenden äußeren und inneren Kräfte im Gleichgewicht sind,** 2. **daß die auf jede Verbindungsstelle der Körper wirkenden inneren und äußeren Kräfte sich ebenfalls das Gleichgewicht halten.** Diese Gleichungen sind jedoch voneinander abhängig, denn die sämtlichen äußeren Kräfte, die auf die Körperverbindung wirken, stehen voraussetzungsgemäß im Gleichgewicht, genügen also den sechs Bedingungsgleichungen (V).

Mit Rücksicht auf die eigenartige Rolle, die der Erdkörper als stützender Körper in allen in Frage kommenden Fällen spielt, dürfte es zweckmäßig sein, den Fall zweier sich stützender Körper etwas eingehender zu behandeln. Im 21. und 22. Kapitel wurde wohl die Frage des Gleichgewichtes von Kräften an einem gestützten, d. h. nicht frei beweglichen Körper behandelt, jedoch dabei unerörtert gelassen, in welchem Zusammenhange hierbei der gestützte und der stützende Körper stehen. Die folgende Betrachtung zeigt, daß sie beide völlig gleichartig zu behandeln sind, daß die beiden Körper vielmehr ein Ganzes bilden, aus dem erst durch die übliche Auffassung der eine, und zwar der stützende Körper ausgeschaltet wird.

Ein schwerer Körper K_1 sei in einem Punkte B_1 seiner Oberfläche auf der Erdoberfläche sich stützend im Gleichgewicht (s. Fig. 161). Der Körper K_1 und der stützende Erdkörper K_2 bilden sonach eine Verbindung zweier Körper, die unter dem Einfluß der auf sie wirkenden äußeren Kräfte im Gleichgewicht steht. Auf K_1 wirkt nun die Schwere P_1

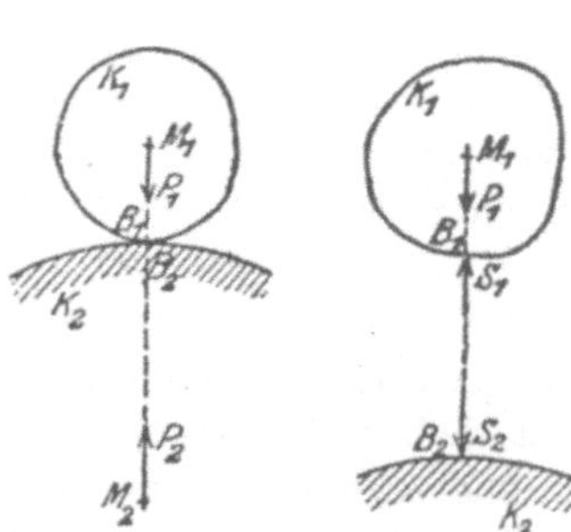

Fig. 161.   Fig. 161 a.

dieses Körpers, in Wirklichkeit also die Anziehungskraft, die die
Erdmasse auf ihn ausübt. Nach dem Newtonschen Anziehungsgesetz beeinflußt die Masse des Körpers K_1 die Erdmasse durch
eine gleichgroße entgegengesetzt gerichtete Kraft P_2, die wir im
Massenmittelpunkt M_2 des Erdkörpers uns angreifend denken, und
die mit P_1 in derselben Geraden, nämlich der Verbindungslinie
$M_1 M_2$ der Massenmittelpunkte beider Körper liegt. Beide Kräfte
halten sich folglich an der Körperverbindung das Gleichgewicht.
Bringen wir nun die beiden einzelnen Körper durch entsprechende
Stützkräfte (vgl. hierzu S. 177) S_1 und S_2 als freibewegliche ins
Gleichgewicht (s. Fig. 161a), so genügt es, $S_1 = P_1$ in der Stütznormale
des Punktes B_1 und entgegengesetzten Sinnes wie P_1 angreifen zu
lassen, ebenso $S_2 = P_2$ im Punkte B_2 des Körpers K_2, weil dann die
Bedingungen des Gleichgewichtes erfüllt sind. Da nun $P_1 = P_2$, so
folgt auch $S_1 = S_2$; es halten sich folglich die Stützkräfte an der
Stützstelle das Gleichgewicht, da beide Stützkräfte die gemeinsame
Berührungsnormale zur Wirkungslinie haben.

Die Verallgemeinerung dieses Falles führt auf die gegenseitige
Stützung zweier in einem Punkte ihrer Oberflächen sich berührenden
Körper K_1 und K_2, die in Fig. 162 dargestellt ist. Das Gleichgewicht

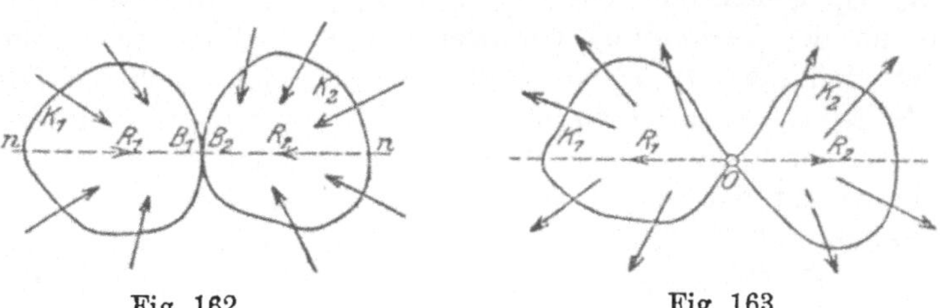

Fig. 162.   Fig. 163.

der Kräfte fordert, daß sich die auf K_1 wirkenden Kräfte durch
eine Resultierende R_1 ersetzen lassen, die in die Stütznormale n
fällt; das gleiche gilt von K_2. Soll die Verbindung beider Körper
im Gleichgewicht sein, so muß $R_1 = R_2$ werden und entgegengesetzt
gerichtet, woraus wieder, wie vorher, das Gleichgewicht der Stützkräfte an der Stützstelle folgt.

Haben die beiden Körper wie in Fig. 163 einen Punkt O gemeinsam, so ist nach dem Früheren nur erforderlich, daß die auf K_1
wirkenden äußeren Kräfte sich durch eine Resultierende R_1 ersetzen
lassen, deren Wirkungslinie durch O geht. Das gleiche gilt von den
auf K_2 wirkenden Kräften bezüglich deren Resultierenden R_2. Die
auf die Körperverbindung wirkenden äußeren Kräfte sind folglich
im Gleichgewicht, wenn beide Wirkungslinien in eine Gerade fallen

und R_1 entgegengesetzt gleich R_2 ist. Wieder ergibt sich daraus, wie vorher, daß die Stützkräfte in O unter sich im Gleichgewicht sein müssen.

Nicht selten ist der Fall, daß auf den gemeinsamen Punkt O beider Körper auch äußere Kräfte wirken, wie in Fig. 164 angedeutet werden soll; R bedeute die Resultierende aller auf O wirkenden äußeren Kräfte. Die Zurückführung dieses Falles auf den vorhergehenden wird dadurch möglich, daß wir zwischen K_1 und K_2 einen Hilfskörper K von verschwindend kleinen Abmessungen eingeschaltet denken, auf den R wirkt, und der mit K_1 den Punkt O_1,

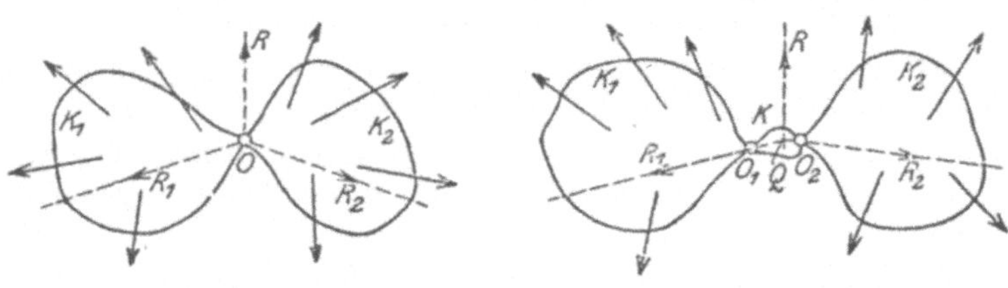

Fig. 164.　　　　　　　　　Fig. 164a.

mit K_2 O_2 gemeinsam hat (s. Fig. 164a). Im Gleichgewicht der Kräfte an der Verbindung der drei Körper liegt es wie vorher begründet, daß die auf K_1 wirkenden Kräfte sich durch eine Resultierende R_1 ersetzen lassen müssen, die durch O_1 geht, die auf K_2 wirkenden durch eine R_2, die durch O_2 geht, und deren beide Wirkungslinien mit der von R sich in einem Punkte Q schneiden müssen, und endlich, daß $R_1 \mathbin{\widehat{+}} R_2 \mathbin{\widehat{+}} R = 0$ ist, d. h. die drei Kräfte ein geschlossenes Kräftedreieck bilden. Denken wir uns nun die Körper K_1 und K_2 von K gelöst, dafür aber die ent-

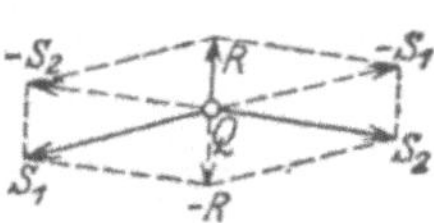

Fig. 164b.

sprechenden Stützkräfte S_1 in O_1 und S_2 in O_2 angebracht (s. Fig. 164b), so müssen diese mit R wieder im Gleichgewicht sein, da $S_1 = R_1$ und $S_2 = R_2$ ist. Wir finden sonach, daß die auf den Körper K wirkenden Stütz- und äußeren Kräfte ebenfalls im Gleichgewicht sind. Lassen wir nunmehr die Abmessungen von K verschwindend klein werden, so fallen O_1 und O_2 in O zusammen und wir haben den in Fig. 164 dargestellten Fall vor uns, von dem wir ausgingen. Für diesen gilt sonach der Satz, daß die auf den gemeinsamen Punkt wirkenden inneren und äußeren Kräfte sich an diesem das Gleichgewicht halten.

Man kann diesen Fall aber noch in einer anderen Weise auf den vorhergehenden zurückführen. Wie Fig. 164b erkennen läßt, ist die Resultierende aus R und S_1 die Kraft S_2, nur im entgegengesetzten Sinne genommen und deshalb in der Figur kurz mit $-S_2$ bezeichnet. Das bedeutet aber, daß, wenn wir R zu den auf K_1 wirkenden äußeren Kräften zählen, wieder der frühere Satz gilt, daß die Stützkräfte beider Körper an der Stützstelle im Gleichgewicht sind. In gleicher Weise folgert man das, wenn man R zu den auf K_2 wirkenden äußeren Kräften rechnet.

Die letzten Betrachtungen lassen sich leicht erweitern und zwar auf das Gleichgewicht von Kräften, die auf beliebig viele Körper mit einem gemeinsamen Punkt wirken, da sich die auf jeden einzelnen der Körper wirkenden durch eine Resultierende ersetzen lassen müssen, die durch den gemeinsamen Punkt geht und sonach als äußere auf diesen Punkt wirkende Kraft aufgefaßt werden kann.

Was hier in besonderen Fällen der Berührung zweier Körper nachgewiesen wurde, läßt sich übertragen auf jede bewegliche oder unbewegliche Verbindung zweier Körper, wie die Darlegungen des 21. Kapitels zeigen, indem wir diese auch auf den stützenden Körper ausdehnen. Immer müssen die Stütz- oder inneren Kräfte an den Stützstellen zweier Körper unter sich im Gleichgewicht sein.

Das gilt auch, wenn die Körper sich in Flächen berühren. In diesem Falle treten an Stelle der Punktkräfte als innere Kräfte die Flächenkräfte, und es ist leicht zu übersehen, daß diese so gewählt werden müssen, daß sie in jedem Element der Stützfläche im Gleichgewicht sind. Es seien (s. Fig. 165) K_1 und K_2 zwei in einer Fläche sich berührende Körper, die unter dem Einflusse äußerer Kräfte im Gleichgewicht sich befinden. Aus dieser Voraussetzung geht zunächst hervor, daß die auf beide Körper wirkenden Flächenkräfte an der Stützfläche sich das Gleichgewicht halten müssen. Aber es ist klar, daß letzteres auch für jedes Element der Fläche gelten

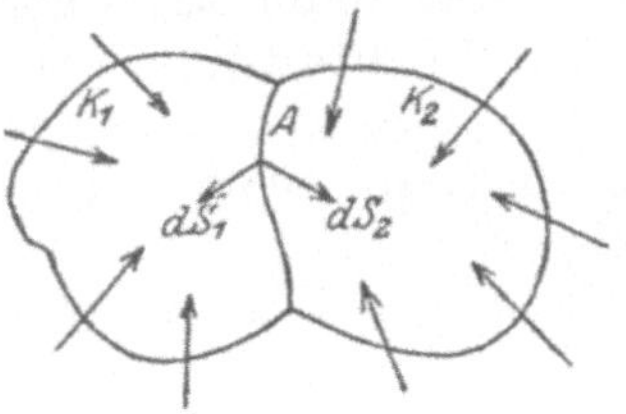

Fig. 165.

muß. Denn wäre dies bezüglich der Kräfte dS_1 und dS_2, die im Punkte A auf dasselbe Flächenelement wirken, nicht der Fall, so würde in Wirklichkeit eine Deformation beider Körper eintreten, die den Spannungsausgleich nach sich zöge, so daß in der deformierten Berührungsfläche an jeder Stelle entgegengesetzt gleiche Spannungen auftreten müssen. Bei starr gedachten Körpern sind deshalb die auf das gleiche Element der wirklichen Stützfläche wirkenden Flächenkräfte von entgegengesetzt gleicher Größe anzunehmen, also $dS_1 \mp dS_2 = 0$ einzuführen. Dann wird die Dyname der auf K_1 wirkenden Flächenkräfte dS_1 an sich entgegengesetzt gleich der Dyname der Kräfte

dS_2 und somit der Forderung des Gleichgewichtes der Kräfte an der Stützstelle entsprochen. Ermöglicht die Gestalt der Berührungsfläche die gegenseitige Bewegung beider Körper, so wird man ferner die Flächenkräfte senkrecht zur Stützfläche, die entsprechenden Spannungen folglich als Normalspannungen einführen.

Berühren sich zwei Körper in mehreren getrennten Flächen, wie z. B. ein an beiden Enden gegen den Endkörper gestützter belasteter Träger (s. Fig. 166), so wird man zweckmäßig die Flächenkräfte, die auf jede einzelne Fläche wirken, zu einer Dyname zusammensetzen und die einzelnen Dynamen als Stützkräfte betrachten.

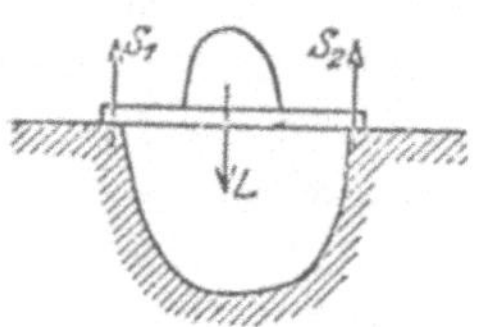

Fig. 166.

Auf eine Verbindung von beliebig vielen starren Körpern, die unter dem Einflusse von äußeren Kräften sich im Gleichgewicht befindet, lassen sich die erhaltenen Ergebnisse übertragen, indem man die Verbindung sich in zwei Gruppen getrennt denkt und jede der beiden Gruppen durch innere, an den Trennstellen angreifende innere Kräfte ins Gleichgewicht bringt. Aus dem Vorhergehenden folgt dann sofort wieder, daß die auf jede einzelne Stützstelle wirkenden inneren und äußeren Kräfte unter sich im Gleichgewicht sein müssen. Unter Berücksichtigung der Definition der Stütz- oder inneren Kräfte erhalten wir daher den wichtigen Satz:

Verstehen wir unter den Stütz- oder inneren Kräften einer Verbindung starrer Körper, die unter dem Einflusse äußerer Kräfte sich im Gleichgewicht befindet, die fiktiven Kräfte, die in den einzelnen Berührungsstellen der Körper angebracht werden müssen, um letztere als freibewegliche Körper im Gleichgewicht zu erhalten, so sind auch die auf jede einzelne Stützstelle wirkenden inneren und äußeren Kräfte im Gleichgewicht.

Ist der Erdkörper, wie zumeist, einer der Verbindung angehörigen Körper, so ist es nicht erforderlich, die auf ihn bezüglichen Bedingungsgleichungen des Gleichgewichtes aufzustellen, da diese von den übrigen Gleichungen abhängig sind. Denn die äußeren Kräfte sollen ja voraussetzungsgemäß an der ganzen Verbindung im Gleichgewicht sein, und die dies ausdrückenden Gleichungen bedingen die erwähnte Abhängigkeit. Man trägt dieser Abhängigkeit gewöhnlich dadurch Rechnung, daß man die Bedingungsgleichungen aufstellt, welche ausdrücken, daß die inneren und äußeren Kräfte, welche auf die Körpergruppe ohne den Erdkörper wirken, im Gleichgewicht sich befinden.

Beispiel:

Zwei im Punkte B gelenkig verbundene Stäbe in vertikaler Ebene sind in den Punkten B_1 und B_2 gegen den Erdkörper gestützt und in A_1 mit L_1, in A_2 mit L_2 und in B mit L belastet (s. Fig. 167). Um die Stützkräfte zu bestimmen, denken wir uns die Verbindungen gelöst und bringen in B_1 eine Stützkraft S_1, in B eine Stützkraft S_1' an, die mit L_1 am Körper K_1 im Gleichgewicht sind, ferner in B_2 die Kraft S_2, in B die Kraft S_2', die sich mit L_2 an K_2 das Gleichgewicht halten. Endlich stellen wir das Gleichgewicht an B her, indem wir dort die Stützkräfte S_1'' und S_2'' angreifen lassen, die mit L im Gleichgewicht sind. Beachten

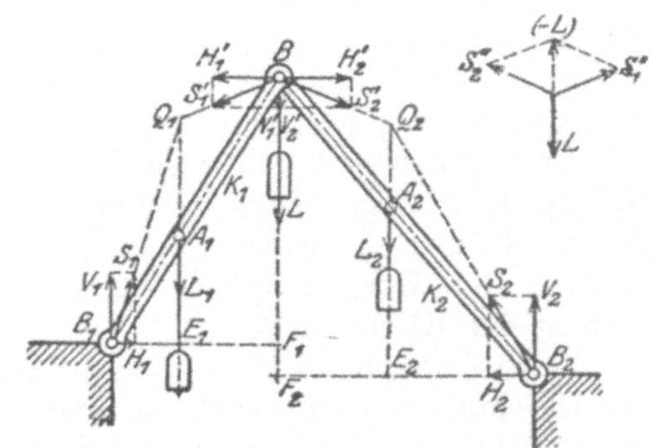

Fig. 167 und 167a.

wir nun, daß S_1' und S_1'' entgegengesetzt gleich sein müssen, wie vorher bewiesen, ebenso S_2' und S_2'', so bestehen für die Komponenten der Kräfte S_1, S_2, S_1' und S_2' die folgenden acht Bedingungsgleichungen des Gleichgewichtes:

$$H_1 - H_1' = 0 \qquad H_2' - H_2 = 0 \qquad H_1'' - H_2'' = 0$$

$$V_1 - V_1' - L_1 = 0 \qquad V_2 - V_2' - L_2 = 0 \qquad V_1'' + V_2'' - L = 0$$

$$L_1 e_1 + V_1' a_1 - H_1' h_1 = 0; \qquad - L_2 e - V_2' a_2 + H_2' h_2 = 0.$$

Hierin sind V_1 und H_1 die vertikalen bzw. horizontalen Komponenten von S_1, V_2 und H_2 die von S_2, V_1' und H_1' die von S_1', V_2' und H_2' die von S_2', ferner ist in den beiden Momentengleichungen $\overline{B_1 E_1} = e_1$, $\overline{B_2 E_2} = e_2$, $\overline{B_1 F_1} = a_1$, $\overline{B_2 F_2} = a_2$, endlich die Abstände der Wirkungslinien von H_1, bzw. H_2' von B_1 bzw. B_2, nämlich $\overline{F_1 B} = h_1$ bzw. $\overline{F_2 B_2} = h_2$, eingeführt worden. Beachtet man nun, daß $H_1' = H_1''$, $H_2' = H_2''$, $V_1' = V_1''$, $V_2' = V_2''$ ist, so folgen aus vorstehenden 8 Gleichungen (da alle Kräfte in einer Ebene liegen) die 8 Komponenten der vier unbekannten Stützkräfte S_1, S_2, S_1', S_2''.

Dieselbe Art von Gleichungen würde sich für die Hauptträger einer Bogenbrücke mit drei Gelenken ergeben.

Die Ermittlung der Komponenten der inneren Kräfte hat zur Voraussetzung, daß die Zahl der voneinander unabhängigen Bedingungsgleichungen des Gleichgewichtes gleich der Anzahl der gesuchten Komponenten ist, falls die Körper gegenseitig unbeweglich verbunden sind. Eine derartige Verbindung der Körper nennt man dann eine statisch bestimmte. Würden wir annehmen, daß die n Körper der Verbindung sich nur in Punkten ihrer Oberflächen berühren, also die Stützkräfte in ihrer Richtung durch die der Stütznormalen bestimmt und paarweise einander entgegengesetzt gleich sind, so wäre ihre Anzahl

$$\beta = 6\,(n-1),$$

denn die Zahl der von einander unabhängigen Gleichungen des Gleichgewichtes der inneren und äußeren Kräfte für die n einzelnen Körper ist nur $6\,(n-1)$, weil für das Gleichgewicht der äußeren Kräfte an der Verbindung der Körper 6 Gleichungen bestehen. Zur selben Zahl für β gelangt man auch auf rein phoronomischem Wege.

Ist $\beta > 6\,(n-1)$, so lassen sich die Stützkräfte nicht mehr ermitteln; man nennt dann die Verbindung **statisch unbestimmt**. Sie ist dadurch gekennzeichnet, daß die Zahl der Berührungen zwischen den Körpern größer ist, als zu einer unbeweglichen Verbindung der Körper gehört.

Wenn dagegen $\beta < 6\,(n-1)$, so lassen sich die Stützkräfte aus den Gleichungen eliminieren und man erhält $6\,(n-1)-\beta$ Bedingungsgleichungen des Gleichgewichtes für die äußeren Kräfte. Da die Körperverbindung dann allgemein eine bewegliche sein muß, so finden sich aus jenen Bedingungsgleichungen die Gleichgewichtslagen der Körper. Die Anzahl der Gleichungen ist gleich dem Freiheitsgrad der Verbindung. Bei Maschinen z. B. ist der Freiheitsgrad $f = 1$, da sie eine zwangläufig bewegliche Verbindung starrer Körper darstellen; es gibt sonach für das Gleichgewicht der Kräfte an den Maschinen nur eine Bedingungsgleichung.

Demzufolge können die inneren Kräfte einer beweglichen Verbindung starrer Körper in der gleichen Weise ermittelt werden, wie die einer unbeweglichen, indem wir die Bedingungsgleichungen des Gleichgewichtes aufstellen 1. für die äußeren und inneren Kräfte an jedem einzelnen Körper, 2. an den Verbindungsstellen der Körper. Zugleich erhalten wir aus diesen Gleichungen durch Elimination der Stützkräfte die Bedingungsgleichungen für die Lagenbeziehungen der Körper in den Gleichgewichtslagen der Körperverbindung. Wie bei den unbeweglichen Verbindungen kann auch hier der Erdkörper unberücksichtigt bleiben, weil sich die äußeren Kräfte an der ganzen Verbindung im Gleichgewicht befinden sollen.

Beispiel:

Eine homogene schwere Kugel vom Radius r stütze sich auf eine unter dem Winkel α geneigte Ebene (s. Fig. 168) und werde durch einen Faden, der

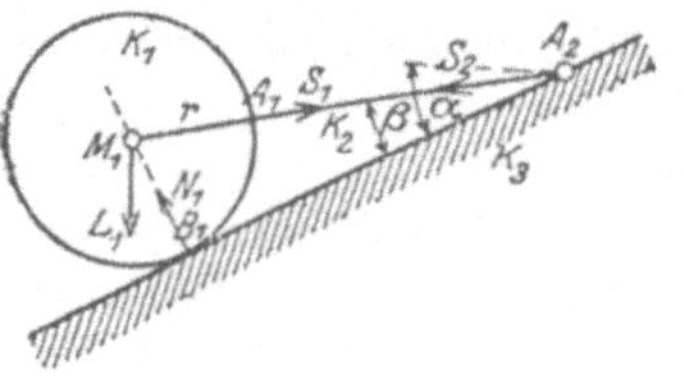

Fig. 168.

den Punkt A_1 an der Oberfläche der Kugel mit dem Punkte A_2 der Ebene verbindet, die Länge $\overline{A_1 A_2} = l$ hat und als schwerelos betrachtet werden darf, in ihren Gleichgewichtslagen erhalten. Da auf den Faden keine äußeren Kräfte wirken, so müssen sich die beiden inneren in A_1 bzw. A_2 angreifenden Kräfte S_1 und S_2 am Faden das Gleichgewicht halten, woraus folgt, daß sie in die Gerade $A_1 A_2$ fallen (s. Fig. 168 a) und entgegengesetzt gleich sein müssen, also $S_2 = S_1$ ist. Die Kugel steht im Gleichgewicht unter dem Einfluß ihrer Last L_1, der zur Ebene senkrechten, also durch den Kugelmittelpunkt M_1 gehenden inneren Kraft N_1, die in B_1 angreift, und der Fadenspannkraft S_1, letztere nur im entgegengesetzten Sinne, wie auf den Faden wirkend. Es muß sonach auch S_1 durch M_1 gehen und die drei Kräfte L_1, N_1 und S_1 müssen ein geschlossenes Kräftedreieck (s. Fig. 168 b) bilden, dessen Ebene den Faden enthalten und durch A_2 gehen muß. Daraus folgt, daß die Gleichgewichtslagen der Verbindung dadurch gekennzeichnet sind, daß M_1 in den beiden tiefsten bzw. höchsten Punk-

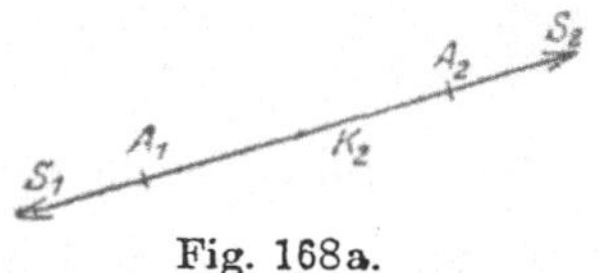

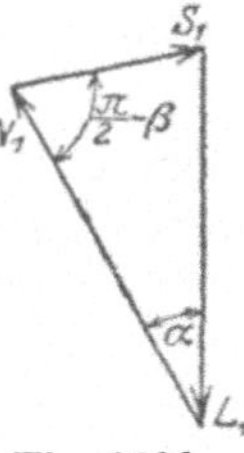

Fig. 168a.   Fig. 168b.

ten der Kreise liegen muß, auf denen sich M_1 zu bewegen gezwungen ist. In Fig. 168 ist die Lage gezeichnet, die der tiefsten Lage des Punktes M_1 sich zuordnet. Die Kräfte N_1 und S_1 finden wir aus dem Kräftedreieck Fig. 168 b sofort zu

$$N_1 = L_1 \cdot \frac{\cos(\alpha - \beta)}{\cos \beta}, \qquad S_1 = L_1 \cdot \frac{\sin \alpha}{\cos \beta};$$

hierin ist der Winkel β durch die Beziehung

$$\sin \beta = \frac{r}{l \pm r}$$

bestimmt, falls man sich l als starre Gerade denkt.

Zu den Bedingungsgleichungen des Gleichgewichtes für eine bewegliche Verbindung starrer Körper kann man aber auch gelangen, ohne die inneren Kräfte einführen zu müssen.

Verstehen wir wie früher unter dem Gleichgewicht der Kräfte an der Verbindung den Zustand, in welchem die gesamte Elementararbeit der äußeren Kräfte bei jeder möglichen, auch gegenseitigen Bewegung der Körper zu Null wird, d. i. $\delta A = 0$, so erhält man, falls f den Freiheitsgrad bezeichnet, für die f verschiedenen Bewegungen der Körper f Bedingungsgleichungen des Gleichgewichtes, die ausdrücken, daß $\delta A = 0$ ist bei jeder dieser Bewegungen.

In dem vorher behandelten Beispiel ist die Last L_1 der Kugel die einzige äußere Kraft. Soll deren Arbeit zu Null werden, so muß in den Gleichgewichtslagen L_1 senkrecht zu dem Bahnelement des Punktes M_1 stehen. Da die drei Punkte M_1, A_1 und A_2 in einer Geraden liegen müssen, falls die Kugel sich in einer Gleichgewichtslage befinden soll, so folgt, daß M_1 sich auf einem Kreise parallel zur geneigten Ebene bewegen muß, dessen Mittelpunkt in der in A_2 zur Ebene errichteten Senkrechten liegt und dessen Halbmesser gleich $(l \pm r) \cos \beta$ ist, je nachdem A_1 sich oberhalb oder unterhalb M_1 befindet. Gleichgewichtslagen der Kugel sind sonach nur möglich in den Stellen des Kreises, in denen die Kreistangenten horizontal liegen, d. i. in der tiefsten und höchsten Stelle des Kreises.

14*

In dem übernächsten Kapitel sollen noch weitere Beispiele folgen, aus denen hervorgeht, wie man die Bedingungsgleichungen des Gleichgewichtes auf beiden der angeführten Wege ableiten kann, während das folgende Kapitel ein wichtiges Sondergebiet von unbeweglichen Verbindungen starrer Körper behandeln soll, nämlich das der Fachwerke, das die völlige Durchführung der hier im allgemeinen gegebenen Grundlagen des Gleichgewichtes von Kräften an unbeweglichen Verbindungen starrer Körper bringt.

Fünfundzwanzigstes Kapitel.

Theorie der Fachwerke.

Jede bewegliche oder unbewegliche Verbindung starrer Stäbe in deren Endpunkten wird ein Stabwerk genannt. Ist jeder Stab an beiden Endpunkten mit anderen Stäben verbunden, so heißt das Stabwerk geschlossen, im anderen Falle offen. Ein unbewegliches geschlossenes Stabwerk nennt man ein Fachwerk und die Punkte, in denen die Stäbe verbunden sind, Knotenpunkte des Fachwerkes. Liegen alle Knotenpunkte in einer Ebene, so heißt das werk ein ebenes, in jedem anderen Falle ein räumliches.

A. Ebene Fachwerke.

Stoßen in einem Knotenpunkt nur 2 Stäbe zusammen, so nennen wir ihn einfach, falls 3 Stäbe, dann zweifach, usf.; allgemein heißt ein Knotenpunkt h-fach; wenn in ihm $h+1$ Stäbe verbunden sind. Die Anzahl aller h-fachen Knotenpunkte eines Fachwerkes werde mit k_h bezeichnet, also die der einfachen mit k_1, der zweifachen mit k_2, usf. Es ist dann offenbar die Anzahl k aller Knotenpunkte des Fachwerkes gleich $k_1 + k_2 + k_3 + \ldots + k_h + \ldots$, d. h. es besteht die Beziehung

$$(124) \qquad k = \sum_{h=1} (k_h).$$

Bezeichnet s die Anzahl aller Stäbe des Fachwerkes, so hängt diese Zahl mit den Zahlen k_h offenbar durch die Beziehung

$$(125) \qquad 2s = \sum_{h=1} (h+1)\,k_h = 2\,k_1 + 3\,k_2 + \ldots + (h+1)\,k_h + \ldots$$

zusammen, weil jeder Stab zwei und nur zwei Knotenpunkte verbindet.

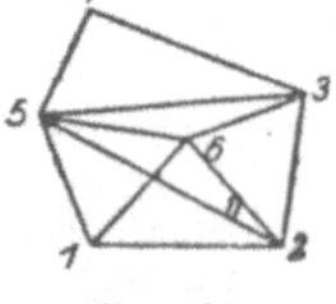

So hat z. B. das in Fig. 169 skizzierte Fachwerk $k = 6$ Knotenpunkte, von denen einer (4) ein einfacher, also $k_1 = 1$, einer (1) ein zweifacher, d. i. $k_2 = 1$ und einer ein vierfacher (5) ist, während drei dreifache sind, also $k_3 = 3$ ist. Da die Anzahl der Stäbe $s = 11$ beträgt,

Fig. 169.

so genügt das Fachwerk der Beziehung (125); denn es ist

$$2 \cdot 11 = 2 \cdot 1 + 3 \cdot 1 + 4 \cdot 3 + 5 \cdot 1$$

Die Anzahl der Stäbe, welche notwendig sind, um k Knotenpunkte zu einem Fachwerk zu verbinden, ergibt sich leicht aus der Überlegung, daß die Festlegung eines Knotenpunktes gegen irgend zwei Knotenpunkte im allgemeinen zweier Stäbe bedarf. Gehen wir also von zwei durch einen Stab starr verbundenen Knotenpunkte aus, so erfordert die Festlegung der übrigen $k - 2$ Knotenpunkte mindestens $2\,(k - 2)$, insgesamt also mindestens $2\,(k - 2) + 1 = 2\,k - 3$ Stäbe. Wir finden folglich im allgemeinen

$$s \geqq 2\,k - 3.$$

Die Fachwerke, für welche

$$(126) \qquad\qquad s = 2\,k - 3$$

ist, also das Minimum von Stäben haben, nennen wir einfache Fachwerke, die anderen, in denen $s > 2\,k - 3$, zusammengesetzte, und die Stäbe in letzteren, welche den $2\,k - 3$ noch zugefügt sind, überzählige.

In dem vorigen Beispiel ist $s = 11$, während, da $k = 6$ ist, $2\,k - 3 = 9$ Stäbe ausgereicht hätten, um die 6 Knotenpunkte unbeweglich, also zu einem einfachen Fachwerk zu verbinden. Das Fachwerk ist demnach ein zusammengesetztes; es hat zwei überzählige Stäbe.

Ein wesentlicher Unterschied beider Arten von Fachwerken besteht darin, daß die Längen der Stäbe des einfachen Fachwerkes ganz willkürlich gewählt werden können, während das bei dem zusammengesetzten Fachwerk nicht der Fall ist; vielmehr werden die Längen der überzähligen Stäbe durch die der übrigen bestimmt. Die Berechnung der zusammengesetzten Fachwerke wird hierdurch von elastischen Eigenschaften der Stäbe abhängig, weshalb wir uns im folgenden auf die Theorie der einfachen Fachwerke beschränken werden.

Für die einfachen Fachwerke geht wegen (126) die Beziehung (125) in

$$4\,k - 6 = \sum_{h=1} (h + 1)\,k_h$$

über, und eliminiert man aus dieser und aus (124) k, so erhält man die Beziehung

$$2\,k_1 + k_2 = 6 + \sum_{h=4} (h - 3)\,k_h.$$

Da die Summe auf der rechten Seite notwendig positiv ist, so erkennt man, daß für die einfachen Fachwerke

$$2\,k_1 + k_2 \geqq 6$$

sein muß. Diese Beziehung lehrt, daß in Fachwerken ohne zweifache Knotenpunkte mindestens 3 einfache Knotenpunkte vorhanden sind, und in solchen ohne einfache Knotenpunkte mindestens 6 zweifache.

Im allgemeinen treten in einfachen Fachwerken sowohl ein- als zweifache Knotenpunkte auf, obwohl dabei die Fachwerke eine Verschiedenheit aufweisen können, die durch ihr Bildungsgesetz bedingt ist. Beseitigen wir nämlich in einem einfachen Fachwerk mit einfachen Knotenpunkten die letzteren durch Entfernung der Stäbe, die nach diesen führen, so können nur zwei Fälle eintreten: entweder hat das um die k_1 einfache Knotenpunkte verringerte Fachwerk wieder einfache Knotenpunkte, oder nicht. Im ersteren Falle setzen wir die Beseitigung der einfachen Knotenpunkte so lange fort, als möglich; dann werden wir schließlich entweder auf nur einen Stab geführt, oder auf ein einfaches Fachwerk ohne einfache Knotenpunkte. Das letztere wird häufig das Grundeck des ursprünglichen Fachwerkes genannt, so daß wir sagen können: die allmähliche Beseitigung der einfachen Knotenpunkte eines einfachen Fachwerkes führt entweder auf einen Stab oder auf ein Grundeck.

Der letztangeführte Umstand ist von Bedeutung für die Frage der Starrheit oder Unbeweglichkeit eines Fachwerkes. Es kann eintreten, daß ein einfaches Fachwerk infolge von Beziehungen zwischen den Stablängen in eine bewegliche Verbindung der Stäbe übergeht.

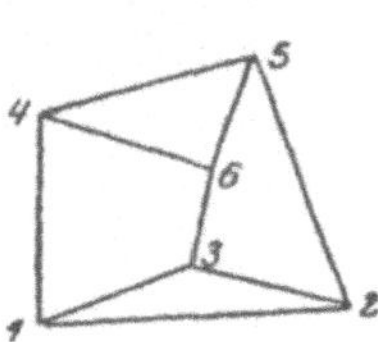

Fig. 170a.

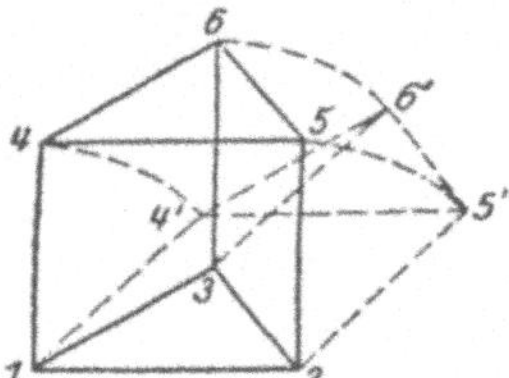

Fig. 170b.

So ist z. B. das einfache Fachwerk in Fig. 170a von $k = 6$ Knotenpunkten, die durch $s = 2k - 3 = 9$ Stäbe verbunden sind, bei von einander unabhängigen Stablängen ein unbewegliches Gebilde. Sind jedoch die Stäbe 14, 25 und 36 gleichlang und ist $\triangle\,4\,5\,6 \cong \triangle\,1\,2\,3$, so geht es in das bewegliche Parallelkurbelgetriebe über, das Fig. 170b darstellt. Die Bedingung für die Stablängen, unter der das Fachwerk beweglich wird, läßt sich analytisch ganz allgemein angeben.

Denken wir uns das Fachwerk auf ein rechtwinkliges Koordinatensystem bezogen, und seien x_h, y_h die Koordinaten des Knotenpunktes A_h, der mit dem Knotenpunkt A_i $(x_i,\ y_i)$ durch einen Stab von der Länge l_{hi} verbunden ist, so drückt die Gleichung

$$(127) \qquad (x_i - x_h)^2 + (y_i - y_h)^2 = l_{hi}{}^2$$

die Starrheit der Stablänge $\overline{A_h A_i} = l_{hi}$ aus. Für jeden der s Stäbe des Fachwerkes besteht eine derartige Gleichung. Ändert sich die Lage der Knotenpunkte A_h und A_i gegen die Koordinatenebene, so müssen doch die Änderungen dx_h, dy_h, dx_i, dy_i der Koordinaten beider Knotenpunkte der Gleichung

$$(128) \qquad (x_i - x_h)(dx_i - dx_h) + (y_i - y_h)(dy_i - dy_h) = 0$$

genügen. Das gleiche gilt für alle Stäbe; es müssen sonach die $2k$ Änderungen der Koordinaten aller k Knotenpunkte die $s = 2k - 3$ Gleichungen (128) erfüllen. Bekanntlich ist die komplane Bewegung einer starren Ebene vollständig bestimmt durch die Bewegungen zweier ihrer Punkte (s. Bd. I, 9. Kap. S. 72); es müssen sonach die Änderungen der Koordinaten der Knotenpunkte des Fachwerkes, falls dieses ein unbewegliches Gebilde ist, völlig bestimmt sein durch die Änderungen der Koordinaten irgend zweier Knotenpunkte, z. B. A_1 und A_2, die durch einen Stab verbunden sind, also durch dx_1, dy_1, und dx_2, denn dy_2 folgt dann aus der entsprechenden Gleichung (128). Wir ersehen damit, daß das Fachwerk sich wie eine starre Ebene bewegt, wenn sich die Änderungen dx_h, dy_h der Koordinaten aller übrigen Knotenpunkte durch die drei Änderungen dx_1, dy_1 und dx_2 ausdrücken lassen. Das ist nun nur mittels der s Gleichungen (128) möglich und auch nur dann, wenn diese voneinander unabhängig sind. Die Unabhängigkeit dieser Gleichungen ist aber gebunden an die Determinante D dieses Gleichungssystems, und zwar ist sie vorhanden, wenn $D \neq 0$, d. h. wenn diese Determinante von Null verschieden sich erweist.

Dieses Kennzeichen der Unbeweglichkeit eines Fachwerkes ist aber viel zu umständlich, um bei Fachwerken mit größerer Knotenpunktszahl verwendet werden zu können. Es gibt auch einfachere Hilfsmittel, um zu erkennen, ob ein Fachwerk beweglich ist oder nicht.

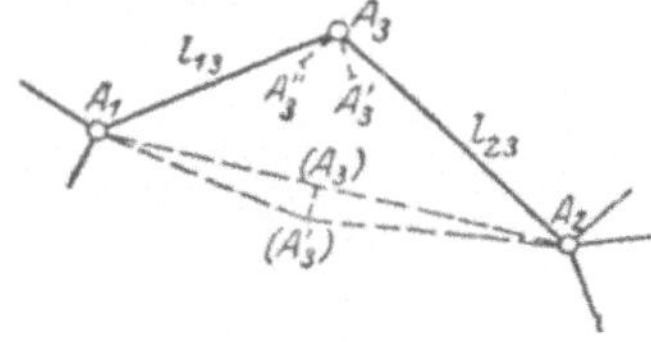

Fig. 171.

Eines der einfachsten stützt sich auf folgende Überlegung: Es seien A_1 und A_2 (s. Fig. 171) zwei Knotenpunkte eines starren Fachwerkes, mit denen der Punkt A_3 durch die Stäbe $\overline{A_1 A_3}$ und $\overline{A_2 A_3}$ verbunden ist. Diese Verbindung ist eine unbewegliche, solange die Längen beider Stäbe willkürlich gewählt werden können, denn die Stäbe müßten sich um A_1 bzw. A_2 drehen, also die Richtungen der Bahnelemente $\overline{A_3 A_3'}$ und $\overline{A_3 A_3''}$, da sie senkrecht zu den Stäben stehen, denselben Winkel einschließen, wie die Stäbe selbst. Liegt dagegen der Punkt A_3 auf der Geraden $A_1 A_2$, also in (A_3), dann sind die Längen beider Stäbe an die Beziehung $\overline{A_1 (A_3)} \pm A_2 (A_3)$ $= \overline{A_1 A_2}$ gebunden und die Richtungen der Bahnelemente von A_3 fallen zusammen, nämlich in die Senkrechte $(A_3)(A_3')$ zu $A_1 A_2$. Daraus folgt zunächst die Möglichkeit der Bewegung von (A_3), die bei starren Stäben eine unendlich kleine, bei elastischen Stäben dagegen zu einer endlichen, wenn auch kleinen Bewegung würde, besonders wenn auf (A_3) eine Kraft wirkt. Das Fachwerk besitzt sonach eine unendlich kleine Beweglichkeit, bzw. eine Bewegungsmöglichkeit, wenn die beiden nach einem einfachen Knotenpunkte führenden Stäbe in eine Gerade fallen.

Hat also ein Fachwerk einfache Knotenpunkte, so sind diese unbeweglich mit den übrigen Knotenpunkten des Fachwerkes verbunden, wenn je die beiden nach ihnen führenden Stäbe nicht in in eine Gerade fallen. Führt nun die allmähliche Beseitigung der einfachen Knotenpunkte, wie vorher erörtert, auf einen Stab, so ist das ursprüngliche Fachwerk unbeweglich, wenn in keinem Falle die beiden nach einem einfachen Knotenpunkte führenden Stäbe in einer Geraden liegen.

Wenn dagegen nach Beseitigung der einfachen Knotenpunkte ein Grundeck übrig bleibt, so hängt offenbar selbst dann, wenn die nach den beseitigten einfachen Knotenpunkten führenden Stäbe nicht in einer Geraden liegen, die Beweglichkeit oder Unbeweglichkeit des ursprünglichen Fachwerkes von der des Grundeckes ab. Beseitigt man z. B. in dem Träger Fig. 172 zunächst die beiden einfachen

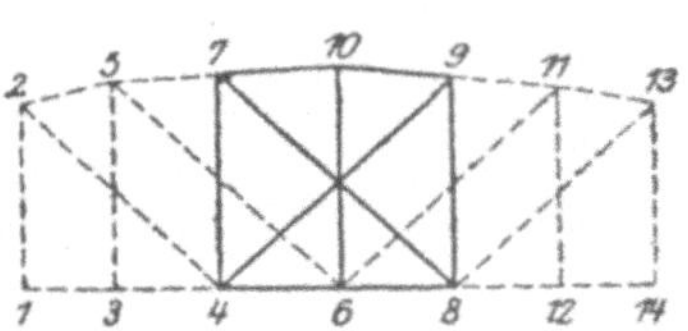 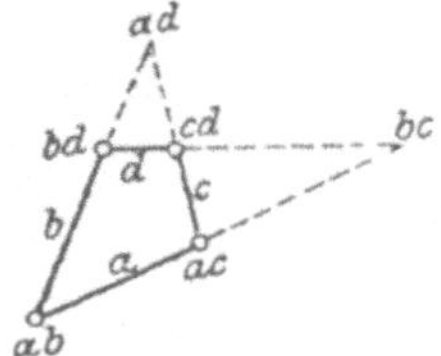

Fig. 172.   Fig. 173.

Knotenpunkte 1 und 14 durch Wegnahme der Stäbe 12 und 13 bzw. 12—14 und 13—14, so entstehen die einfachen Knotenpunkte 2 und 3 bzw. 12 und 13, durch deren Beseitigung 5 und 11 zu einfachen Knotenpunkten werden; die Beseitigung der letzteren aber führt auf das Grundeck 4 6 8 9 10 7 ohne einfache Knotenpunkte, das in der Figur ausgezogen ist, während die beseitigten Stäbe punktiert sind.

Um nun in möglichst einfacher Weise zu erkennen, ob dieses Grundeck beweglich ist, da dann der ganze Träger beweglich wäre oder nicht, gehen wir von folgender phoronomischen Überlegung aus.

In der Bewegungslehre (Bd. I, S. 101) wurde bewiesen, daß die drei Pole der Relativbewegungen dreier komplaner starrer Ebenen in einer Geraden liegen. Da wir uns mit jedem Stab eines ebenen Fachwerkes eine mit dem Fachwerk komplane starre Ebene verbunden denken können, so müssen bei einer gegenseitigen Beweglichkeit der Stäbe irgend drei der Stäbe, die keinen Knotenpunkt gemeinsam haben, dem angeführten Satze genügen. Umgekehrt könnten wir daraus schließen, daß das Fachwerk unbeweglich ist wenn die drei Pole, der Relativbewegungen dreier Stäbe ohne gemeinsame Knotenpunkte nicht in einer Geraden liegen. Dieses Kennzeichen der Starrheit, das den Vorzug zeichnerischer Verwendbarkeit besitzt, geht davon aus, daß man die Knotenpunkte als Gelenkpunkte auffassen kann, um die sich die — in ihnen verbundenen — Stäbe gegenseitig zu drehen vermögen. Beseitigt man nun in einem Fachwerk ohne einfache Knotenpunkte einen Stab, so geht es in ein bewegliches Stabgebilde, in eine sogenannte zwangläufig bewegliche kinematische Kette über, deren Glieder um die Gelenkpunkte und die Pole ihrer Relativbewegungen momentan sich drehen. In den Gelenkpunkten liegen hierbei die Pole der Drehungen, welche die im betreffenden Gelenk verbundenen Stäbe gegeneinander auszuführen vermögen. Für die zeichnerische Ermittlung der Pole ist nun nur die Anwendung des erwähnten Satzes über die drei Pole der Relativbewegungen dreier komplaner Ebenen nötig. Bezeichnen wir letztere mit a, b und c, die Pole mit ab, ac und bc, so müssen letztere auf einer Geraden, der sogenannten Polgeraden der drei Ebenen, liegen. Da die Polgerade durch zwei der Pole bestimmt ist, so kann der dritte Pol als Schnittpunkt zweier Polgeraden gefunden werden. Ist d eine vierte Ebene und sind die Pole bd und cd bekannt, so finden wir den Pol bc als Schnittpunkt der beiden Polgeraden $ab - ac$ und $bd - cd$, was durch die symbolische Darstellung

$$\begin{matrix} ab - ac \\ bd - cd \end{matrix} \Big> bc$$

kurz ausgedrückt werden mag. Von großem Vorteil ist es hierbei, daß die Pole zumeist aus Gelenkvierecken unmittelbar gefunden werden können. Es seien a, b, c, d die vier Glieder eines Gelenkviereckes (s. Fig. 173), dann liegen in den Gelenkpunkten die Pole ab, ac, bd und cd, und wir finden die Pole der Relativbewegungen von b gegen c und von d gegen a als Schnittpunkte je zweier Polgeraden nach dem Schema

$$\begin{matrix} ab - ac \\ bd - cd \end{matrix} \Big> bc, \qquad \begin{matrix} ab - bd \\ ac - cd \end{matrix} \Big> ad.$$

Beispiele:

1. Um die Beweglichkeit oder Unbeweglichkeit des in Fig. 174 dargestellten Fachwerkes von $k = 6$ Knotenpunkten und $s = 2k - 3 = 9$ Stäben zu ermitteln, prüfen wir, ob die drei Pole dreier Stäbe, z. B. der Stäbe a, b und c in einer Geraden liegen oder nicht. Nun erhalten wir den Pol ac sofort aus dem Gelenkviereck 1 2 3 6, den Pol bc aus dem Viereck 3 4 5 6, während der Pol ab im Schnittpunkte der Seiten 14 und 25 des Viereckes 1 2 5 4 liegt. Im vorliegenden Falle würde das Fachwerk unendlich wenig beweglich sein, weil hier die drei Pole ab, ac und bc auf einer Geraden liegen, was natürlich allgemein, d. h. bei beliebigen Stablängen nicht eintritt. Da dieses Fachwerk mit dem Grundeck des Trägers Fig. 172 übereinstimmt, so würde man

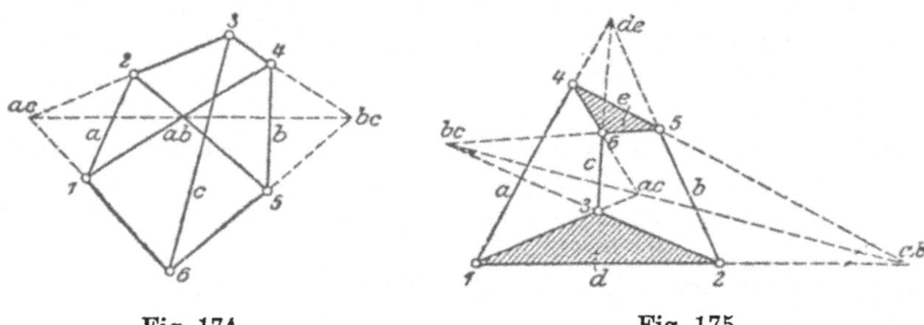

Fig. 174.   Fig. 175.

auf diesem Wege leicht die Beweglichkeit oder Unbeweglichkeit des Trägers zu erkennen vermögen. Und es ist nicht unwesentlich, darauf zu achten, ob die fraglichen drei Pole sehr nahezu auf einer Geraden liegen oder nicht, denn im ersteren Falle würde infolge der Elastizität der Stäbe sehr leicht es eintreten können, daß die drei Pole in eine Gerade rücken.

2. Bei dem in Fig. 175 dargestellten Fachwerk von 6 Knotenpunkten und 9 Stäben gestaltet sich die Prüfung auf seine Starrheit ganz ähnlich. Der Pol ab der Relativbewegung der Stäbe a und b findet sich sofort im Schnitt der Gegenseiten 12 und 45 des Gelenkviereckes 1 2 5 4, und in gleicher Weise die Pole ac und bc. Liegen sie auf einer Geraden, wie in der Figur, so ist das Fachwerk beweglich, im anderen Falle nicht. Das hätte man hier noch kürzer zu erkennen vermocht. Bekanntlich sind zwei Dreiecke in perspektivischer Lage, wenn sich die einander entsprechenden Seiten beider in Punkten einer Geraden schneiden; dann aber liegen die Eckpunkte der Dreiecke auf drei in einem Punkte sich schneidenden Geraden. Wenn also ab, ac und bc sich auf einer Geraden befinden, so müssen sich die drei Stäbe in einem Punkte schneiden. Wir erkennen sonach, daß dieses Fachwerk starr ist, wenn sich die drei Stäbe a, b und c nicht in einem Punkte schneiden. Das ließ sich auch aus der gegenseitigen Bewegung der beiden Dreiecke 1 2 3 und 4 5 6, die in der Figur mit d bzw. e bezeichnet sind, ableiten. Denn de, der Schnittpunkt der Stäbe a und b, bedeutet den Pol der Relativbewegung von e gegen d in dem Gelenkviereck 1 2 5 4, das nach Beseitigung des Stabes c entstünde. Die Bahnnormale des Punktes 6 muß dann durch de gehen. Da

aber andrerseits 6 sich auf einem Kreise um 3 als Mittelpunkt zu bewegen gezwungen ist, so kann die Bewegung von 6 nur eintreten, wenn 3 in der Verlängerung des Strahles $de - 6$ liegt, also wenn sich die drei Stäbe in einem Punkte schneiden. Die Beweglichkeit des Fachwerkes ist dabei eine unendlich kleine; sie kann aber, wie in Fig. 170b bei entsprechender Abhängigkeit der Stablängen in eine endliche übergehen.

Das zuletzt behandelte Fachwerk ist dadurch gekennzeichnet, daß in ihm zwei von je drei Stäben gebildete Dreiecke auftreten, die bei beliebigen Stablängen als starr anzusehen sind. Das kommt in Fachwerken häufiger vor, daß ein Teil der Stäbe zu Gliedern des Fachwerkes vereinigt sind, deren Starrheit unmittelbar daraus zu ersehen ist, daß sie einzelne oder aneinander gereihte Dreiecke bilden. Das ist z. B. der Fall in dem durch Fig. 176 dar-

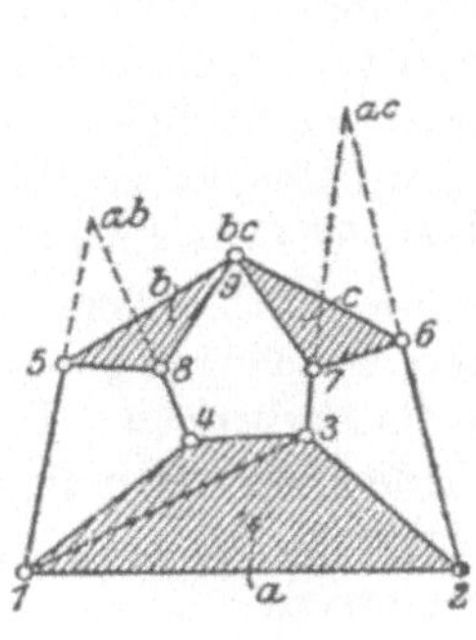

Fig. 176.

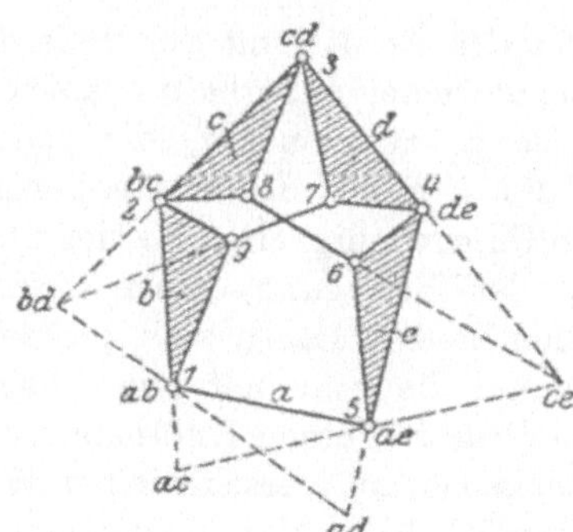

Fig. 177.

gestellten Fachwerk von $k = 9$ Knotenpunkten und $s = 2k - 3 = 15$ Stäben. In diesem sind zwei Dreiecke 5 8 9 und 6 7 9 enthalten und ein Viereck 1 2 3 4, die als starre Glieder des Fachwerkes angesehen werden müssen; man nennt derartige Teile eines Fachwerkes S c h e i b e n, so daß Fachwerke aus Scheiben und einzelnen Stäben sich zusammensetzen können. Eine Beweglichkeit des Fachwerkes würde dann nur durch die gegenseitige Lagenänderung der Scheiben und Einzelstäbe eintreten können. Diese läßt sich aber in der gleichen Weise wie vorher erkennen, denn die Scheiben können ja ebenfalls als komplan bewegliche starre Ebenen aufgefaßt werden, auf die der Satz von den drei Polen der Relativbewegungen anwendbar ist.

Beispiele:

1. Bezeichnen wir in dem Fachwerk Fig. 176 das Viereck 1 2 3 4 mit a, die beiden Dreiecke mit b und c, dann findet sich der Pol ab unmittelbar aus dem Gelenkviereck 1 4 8 5 und ebenso ac aus 2 3 7 6. Da nun in 9 der Pol bc liegt, weil sich b und c gegeneinander nur um 9 drehen können, so er-

sehen wir, daß das Fachwerk nur beweglich sein kann, wenn die drei Punkte
ab, ac und bc in einer Geraden liegen.

2. Das in Fig. 177, S. 219, gezeichnete Fachwerk von $k = 9$ Knotenpunkten und
$s = 15$ Stäben enthält 4 Scheiben, die mit b, c, d, e bezeichnet sind, und drei
Einzelstäbe, deren einer die Bezeichnung a trägt. In diesem Falle lassen sich die
in Frage kommenden Pole nur mittelbar bestimmen, und zwar sollen es die
drei Pole der Relativbewegungen der drei Glieder a, b und d sein. Da der
Pol cd in dem die Glieder c und d verbindenden Knotenpunkt 3 liegt, so
haben wir nur noch ac und ad zu ermitteln, und das kann geschehen, indem
wir erst aus den beiden Gelenkvierecken 2379 und 3468 die Pole bd und ce
bestimmen und dann nach dem Schema

$$\frac{ab - bc}{ae - ce} > ac, \qquad \frac{ab - bd}{ae - de} > ad$$

verfahren. Im vorliegenden Falle würde das Fachwerk unbeweglich sein, da
die drei Pole ac, ad und cd nicht auf einer Geraden liegen.

Bei der Ermittlung der Pole kommt es nicht selten vor, daß
einzelne derselben außerhalb des Zeichnungsraumes liegen. In solchem
Falle ist es zweckmäßig, die senkrechten Geschwindigkeiten (vgl.
hierzu Bd. I, S. 80) der Knotenpunkte zu verwenden, denn die senkrechten Geschwindigkeiten zweier Punkte einer Ebene schneiden sich
im Pol der Bewegung dieser Ebene gegen die Bezugsebene. Aber
auch unmittelbar lassen sich die senkrechten Geschwindigkeiten benutzen, um die Starrheit eines Fachwerkes zu erkennen. Ergeben
sich nämlich für einen Knotenpunkt verschiedene Geschwindigkeiten,
wenn man sie auf verschiedenen Wegen ermittelt, dann ist die Bewegungsmöglichkeit des Fachwerkes ausgeschlossen.

Beispiel:

In dem schon behandelten Fachwerk Fig. 178 von 6 Knotenpunkten sei
V_4 die senkrechte Geschwindigkeit des Knotenpunktes 4 in seiner Bewegung
gegen das Dreieck 1 2 3, wenn wir den Stab 36 be-
seitigt denken. Dann erhält man durch das Ziehen
von Parallelen zu den Seiten des Dreieckes 4 5 6
sofort die senkrechten Geschwindigkeiten V_5 und V_6
der Knotenpunkte 5 und 6. Beseitigt man dagegen
den Stab 25, so müßte die Geschwindigkeit V_6 in
die Gerade 36 fallen, weil 6 sich als Endpunkt des
Stabes 36 auf einem Kreise um 3 bewegt. Das Fachwerk ist daher starr, und es wird beweglich nur, wenn
V_6 die Richtung des Stabes 36 hat, also wenn sich
die drei Stäbe in einem Punkte schneiden.

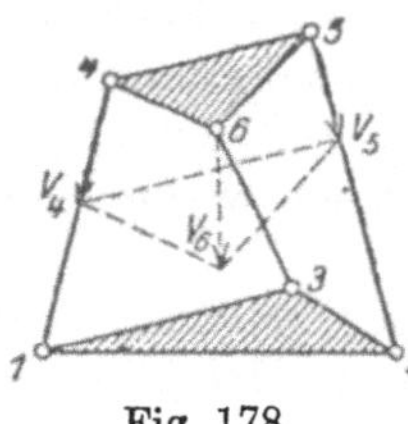

Fig. 178.

Ferner sei noch ein einfaches Verfahren zur Ermittlung der
Starrheit angeführt, das sich darauf stützt, daß die Knotenpunkte
eines starren Fachwerkes als Punkte einer starren Ebene aufgefaßt
werden können. Die Endpunkte der senkrechten Geschwindigkeits-
vektoren einer starren Ebene haben, wie aus Bd. I, S. 80 und
S. 81 hervorgeht, die Eigenschaft, ein dem Punktsystem ähnliches

und ähnlich liegendes System zu bilden; es müßte sich deshalb, wenn wir die senkrechte Geschwindigkeit eines Knotenpunktes nach Größe und Richtung und die Richtung einer zweiten Geschwindigkeit beliebig annehmen, sich ein dem Fachwerk ähnliches und ähnlich liegendes System ergeben. Ermöglicht folglich ein Fachwerk, ein ihm ähnliches und ähnlich liegendes Punktsystem zu zeichnen, so ist es starr, im anderen Falle dagegen beweglich.

Die Hauptaufgabe der Fachwerkstheorie besteht in der Ermittlung der Kräfte, welche die einzelnen Stäbe beanspruchen, falls auf die Knotenpunkte des Fachwerkes äußere Kräfte wirken, die an dem Fachwerk im Gleichgewicht sind. Hierbei ist zu beachten, daß das Fachwerk gewöhnlich nicht frei beweglich ist, sondern im Gegenteil unbeweglich gestützt wird, wie z. B. als Brückenträger, Dachstuhl und dergleichen. Die Stützung erfolgt in einzelnen Knotenpunkten, und zwar zumeist in zweien, von denen der eine im Erdkörper festliegt, bzw. mit ihm durch ein festes Gelenk verbunden ist, während der andere auf vorgeschriebener Bahn sich zu bewegen gezwungen wird, wie z. B. bei dem Bogenträger in Fig. 104. Bezüglich der Stützung sei auf das Ende des 16. und den Anfang des 17. Kapitels verwiesen, wo auch die Ermittlung der Stützkräfte behandelt wird. Wir wollen der Einheitlichkeit der Bezeichnung wegen die Stützkräfte wie äußere Kräfte betrachten, die uns bekannt sind, denn sie folgen aus den Bedingungsgleichungen des Gleichgewichtes der Kräfte für das freibeweglich gedachte Fachwerk als die Kräfte, die in den gestützten Knotenpunkten anzubringen sind, um das Fachwerk als freibewegliches im Gleichgewicht zu erhalten.

Die erwähnten Stützkräfte erfüllen die drei Gleichungen (IV) (S. 127), die hier die Gestalt

$$(129) \quad \sum_{h=1}^{h=k}(X_h)=0, \qquad \sum_{h=1}^{h=k}(Y_h)=0, \qquad \sum_{h=1}^{h=k}(Y_h x_h - Y_h y_h)=0.$$

annehmen, falls darin X_h und Y_h die Komponenten der auf den Knotenpunkt A_h wirkenden äußeren Kraft P_h und $x_h y_h$ die Koordinaten des Punktes A_h in bezug auf ein beliebiges Koordinatensystem bezeichnen. Als innere Kräfte führen wir Kräfte ein, die die einzelnen Stäbe, aus denen das Fachwerk besteht, im Gleichgewicht erhalten, wenn wir sie aus ihren Verbindungen mit anderen Stäben lösen. Hierbei setzen wir voraus, daß auf die Stäbe keine äußeren Kräfte wirken, was ja in Wirklichkeit nicht zutrifft, da die Schwere sie jedenfalls beansprucht. Aber wir können jede auf den Stab wirkende äußere Kraft aus zwei Komponenten zusammengesetzt denken, die in den Endpunkten des Stabes angreifen, also sie durch Kräfte ersetzen, die in Knotenpunkten wirken, was zwar einen Unterschied bezüglich der Festigkeitsbeanspruchung des Stabes durch jene Kräfte ausmacht, dagegen nichts bezüglich der Wirkung der inneren Kräfte auf die Stäbe, und auf die kommt es ja hier allein an. Unter der erwähnten Voraussetzung halten sich die beiden Stützkräfte S_{hi} und S_{ih}, die an dem Stabe $A_h A_i$ in dessen Endpunkten angreifen (s. Fig. 179), das Gleichgewicht nur, wenn ihre Wirkungslinien in die Stabachse, d. i. in die Gerade $A_h A_i$ fallen, und wenn S_{hi} und S_{ih} entgegengesetzt gleich sind. Hierbei sind zwei Fälle möglich. Entweder haben beide Kräfte dem Stab gegenüber die Richtung nach außen, wie in Fig. 179a oder nach innen, wie in Fig. 179b; im ersteren Falle beanspruchen sie den Stab auf Zug und erzeugen daher in ihm eine Zugspannung im letzteren auf Druck und bewirken dann eine Druckspannung. Da die Festigkeits-

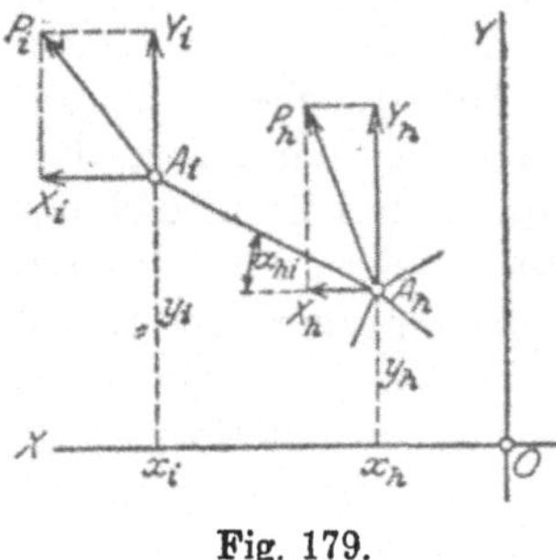

Fig. 179.

berechnung von langen Stäben auf Zug und Druck wesentlich verschieden ist, so muß in jedem einzelnen Falle festgestellt werden, ob die berechnete Stabkraft eine Zug- oder Druckkraft ist. Das geschieht analytisch am einfachsten dadurch, daß wir Zug- und Druckkräfte durch das Vorzeichen unterscheiden, und zwar wollen wir künftig Zugkräfte als positiv einführen, dann müssen negativ werdende Stabkräfte Druckkräfte sein, weil sie den Zugkräften entgegengesetzt gerichtet sind.

Bei der zeichnerischen Bestimmung der Stabkräfte in Vektorform aber ersehen wir unmittelbar, ob die Vektoren am Stabende

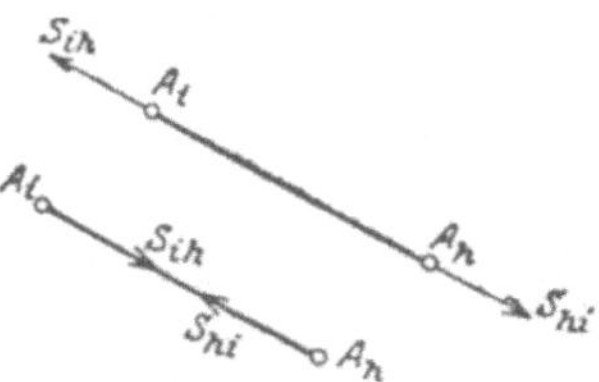

Fig. 179a und b.

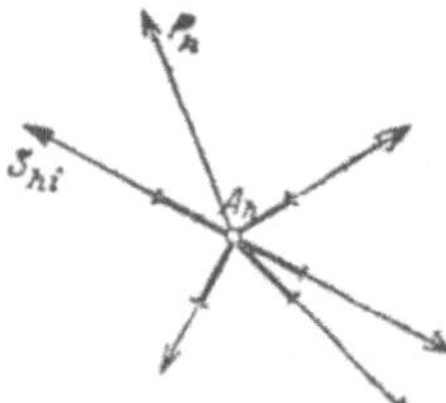

Fig. 179c.

angetragen nach außen oder nach innen gerichtet sind, also der Stab durch die dargestellten Kräfte auf Zug oder Druck beansprucht wird.

Die Gleichungen zur Ermittlung der Stabkräfte gewinnen wir aus dem Satz, daß die inneren und äußeren Kräfte an jedem Knotenpunkt sich das Gleichgewicht halten. Das läßt sich im vorliegenden Falle noch in einer anderen Form zum Ausdruck bringen. Denken wir uns einen Knotenpunkt, z. B. A_h, dadurch aus dem Fachwerk getrennt, daß wir alle in ihm verbundenen Stäbe in der Nähe des Punktes durchschneiden (s. Fig. 179 c) und den Zustand in ihm dadurch aufrechterhalten, daß wir in den Schnittflächen der Stabstücke die Kräfte anbringen, die den Stab auf seine Festigkeit beanspruchen, so müssen die letzteren Kräfte zusammen mit den auf den Knotenpunkt wirkenden äußeren Kräften im Gleichgewicht sein. Denn die auf die Schnittfläche wirkende Kraft S_{hi} deckt sich je nach Größe und Richtung mit der Kraft S_{hi}, die am Knotenpunkt A_h angebracht werden müßte, um letzteren im Gleichgewicht zu erhalten. Um auszudrücken, daß die an A_h angreifenden äußeren und inneren Kräfte im Gleichgewicht sind, zerlegen wir sie in Komponenten in Richtung der beiden Koordinatenachsen; die beiden Bedingungsgleichungen des Gleichgewichtes sind dann nach (62)

$$\Sigma\,(S_{hi}\cdot\cos\alpha_{hi})+X_h=0; \qquad \Sigma\,(S_{hi}\cdot\sin\alpha_{hi})+Y_h=0.$$

Hierin bedeuten X_h und Y_h die Komponenten von P_h, während α_{hi} der Winkel ist, den der Stab $A_h A_i$ mit der positiven X-Achse einschließt. Da mit der Bezeichnung l_{hi} für die Stablänge $\overline{A_h A_i}$

$$\cos\alpha_{hi}=\frac{x_i-x_h}{l_{hi}}, \qquad \sin\alpha_{hi}=\frac{y_i-y_h}{l_{hi}}$$

wird, so gehen vorstehende Gleichungen über in

$$(130) \qquad \Sigma\left\{\frac{S_{hi}}{l_{hi}}(x_i-x_h)\right\}+X_h=0; \qquad \Sigma\left\{\frac{S_{hi}}{l_{hi}}(y_i-y_h)\right\}+Y_h=0,$$

in denen die Summe auf alle Stäbe zu erstrecken ist, die in A_h zusammenstoßen. Ihre Anzahl beträgt $2k$, da in ihnen $h=1,2,\ldots,k$ zu setzen ist. Sie sind jedoch voneinander abhängig, da zwischen den äußeren Kräften die drei Gleichungen (129) bestehen; die Anzahl der voneinander unabhängigen Gleichungen (130) beträgt sonach $2k-3$: Die Anzahl der Stabkräfte S_{hi} ist nun gleich der Anzahl s der Stäbe, woraus hervorgeht, daß nur bei den einfachen Fachwerken sich die Stabkräfte durch die Gleichungen (130) ermitteln lassen. Man nennt deshalb die einfachen Fachwerke auch statisch bestimmt, weil ihre Stabkräfte aus den Gesetzen der Statik starrer Körper, d. i. aus den Bedingungsgleichungen des Gleichgewichtes der Kräfte am starren Körper hervorgehen. Da die Gleichungen (130) in den S_{hi} linear sind, so erhalten wir für jede Stabkraft nur einen Wert. Ist er positiv, so bedeutet die Kraft eine Zugkraft, falls negativ, eine Druckkraft.

Sollen die Gleichungen (130) nach den unbekannten S_{hi} auflösbar sein, so ist weiter erforderlich, daß $2k-3$ von ihnen voneinander unabhängig sind, also die Stablängen nicht in Beziehungen zueinander stehen, die die Determinante jenes Gleichungssystems zum Verschwinden bringen; denn die Gleichungen würden sich nicht nach den S_{hi} auflösen lassen, wenn deren Determinante Null wäre. Tritt aber letzteres ein, so bedeutet das, daß das Fachwerk nicht starr ist, sondern eine, wenn auch nur unendlich kleine Beweglichkeit besitzt. Um das nachzuweisen, brauchen wir nur zu zeigen, daß die Determinante Δ des Gleichungssystems (130) mit der Determinante D der Gleichungen (128) übereinstimmt, denn wir erkannten, daß das Fachwerk beweglich ist, falls $D=0$ wird. Zu dem Ende bezeichnen wir die Koordinaten der Knotenpunkte gemeinsam mit u_ν, so daß ν alle Werte von 1 bis $2k$ durchläuft. Ferner schreiben wir die Gleichung (127) in der Form

$$f_n(u_\nu) = 0$$

und beachten, daß

$$\frac{\partial f_n(u_\nu)}{\partial x_i} = 2(x_i - x_h),$$

und folglich

$$x_i - x_h = \frac{1}{2}\frac{\partial f_n}{\partial x_i} = \frac{1}{2}\cdot\frac{\partial f_n}{\partial u_i}$$

gesetzt werden kann. Führen wir diese Substitution in den Gleichungen (128) und (130) ein, so nehmen sie die Formen

$$(128\,\mathrm{a}) \quad \sum_{\nu=1}^{\nu=2k}\left(\frac{\partial f_n}{\partial u_\nu}\cdot d u_\nu\right) = \frac{\partial f_n}{\partial u_1} d u_1 + \frac{\partial f_n}{\partial u_2}\cdot d u_2 + \ldots = 0 \;(n=1,2,\ldots s)$$

$$(130\,\mathrm{a}) \quad \sum_{n=1}^{n=2k}\left(\frac{S_n}{2l_n}\cdot\frac{\partial f_n}{\partial u_\nu}\right) = \frac{\partial f_1}{\partial u_\nu}\cdot\frac{S_1}{2l_1} + \frac{\partial f_2}{\partial u_\nu}\cdot\frac{S_2}{2l_2} + \ldots = -X_\nu$$
$$(\nu=1,2,\ldots s)$$

an; in ihnen bezeichnet n die Ziffer des Stabes, für die die Gleichung $f_n(u_\nu)=0$, also (127) besteht. Aus ihnen erkennt man aber die Übereinstimmung der Determinanten Δ und D, denn die Horizontalreihen in Δ sind die gleichen wie die Vertikalreihen in D, wie die vorstehenden Gleichungssysteme ersichtlich machen; nach einem bekannten Satze der Determinantentheorie stimmen folglich Δ und D überein. Ist sonach ein Fachwerk starr, so ist es auch statisch bestimmt, im anderen Falle dagegen nicht. Die Umkehrung dieses Satzes ist nicht ohne Einschränkung richtig; wohl aber ist ein Fachwerk starr, wenn es sich für beliebige an ihm im Gleichgewicht befindliche Kräfte als statisch bestimmt erweist.

Die einzelnen Stabkräfte lassen sich, wie bekannt, als Quotient zweier Determinanten schreiben, also in der Form

$$S_{hi} = \Delta_{hi} : \Delta,$$

darin ist Δ_{hi} die Determinante, die aus Δ hervorgeht, wenn man in der Vertikalspalte, in der die Faktoren der S_{hi} auftreten, diese durch $- X_h$ bzw. $- Y_h$ ersetzt. Aus dieser Form erkennt man, daß im allgemeinen die Stabkräfte unendlich groß werden, wenn das Fachwerk beweglich wird. Wenn das nun auch für den Grenzfall selbst nicht mehr zutrifft, da ja dann die Gleichungen (130) voneinander abhängig werden, und sonach eine Bestimmung der Stabkräfte nicht zulassen, so ist doch der Schluß zulässig, daß im allgemeinen die Stabkräfte um so größer werden, je mehr sich ein Fachwerk dem Zustande der Beweglichkeit nähert. Das erkennt man z. B. in dem Falle, in dem ein aus drei Stäben gebildetes Fachwerk (s. Fig. 180) in den beiden Knotenpunkten A und B gestützt und in C durch eine Kraft P beansprucht wird. Die beiden Stabkräfte, die auf AC und BC wirken, ergeben sich hier sofort als Seiten eines Parallelogramms, dessen Diagonale der entgegengesetzt gleichen Kraft $- P$ entspricht. Je mehr sich der Winkel ACB 180^0 nähert, also je näher C dem Stabe AB rückt, um so größer werden diese Stabkräfte. Es ist daher nicht bedeutungslos, auf dem vorher mitgeteilten Wege sich davon zu überzeugen,

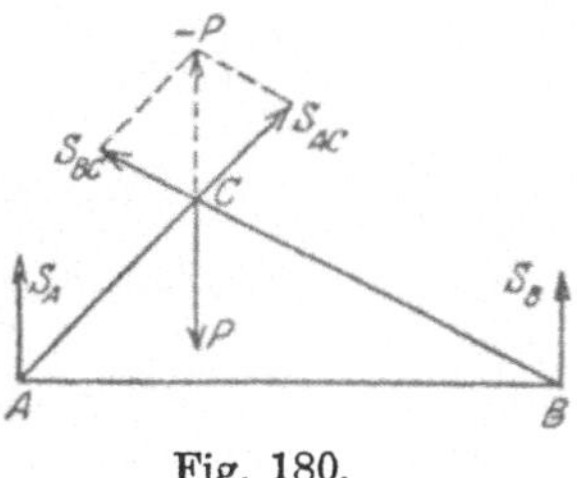

Fig. 180.

ob ein Fachwerk eine Verbindung seiner Knotenpunkte durch die Stäbe ist, die sich nahe dem Zustande der Beweglichkeit befindet, zumal die elastischen Änderungen der Stablängen das Fachwerk noch weiter an diesen Zustand heranzuführen vermögen.

Bei den ebenen Fachwerken erfolgt die Ermittlung der Stabkräfte zumeist nicht auf rechnerischem Wege, also aus dem Gleichungssystem (130), sondern auf zeichnerischem, und zwar unter Verwendung des Kraftecks. Wir haben gefunden, daß sich die äußeren und die Stabkräfte an jedem Knotenpunkt des Fachwerkes das Gleichgewicht halten müssen, woraus hervorgeht, daß diese Kräfte ein geschlossenes Krafteck bilden. Gelingt es daher, an einem Knotenpunkte das Krafteck zu schließen, so werden die Stabkräfte dieses Knotenpunktes damit nach Größe und Richtung bestimmt. Beachtet man, daß die Richtungen der Stabkräfte durch die der Stäbe gegeben werden, so kann das Schließen eines Kraftecks an einem Knotenpunkte nur geschehen, wenn nicht mehr als zwei Stabkräfte zu ermitteln sind. Ist A_h (s. Fig. 181a) ein beliebiger Knotenpunkt, der mit den Knotenpunkten A_i, A_k, A_l und A_m durch Stäbe verbunden wird und auf den die äußere Kraft P_h wirkt, so müssen zwei der vier Stabkräfte bekannt sein, falls man das Krafteck schließen will. Es sei in Q_h (s. Fig. 181b) die Kraft P_h angetragen, und S_{hi} und S_{hk} gegeben, so tragen wir zunächst S_{hi} an P_h an, und dann S_{hk} an S_{hi}, wie in der Figur; legen wir dann durch den Endpunkt von S_{hk} eine Parallele zum Stab $A_h A_l$, und durch Q_h eine solche zu $A_h A_m$, dann schneiden sich diese im Endpunkt der Kraft S_{hl}, womit die beiden Strecken bestimmt sind, die die Stabkräfte S_{hl} und S_{hm} darstellen. Zugleich erhält man auch die Richtung dieser Kräfte, denn das Krafteck muß in dem Sinne gebildet werden, der durch den der Kraft P_h vorgeschrieben ist. Um schließlich fest-

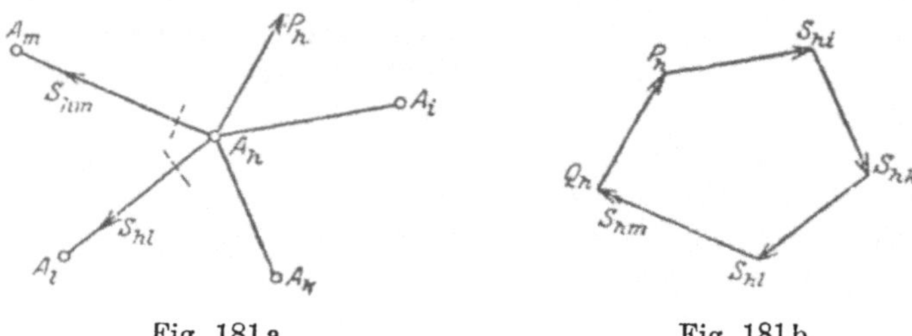

Fig. 181 a.Fig. 181 b.

zustellen, ob die betreffenden Stäbe auf Zug oder Druck beansprucht werden, denken wir uns diese in der Nähe von A_h durchschnitten und an der Schnittfläche des von A_h ausgehenden Stabteiles die bezügliche Stabkraft angreifend; ist letztere nach außen gerichtet, so beansprucht sie den Stab auf Zug, im entgegengesetzten Falle auf Druck. So ersehen wir im vorliegenden Falle, daß die Kräfte S_{hl} und S_{hm} die Stäbe beide auf Zug beanspruchen.

Wenden wir dieses Verfahren nacheinander auf sämtliche Knotenpunkte des Fachwerkes an, so ergibt sich damit auf zeichnerischem Wege ein Kräfteplan, der alle Stabkräfte enthält. Ein solcher kann aber unmittelbar nur für Fachwerke gezeichnet werden, die einfache Knotenpunkte besitzen und die bei allmählicher Beseitigung der einfachen Knotenpunkte auf einen Stab führen, weil durch den Schluß des Krafteckes an einem Knotenpunkte immer nur zwei Stabkräfte ermittelt werden können. Mit dem Aufzeichnen des Planes der Stabkräfte wird die Ermittlung der Stützkräfte des Fachwerkes in den beiden Stützstellen verknüpft, die in der früheren Weise, d. i. durch Kraft- und Seileck geschieht.

Zwecks Erläuterung dieses Verfahrens suchen wir den Kräfteplan für das in Fig. 182a gezeichnete Fachwerk von 5 Knotenpunkten, das in dem Punkte 1 festgehalten und in 2 in Richtung des Rollenkipplagers beweglich gestützt ist, während in den Knotenpunkten 3, 4 und 5 äußere Kräfte von gegebener Größe und Richtung angreifen. Um zunächst die Stützkräfte in 1 und 2 zu ermitteln, setzen wir die drei Kräfte P_3, P_4 und P_5 zu einer Resultierenden R_{35} zusammen (s. Fig. 182 b), deren Wirkungslinie w_{35} mittels eines Seileckes, wie früher erörtert, sich findet. Diese werde von der Senkrechten zur Bewegungsrichtung des Knotenpunktes 2 in J geschnitten; dann ist die Richtung der Stützkraft P_1 durch die Gerade bestimmt, die den Knotenpunkt 1 mit J verbindet. Ziehen wir nun durch den Endpunkt von P_5 im Krafteck eine Parallele zu $1J$, und durch den Anfangspunkt von P_3 eine Parallele zu der er-

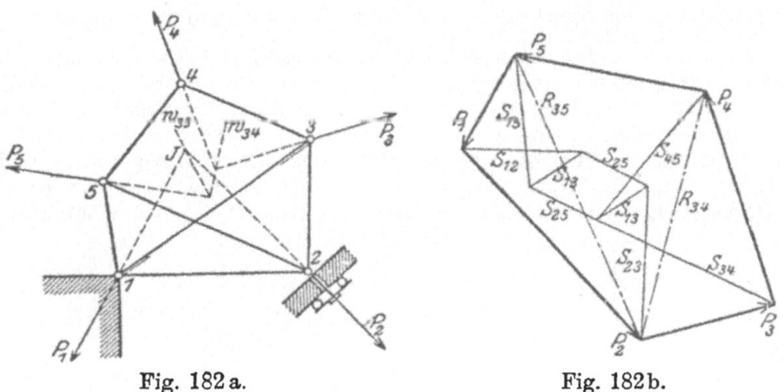

Fig. 182 a. Fig. 182 b.

wähnten Senkrechten, in der P_2 liegt, so schneiden sich diese im Endpunkt von P_1, wodurch die beiden Stützkräfte P_1 und P_2 gefunden werden. Beachten wir weiter, daß 4 ein einfacher Knotenpunkt ist, so schließen wir zunächst das Krafteck in 4, indem wir im Kräfteplan durch den Anfangspunkt von P_4 die Parallele zum Stab 34 und durch den Endpunkt von P_4 die Parallele zu 45 ziehen; damit erhalten wir die Stabkräfte S_{34} und S_{45}, die den Stab, wie leicht ersichtlich, auf Zug beanspruchen. Der folgende Knotenpunkt 5 ist ein zweifacher; da aber S_{45} schon bestimmt wurde, so sind nur noch die Stabkräfte in 15 und 25 zu ermitteln, was geschieht, wenn wir durch den Endpunkt von P_5 die Parallele zum Stab 15 und durch den Endpunkt von S_{45} die Parallele zu 25 legen. Dabei ist aber folgendes zu beachten. Umfahren wir das eben erhaltene Krafteck in dem durch P_5 gegebenen Sinne, so erhält S_{45} die entgegengesetzte Richtung, als sie durch das Krafteck für den Knotenpunkt 4 festgestellt wurde. Das ist kein Widerspruch, sondern eine Notwendig-

15*

keit, denn die beiden Stabkräfte S_{45} und S_{54} sind zwar absolut gleich, aber entgegengesetzt gerichtet. Bei dem Knotenpunkt 1 ist nunmehr S_{15} als bekannt anzusehen, und so finden wir durch das Ziehen der Parallelen zu 13 und 12 das Krafteck, das uns S_{13} und S_{12} liefert. Bei dem Schluß des Kraftecks für den Knotenpunkt 2 ist zu beachten, daß da nur die Stabkraft S_{23} unbekannt bleibt und S_{25} noch einmal anzutragen ist; es muß dann die Schlußlinie des Kraftecks parallel dem Stab 23 werden. Ein ähnliches gilt für das Krafteck im Punkte 3; es sind da sämtliche Stabkräfte bekannt und müssen deshalb im richtigen Sinne aneinander angetragen ein geschlossenes Krafteck bilden, wobei S_{13} noch einmal aufzutragen ist. An sich wäre aber letzteres Krafteck für den Kräfteplan nicht erforderlich, weil durch die vorhergehenden schon alle Stabkräfte bekannt sind; es dient also gewissermaßen nur zur Kontrolle.

Beispiel: In Fig. 183a ist ein Dachstuhl von $k = 7$ Knotenpunkten skizziert, der im Punkte 1 festgehalten und in 7 horizontal gestützt wird. Die drei Lastkräfte P_3, P_4 und P_5 seien vertikal nach abwärts gerichtet und gleich groß; dann werden P_1 und P_5 bei symmetrisch angeordneten Knotenpunkten gleich groß und vertikal nach aufwärts gerichtet. Die Knotenpunkte 6 und 7 seien kräftefrei. Da 1 und 5 einfache Knotenpunkte sind, so lassen sich die Kraftecke in ihnen unmittelbar schließen und ergeben die vier Stabkräfte S_{12}

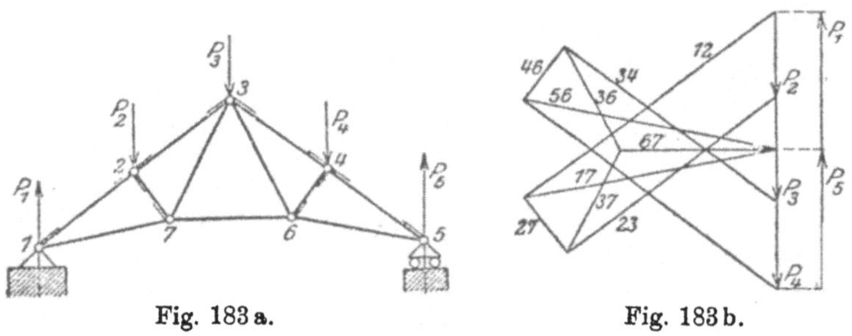

<table>
<tr><td>Fig. 183 a.</td><td>Fig. 183 b.</td></tr>
</table>

und S_{17} bzw. S_{45} und S_{56} (s. Fig. 183b). Dann lassen sich die Kraftecke in 2 und 4 schließen, wodurch S_{23}, S_{27}, S_{34}, S_{46} gefunden werden. Nunmehr ist auch der Schluß des Krafteckes in 3 möglich, der S_{36} und S_{37} liefert. Die Stabkraft S_{67} ist dann den beiden Kraftecken in 6 und 7 gemeinsam und läßt sich ohne weiteres dem Kräfteplan einfügen. Bestimmt man für die Stabkräfte noch die Art der Beanspruchung der betreffenden Stäbe, so findet man, daß die in Fig. 183a mit einfachen Linien gezeichneten Stäbe auf Zug, die in der Nähe der Knotenpunkte doppelt ausgezogenen auf Druck beansprucht werden.

Der in letzterem Beispiel erhaltene Kräfteplan Fig. 183b unterscheidet sich von dem in Fig. 182b dargestellten darin, daß in ersterem jede Stabkraft nur einmal auftritt, während in Fig. 182b die Stabkräfte S_{25} und S_{13} je zweimal enthalten sind. Einen Kräfteplan, wie den ersteren, nennt man einen reziproken Kräfteplan, weil er zu dem Fachwerk und den äußeren Kräften desselben in einem Reziprozitätsverhältnis steht. Faßt man nämlich den Kräfteplan als Fachwerk auf, dessen Stäbe durch die inneren und äußeren Kräfte gebildet werden, und denkt sich ferner die äußeren Kräfte im Fachwerk als Stäbe, die nach einem gemeinsamen Knotenpunkte führen, so ersieht man, daß jedem Knotenpunkte im ursprünglichen Fachwerk ein Vieleck im reziproken Kräfteplan entspricht, und umgekehrt jedem Knotenpunkte im Kräfteplan ein Vieleck im Fachwerk. So ordnet sich z. B. im letzten Beispiel dem Knotenpunkte 1 das Dreieck, gebildet von P_1, S_{12} und S_{17} zu, dem Knotenpunkte 7 das Viereck, gebildet von S_{17}, S_{27}, S_{37} und S_{67} usf., während umgekehrt dem Knotenpunkte des Kräfteplans, in dem P_1, P_2 und S_{12} zusammenstoßen, das Dreieck sich zuordnet, das vom Stab 12 und den Kräften P_1 und P_2 gebildet wird, dem Knotenpunkte, in dem S_{12}, S_{17} und S_{27} zusammenstoßen, das Dreieck 1 2 7 usf. Das Zustandekommen eines reziproken Kräfteplanes stellt gewisse Anforderungen sowohl an die Struktur des Fachwerkes, als auch an die Wahl der Knotenpunkte, in denen äußere Kräfte angreifen; auf diese soll hier nicht weiter eingegangen werden.

Dagegen bedarf die Frage, wie wir den Kräfteplan bei einem Fachwerk ohne einfache Knotenpunkte bzw. bei einem Grundeck finden, einer ausführlichen Erörterung. Wir stützen uns hierbei auf den Umstand, daß ein Fachwerk ohne einfache Knotenpunkte mindestens 6 zweifache enthalten muß (s. S. 214) und versuchen, den Kräfteplan mittelbar zu zeichnen, indem wir von einem der zweifachen Knotenpunkte ausgehend zunächst an diesem das Krafteck durch die willkürliche Annahme einer der drei Stabkräfte schließen. Nunmehr verfahren wir wie vorher und schließen die Kraftecke an weiteren Knotenpunkten, bis wir auf einen stoßen, der mit dem Ausgangsknotenpunkt durch einen Stab verbunden ist. Dann wird das Krafteck aber für die Stabkraft, die diesem Stab entspricht, im allgemeinen einen Wert ergeben, der nach Größe und Vorzeichen von dem angenommenen bzw. zuerst erhaltenen Werte verschieden ist, und nun tragen wir die Differenz beider als Ordinate zu der angenommenen Stabkraft als Abszisse auf. Die Endpunkte der Differenzen liegen dann auf einer Geraden, weil die Stabkräfte nur an lineare Gleichungen gebunden sind. Diese Gerade erhält man aus zweien ihrer Punkte, indem man die erwähnte Differenz für zwei willkürliche Annahmen der Stabkraft ermittelt und aufträgt. Die Stabkraft, für welche die Differenz zu Null wird, gibt den richtigen Wert für jene Stabkraft und mit dieser läßt sich dann der Kräfteplan zeichnen.

Beispiele:

1. Das in Fig. 184a dargestellte Fachwerk von 6 Knotenpunkten werde in jedem Knotenpunkte von einer Kraft beansprucht, die zusammen an dem Fachwerk im Gleichgewicht sind. Um das zu erreichen, wurden die Kräfte P_1, P_2, P_3 und P_4 willkürlich angenommen, dann diese mittels des Seileckes I, II, III zur Resultierenden R_{14} zusammengesetzt und diese im Krafteck (s. Fig. 184b) nach den Richtungen IV 5 und IV 6 (wobei der Punkt IV auf der Wirkungslinie w_{14} von R_{14} willkürlich gewählt werden konnte) in die Kräfte P_5 und P_6 zerlegt, so daß also Kraft- und Seileck sich schlossen. Legen wir nun durch den Anfangspunkt des Vektors P_1 im Krafteck eine Parallele zum Stab 16, durch den Endpunkt eine zum Stab 12, so läßt sich das Krafteck am Knotenpunkt 1 nur schließen, wenn wir eine der Stabkräfte, z. B. S_{12}, willkürlich annehmen; es sei $\overline{P_1 A'_{12}} \triangleq S'_{12}$, falls P_1 hierin den Endpunkt des Vektors $\mathfrak{P}_1$ bezeichnet. Ziehen wir durch A'_{12} die Parallele zum Stab 14, dann stellt $\overline{A'_{12} A'_{16}}$ die Stabkraft S'_{14} dar. Nach Annahme von S_{12} können wir aber auch sofort

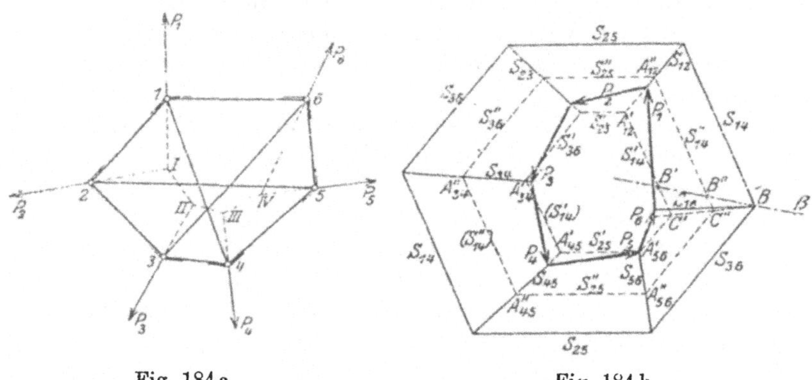

Fig. 184a.Fig. 184b.

das Krafteck im Knotenpunkt 2 schließen; wir brauchen nur durch den Punkt A'_{12} die Parallele zum Stab 25 und durch den Endpunkt von P_2 die Parallele zu 23 zu ziehen und erhalten sofort S'_{23} und S''_{23}, die in A'_{23} zusammenstoßen. In der gleichen Weise verfahren wir in den folgenden Knotenpunkten 3 und 4, indem wir durch den Endpunkt von P_3 die Parallele zu 34, durch den Endpunkt von P_4 die Parallele zu 45 legen, dann durch A'_{23} die Parallele zum Stab 36, und durch den so erhaltenen Punkt A'_{36} die Parallele zu 14 ziehen. Der in diesem Krafteck auftretende Wert für S_{14}, der mit (S'_{14}) bezeichnet werden mag, wird nun im allgemeinen nicht mit dem Werte S'_{14} übereinstimmen, wie er sich aus dem Krafteck am Knotenpunkt 1 ergab; tragen wir daher (S'_{14}) von A'_{12} aus in der Richtung von 14 auf, machen also $\overline{A'_{12} B'}$ $= (S'_{14}) = \overline{A'_{34} A'_{45}}$, so ist $\overline{A'_{16} B'} = \lambda'$ die Differenz der beiden Kraftvektoren S'_{14} und (S'_{14}). Hätten wir S'_{12} richtig angenommen, so mußte diese Differenz Null sein. Um das zu erreichen, machen wir eine zweite Annahme für S_{12}, und zwar sei $\overline{P_1 A''_{12}}$ die S''_{12} darstellende Strecke. Wieder schließen wir wie vorher die Kraftecke an 1, 2, 3 und 4 und finden abermals $\overline{A''_{34} A''_{45}} \triangleq (S''_{14})$ verschieden von $\overline{A''_{12} A''_{16}} \triangleq S''_{14}$. Machen wir nun $\overline{A''_{12} B''} = \overline{A''_{34} A''_{45}}$, so erhalten wir einen zweiten Punkt B'' des geometrischen Ortes β der Punkte B, und da diese eine Gerade sein muß, so liefert der Schnittpunkt B von β mit der Parallelen zum Stab 16 den Punkt, für welchen die Differenz $\lambda = 0$ wird. Indem wir nun durch B die Parallele zu 14 legen, erhalten wir dann auf der Geraden $A'_{12}\, A''_{12}$ den Endpunkt der wahren Größe von S_{12} und damit die Möglichkeit den Kräfteplan des Fachwerkes zu zeichnen.

Das hier durchgeführte Verfahren gestattet in einzelnen Fällen mancherlei Abänderungen. So könnte man hier benutzen, daß der Endpunkt des Vektors S_{16} auf der Parallelen zum Stab 16 durch den Endpunkt des Vektors P_6 im Krafteck liegen muß, andrerseits aber dieser Punkt als Schnittpunkt C'' von $A'_{12}\, A'_{16}$ mit der Parallelen $A'_{56}\, C'$ durch A'_{56} zu 36 bzw. als Schnittpunkt C'' von $A'_{12}\, A''_{16}$ mit $A''_{56}\, C''$ erhalten werden kann. Wieder ist der geometrische Ort der Punkte C eine Gerade, die die Gerade $A'_{16}\, A''_{16}$ im selben Punkte B wie β schneidet.

2. In dem in Fig. 185 a gezeichneten Fachwerk von $k = 7$ Knotenpunkten und $s = 2k - 3 = 11$ Stäben sind die Knotenpunkte 2 bis 6 durch lotrechte Lastkräfte P_2 bis P_6 willkürlicher Größe beansprucht und Knotenpunkt 7 ist horizontal gestützt, so daß die Kräfte P_1 und P_7 in diesen Punkten ebenfalls lotrecht sein müssen; sie lassen sich wie früher mittels Kraft- und Seileckes

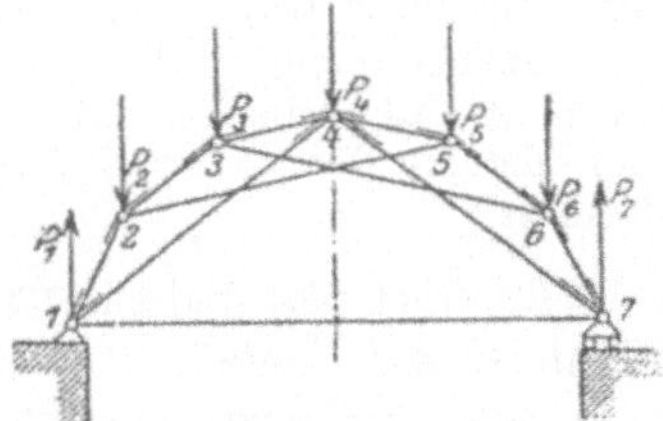

Fig. 185 a.

bestimmen. Zwecks Ermittlung der Stabkräfte können wir verschiedene Wege einschlagen. Wählt man z. B. die Stabkraft S_{17} und schließt dann die Kraftecke in den Knotenpunkten 1, 2, 5, 6 und 7 der Reihe nach, dann erhält man im letzten Krafteck einen zweiten Wert für S_{17}, der im allgemeinen von dem angenommenen verschieden sein wird. Tragen wir nun das angenommene S_{17} als Abszisse, die Differenz der beiden Spannkräfte als Ordinate einer Kurve

auf, die nach dem Vorausgeschickten eine Gerade sein muß, und ermitteln letztere durch einen weiteren Punkt entsprechend einer zweiten anderen Annahme für S_{17}, so schneidet diese Gerade die Abszissenachse im Endpunkt des wahren Wertes für S_{17}, weil für diesen Punkt die erwähnte Differenz zu Null wird.

Oder aber, man nimmt S_{17} an und schließt die Kraftecke in 1 und 2, sowie in

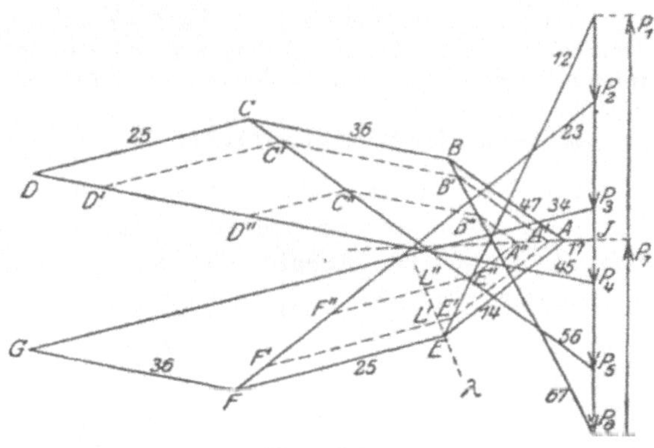

Fig. 185 b.

7, 6 und 5; dann findet man aus dem Krafteck in 5 einen zweiten Wert für S_{25}, der von dem am Knotenpunkt 2 gefundenen abweichen wird. Die Differenz zwischen diesen beiden Werten für S_{25} läßt sich nun zeichnerisch sofort erhalten, indem man (s. Fig. 185 b) $F'L' = C'D'$ macht; dann ist $E'L'$

die gesuchte Differenz. Denn wenn $\overline{JA'} \mathrel{\widehat{=}} S_{17}'$ angenommen wird, so erhält man durch das Schließen der Kraftecke an den vorerwähnten Knotenpunkten in der Strecke $C'D'$ die Stabkraft S_{25}', und in der Strecke $\overline{E'F'}$ den zweiten Wert für S_{25}, der mit (S_{25}') bezeichnet werden mag; sonach ist $\overline{E'L'} = \overline{F'L'} - \overline{F'E'} \mathrel{\widehat{=}} (S_{25}') - S_{25}'$. Wiederholen wir dieses Verfahren mit einer beliebigen zweiten Annahme für S_{17}, z. B. $S_{17}'' \mathrel{\widehat{=}} \overline{JA''}$, so finden wir die Differenz $\overline{E''L''} \mathrel{\widehat{=}} (S_{25}'') - S_{25}''$, indem wir $F''L'' = C''D''$ machen. Da der geometrische Ort der Punkte L eine Gerade λ ist, welche die Gerade, auf der die Punkte E liegen, in E schneidet, so ist $\overline{FE} \mathrel{\widehat{=}} S_{25}$ der wahre Wert der Stabkraft, denn für diesen Punkt wird die erwähnte Differenz zu Null. Zu dem gleichen Ergebnis gelangen wir, wenn wir die Strecke $\overline{E'L'}$ in A' senkrecht zu JA' nach aufwärts und $\overline{E''L''}$ in A'' nach abwärts auftragen würden und die beiden so erhaltenen Punkte durch eine Gerade verbinden; denn letztere schneidet die Gerade JA'' im Endpunkte A des Vektors, der die Stabkraft S_1 darstellt.

In einzelnen Fällen gibt es auch noch kürzere Wege zum Ziele. Wenn es z. B. möglich ist, das Fachwerk durch einen Schnitt in zwei nicht mehr zusammenhängende Teile zu zerlegen, so müssen die Stabkräfte in den durchschnittenen Stäben den äußeren Kräften, die auf den abgeschnittenen Fachwerksteil wirken, das Gleichgewicht halten; wir finden sonach zeichnerisch diese Stabkräfte, wenn wir die entgegengesetzt genommene Resultierende dieser äußeren Kräfte nach dem auf S. 115 bzw. in Fig. 91 mitgeteilten Verfahren in Komponenten zerlegen. Diese Komponenten sind die gesuchten drei Stabkräfte, mit deren Hilfe die Kraftecke an weiteren Knotenpunkten geschlossen werden können.

Als ein Beispiel hierfür kann das Fachwerk Fig. 170a angesehen werden, denn dieses entspricht der Bedingung, daß ein Schnitt es in zwei völlig getrennte Teile zerlegt, nämlich der Schnitt durch die drei Stäbe 14, 25 und 36.

B. Räumliche Fachwerke.

Ein Knotenpunkt des Raumfachwerkes heiße h-fach, wenn in hm $h + 2$ Stäbe zusammenstoßen, also einfach bei 3 Stäben, zweifach bei 4 usf. Die Anzahl aller h-fachen Knotenpunkte des Fachwerkes werde mit k_h bezeichnet, dann ist die Anzahl k aller Knotenpunkte des Fachwerkes $= k_1 + k_2 + k_3 + \dots$; folglich besteht die Beziehung

$$(131) \qquad k = \sum_{h=1}^{h=k} (k_h).$$

Zwischen der Anzahl s der Stäbe des Fachwerkes und den Zahlen k_h aber wird der Zusammenhang durch die Gleichung

$$(132) \qquad 2s = \sum_{h=1}^{h=k} (h + 2)\, k_h$$

hergestellt, die darauf beruht, daß jeder Stab 2 und nur 2 Knotenpunkte verbindet.

Um an ein bestehendes räumliches Fachwerk einen weiteren Knotenpunkt anzuschließen, bedarf es mindestens dreier Stäbe, die den Knotenpunkt mit drei nicht in einer Geraden liegenden Knotenpunkten des Fachwerkes verbinden. Denn das Dreieck der Anschlußknotenpunkte bildet mit den drei Stäben die Kanten eines Tetraeders und dieses ist im allgemeinen, d. h. bei willkürlichen Stablängen ein starres Gebilde. Ist die Anzahl der Knotenpunkte des Fachwerkes k', seiner Stäbe s', und sollen weitere k'' Knotenpunkte durch je drei Stäbe angeschlossen werden, so entsteht ein Fachwerk von

$$k = k' + k''$$

Knotenpunkten und

$$s = s' + 3k''$$

Stäben, für das, wie aus beiden Beziehungen hervorgeht, die Beziehung

$$s - 3k = s' - 3k' = \text{const.}$$

besteht. Die Konstante findet sich aus dem Sonderfall $k' = 4$, also dem Tetraeder, für das die Zahl der Kanten (Stäbe) $s' = 6$ ist, zu $6 - 3 \cdot 4 = -6$; es wird folglich

$$s = 3k - 6.$$

Das ist die kleinste Zahl von Stäben; es ist daher für ein Fachwerk von k Knotenpunkten

(133)
$$s \geqq 3k - 6$$
und jedenfalls

$$\min(s) = 3k - 6.$$

Fachwerke, für welche

(133a)
$$s = 3k - 6$$

ist, die also das Minimum von Stäben besitzen, sollen wieder einfache Raumfachwerke heißen, alle anderen zusammengesetzte und die Stäbe, um welche s größer als $3k - 6$ ist, überzählige.

Beispiel: Das in Fig. 186 dargestellte Raumfachwerk von $k = 5$ Knotenpunkten enthält $s = 10$ Stäbe; dagegen ist $3k - 6 = 9$. Das Fachwerk enthält sonach einen überzähligen Stab, als welcher der Stab 45 angesehen werden mag, der in der Figur gestrichelt ist. In jedem Knotenpunkte dieses Fachwerkes stoßen vier Stäbe zusammen; es ist also hier $k = k_2$, d. h. der Anzahl der zweifachen Knotenpunkte.

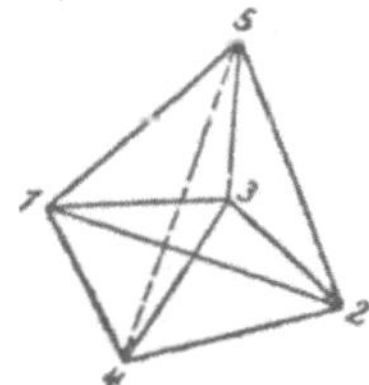

Fig. 186.

Der erhebliche Unterschied beider Arten von Fachwerken besteht darin, daß die Längen sämtlicher Stäbe des einfachen Fachwerkes ganz willkürlich, also voneinander unabhängig sind, während das bei dem zusammengesetzten Fachwerk nicht der Fall ist. So ist z. B. die Länge des Stabes 45 im Fachwerk Fig. 186 schon durch die übrigen Stablängen völlig bestimmt und demnach von diesen abhängig.

Da hierdurch die Berechnung der Stabspannkräfte von den elastischen Eigenschaften des Materials der Stäbe abhängig wird, so soll hier nur auf die einfachen Fachwerke eingegangen werden.

Setzen wir $s = 3k - 6$ in (132) ein, so erhält man

$$6k - 12 = \sum_{h=1}^{h=k}(h+2)k_h = 3k_1 + 4k_2 + 5k_3 + \cdots$$

und durch Einsetzen von k aus (131) nach geringer Umformung

$$3k_1 + 2k_2 + k_3 = 12 + \sum_{h=5}^{h=k}(h-4)k_h.$$

Da alle Glieder der rechtsstehenden Summe positiv sind, so erkennt man, daß für jedes einfache Raumfachwerk von k Knotenpunkten die Beziehung

$$3k_1 + 2k_2 + k_3 \geqq 12$$

gilt, unabhängig von der Größe der Zahl k der Knotenpunkte. Sind z. B. keine einfachen Knotenpunkte vorhanden ($k_1 = 0$), so wird $k_2 \geqq 6$, falls $k_3 = 0$, und $k_3 \geqq 12$, falls $k_2 = 0$. Es können folglich auch Raumfachwerke ohne ein- und zweifache Knotenpunkte vorkommen, in denen also in jedem Knotenpunkte mindestens 5 Stäbe zusammenstoßen; die Zahl k_3 der dreifachen Knotenpunkte ist dann mindestens 12.

Soll das aus $s = 3k - 6$ Stäben gebildete Fachwerk von k Knotenpunkten starr sein, so erfordert das die Unabhängigkeit der Stablängen voneinander. Die Bedingung, welche die Stablängen zu erfüllen haben, läßt sich in folgender Weise ableiten. Wir denken uns das Fachwerk auf ein rechtwinkliges Koordinatensystem bezogen und es seien $x_h y_h z_h$ die Koordinaten eines beliebigen Knotenpunktes A_h, ferner $x_i y_i z_i$ die von A_i. Beide Knotenpunkte seien durch einen Stab von der Länge l_{hi} verbunden, dann drückt die Gleichung

$$(134) \qquad (x_i - x_h)^2 + (y_i - y_h)^2 + (z_i - z_h)^2 = l_{hi}^2$$

aus, daß bei jeder Bewegung des Fachwerkes sich die Stablänge l_{hi} nicht ändert. Die Anzahl der Gleichungen (134) für ein einfaches Fachwerk von k Knotenpunkten ist $3k - 6$, nämlich gleich der Anzahl der Stäbe. Ändert sich die Lage der beiden Knotenpunkte A_h

und A_i gegen das Koordinatensystem, so müssen die Änderungen der Koordinaten der Gleichung

$$(134\,\mathrm{a}) \qquad (x_i - x_h)(dx_i - dx_h) + (y_i - y_h)(dy_i - dy_h)$$
$$+ (z_i - z_h)(dz_i - dz_h) = 0$$

genügen, die aus (134) durch Differentiation hervorgeht. Nun haben wir in der Bewegungslehre (Bd. I, S. 63) erkannt, daß die Lage aller Punkte eines starren Systems völlig und eindeutig bestimmt ist durch die Lage dreier Punkte desselben, die nicht in einer Geraden liegen, und folglich auch die Lagenänderungen durch die dieser drei Punkte. Daraus schließen wir, daß die Lagenänderungen der Knotenpunkte eines starren Raumfachwerkes völlig durch die dreier Knotenpunkte bestimmt sein müssen, die nicht in einer Geraden liegen. Seien die letzteren die Punkte A_1, A_2 und A_3, dann werden deren Lagen gegen das Koordinatensystem bestimmt durch 6 der Koordinaten dieser Punkte, da zwischen ihnen die drei (134) entsprechenden Gleichungen für die Stablängen l_{12}, l_{13}, l_{23} bestehen. Demgemäß werden auch die Lagenänderungen der Knotenpunkte sämtlich bestimmt durch die Änderungen dx_1, dy_1, ... jener sechs Koordinaten, woraus folgt, daß aus den $3k - 6$ linearen Gleichungen (134a) sich die Koordinatenänderungen aller Knotenpunkte, deren Anzahl $3k$ beträgt, als lineare Funktionen jener sechs gewählten Änderungen dx_1, dy_1, ... der drei Punkte A_1, A_2, A_3 berechnen lassen müssen. Hierzu ist notwendig und hinreichend, daß 1. die Zahl der Gleichungen (134a) $3k - 6$ beträgt, 2. diese Gleichungen voneinander unabhängig sind. Die erste Forderung ist an sich erfüllt, wie wir sahen; die zweite aber nur, wenn die Determinante D dieses Gleichungssystems von Null verschieden ist. Dieser Forderung müssen die Stablängen genügen, wenn das Fachwerk starr sein soll.

Freilich ist dieses analytische Kennzeichen viel zu umständlich, um bei Raumfachwerken mit größerer Knotenpunktszahl verwendet werden zu können. Auch die phoronomischen bzw. kinematischen Kennzeichen der Beweglichkeit sind, von einzelnen Fällen abgesehen, bei den Raumfachwerken zu wenig einfach und übersichtlich, um die entsprechenden Aufschlüsse in kürzerer Zeit zu geben. Nur wenn das Fachwerk einfache Knotenpunkte besitzt, läßt sich verhältnismäßig einfach nachweisen, ob das Fachwerk beweglich ist oder nicht. Ein einfacher Knotenpunkt wird mit drei nicht in einer Geraden liegenden Knotenpunkten eines starren Raumfachwerkes nur dann durch drei Stäbe unbeweglich verbunden sein können, wenn er nicht in der Ebene jener drei Knotenpunkte liegt. Denn andernfalls würde seine Bewegungsrichtung tangential zu den Kreisen sein, die der Knotenpunkt beschreibt, wenn man einen der Stäbe beseitigt, also senkrecht zur Ebene der drei Knotenpunkte. Die entsprechende unendlich kleine Bewegung des Knotenpunktes ginge bei Beanspruchung des letzteren durch äußere Kräfte infolge der Elastizität der Stäbe in eine endliche über und das Fachwerk wäre folglich beweglich. Wir erkennen sonach, daß ein Raumfachwerk mit einfachen Knotenpunkten nur dann unbeweglich ist, wenn die drei nach jedem einfachen Knotenpunkt führenden Stäbe nicht in eine Ebene fallen. Beseitigen wir die einfachen Knotenpunkte eines Raumfachwerkes, so wird das so entstehende Fachwerk im allgemeinen wieder einfache Knotenpunkte, für die der gleiche Satz gilt. Durch die allmähliche Beseitigung der einfachen Knotenpunkte wird man entweder auf ein Dreieck oder ein Fachwerk ohne einfache Knotenpunkte geführt; im ersteren Fall ist das Fachwerk starr, wenn alle die ursprünglichen und die nach und nach entstehenden einfachen Knotenpunkte der Forderung entsprechen, daß die nach einem einfachen Knotenpunkte führenden drei Stäbe nicht in eine Ebene fallen, im letzteren, wenn das Fachwerk ohne einfache Knotenpunkte starr ist. Auf die Methoden zur Feststellung der Unbeweglichkeit der letzteren Fachwerke, die sehr umständlich sind, näher einzugehen, liegt um so weniger Veranlassung vor, als es auf einem noch anzugebenden Umwege in einfacherer Weise möglich ist,

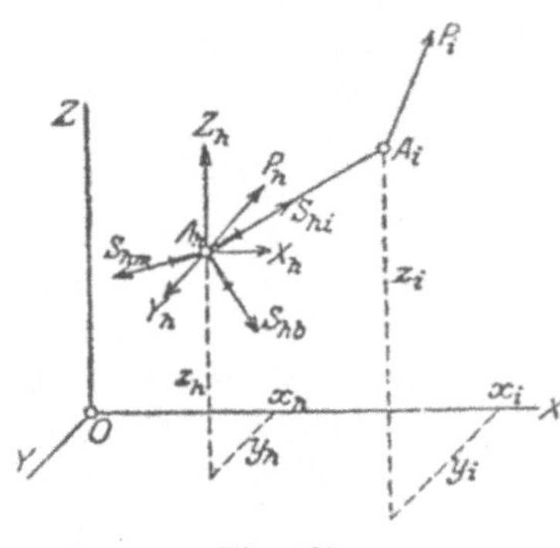

Fig. 187.

die Frage nach der Starrheit des Fachwerkes zu beantworten, und zwar in Verbindung mit der Hauptaufgabe der Fachwerkstheorie, nämlich der Ermittlung der Stützkräfte.

Das Fachwerk sei unbeweglich gestützt und nur in den Knotenpunkten durch äußere Kräfte beansprucht. Die Stützung erfolge in einzelnen Knotenpunkten und sei eine statisch bestimmte, wie im 21. Kapitel näher erörtert wurde. Dann lassen sich die Stützkräfte durch die sechs Bedingungsgleichungen des Gleichgewichtes am starren Körper ermitteln und mit den äußeren Kräften, die auf die stützenden Knotenpunkte wirken, zu je einer Kraft vereinigen. Letztere betrachten wir als äußere Kraft wie jede Kraft, die auf den betreffenden Knotenpunkt wirkt, und bezeichnen sie mit P_h ($h = 1, 2, \ldots, k$). Sind $x_h y_h z_h$ die Koordinaten des Angriffspunktes A_h dieser Kraft in bezug auf ein willkürliches rechtwinkliges Koordinatensystem (s. Fig. 187), und X_h, Y_h, Z_h die Komponenten von P_h, so bestehen die sechs Gleichungen

$$(135)\quad \begin{cases} \sum_{h=1}^{h=k}(X_h)=0; \qquad \sum_{h=1}^{h=k}(Y_h)=0; \qquad \sum_{h=1}^{h=k}(Z_h)=0; \\[2ex] \sum_{h=1}^{h=k}(Z_h y_h - Y_h z_h)=0;\ \sum_{h=1}^{h=k}(X_h z_h - Z_h x_h)=0;\ \sum_{h=1}^{h=k}(Y_h x_h - X_h y_h)=0, \end{cases}$$

welche ausdrücken, daß die Stütz- und äußeren Kräfte, also die P_h am Fachwerk im Gleichgewicht sind.

Um die Stabkräfte zu ermitteln, die die Stäbe bei einer gegebenen Belastung des Fachwerkes beanspruchen, denken wir uns einen der Knotenpunkte, z. B. A_h, aus dem Fachwerk durch Zerschneiden der nach ihm führenden Stäbe in der Nähe des Knotenpunktes getrennt und das Gleichgewicht an ihm durch Anbringen der Stabkräfte in den Schnittflächen hergestellt; dann müssen die Stabkräfte S_{hi}, S_{hl}, ... der Gleichgewichtsbedingung

$$P_h \mp S_{hi} \mp S_{hl} \mp \ldots = 0$$

genügen. Die entsprechenden Bedingungsgleichungen werden sonach, da die Komponenten der Stabkräfte sich zu

$$X_{hi}=S_{hi}\cdot\cos(S_{hi},X)=\frac{S_{hi}}{l_{hi}}(x_i - x_h);$$

$$Y_{hi}=S_{hi}\cos(S_{hi},Y)=\frac{S_{hi}}{l_{hi}}(y_i - y_h), \qquad \text{usf.}$$

ergeben,

$$(136)\quad X_h + \Sigma\left\{\frac{S_{hi}}{l_{hi}}(x_i - x_h)\right\}=0; \qquad Y_h + \Sigma\left\{\frac{S_{hi}}{l_{hi}}(y_i - y_h)\right\}=0;$$

$$Z_h + \Sigma\left\{\frac{S_{hi}}{l_{hi}}(z_i - z_h)\right\}=0;$$

in ihnen sind die Summen nach i zu bilden, d. h. nach den Knotenpunkten A_i, mit denen A_h durch Stäbe verbunden ist. Die Gleichungen (136) gelten für jeden Knotenpunkt ($h=1, 2, \ldots, k$), ihre Anzahl beträgt folglich $3k$. Doch sind sie nicht unabhängig voneinander, da die Komponenten X_h, Y_h, Z_h durch die sechs Gleichungen (135) in Verbindung stehen; die Anzahl der voneinander unabhängigen Gleichungen (136) beträgt daher $3k-6$, und ist sonach ebenso groß, wie die Anzahl der Stabkräfte S_{hi}, wobei zu beachten ist, daß $S_{ih}=S_{hi}$ sein muß, wie früher erörtert. Es ist sonach das einfache Raumfachwerk im allgemeinen, d. h. bei willkürlichen Stablängen l_{hi} statisch bestimmt, d. h. aus $3k-6$ der Gleichungen (136) lassen sich die Stabkräfte S_{hi} ermitteln. Auch finden sich die Stabkräfte als Zug- oder Druckkräfte in der gleichen Weise, wie bei dem ebenen Fachwerk. Führen wir nämlich Zugkräfte als positiv in die Gleichungen ein, so stellen die negativen Lösungen der Gleichungen Druckkräfte dar.

Beispiel: Das in Fig. 188 dargestellte Fachwerk von $k = 6$ Knotenpunkten und $s = 3k - 6 = 12$ Stäben wird in den Punkten 1, 2 und 3 horizontal gestützt und in den Knotenpunkten 4, 5 und 6 durch vertikale Lastkräfte P_4, P_5 und P_6 beansprucht. Zwischen den Stablängen sollen die Beziehungen $l_{12} = l_{23} = l_{13} = 2l_{45} = 2l_{56} = 2l_{46} = h = l, l_{14} = l_{15} = l_{25} = l_{26} = l_{36}$
$= l_{34} = \sqrt{l^2 + \left(\dfrac{l}{2}\right)^2} = \dfrac{l}{2}\sqrt{5}$ bestehen. Für ein Koordinatensystem, dessen Anfangspunkt im Knotenpunkt 1, dessen X-Achse mit dem Stab 12 zusammenfällt, und dessen Y-Achse in der Ebene des Dreieckes 123 liegt, werden die

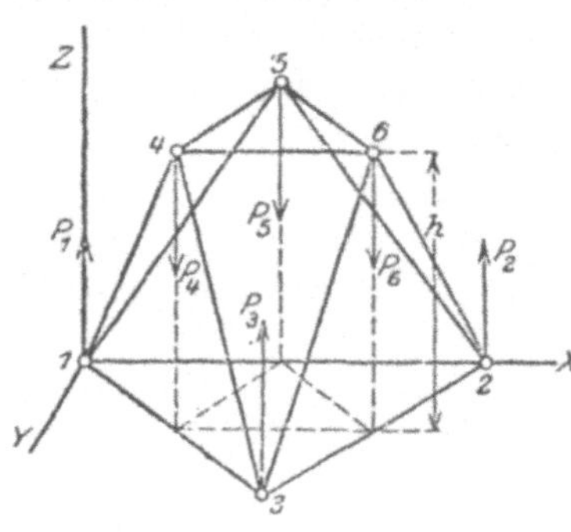

Fig. 188.

Koordinaten der Knotenpunkte $A_1 : x_1 = y_1 = z_1 = 0$; $A_2 : x_2 = l$, $y_2 = z_2 = 0$; $x_3 = \dfrac{l}{2}$, $y_3 = \dfrac{l}{2}\sqrt{3}$, $z_3 = 0$; $A_4 : x_4 = \dfrac{l}{4}$; $y_4 = \dfrac{l}{4}\sqrt{3}$; $z_4 = l$; $A_5 : x_5 = \dfrac{l}{2}$; $y_5 = 0$; $z_5 = l$; $x_6 = \dfrac{3}{4}l$, $y_6 = \dfrac{l}{4}\sqrt{3}$, $z_6 = l$.

Ferner ist hier $X_4 = X_5 = X_6 = 0$; $Y_4 = Y_5 = Y_6 = 0$; $Z_4 = -P_4$; $Z_5 = -P_5$; $Z_6 = -P_6$. Endlich sollen die drei Punkte 1, 2 und 3, die als Stützpunkte dienen, horizontal verschieblich gelagert sein, so daß $X_1 = Y_1 = X_2 = Y_2 = X_3 = Y_3 = 0$ wird. Dann sind von den sechs Gleichungen (135) drei identisch befriedigt und die anderen drei gehen über in

$$Z_1 + Z_2 + Z_3 - P_4 - P_5 - P_6 = 0.$$
$$Z_1 y_1 + Z_2 y_2 + Z_3 y_3 - P_4 y_4 - P_5 y_5 - P_6 y_6 = 0.$$
$$Z_1 x_1 + Z_2 x_2 + Z_3 x_3 - P_4 x_4 - P_5 x_5 - P_6 x_6 = 0.$$

Aus ihnen folgt mit Berücksichtigung der Koordinatenwerte

$$Z_3 = \frac{P_4 + P_6}{2} = P_3, \quad Z_2 = \frac{P_5 + P_6}{2} = P_2, \quad Z_1 = \frac{P_4 + P_5}{2} = P_1.$$

Die Stabkräfte folgen aus den Gleichungen (136), von denen wir die für die Knotenpunkte 1, 2, 3 und 5 aufstellen, da sie am einfachsten ausfallen. Für den ersten Knotenpunkt, d. i. für $h = 1$ erhalten wir unter Benutzung der Werte $x_1 = y_1 = z_1 = 0$; $z_2 = z_3 = 0$ die Gleichungen

$$\frac{S_{12}}{l_{12}} x_2 + \frac{S_{13}}{l_{13}} x_3 + \frac{S_{14}}{l_{14}} x_4 + \frac{S_{15}}{l_{15}} \cdot x_5 = 0; \qquad \frac{S_{12}}{l_{12}} y_2 + \frac{S_{13}}{l_{13}} y_3 + \frac{S_{14}}{l_{14}} y_4 + \frac{S_{15}}{l_{15}} y_4 = 0;$$

$$P_1 + \frac{S_{14}}{l_{14}} z_4 + \frac{S_{15}}{l_{15}} z_5 = 0$$

und hieraus mit $l_{12} = l_{13} = l$, $l_{14} = l_{15} = \dfrac{l}{2}\sqrt{5}$

$$S_{12} + S_{13} \cdot \frac{1}{2} + S_{14} \cdot \frac{\sqrt{5}}{10} + S_{15} \cdot \frac{\sqrt{5}}{5} = 0; \qquad S_{13} \frac{\sqrt{3}}{2} + S_{14} \frac{\sqrt{15}}{10} = 0;$$

$$P_1 + S_{14} \frac{2}{5} \sqrt{5} + S_{15} \frac{2}{5} \sqrt{5} = 0.$$

In der ganz gleichen Weise erhält man aus (136) für 2 ($h = 2$, $i = 1, 3, 5, 6$)

$$- S_{12} - S_{23} \cdot \frac{1}{2} - S_{25} \frac{\sqrt{5}}{5} - S_{26} \frac{\sqrt{5}}{10} = 0; \qquad S_{23} \frac{\sqrt{3}}{2} + S_{26} \frac{\sqrt{15}}{10} = 0;$$

$$P_2 + S_{25} \frac{2\sqrt{5}}{5} + S_{26} \frac{2\sqrt{5}}{5} = 0;$$

für 3 ($h = 3$, $i = 1, 2, 4, 6$)

$$- S_{13} \cdot \frac{1}{2} + S_{23} \cdot \frac{1}{2} - S_{34} \frac{\sqrt{5}}{10} + S_{36} \frac{\sqrt{5}}{10} = 0;$$

$$- S_{13} \frac{\sqrt{3}}{2} - S_{23} \frac{\sqrt{3}}{2} - S_{34} \frac{\sqrt{15}}{10} - S_{36} \frac{\sqrt{15}}{10} = 0; \qquad P_3 + S_{34} \frac{2\sqrt{5}}{5} + S_{36} \frac{2\sqrt{5}}{5} = 0;$$

für 4 ($h = 4$, $i = 1, 3, 5, 6$)

$$- S_{14} \frac{\sqrt{5}}{10} + S_{34} \frac{\sqrt{5}}{10} + S_{45} \cdot \frac{1}{2} + S_{46} = 0; \qquad - S_{14} \frac{\sqrt{15}}{10} + S_{34} \frac{\sqrt{15}}{10} - S_{45} \frac{\sqrt{3}}{2} = 0;$$

$$- P_4 + S_{14} \frac{2\sqrt{5}}{10} + S_{34} \frac{2\sqrt{5}}{10} = 0.$$

Aus diesen 4 Gleichungen finden wir

$$S_{13} = \frac{P_4}{4}, \quad S_{45} = 0, \quad S_{14} = - P_4 \cdot \frac{\sqrt{5}}{4}, \quad S_{25} = - P_5 \cdot \frac{\sqrt{5}}{4}, \quad S_{34} = - P_4 \cdot \frac{\sqrt{5}}{4},$$

$$S_{12} = \frac{P_5}{4}, \quad S_{56} = 0, \quad S_{15} = - P_5 \cdot \frac{\sqrt{5}}{4}, \quad S_{26} = - P_6 \cdot \frac{\sqrt{5}}{4}, \quad S_{36} = - P_6 \cdot \frac{\sqrt{5}}{4}.$$

$$S_{23} = \frac{P_6}{4}, \quad S_{46} = 0.$$

Wie hieraus hervorgeht, werden die Stäbe 45, 56 und 46 überhaupt nicht beansprucht, die Stäbe 12, 23 und 13 auf Zug, die übrigen auf Druck.

Die entsprechenden $3k - 6$ Gleichungen (136) lassen sich nach den Stabkräften nur auflösen, wenn sie voneinander unabhängig sind, also ihre Determinante von Null verschieden ist. Nun läßt sich in ganz ähnlicher Weise wie bei den ebenen Fachwerken zeigen, daß diese Determinante bis auf unwesentliche Faktoren mit der Determinante D des Gleichungssystems (134a) übereinstimmt, woraus man den Schluß ziehen kann, daß ein räumliches Fachwerk im allgemeinen starr sein muß, wenn es statisch bestimmt ist. Wir können deshalb die statische Bestimmtheit des Fachwerkes bei willkürlichen äußeren Kräften als ein Kennzeichen der Starrheit ansehen und in diesem Sinne verwenden. Hierbei ist die Willkürlichkeit der äußeren

Kräfte von Nutzen, denn man kann z. B. nur zwei Kräfte annehmen, die in zwei Knotenpunkten angreifen, die nicht durch einen Stab unmittelbar verbunden sind; diese zwei Kräfte müssen nur in derselben Geraden liegen und entgegengesetzt gleich sein.

In dem vorher behandelten Beispiel würde die Frage nach der Unbeweglichkeit des Fachwerkes nur sehr umständlich zu beantworten sein, da es keine einfachen Knotenpunkte enthält; da es aber bei beliebigen Kräften sich als statisch bestimmt erweist, so muß es starr sein.

Auf die zahlreichen Abänderungen und Vereinfachungen, das dieses rechnerische Verfahren bei Netz- und Flechtwerken sowie bei Kuppeln ermöglicht, soll in diesem engeren Rahmen nicht näher eingegangen werden. Dagegen bedarf das zeichnerische Verfahren noch einer kurzen Erörterung.

Bei allen Fachwerken mit einfachen Knotenpunkten lassen sich die Stabkräfte der Stäbe, die in einem einfachen Knotenpunkt zusammenstoßen, darstellend-geometrisch unmittelbar erhalten und zwar durch den Schluß des Krafteckes, das die Stabkräfte mit der

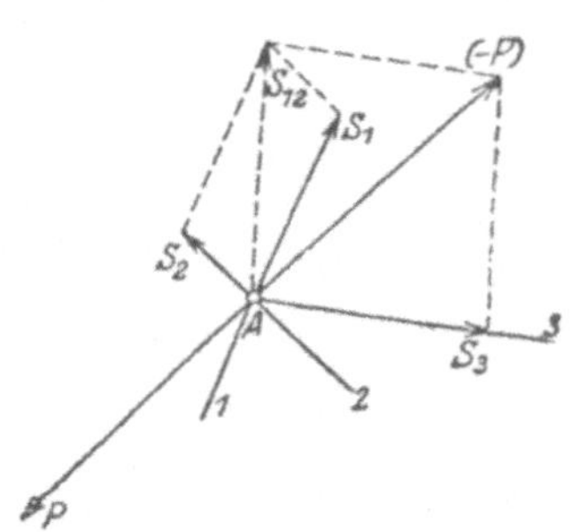

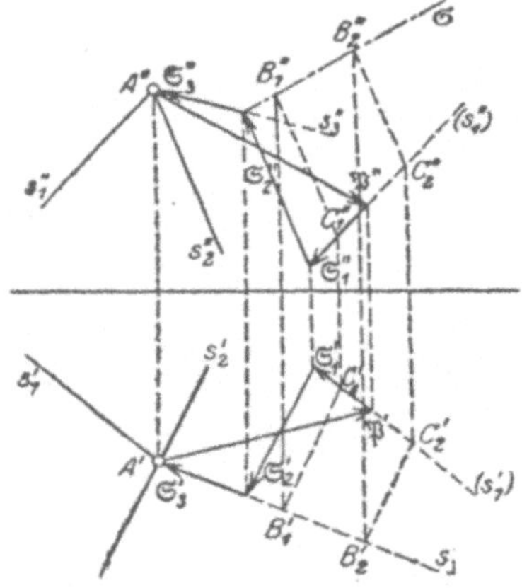

Fig. 189.Fig. 190.

äußeren Kraft am Knotenpunkte bilden. Denn die drei Stabkräfte halten der äußeren Kraft am Knotenpunkt das Gleichgewicht und dieser Bedingung wird dadurch genügt, daß wir die entgegengesetzt gleiche äußere Kraft in Komponenten in Richtung der Stäbe zerlegen; die drei Komponenten sind die gesuchten Stabkräfte. Die Ausführung geschieht in der Weise, daß man (s. Fig. 189) die Kraft $-P$ in Komponenten S_{12} und S_3 zerlegt, von denen letztere im Stab 3, erstere aber in der Ebene der Stäbe 1 und 2 liegt; die Kraft S_{12} zerlegt man dann in die Komponenten S_1 und S_2 in den Stäben 1 und 2, womit die drei Stabkräfte gefunden sind. Zugleich ersieht man unmittelbar, daß die Stäbe 1 und 2 auf Zug, 3 aber auf Druck beansprucht werden.

Die darstellend-geometrische Lösung dieser Aufgabe beruht darauf, daß die drei Stabkräfte und die äußere Kraft in Vektorform ein geschlossenes Krafteck bilden, dessen rechtwinklige Projektionen auf zwei zueinander senkrechte Ebenen mit Hilfe eines geometrischen Ortes sich zeichnen lassen. Es seien s_1, s_2, s_3 (s. Fig. 190) die drei im Knotenpunkte A vereinigten Stäbe, s_1', s_2', s_3' bzw. s_1'', s_2'', s_3'' die Projektionen im Grund- bzw. Aufriß, ferner P die äußere Kraft in A und $\mathfrak{P}'$ bzw. $\mathfrak{P}''$ die Projektionen des Vektors $\mathfrak{P}$. Legen wir durch den Endpunkt von $\mathfrak{P}'$ die Parallele (s_1') zu s_1' und nehmen die Stabkraft S_1 zunächst willkürlich an, so läßt sich, falls C_1' der Endpunkt der Projektion des Vektors $\mathfrak{S}_1$ ist, die Projektion des Kraftecks im Grundriß schließen, indem wir $C_1'B_1'$ parallel s_2' ziehen; es stellt dann die Strecke $\overline{C_1'B_1'}$ die Projektion des Vektors $\mathfrak{S}_2$ und $\overline{B_1'A'}$ die von $\mathfrak{S}_3$ dar. Die Projektion des Kraftecks im Aufriß steht mit dem des Grundrisses in dem Zusammenhang, daß die entsprechenden Eckpunkte in den projizierenden Loten liegen. Ziehen wir daher im Aufriß (s_1'') parallel s_1'', projizieren C_1 auf (s_1'') und legen durch C_1'' die Parallele zu s_2'', so wird diese von dem projizierenden Lot durch B_1' im Eckpunkt B_1'' getroffen. Wäre nun die Annahme der Stabkraft S_1 richtig gewesen, so müßte der Punkt B_1'' auf s_3'' liegen, was im allgemeinen nicht der Fall sein wird. Wiederholen wir daher dieses Verfahren mit einer zweiten Annahme für S_1, bzw. für den Punkt C_2' auf (s_1'), so finden wir auch einen zweiten Punkt B_2'', und da die Punkte B_1'', B_2'' usf. auf einer Geraden σ liegen, so ist der Schnittpunkt der Geraden σ mit s_3'' der gesuchte wahre Eckpunkt des projizierten Kraftecks, also der Endpunkt von $\mathfrak{S}_2''$ bzw. Anfangspunkt von $\mathfrak{S}_3''$. Nunmehr lassen sich die beiden Projektionen des gesuchten räumlichen Kraftecks zeichnen und aus ihnen in bekannter Weise die wahren Größen der Vektoren ermitteln, die die gesuchten Stabkräfte darstellen.

Je nach dem Bildungsgesetz des Fachwerkes lassen sich mit Hilfe der an einfachen Knotenpunkten bestimmten Stabkräfte weitere Stabkräfte ermitteln, und in einzelnen Fällen, wenn die allmähliche Beseitigung der einfachen Knotenpunkte auf ein Tetraeder führt, alle Stabkräfte des Fachwerkes.

Aber auch bei Fachwerken ohne einfache Knotenpunkte läßt sich das angeführte Verfahren auf einem Umwege anwenden, wenn nur zweifache Knotenpunkte in ihm auftreten. In diesem Falle nimmt man zunächst in einem zweifachen Knotenpunkte eine der Stabkräfte willkürlich an und bestimmt die Kräfte in den anderen drei Stäben dieses Knotenpunktes in der mitgeteilten Weise. Schließt man dann das Krafteck an einem weiteren zweifachen Knotenpunkte, der mit dem ersten durch· einen Stab verbunden ist, so erhält man abermals drei Stabkräfte. Die Fortsetzung dieses Verfahrens führt schließlich auf einen Knotenpunkt, der mit dem Ausgangspunkte durch einen Stab in Verbindung steht. Damit erhält man einen zweiten Wert für die Stabkraft des letzteren Stabes. Die Differenz der beiden Stabkräfte als Ordinate zu der angenommenen Stabkraft als Abszisse aufgetragen führt wie bei den ebenen Fachwerken auf eine Gerade als geometrischen Ort der Ordinatenendpunkte, und wo diese Gerade die Abszissenachse schneidet, liegt der Endpunkt des Vektors, der den richtigen Wert für die angenommene Stabkraft ergibt.

Wenn man z. B. in dem Fachwerk Fig. 188 vom Knotenpunkt 1 ausgehend die Stabkraft S_{12} annimmt, dann S_{13}, S_{14}, S_{15} ermittelt, und mit S_{14} das Krafteck in 4 schließt, so findet sich S_{46}, und diese Stabkraft ermöglicht, das Krafteck in 6 zu schließen, S_{26} zu bestimmen und mit S_{26} endlich das Krafteck in 2 zum Schluß zu bringen. Hiermit ergibt sich ein Wert für S_{12}, der mit der Annahme bezüglich der Größe dieser Kraft nicht übereinstimmen wird. Tragen wir daher den Vektor $\mathfrak{S}_{12}$ als Abszisse, die Differenz $\mathfrak{S}_{12}' - \mathfrak{S}_{12}''$ als Ordinate einer Kurve auf, und wiederholen dieses Verfahren mit einer anderen Annahme, etwa $S_{12} = 0$, die dann auf den Vektor $\mathfrak{S}'''$ führt, so daß die fragliche Differenz $\mathfrak{S}_{12}'''$ würde, dann ist durch diese beiden Ordinatenendpunkte die Gerade bestimmt, die den Endpunkt des richtigen Wertes von $\mathfrak{S}_{12}$ auf der Abszissenachse ausschneidet.

Fachwerke ohne ein- und zweifache Knotenpunkte werden so wenig verwendet, daß es nicht nötig erscheint, auf die Ermittlung ihrer Stabkräfte besonders einzugehen.

Sechsundzwanzigstes Kapitel.

Das Gleichgewicht von Kräften an beweglichen Verbindungen starrer Körper.

Das Gleichgewicht der äußeren Kräfte an einer beweglichen Verbindung starrer Körper tritt im allgemeinen nur in bestimmten gegenseitigen Lagen der Körper ein; letztere gehen aus den Bedingungsgleichungen des Gleichgewichtes hervor, die aus der Definition des Gleichgewichtes, nämlich

$$\delta A = 0$$

folgen, unter δA die gesamte Elementararbeit der äußeren Kräfte bei jeder möglichen gegenseitigen Bewegung der Körper verstanden. Die Zahl dieser Bedingungsgleichungen ist gleich dem Freiheitsgrad der Bewegung der Verbindung und dieser stimmt überein mit der

Zahl der Veränderlichen, die nötig sind, um die gegenseitige Lage der Körper festzustellen. Der häufigste Fall ist die Zwangläufigkeit, wie wir sie an Maschinen und Mechanismen kennen. Bei diesen bewegen sich die Punkte der einzelnen Körper gegen die anderen Körper in ganz bestimmten Bahnen; ihr Freiheitsgrad ist $= 1$ und es gibt demnach in diesem Falle nur eine Bedingungsgleichung des Gleichgewichtes. Bei nicht zwangläufig beweglichen Verbindungen dagegen kann der Freiheitsgrad beliebig hohe Werte annehmen; seine Größe hängt von der Zahl der sich gegeneinander bewegenden Körper und der Art und Anzahl ihrer beweglichen Verbindungen ab. Bei Körpern, die nur in einer Richtung oder in zwei starr sind, wie bei Seilen und biegsamen Flächen, kann er unendlich groß werden.

Die erwähnten Bedingungsgleichungen des Gleichgewichtes können aber auch unter Benutzung der Stützkräfte erhalten werden, und zwar durch Aufstellung der Bedingungsgleichungen des Gleichgewichtes der äußeren und Stütz-Kräfte an jedem einzelnen Körper der beweglichen Verbindung. Eliminiert man aus diesen Gleichungen die Stützkräfte, so erhält man die Bedingungsgleichungen des Gleichgewichtes der äußeren Kräfte an der beweglichen Verbindung, und diese müssen mit den aus $\delta A = 0$ hervorgehenden übereinstimmen, da die Stützkräfte ja keine Arbeit verrichten. Außerdem lassen sich aus den Gleichungen auch die Stützkräfte selbst ableiten. Im folgenden sollen beide Wege zur Aufstellung der Bedingungsgleichungen zunächst an einigen Beispielen erläutert werden.

1. Gleichgewicht am ebenen Gelenkviereck.

Ist $A_1 B_1 B_2 A_2$ (s. Fig. 191) ein ebenes Gelenkviereck, dessen Steg K_0 festgehalten und dessen Koppel K im Punkte A mit einer Last L beansprucht wird, so folgt aus dem Umstande, daß die Elementarbewegung der Koppel gegen den Steg eine zwangläufige Drehung um den Pol Q (vgl. Bd. I, S. 75) ist, und L die einzige äußere Kraft,

$$\delta A = M_Q \cdot \delta \psi,$$

worin M_Q das Moment von L für den Punkt Q bezeichnet. Damit $\delta A = 0$ werde, muß $M_Q = 0$ sein, und das ist der Fall, wenn die Wirkungslinie von L durch Q geht. Gleichgewichtslagen sind somit alle Lagen der Koppel, in denen A lotrecht über oder unter den Pol Q fällt, oder, was auf das gleiche hinauskommt, die Bahn a des Punktes A horizontale Tangenten hat.

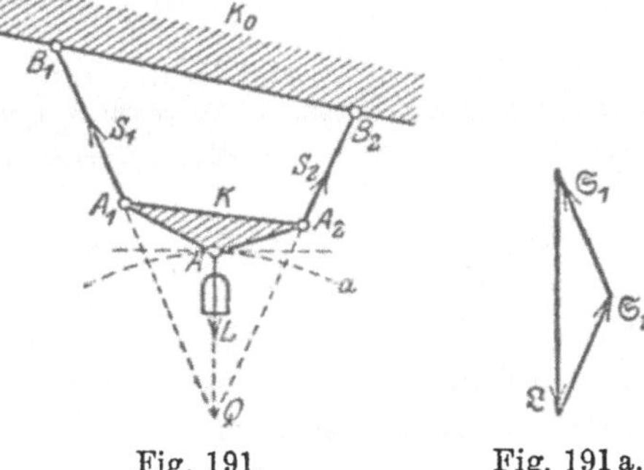

Fig. 191. Fig. 191a.

Das Gleichgewicht kann stabil, labil oder indifferent sein; es hängt das, genau wie in den früher behandelten Fällen davon ab, ob $\delta^2 A \lessgtr 0$ ist. Im vorliegenden Falle ist es besonders leicht, die Art des Gleichgewichtes zu erkennen, denn ist die Bahn a nach unten konvex, so herrscht stabiles, im anderen Falle labiles Gleichgewicht.

Zu derselben Gleichgewichtsbedingung ($M_Q = 0$) gelangt man auch unter Benutzung der Stützkräfte. Beachtet man, daß die in A_1 und B_1 am Stabe $\overline{A_1 B_1}$ anzubringenden Stützkräfte nur im Gleichgewicht sind, wenn sie die Richtung des Stabes haben und entgegengesetzt gleich sind, und dasselbe für den Stab $\overline{A_2 B_2}$ gilt, so ersieht man, daß die Koppel unter dem Einfluß der beiden Stützkräfte S_1 und S_2 in der Richtung der Stäbe und der Last L im Gleichgewicht sein muß. Daraus folgt, daß die Wirkungslinien dieser drei Kräfte sich in einem Punkte schneiden müssen, und dieser Schnittpunkt ist der Pol Q. Die Größe der Stützkräfte ergibt sich aus dem geschlossenen Dreieck (s. Fig. 191a), das die drei Vektoren $\mathfrak{S}_1$, $\mathfrak{S}_2$ und $\mathfrak{L}$ bilden müssen, da sie im Gleichgewicht sein sollen.

Wirken auf alle drei beweglichen Glieder des Gelenkviereckes äußere Kräfte (s. Fig. 192), deren Resultierende beziehungsweise P', P'' und P''' seien, dann

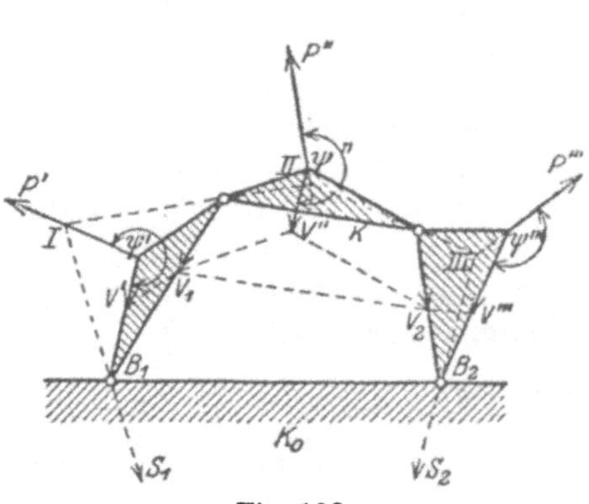

Fig. 192.

setzt sich δA aus den Arbeiten dieser drei Kräfte zusammen, und die Beziehungen zwischen den Kräften und den Gleichgewichtslagen des Gelenkviereckes werden dann weniger durchsichtig. Doch erkennt man, daß es in diesem Falle möglich sein muß, ein Seileck zu finden, dessen Seiten durch die vier Gelenkpunkte gehen, und dessen Ecken I, II und III auf den Wirkungslinien der Kräfte P' bzw. P'' bzw. P''' liegen, weil die beiden Stützkräfte in B_1 und B_2 den drei äußeren Kräften das Gleichgewicht halten müssen. Geometrisch läßt sich die Gleichgewichtsbedingung veranschaulichen, wenn man die senkrechten Geschwindigkeiten der Angriffspunkte der Kräfte hinzuzieht. Jede der drei äußeren Kräfte $P^{(\varkappa)}$ verrichtet eine Elementararbeit von der Größe

$$dA^{(\varkappa)} = P^{(\varkappa)} \cos \varphi^{(\varkappa)} du^{(\varkappa)},$$

worin $du^{(\varkappa)}$ den Weg des betreffenden Angriffspunktes der Kraft und $\varphi^{(\varkappa)}$ den Winkel zwischen dem Vektor $\mathfrak{P}^{(\varkappa)}$ und $du^{(\varkappa)}$ bezeichnet. Nun ist aber $du^{(\varkappa)} = v^{(\varkappa)} \cdot dt$ und sonach, wenn $V^{(\varkappa)}$ die senkrechte Geschwindigkeit (vgl. Bd. I, S. 80) des Punktes bezeichnet, $du^{(\varkappa)} = V^{(\varkappa)} \cdot dt$, ferner, falls $\psi^{(\varkappa)}$ den Winkel zwischen den Vektoren $\mathfrak{P}^{(\varkappa)}$ und $\mathfrak{V}^{(\varkappa)}$ im gleichen Sinne, wie $\varphi^{(\varkappa)}$ gemessen, bezeichnet, $\cos \varphi^{(\varkappa)} = \sin \psi^{(\varkappa)}$; dementsprechend wird

$$dA^{(\varkappa)} = \lambda \cdot \mathfrak{P}^{(\varkappa)} \mathfrak{V}^{(\varkappa)} \sin \psi^{(\varkappa)} dt,$$

unter λ einen Faktor verstanden, der nur von den Maßstäben der Vektoren und Einheiten abhängt. Hierin kann

$$F^{(\varkappa)} = \mathfrak{P}^{(\varkappa)} \cdot \mathfrak{B}^{(\varkappa)} \sin \psi^{(\varkappa)}$$

als Flächeninhalt des Parallelogrammes aufgefaßt werden, dessen Seiten die Vektoren $\mathfrak{P}^{(\varkappa)}$ und $\mathfrak{B}^{(\varkappa)}$ sind, und zwar ist dieser Inhalt positiv oder negativ zu nehmen, je nachdem $\psi^{(\varkappa)} \lessgtr \pi$ ist. Da sich hier als Gesamtarbeit aller Kräfte bei einer Elementarbewegung des Gelenkviereckes

$$dA = dA' + dA'' + dA''' = \lambda\,(F' + F'' + F''')\,dt$$

ergibt, so läßt sich die Bedingung des Gleichgewichtes in der Form

$$F' + F'' + F''' = 0$$

schreiben und zeichnerisch zur Ermittlung einer der drei Kräfte verwerten, wenn die Gleichgewichtslage gegeben ist. Dieser hier eingeschlagene Weg ermöglicht die Erweiterung auf Getriebe mit beliebig großer Gliederzahl und verschiedenartigen beweglichen Verbindungen zwischen den Gliedern.

Eine zeichnerische Ermittlung der Gleichgewichtslagen ist dagegen im allgemeinen streng nicht möglich; man ist daher außer auf den rechnerischen Weg auf den des Probierens angewiesen.

In manchen Fällen wird der rechnerische Weg recht einfach, so z. B. bei dem in Fig. 193 gezeichneten Getriebe, dessen Gelenke B und D festgehalten werden und dessen eines Glied in A mit L belastet ist. Letztere Kraft verrichtet die Arbeit

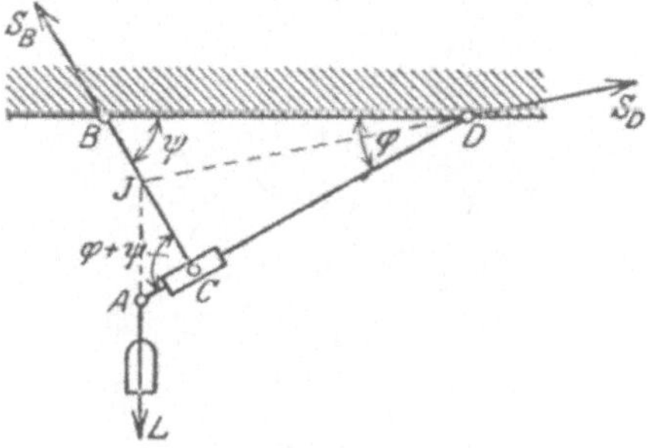

Fig. 193.

$$dA = L \cdot l \cdot \cos \varphi\, d\varphi,$$

wenn sich das Glied $\overline{DA}$ um den Winkel $d\varphi$ dreht; hierin ist $\overline{DA} = l$ und $\angle ADB = \varphi$. Da sich φ abhängig von ψ ändert, so folgt als Bedingungsgleichung des Gleichgewichtes

$$\frac{dA}{d\psi} = L \cdot l \cdot \cos \varphi \cdot \frac{d\varphi}{d\psi} = 0.$$

Die Lösung $\sin \varphi = 0$ zieht keine Gleichgewichtslage nach sich; es bleibt folglich als einzige Möglichkeit nur $\dfrac{d\varphi}{d\psi} = 0$. Nun folgt aus der Beziehung

$$a \sin \varphi = b \sin (\varphi + \psi)$$

zwischen φ und ψ, in der $\overline{BD} = a$, und $\overline{BC} = b$ gesetzt wurde, sofort

$$\frac{d\varphi}{d\psi} = \frac{b \cos (\varphi + \psi)}{a \cos \varphi - b \cos (\varphi + \psi)};$$

eine Gleichgewichtslage erhalten wir daher, falls $\varphi + \psi = \dfrac{\pi}{2}$, also wenn der Stab $BC \perp DA$ gerichtet ist. In dieser Lage wird φ zu einem Maximum, wie auch aus der Bedingung $\dfrac{d\varphi}{d\psi} = 0$ hervorgeht. Die Stützkräfte S_B in B und S_D in D müssen sich mit der Last L in einem Punkte J schneiden; damit wird die Richtung von S_D bestimmt und dann durch das Krafteck selbst die Größe von S_D und S_B.

Greifen in den Gelenkpunkten äußere Kräfte an, so bleibt doch die Gleichgewichtsbedingung dieselbe, wie vorher; denn nach den Erörterungen des 21. Kapitels können wir jede auf eine Verbindungsstelle wirkende Kraft auf einen beliebigen der verbundenen Körper wirkend auffassen. Werden z. B. im Gelenkviereck Fig. 194 die beiden Gelenkpunkte A_1 und A_2 durch die

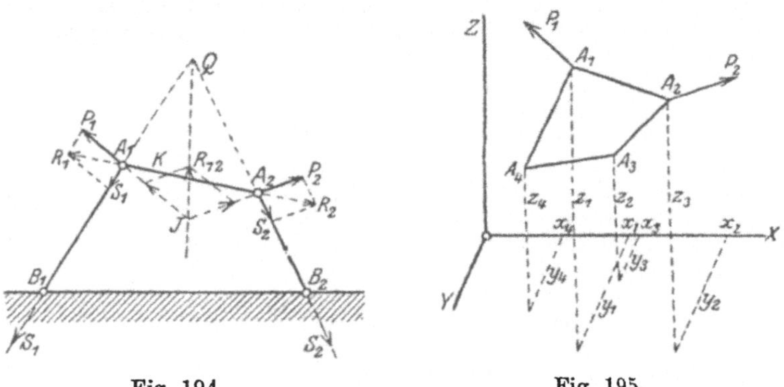

Fig. 194. Fig. 195.

Kräfte P_1 und P_2 beansprucht und wir rechnen sie zu den äußeren Kräften, die auf die Koppel K wirken, so muß in der Gleichgewichtslage die Wirkungslinie ihrer Resultierenden $R_{12} = P_1 \stackrel{\frown}{+} P_2$ durch den Pol Q gehen, falls ihre Arbeit verschwinden soll.

Bezeichnen andrerseits S_1 und S_2 die beiden Stützkräfte in B_1 und B_2, so erkennt man leicht, daß die Resultierenden $R_1 = P_1 \stackrel{\frown}{+} S_1$ und $R_2 = P_2 \stackrel{\frown}{+} S_2$ an der Koppel K im Gleichgewicht stehen müssen, also die Richtung von $A_1 A_2$ haben und entgegengesetzt gleich sind.

2. Gleichgewicht am räumlichen Gelenkviereck.

Vier starre Stäbe seien in ihren Endpunkten A_1, A_2, A_3, A_4 (s. Fig. 195) durch Kugelgelenke verbunden, in A_3 und A_4 festgehalten, und in A_1 bzw. A_2 durch die Kräfte P_1, bzw. P_2 beansprucht. Wir beziehen das Gelenkviereck auf ein beliebiges rechtwinkliges Koordinatensystem und zerlegen beide Kräfte in Komponenten X_1, Y_1, Z_1, bzw. X_2, Y_2, Z_2 nach den Achsen. Dann ist die Elementararbeit der beiden Kräfte

$$\delta A = X_1\,\delta x_1 + Y_1\,\delta y_1 + Z_1\,\delta z_1 + X_2\,\delta x_2 + Y_2\,\delta y_2 + Z_2\,\delta z_2$$

und diese muß im Gleichgewichtsfalle für alle möglichen Bewegungen der Punkte A_1 und A_2 gleich Null sein. Die Koordinatenänderungen sind hierin aber nicht völlig willkürlich, sondern an die Bedingungsgleichungen der Starrheit der Stäbe gebunden; diese lauten

$$(x_1 - x_2)^2 + (y_1 - y_2)^2 + (z_1 - z_2)^2 = l_{12}^2,$$

$$(x_2 - x_3)^2 + (y_2 - y_3)^2 + (z_2 - z_3)^2 = l_{23}^2, \quad \text{usf.}$$

Mit Rücksicht darauf, daß A_3 und A_4 sich nicht bewegen können, also die Änderungen ihrer Koordinaten Null sind, erhalten wir aus vorstehenden vier Gleichungen die drei

$$(x_1 - x_2)(\delta x_1 - \delta x_2) + (y_1 - y_2)(\delta y_1 - \delta y_2) + (z_1 - z_2)(\delta z_1 - \delta z_2) = 0;$$

$$(x_2 - x_3)\,\delta x_2 \qquad\quad + (y_2 - y_3)\,\delta y_2 \qquad\quad + (z_2 - z_3)\,\delta z_2 \qquad\quad = 0;$$

$$(x_4 - x_1)\,\delta x_1 \qquad\quad + (y_4 - y_1)\,\delta y_1 \qquad\quad + (z_4 - z_1)\,\delta z_1 \qquad\quad = 0.$$

Aus ihnen folgen drei der sechs Koordinatenänderungen $\delta x_1, \ldots, \delta z_2$ als lineare Funktionen der übrigen, z. B. δx_1, δy_1 und δx_2 als Funktionen von δz_1, δy_2, δz_2. Setzen wir diese in den Ausdruck für δA ein, so nimmt er die Form

$$\delta A = F'\,\delta z_1 + F''\,\delta y_2 + F'''\,\delta z_2$$

an, in der F', F'' und F''' Funktionen der Koordinaten und der Kraftkomponenten sind. Da in ihm δz_1, δy_2 und δz_2 an keine weiteren Gleichungen gebunden, also völlig willkürlich sind, so kann $\delta A = 0$ für alle möglichen Werte von δz_1, δy_2 und δz_2 nur Null werden, wenn die drei Gleichungen

$$F' = 0, \qquad F'' = 0, \qquad F''' = 0$$

bestehen; diese sind demnach die gesuchten Bedingungsgleichungen des Gleichgewichtes. Aus ihnen ergeben sich in Verbindung mit den entsprechenden drei Bedingungsgleichungen der Starrheit die Werte der sechs Koordinaten von A_1 und A_2 in den Gleichgewichtslagen. Wie die vorstehenden Erörterungen zeigen, ist der Freiheitsgrad der behandelten Körperverbindung $f = 3$.

3. Gleichgewicht an der Dezimalwage.

Die Dezimalwage besteht einschließlich des Gestelles und der Wagschale für die Gewichte aus 7 gegeneinander sich bewegenden starren Körpern. Das Gestell werde mit 7, der eigentliche Wagbalken mit 2 bezeichnet; letzterer dreht sich um B_2 (s. Fig. 196) gegen 7 und trägt im Gelenkpunkte A_2 die Wagschale 1, während in B_3 und B_4 lotrechte Stangen 3 und 4 gelenkig angeschlossen sind. Letztere stellen die Verbindung zwischen dem Hebel 2 und der Brücke 6, bzw. der Tafel 5 her. In B_5 endlich ist die Tafel 5 gegen die Brücke 6 drehbar gestützt und in B_6 letztere gegen das Gestell 7. Auf der Tafel befindet sich die Last L, deren Wirkungslinie von der Drehachse B_5 den

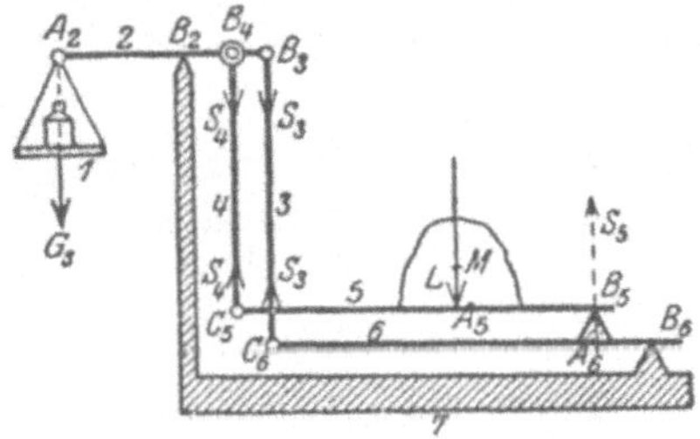

Fig. 196.

Abstand $\overline{B_5 A_5} = x$ habe. Zur Abkürzung werde gesetzt: $\overline{B_2 A_2} = e_2$, $\overline{B_2 B_3} = e_3$, $\overline{B_2 B_4} = e_4$, $\overline{B_5 C_5} = e_5$, $\overline{B_6 C_6} = e_6$ und $\overline{B_6 A_6} = a_6$. Die Dezimalwage ist zwangläufig beweglich; wir erhalten sonach nur eine Bedingungsgleichung des Gleichgewichtes, die wir mit Hilfe der Stützkräfte ermitteln wollen. Setzen wir voraus, daß die unbelastete Wage einspielt, d. h. der Hebel 2 horizontal ist, dann haben wir als in A_2 angreifende Stützkraft nur die Schwere G_s der aufgebrachten Gewichte einzuführen, während L die Schwere der auf der Tafel befindlichen Last bezeichnet, die mit G_s im Gleichgewicht sein soll. Die beiden Stützkräfte an jeder der beiden Stangen 3 und 4 sind lotrecht und entgegengesetzt gleich, wie leicht ersichtlich; es halten sich deshalb die drei Kräfte G_s, S_3 und S_4 am Hebel 2 das Gleichgewicht. Da dieser sich um B_2 drehen muß, so genügt als Gleichgewichtsbedingung, daß die Summe der Momente aller Kräfte für B_2 Null ist, also

$$S_3\, e_3 + S_4\, e_4 - G_s\, e_2 = 0.$$

Für die Tafel 5 müssen dagegen 2 Bedingungsgleichungen erfüllt werden, und zwar außer der Momentengleichung für B_5

noch die folgende

$$S_4 \cdot e_5 - L \cdot x = 0$$
$$S_4 + S_5 - L = 0,$$

in der S_5 die lotrecht gerichtete Stützkraft in B_5 bezeichnet. Letztere wirkt im entgegengesetzten Sinne auf die Brücke 6, und da diese gegen 7 sich um B_6 dreht, so muß noch die Beziehung

$$S_3\, e_6 - S_5\, a_6 = 0$$

erfüllt werden, falls S_3 und S_5 an der Brücke im Gleichgewicht stehen sollen. Eliminieren wir die drei Kräfte S_3, S_4 und S_5 aus vorstehenden vier Gleichungen, so ergibt sich die gesuchte Bedingungsgleichung des Gleichgewichtes für die Wage in der Form

$$L\left[\frac{a_6}{e_6}\, e_3 + \frac{x}{e_5}\left(e_4 - \frac{a_6}{e_6}\, e_3\right)\right] = G_s \cdot e_2.$$

Da hiernach das Wägungsergebnis von der Laststellung auf der Tafel abhängen würde, so ist es, um das auszuschließen, notwendig, die Abmessungen der Wage so zu wählen, daß x aus dieser Bedingungsgleichung fortfällt. Das tritt ein, wenn

$$e_4 = \frac{a_6}{e_6} \cdot e_3$$

gewählt wird, es geht dann diese Gleichung über in

$$L \cdot \frac{a_6}{e_6}\, e_3 = L \cdot e_4 = G_s\, e_2.$$

Bei den Dezimalwagen ist $e_2 : e_4 = 10$, sonach $L = 10\, G_s$. Diese Beziehung gilt demnach auch für die zu vergleichenden Gewichte.

4. Hebevorrichtung an Drehbrücken.

Das in Fig. 197 skizzierte Getriebe dient zur Hebung des freien Endes E einer Drehbrücke, das infolge der Wirkung der eigenen Schwere der Träger eine elastische Senkung $\overline{CF} = y$ erfährt. Die Last L, mit der das Trägerende E auf den um D_1 drehbaren Sektor wirkt, kann mit hinreichender Annäherung proportional y gesetzt werden; es sei daher $L = \varkappa \cdot y$. Die Drehung des Sektors wird durch eine Kette auf eine Trommel übertragen, die um D_2 drehbar und mit einem Gegengewicht von der Schwere P belastet ist. Die Abmessungen sind so gewählt, daß D_2M vertikal steht, wenn D_1C horizontal, d. i. in D_1C_0

liegt. Es sei $\angle C D_1 C_0 = \alpha$, $\angle M D_2 M_0 = \beta$, dann besteht zwischen α und β die Beziehung $r_1 \alpha = r_2 \beta$, worin r_1 und r_2 die Radien von Sektor und Trommel bezeichnen. Sehen wir von den Reibungswiderständen ab, so ist die Elementararbeit der beiden Kräfte L und P

$$dA = - L \cdot dy + P \cdot b \cdot \cos\left(\frac{\pi}{2} - \beta\right) d\beta,$$

da die Bewegung zwangläufig und das Brückenende E gezwungen ist, eine vertikale Schiebung auszuführen, während M sich senkrecht zu $\overline{D_2 M}$ um die Strecke $\overline{D_2 M}\, d\beta = b \cdot d\beta$ bewegt. Setzen wir $\overline{D_1 C} = a$ und benutzen, daß $y = \overline{CF} = a \cdot \sin \alpha$, also $dy = a \cos \alpha \cdot d\alpha$ ist, so wird

$$dA = - La \cos \alpha \cdot d\alpha + Pb \sin \beta \cdot d\beta.$$

Aus $r_1 \alpha = r_2 \beta$ folgt endlich $r_1 d\alpha = r_2 d\beta$, und mit $L = \varkappa y$ wird

$$dA = \left[- \varkappa a^2 \sin \alpha \cos \alpha + Pb \frac{r_1}{r_2} \sin \beta \right] d\alpha.$$

Die Bedingungsgleichung des Gleichgewichtes der Kräfte findet sich sonach aus $dA = 0$ zu

$$\frac{\varkappa a^2}{r_1} \cdot \sin \alpha \cos \alpha = \frac{Pb}{r_2} \sin \beta.$$

Sie läßt erkennen, daß es in diesem Falle möglich ist, das Gleichgewicht in allen Lagen des Sektors bzw. des Brückenendes aufrechtzuerhalten, und

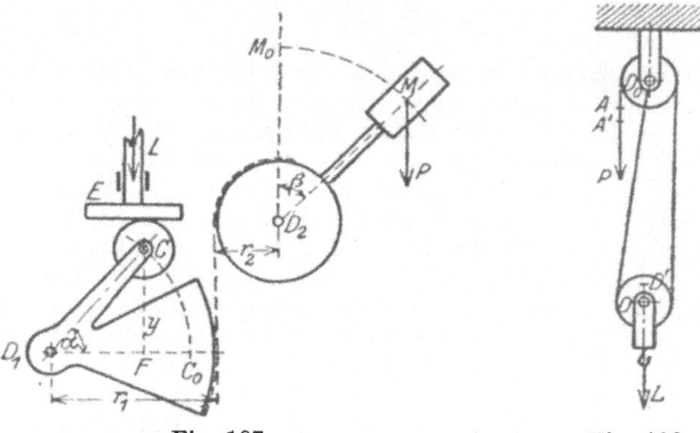

Fig. 197.   Fig. 198.

zwar, wenn $\sin 2\alpha = \sin \beta$, also $\beta = 2\alpha$ gemacht wird. Das tritt ein, wenn $r_1 = 2 r_2$ genommen wird, wie aus der Beziehung $r_1 \alpha = r_2 \beta$ hervorgeht. Wir finden sonach in diesem Falle astatisches Gleichgewicht, wenn die wirkenden Kräfte der Bedingungsgleichung

$$\varkappa a^2 = 4 Pb$$

genügen. Das ist von Vorteil für die zur Hebung des Brückenendes dienende Kraft, da letztere dann nur die Reibungswiderstände zu überwinden hat.

5. Flaschenzüge.

Der sogenannte einfache Flaschenzug (s. Fig. 198) besteht aus einer ruhenden und einer bewegten Rolle, die durch ein Seil beweglich verbunden

sind. Das Seil ist nur in seiner Richtung als starr anzusehen und das reicht
hin, um den sich am Flaschenzug abspielenden Vorgang als einen Fall des
Gleichgewichtes von Kräften an einer beweglichen Verbindung starrer Körper
behandeln zu können, vorausgesetzt, daß die Dehnung des Seiles als vernachlässigbar klein betrachtet werden kann. Soll die im Punkte A angreifende
Kraft P die Last L an der beweglichen Rolle heben, so muß im Beharrungszustande die Gesamtarbeit dA beider Kräfte verschwinden; letztere aber ist

$$dA = P \cdot \overline{AA'} - L \cdot \overline{DD'}.$$

Nun ersieht man sofort, daß die Hebung der beweglichen Rolle

$$\overline{DD'} = \tfrac{1}{2} \overline{AA'};$$

es muß folglich, damit $dA = 0$ wird,

$$P = \tfrac{1}{2} L.$$

sein.

Diese Beziehung gilt streng aber nur, wenn die Bewegungswiderstände des
Flaschenzuges vernachlässigt werden können.

Besteht der Flaschenzug aus n Rollenpaaren, so verteilt sich die Weglänge
$\overline{AA'}$ auf diese n Paare und deshalb wird dann

$$\overline{DD'} = \frac{1}{2n} \cdot \overline{AA'},$$

folglich auch

$$P = \frac{1}{2n} L.$$

Wesentlich günstiger verhält sich der **Differentialflaschenzug** mit
endloser Kette, den Fig. 199 zeigt. Er besteht aus zwei starr verbundenen

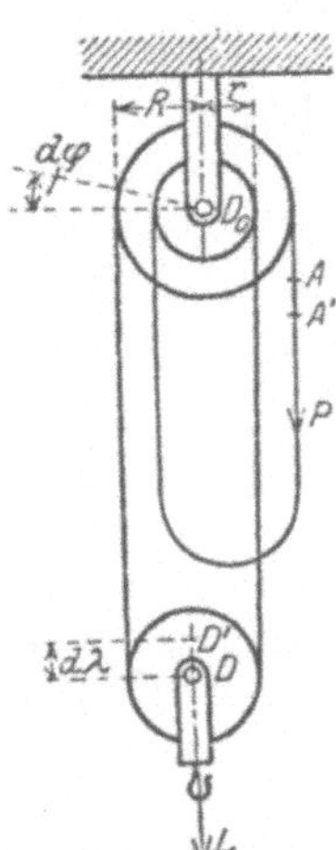

Seil- oder Kettenscheiben von verschiedenen Radien R
und r, die sich um die ruhende Achse D_0 drehen, und
einer beweglichen Rolle, deren Achse D durch die Last L
beansprucht wird; die Rollen sind in der gezeichneten
Weise durch ein Seil bzw. eine Kette beweglich verbunden. Wird der Punkt A durch eine Kraft P um $\overline{AA'}$
gesenkt, so dreht sich die ruhende Rolle um den Winkel $d\varphi$,
wodurch der um die bewegliche Rolle geführte Teil des
Seiles um $R \cdot d\varphi$ verkürzt, dagegen um $r \cdot d\varphi$ verlängert
wird. Da sich die Verkürzung $(R - r) d\varphi$ auf zwei Seilstücke verteilt, so beträgt die Hebung der beweglichen
Rolle $\overline{DD'} = d\lambda$ nur die Hälfte, d. h. es ist

$$d\lambda = \tfrac{1}{2} (R - r) d\varphi.$$

Unter Vernachlässigung der Bewegungswiderstände
wird sonach

$$dA = P R d\varphi - L d\lambda = 0;$$

daraus folgt mit dem Werte für $d\lambda$

Fig. 199.

$$P = \frac{R - r}{2R} \cdot L.$$

Wäre z. B. $R = 10$ cm, $r = 9$ cm, so fände sich $P = \dfrac{L}{20} = 0{,}05 L$; es ließe
sich demnach mit einer bestimmten Kraft die zwanzigfache Last heben.

Zu den Aufgaben über das Gleichgewicht von Kräften an beweglichen Verbindungen starrer Körper gehört auch die Ermittlung der Gleichgewichtsfiguren von Seilen und Ketten. Letztere sind zwar nur in einer Richtung als starr aufzufassen, aber diese beschränkte Starrheit reicht hin, um die Sätze des Gleichgewichtes von Kräften an starren Körpern auf sie zu übertragen bzw. anzuwenden, wie die folgenden Erwägungen ersichtlich machen.

Er werde ein Seil in den Punkten A_0 und A_{n+1} (s. Fig. 200) festgehalten und in den Punkten A_1. A_2, .., A_n durch Kräfte P_1, P_2, ..., P_n von gegebener Größe und Richtung beansprucht, dann nehmen die Angriffspunkte der Kräfte, die sogen. Eck- oder Knotenpunkte des Seiles, im Gleichgewichtsfalle eine ganz bestimmte Lage ein; sie bilden die Ecken eines offenen Polygons bzw. Vieleckes, das Seileck oder -polygon heißt. Die einzige Bedingung, die das Seil

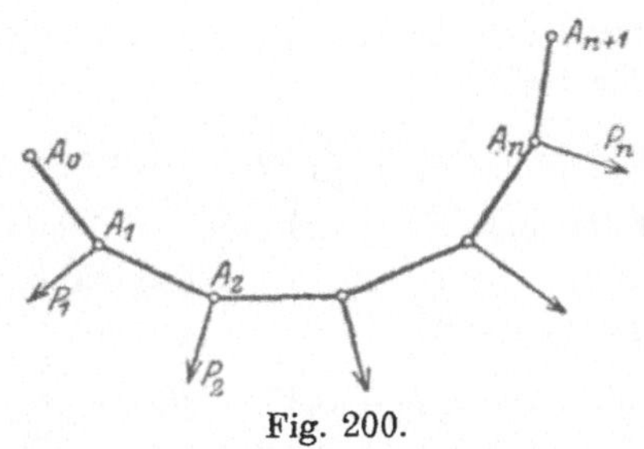

Fig. 200.

zu erfüllen hat, besteht in der Starrheit der Seilstücke, die je zwei Knotenpunkte verbinden. Eine Folge der Wirkung der Kräfte ist die Beanspruchung der genannten Seilstücke auf ihre Festigkeit; die entsprechenden inneren Kräfte heißen Seilspannkräfte oder auch Seilspannungen. Sieht man von der eignen Schwere des Seiles ab, so müssen die beiden Spannkräfte S_{hi} und S_{ih} sich an dem Seilstück $A_h A_i$ das Gleichgewicht halten, also in der Geraden $A_h A_i$ liegen

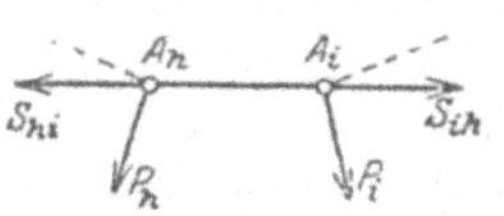

Fig. 200a.

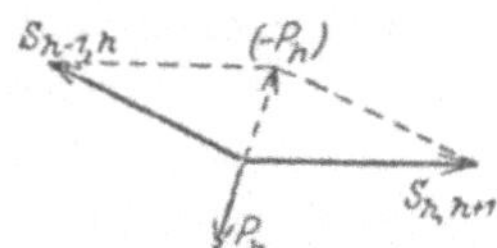

Fig. 200b.

und entgegengesetzt gleich sein (s. Fig. 200a). An jedem Knotenpunkte aber stehen die beiden Spannkräfte $S_{h-1,h}$ und $S_{h,h+1}$ (s. Fig. 200b), die den beiden in A_h zusammenstoßenden Seilstücken sich zuordnen, mit der äußeren Kraft P_h dieses Knotenpunktes im Gleichgewicht. Daraus folgt nicht nur, daß die beiden Seilstücke $A_{h-1,h} A_h$ und $A_h A_{h+1}$. mit der Wirkungslinie von P_h in einer Ebene liegen, sondern auch, daß eine der beiden Seilspannkräfte durch die andere und die äußere Kraft nach Größe und Richtung eindeutig bestimmt ist. Würde man sonach eine der Seilspannkräfte kennen, z. B. S_{01}, dann ließe sich aus ihr und den äußeren Kräften die Gleichgewichtsfigur des Seileckes unmittelbar ableiten. Die Schwierigkeit liegt aber meist darin, daß diese Spannkräfte erst ermittelt werden müssen, und zwar bei gegebener Länge der Seilstücke und der Lage der festgehaltenen Endpunkte; diese Aufgabe erfordert zunächst die Bestimmung der Gleichgewichtsfigur, und diese ist im allgemeinen nur analytisch möglich. Zu dem Ende beziehen wir die Knotenpunkte A_h durch Koordinaten x_h, y_h, z_h auf ein beliebiges Koordinatensystem und denken uns jede der n Kräfte in Komponenten X_h, Y_h, Z_h in Richtung der Achsen zerlegt, dann ist die Elementararbeit der äußeren Kräfte

$$\delta A = X_1\,\delta x_1 + Y_1\,\delta y_1 + Z_1\,\delta z_1 + \ldots + X_n\,\delta x_n + Y_n\,\delta y_n + Z_n\,\delta z_n = 0,$$

falls das Seil sich im Gleichgewicht befindet. Die Koordinatenänderungen δx_h, δy_h, δz_h sind aber an die Starrheitsbedingungsgleichungen

$$(x_{h-1} - x_h)^2 + (y_{h-1} - y_h)^2 + (z_{h-1} - z_h)^2 = l^2_{h-1,\,h}$$

gebunden, also an die Gleichungen

$$(x_{h-1} - x_h)(\delta x_{h-1} - \delta x_h) + (y_{h-1} - y_h)(\delta y_{h-1} - \delta y_h)$$
$$+ (z_{h-1} - z_h)(\delta z_{h-1} - \delta z_h) = 0,$$

deren Zahl gleich der Anzahl der Seiten des Seileckes, nämlich $n+1$ beträgt; es lassen sich also $n+1$ dieser Koordinaten aus vorstehenden Gleichungen als Funktionen der übrigen ermitteln, wobei zu beachten ist, daß $\delta x_0 = \delta y_0 = \delta z_0 = \delta x_{n+1} = \delta y_{n+1} = \delta z_{n+1} = 0$ sein muß, da die Punkte A_0 und A_{n+1} festgehalten werden. Setzen wir nun die so gefundenen $n+1$ Koordinatenänderungen in $\delta A = 0$ ein, so erhalten wir eine Gleichung, in der die übrigen $3n - (n+1) = 2n - 1$ Koordinatenänderungen ganz unabhängig voneinander sind, also ganz willkürlich gewählt werden können. Da nun $\delta A = 0$ werden soll für alle diese unendlich vielen Werte der Änderungen, und δA in letzteren linear ist, so müssen die Faktoren jener $2n - 1$ Änderungen für sich verschwinden, was auf $2n - 1$ Gleichungen führt, in denen die $3n - 6$ Koordinaten der beweglichen Knotenpunkte als Unbekannte auftreten. Aus ihnen und den $n+1$ Starrheitsbedingungsgleichungen lassen sich sonach die gesuchten $2n - 1 + n + 1 = 3n$ Koordinaten der n Punkte A_1, A_2, ..., A_n in deren Gleichgewichtslage berechnen, und das war nachzuweisen.

Die Stützkräfte S_0 und S_{n+1} in den festgehaltenen Punkten stimmen nach Größe und Richtung überein mit den Seilspannkräften S_{01} bzw. $S_{n,\,n+1}$ der beiden Endseilstücke, d. h. das Seil ließe sich als freibewegliches im Gleichgewicht erhalten durch die beiden Kräfte S_{01} bzw. $S_{n,n+1}$ wenn diese in A_0 bzw. A_{n+1} angreifen würden.

Im allgemeinen ist das Seileck eine räumliche Figur; sie wird aber zu einer ebenen, wenn die äußeren Kräfte sämtlich einer Ebene parallel werden, die durch die festgehaltenen Punkte geht. Es stimmt dann, wie man sich leicht überzeugt, die Gleichgewichtsfigur überein mit der Figur, welche in der graphischen Statik (vgl. das 14. Kap. Fig. 77a) Seileck genannt und zur zeichnerischen Ermittlung der Wirkungslinie der Resultierenden eines ebenen Kräftesystems verwendet wurde. Das zugeordnete Krafteck (s. Fig. 77b) zeigt den Zusammenhang zwischen den Seilspannkräften und den äußeren Kräften.

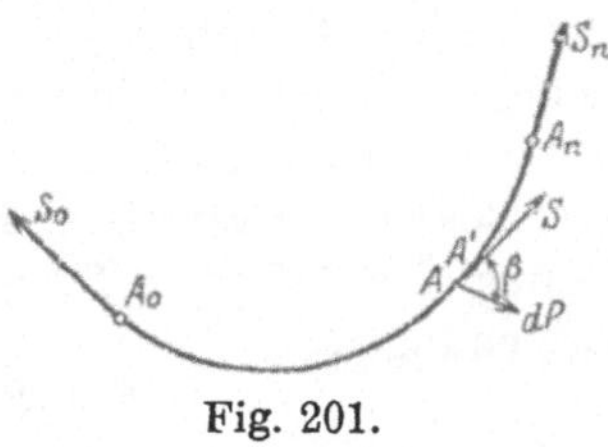

Fig. 201.

Verteilen sich die äußeren Kräfte stetig über das Seil, so geht das Seileck in eine krumme Linie über, in die sogen. Seilkurve oder Seillinie. Man führt dann die äußeren Kräfte als unendlich kleine ein und setzt sie proportional der Länge ds des Lagenelementes, auf das sie wirken, d. i. man setzt (s. Fig. 201)

$$dP = p \cdot ds,$$

worin $ds = \overline{AA'}$ ist und p die Belastung für die laufende Einheit des Seiles genannt wird. Diese Größe, deren Einheit $p_I = P_I l_I^{-1}$

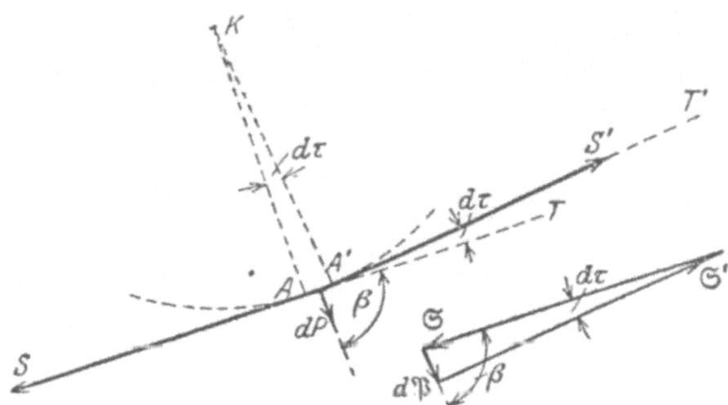

Fig. 201a und b.

ist, ändert sich im allgemeinen mit dem Orte bzw. mit der Lage des Punktes auf der Seilkurve, und zwar nach Größe und Richtung. Wird das im Gleichgewicht befindliche Seil im Punkte A durchschnitten, so muß die Kraft S, welche das Seilstück im Gleichgewicht erhält, tangential gerichtet und von bestimmter Größe sein; sie wird auch hier die **Seilspannkraft** und zwar die im Punkte A des Seiles genannt. Würde man in den Befestigungspunkten A_0 bzw. A_n die Seilspannkräfte als äußere Kräfte angreifen lassen, so erhielten diese das Seil als freibeweglichen Körper im Gleichgewicht. Und wenn wir an dem Seilelement $\overline{AA'}$, auf das die äußere Kraft dP wirkt, in A die Seilspannkraft S, in A' die Kraft S', beide tangential gerichtet, anbringen, so würden sie das Element als freibewegliches im Gleichgewicht erhalten (s. Fig. 201a, S. 253). Folglich bilden die den drei Kräften entsprechenden Vektoren $\mathfrak{S}$, $\mathfrak{S}'$ und dP ein geschlossenes Dreieck (s. Fig. 201b, S. 253), aus dem sich durch Zerlegung der Kräfte in Tangential- und Normalkomponenten die beiden Beziehungen

$$- S + S' \cos(d\tau) - dP \cos \beta = 0$$

$$S' \sin(d\tau) - dP \sin \beta = 0$$

ergeben; in ihnen bedeutet β den Winkel zwischen dP und der Bahntangente. Setzen wir darin $S' = S + dS$ und gehen zur Grenze über, so wird aus ihnen

$$S\, d\tau = dP \cdot \sin \beta,$$

$$dS = dP \cdot \cos \beta.$$

Führen wir $dP = p\, ds$ ein, und benutzen, daß $ds = \varrho \cdot d\tau$, unter ϱ den Krümmungsradius der Seilkurve in A verstanden, so ergibt die erstere Gleichung

$$(137) \qquad\qquad S = p \sin \beta \cdot \varrho.$$

Es ist sonach die Spannkraft dem Krümmungsradius der Seilkurve proportional. Unter Benutzung des Ausdruckes für $dS = p \cos \beta \cdot ds$ findet man für S die Differentialgleichung

$$\frac{dS}{S} = \frac{\cot \beta}{\varrho}\, ds;$$

aus ihr erhält man durch Integration zwischen den Grenzen s_0 und s

$$\ln\left(\frac{S}{S_0}\right) = \int_{s_0}^{s} \frac{\cot \beta}{\varrho} \cdot ds$$

und damit

$$(138) \qquad\qquad S = S_0 \cdot e^{\int_{s_0}^{s} \frac{\cot \beta}{\varrho}\, ds}$$

Dieser Ausdruck ist jedoch nur brauchbar, wenn die Gestalt der Seilkurve bereits bekannt ist.

Will man letztere erst ermitteln, muß man die Differentialgleichungen dieser Kurve aufstellen, was, wie folgt, geschehen kann. Wir zerlegen die drei Kräfte S, $S' = S + dS$ und dP, die sich am Seilelement $\overline{AA'} = ds$ das Gleichgewicht halten, in Komponenten in Richtung der drei Achsen eines beliebigen rechtwinkligen Koordinatensystems, und zwar seien $dX = p_x\,ds$, $dY = p_y\,ds$, $dZ = p_z\,ds$ die Komponenten von $dP = p \cdot ds$, also p_x, p_y, p_z die von p; dann ist die Bedingungsgleichung des Gleichgewichtes für die X-Komponenten

$$S' \cos \tau_x' - S \cos \tau_x + dX = 0,$$

falls τ_x den Winkel bezeichnet, den die Kurventangente bzw. S mit der X-Achse einschließt und τ_x' den von S'. Nun ist, wie man sofort erkennt, $S' \cos \tau_x' = S \cos \tau_x + d(S \cos \tau_x)$; es geht folglich die Gleichung über in

$$d(S \cos \tau_x) + dX = 0.$$

Benutzen wir nun, daß $\cos \tau_x = \dfrac{dx}{ds}$, unter x, y, z die Koordinaten des Punktes A verstanden, so erhält man die Differentialgleichung zweiter Ordnung

$$\frac{d}{ds}\left(S \frac{dx}{ds}\right) + p_x = 0.$$

Die entsprechenden Gleichungen für die beiden anderen Achsen erhält man durch Vertauschung von x mit y und z; die Differentialgleichungen der Seilkurven werden sonach

$$(139) \quad \frac{d}{ds}\left(S \frac{dx}{ds}\right) + p_x = 0; \quad \frac{d}{ds}\left(S \frac{dy}{ds}\right) + p_y = 0, \quad \frac{d}{ds}\left(S \frac{dz}{ds}\right) + p_z = 0.$$

In ihnen ist S durch den Ausdruck (137) zu ersetzen und jede der drei Größen p_x, p_y, p_z als eine bekannte Funktion der drei Koordinaten x, y, z anzusehen. Man kann aber auch, da ja eine Raumkurve durch zwei Gleichungen bestimmt wird, aus den Gleichungen (139) S und dS eliminieren und das führt auf zwei Differentialgleichungen zweiter Ordnung in x, y und z.

Beispiele:

1. Spannt man einen Faden über eine starre Fläche, so sind die Kräfte dP die Stützkräfte dN, die in den einzelnen Fadenpunkten angebracht werden müssen, um den freien, d. h. nicht gestützten Faden in seiner Gleichgewichtsfigur zu erhalten. Diese Stützkräfte dN müssen, wie früher nachgewiesen, bei Abwesenheit von Reibungswiderständen senkrecht auf der Fläche stehen; es muß

sonach $\beta = \dfrac{\pi}{2}$ sein. Damit folgt $dS = dP \cdot \cos\beta = 0$, und somit $S = \text{const} = S_0$; die Spannkraft des Fadens ist an allen Stellen die gleiche. Ferner wird zufolge (137)

$$S = p \cdot \varrho,$$

und sonach

$$p = \frac{S}{\varrho} = \frac{S_0}{\varrho};$$

es ändert sich folglich der Druck des Fadens auf die Fläche umgekehrt proportional dem Krümmungsradius der Kurve. Letztere selbst ist eine sogen. **kürzeste** oder **geodätische Linie** auf der Fläche zwischen den beiden festgehaltenen Punkten, und zwar geht das daraus hervor, daß die durch S und S' bestimmte Schmiegungsebene der Seilkurve dN enthält, also in der Flächennormale liegt; die Schmiegungsebenen der Seilkurve sind somit Hauptschnitte der Fläche und diese Eigenschaft kennzeichnet geometrisch die geodätischen Linien von Flächen.

2. Gleichgewichtskurven schwerer Seile.

Ist das Seil nur seiner Schwere unterworfen und in irgend zwei Punkten A_0 und A_n (s. Fig. 202) festgehalten, so wird, da die Kräfte dP hier Schwerkräfte, also unter sich parallel sind, die Seilkurve eine ebene. In diesem Falle wählen wir ein ebenes Koordinatensystem mit horizontaler X- und lotrechter nach aufwärts gerichteter Z-Achse, dessen Ebene die beiden Festpunkte A_0 und A_n des Seiles enthält. Im vorliegenden Falle ist dP die Schwere des Seilelementes und als solche vertikal nach abwärts gerichtet; es wird sonach $dX = 0$, $dZ = -dP = -\gamma_s \cdot ds$, unter γ_s die Schwere des Seiles bezogen auf die laufende Einheit im Punkte A verstanden. An die Stelle der Gleichungen (139) treten hier die folgenden zwei:

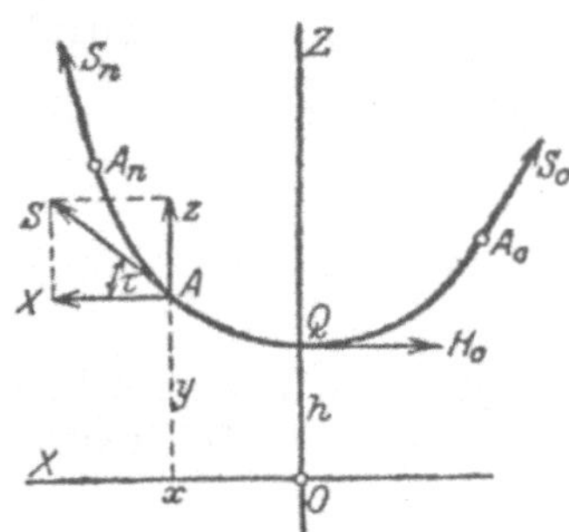

Fig. 202.

$$\frac{d}{ds}\left(S\,\frac{dx}{ds}\right) = 0, \qquad \frac{d}{ds}\left(S\,\frac{dz}{ds}\right) - \gamma_s = 0,$$

aus deren erster

$$S\,\frac{dx}{ds} = S \cdot \cos\tau = X = \text{const} = H_0$$

folgt. Setzen wir weiter

$$S\,\frac{dz}{ds} = S \cdot \sin\tau = X \cdot \tan\tau = H_0\,\frac{dz}{dx},$$

so geht die zweite Differentialgleichung über in

$$\frac{d}{ds}\left(S \cdot \frac{dz}{ds}\right) = \frac{d}{dx}\left(H_0\,\frac{dz}{dx}\right)\cdot\frac{dx}{ds} = H_0\,\frac{d^2z}{dx^2}\cdot\frac{dx}{\sqrt{dx^2+dz^2}} = \gamma_s,$$

oder auch in

$$H_0\,\frac{d^2z}{dx^2} = \gamma_s\,\sqrt{1+\left(\frac{dz}{dx}\right)^2}$$

Diese ist die Differentialgleichung der schweren Seilkurven, in der γ_s im allgemeinen eine Funktion von x und z bedeutet. Sehr wesentlich ist für die schweren Seilkurven, daß die Horizontalkomponente X der Spannkraft S sich als konstant $= H_0$ herausstellt, während die Vertikalkomponente sich aus der zweiten Differentialgleichung zu

$$Z = \int \gamma_s \, ds + \text{Const}$$

ergibt. Legen wir die Z-Achse durch den tiefsten Punkt, den sogen. Scheitel Q der Seilkurve und beachten, daß $\int\limits_{x=0}^{x=x} \gamma_s \, ds$ die Schwere des Seiles vom Scheitel bis zum Punkte A bedeutet und S im Scheitel Q mit H_0 übereinstimmt, also Z im Scheitel $= 0$ ist, so folgt

$$Z = \int\limits_{x=0}^{x=x} \gamma_s \, ds = G_s,$$

d. h. die Vertikalkomponente der Spannkraft in einem beliebigen Punkte A der Seilkurve ist gleich der Schwere G_s des Seiles vom Scheitel bis zu dem Punkte A. Die Spannkraft im Punkte A selbst aber wird

$$S = \sqrt{X^2 + Z^2} = \sqrt{H_0{}^2 + G_s{}^2}.$$

Die Gestalt der Seilkurve wird durch das Gesetz bestimmt, nach dem sich γ_s ändert, und erhalten durch zweimalige Integration der gefundenen Differentialgleichung.

Ist das Seil homogen, also $\gamma_s = \text{const} = \gamma_0$, so erhält man

$$Z = G_s = \gamma_0 \int\limits_{x=0}^{x=x} ds = \gamma_0 \cdot s$$

und die Differentialgleichung geht über in

$$\frac{d^2 z}{dx^2} = \frac{\gamma_0}{H_0} \sqrt{1 + \left(\frac{dz}{dx}\right)^2}.$$

Um sie zu integrieren, setzen wir $\dfrac{dz}{dx} = \tan \tau = q$, ferner zur Abkürzung $\dfrac{H_0}{\gamma_0} = h$, dann wird

$$\frac{dq}{dx} = \frac{1}{h} \sqrt{1 + q^2}$$

oder

$$\int \frac{dq}{\sqrt{1 + q^2}} = \int \frac{dx}{h} + \text{Const.}$$

Bekanntlich ist

$$\int \frac{dq}{\sqrt{1 + q^2}} = \ln \left(q + \sqrt{1 + q^2}\right);$$

folglich finden wir

$$\ln \left(q + \sqrt{1 + q^2}\right) = \frac{1}{h} \int dx + \text{Const} = \frac{x}{h} + \text{Const.}$$

Infolge der Wahl des Koordinatensystems ergibt sich für $x=0$ $q=\tan\tau=0$, weil die Tangente im Scheitel Q horizontal liegt; es wird sonach Const $=0$ und

$$\ln\left(q+\sqrt{1+q^2}\right)=\frac{x}{h},$$

woraus

$$q=\frac{dz}{dx}=\frac{1}{2}\left(e^{\frac{x}{h}}-e^{-\frac{x}{h}}\right)$$

hervorgeht. Eine nochmalige Integration liefert

$$z=\frac{1}{2}\int\left(e^{\frac{x}{h}}-e^{-\frac{x}{h}}\right)dx+\text{const}$$

$$=\frac{h}{2}\left(e^{\frac{x}{h}}+e^{-\frac{x}{h}}\right)+\text{const}.$$

Wählen wir nun die Ordinate im Scheitel, d. i. $\overline{OQ}=h$, so folgt für $x=0$

$$z=h=\text{const};$$

für dieses besondere Koordinatensystem erhält folglich die Gleichgewichtsfigur des schweren Seiles die Gleichung

$$z=\frac{h}{2}\left(e^{\frac{x}{h}}+e^{-\frac{x}{h}}\right).$$

Man nennt die durch diese Gleichung bestimmte Kurve die **gemeine Kettenlinie** und die **X-Achse** ihre **Direktrix**. Da sie nur von der Konstanten h, dem sogen. **Parameter der Kettenlinie**, abhängt, so sind alle Kettenlinien ähnliche Kurven. Mittels der hyperbolischen Funktionen läßt sich ihre Gleichung auch in der Form

$$z=h\,\mathfrak{Cof}\left(\frac{x}{h}\right)$$

schreiben.

Die Bogenlänge $\widehat{QA}=s$ folgt aus der Beziehung $Z=\gamma_0\,s$, wenn man $Z=H_0\dfrac{dz}{dx}=H_0\cdot q$ einsetzt, zu

$$s=\frac{h}{2}\left(e^{\frac{x}{h}}-e^{-\frac{x}{h}}\right)$$

oder auch mit Hilfe des Sinus hyperbolicus zu

$$s=h\,\mathfrak{Sin}\left(\frac{x}{h}\right).$$

Aus den Ausdrücken für y und s findet sich

$$y+s=h\,e^{\frac{x}{h}}\quad\text{und}\quad y-s=h\,e^{-\frac{x}{h}},$$

und somit

$$y^2-s^2=h^2.$$

Diese Beziehung ist vorteilhaft für die Berechnung einer Kettenlinie von gegebener Seillänge und der horizontalen wie vertikalen Entfernungen der Festpunkte, da die Konstante h ebenfalls berechnet werden muß und die Lage des Scheitels Q nicht gegeben ist. Für die Seilspannkraft finden wir

$$S = \sqrt{H_0{}^2 + Z^2} = \sqrt{H_0{}^2 + \gamma_0{}^2\, s^2} = \gamma_0 \sqrt{h^2 - s^2} = \gamma_0\, y;$$

die Spannkraft wächst sonach proportional der Entfernung des Seilkurvenpunktes von der Direktrix.

Siebenundzwanzigstes Kapitel.

Theorie der Reibung.

Eine bekannte Erscheinung ist die Tatsache, daß bei den gebundenen Bewegungen starrer Körper Hemmungen auftreten, die an der freien Bewegung nicht wahrgenommen werden. Man schreibt sie, da sie in der Änderung ihres Geschwindigkeitszustandes bestehen, Kräften zu, die eine Folge der dauernden Berührungen der Körper sind und deren Angriffspunkte man in die Berührungsstellen verlegt. Diese auf die Bewegungen verzögernd wirkenden Kräfte nennt man Reibungswiderstände. Ihre Wirkungsweise auf die Körper ist aber verschieden und zwar abhängig von der Art der Bewegungen, die die Körper gegeneinander ausführen. In der Bewegungslehre (Bd. I, 12. Kap.) wurden die gebundenen Bewegungen ermittelt, die bei der Berührung der Körper in Punkten, Linien und Flächen auftreten können und als Gleiten, Bohren und Rollen unterschieden. Während aber bei der Berührung in Punkten alle drei Bewegungsarten möglich sind, kann bei Berührung in Linien nur Gleiten und Rollen, letzteres auch nur bei der Berührung in Geraden auftreten, und bei der Berührung von Flächen überhaupt nur Gleiten. Den drei Bewegungsarten entsprechen nun verschiedene Reibungswiderstände; man unterscheidet demgemäß gleitende, bohrende und rollende Reibung. Sie sollen im folgenden getrennt behandelt werden, obgleich sie häufig zusammen auftreten.

A. Die gleitende Reibung.

Wir gehen hierbei von der Berührung der Körper in Flächen aus, weil sie infolge des Verhaltens der natürlichen Stoffe auch dann auftritt, wenn die Berührung theoretisch in Punkten oder Linien erfolgen sollte. Es ist dabei zu beachten, daß die gegenseitige Bewegung starrer Körper nur stattfinden kann, wenn sie sich in besonderen, nämlich sogenannten selbsthüllenden Flächen berühren, also z. B. in Ebenen, Rotations-, Schrauben-, Kugelflächen usf.

Es sei dF ein Element der Fläche, in dem zwei Körper sich berühren, auf die Kräfte solcher Art wirken, daß sie sich nicht voneinander zu entfernen vermögen, dann wird in dem Element eine gewisse Spannung σ vorhanden sein, die wir in eine Normalspannung ν und eine Schubspannung τ zerlegen. Dementsprechend wirkt auf jeden der beiden Körper in dem Flächenelement dF eine Normalkraft $dN = \nu \cdot dF$ und eine Tangentialkraft $dT = \tau \cdot dF$. Die Reibungskraft, die im Element dT der Bewegung des einen Körpers gegen den anderen sich entgegensetzt, ist nun erfahrungsgemäß abhängig von dN, nicht aber von dT, und zwar nimmt man diese Widerstandskraft dW proportional der normalen Druckkraft dN an, d. h. man setzt

$$(140) \qquad dW = \mu \cdot dN,$$

worin μ eine Erfahrungskonstante bezeichnet, die der **Koeffizient der gleitenden Reibung** oder auch kurz **Reibungsziffer** genannt wird. Die Kraft dW ist eine Flächenkraft und liegt in der Tangentialebene des Körperpunktes, in dem sich das Flächenelement befindet. Als ihre Richtung wählen wir die entgegengesetzte der Geschwindigkeit, mit der sich das Flächenelement des einen Körpers gegen den anderen bewegt. Die Reibungskraft dW wirkt sonach in gleicher Größe, aber entgegengesetztem Sinne auf die beiden sich berührenden Körper, weil die Relativgeschwindigkeiten der zusammenfallenden Punkte beider Körper entgegengesetzt gleich sind.

Die Größe der Kraft dW hängt außer von dN wesentlich von der Reibungsziffer

$$141) \qquad \mu = \frac{dW}{dN}$$

ab, die eine reine Zahl, d. h. dimensionslos ist und experimentell bestimmt werden muß. Die Erfahrung zeigt, daß ihre Größe von verschiedenen Umständen beeinflußt wird. In erster Linie von der Beschaffenheit der sich berührenden Oberflächen der Körper. Je rauher und dabei härter die Oberflächen sind, um so größer ist im allgemeinen μ, je glätter, um so kleiner. Vom Material der Körper wird μ um so weniger beeinflußt, je größer die Glätte der Oberflächen ist. Bei sehr glatten (geschabten und polierten) Oberflächen verschwindet der Einfluß des Materials auf die Größe von μ fast vollständig. Dasselbe ist der Fall bei der Anwendung von Schmiermitteln, d. h. durch Trennung der Körper mittels einer sehr dünnen Flüssigkeitsschicht, da dann der Reibungswiderstand in der Hauptsache auf die Zähigkeit des Schmiermittels bzw. die Flüssigkeitsreibung zurückzuführen ist. Man hat demnach zu unterscheiden die Reibungsziffer für **trockene** Flächen von der für **geschmierte**.

Beachten wir, daß $dN = \nu \cdot dF$, also

$$(140\,a) \qquad dW = \mu \cdot \nu \cdot dF,$$

so erscheint dW dem Normaldruck ν in dem betreffenden Punkte der Berührungsfläche proportional. Das trifft aber nur zu, wenn μ unabhängig von ν wäre, und das ist nur näherungsweise und bei sehr kleinen Drücken ν der Fall, während bei größeren Drücken, wie die Versuche zeigen, μ mit ν wächst. Im allgemeinen wird der Einfluß der Druckverteilung in den Reibungsflächen, sowie der elastischen und plastischen Gestaltsveränderungen auf μ in den verschiedenen Versuchsanordnungen zu wenig berücksichtigt, woraus sich die Unstimmigkeiten in den Versuchsergebnissen wenigstens teilweise erklären.

Eine wesentliche Abhängigkeit zeigt μ auch gegenüber der Geschwindigkeit. Bei trocknen Reibungsflächen ergeben die Versuche eine Abnahme von μ mit der Gleitungsgeschwindigkeit v, deren Gesetz z. Z. noch nicht genügend bekannt ist, aber annähernd einen Verlauf besitzt, wie ihn die Schaulinie Fig. 203 zeigt. Stellen wir v als Abszisse $\overline{OB}$, das zugehörige μ als Ordinate $B\mathsf{M}$ einer Kurve c dar, so fällt c von M_0, dem $v = 0$ zugeordneten Kurvenpunkte an zunächst sehr steil ab, um dann innerhalb weiter Grenzen für v mit großer Annäherung parallel zur Abszissenachse zu verlaufen und bei sehr

großen Geschwindigkeiten wieder anzusteigen. Die Funktion, nach der μ mit v sich ändert, kennt man, wie erwähnt, noch nicht. In der Technik beschränkt man sich darauf, dem Verlauf dieser Kurve entsprechend nur zwei Werte von μ zu unterscheiden, die Reibungsziffer der Ruhe μ_0 und die der Bewegung μ. Erfahrungsgemäß ist stets $\mu_0 > \mu$. Die der Ruhe entsprechende Reibung wird auch die Haftreibung genannt und μ_0

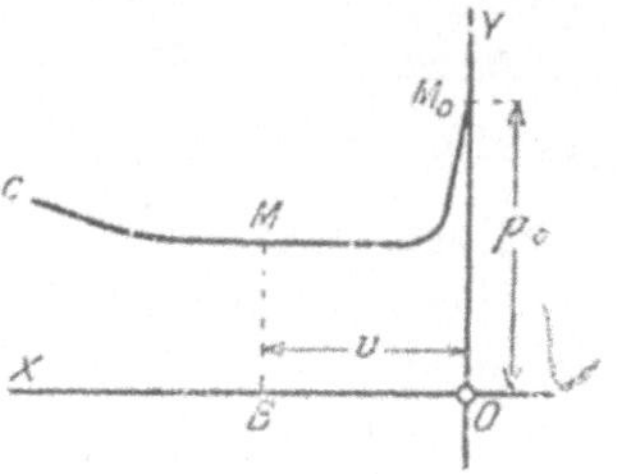

Fig. 203.

die Haftreibungsziffer. Ganz anders ist das Änderungsgesetz von μ mit v bei geschmierten Reibungsflächen, denn da zeigt sich ein Unterschied zwischen μ_0 und μ nicht, zum mindesten in sehr geringem Maße; wohl aber wächst μ nahezu proportional der Geschwindigkeit v. Daß die Zähigkeit des Schmiermittels und folglich auch die Temperatur des letzteren auf die Größe der Reibungsziffer einen merklichen Einfluß hat, bedarf keiner weiteren Begründung.

Auf die zahlreichen, nicht selten voneinander abweichenden Versuchsergebnisse einzugehen, würde hier zu weit führen; es sei deshalb auf den Artikel „Dynamische Probleme der Maschinenlehre" von R. von Mises im IV. Bande der „Encyklopädie der mathematischen Wissenschaften" (Leipzig 1911) verwiesen. Die für die An-

wendungen wichtigen Zahlenangaben finden sich besonders umfassend
in des Ingenieurs Taschenbuch „Hütte" (Berlin 1911) 21. Aufl.

Der Ausdruck (141) für

$$\mu = \frac{dW}{dN}$$

ermöglicht eine für gewisse Anwendungen sehr zweckmäßige Auslegung. Denkt man sich die Resultierende dR aus dN und dW
mittels des Parallelogramms der Kräfte bestimmt (s. Fig. 204), so
erhält man sofort

$$\frac{dW}{dN} = \tan \varrho,$$

falls ϱ den Winkel zwischen dR und der Flächennormalen bezeichnet.
Da folglich $\tan \varrho = \mu$ sein muß, finden wir

(142a)
$$\varrho = \operatorname{arctan} \mu,$$

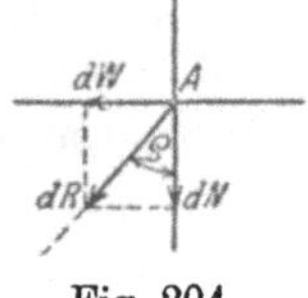

Fig. 204.

und dieser Winkel wird der Reibungswinkel
genannt. Je nachdem sich μ auf die Bewegung
oder die Ruhe bezieht, unterscheidet man entsprechend einen Reibungswinkel der Bewegung von
dem der Ruhe; letzterer, nämlich

(142b)
$$\varrho_0 = \operatorname{arctan} \mu_0$$

wird auch Haftreibungswinkel genannt. Denkt man sich in einem
beliebigen Punkte der Reibungsfläche die Normale und die Wirkungslinien aller der Kräfte dR gezogen, die den unendlich vielen Bewegungsrichtungen in der Berührungsebene entsprechen, so bilden

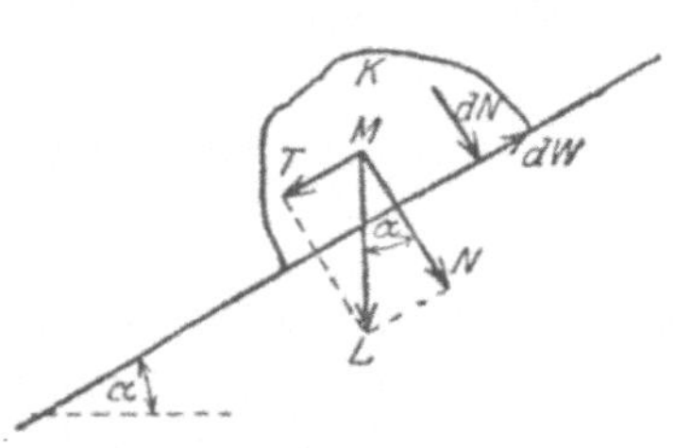

Fig. 205.

diese die Mantellinien eines Kegels,
der Reibungskegel genannt wird.
Hat μ für alle Bewegungsrichtungen
denselben Wert, so ist der Reibungskegel ein Kreiskegel. Selbstredend
haben die Reibungskegel der Ruhe
und der Bewegung im allgemeinen
verschiedene Öffnungswinkel.

Der Reibungswinkel läßt sich
in folgender Weise zur Ermittlung
der Reibungsziffer verwenden. Auf einer unter dem Winkel α
geneigten Ebene führe ein schwerer Körper von der Last L eine
Schiebung in Richtung der Fallinie aus. In jedem Element dF
der ebenen Berührungsfläche des Körpers K (s. Fig. 205) greift
eine Reibungskraft $dW = \mu \cdot dN$ an; alle diese dW sind parallel

und entgegengesetzt gerichtet der Schiebungsgeschwindigkeit v des Körpers. Die Resultierende $W = \int dW = \int \mu \, dN$ hat folglich die gleiche Richtung, und wenn wir μ in allen Punkten der Stützfläche als gleich annehmen dürfen, so wird

$$W = \mu \int dN = \mu \cdot N = \mu \cdot L \cos \alpha.$$

Die Kraft, welche diesen Reibungswiderstand überwindet und den Körper in Bewegung erhält, ist dagegen die Komponente $T = L \cdot \sin \alpha$ der Schwerkraft L des Körpers und diese bewirkt, falls μ unabhängig von v ist, eine gleichförmige Schiebung, falls $T = W$, also

$$L \sin \alpha = \mu \cdot L \cos \alpha.$$

Hieraus folgt

$$\tan \alpha = \mu = \tan \varrho,$$

oder, was dasselbe sagt,

$$\alpha = \varrho,$$

d. h. vollzieht ein schwerer Körper auf geneigter Ebene eine geradlinige gleichförmige Schiebung nach abwärt, so ist der Neigungswinkel der Ebene gleich dem Reibungswinkel der Bewegung und dementsprechend $\mu = \tan \alpha$. Auf diesem Wege ließe sich μ experimentell ermitteln, und das benutzt man auch im Falle der Ruhe, indem man die Neigung der Ebene so lange vergrößert, bis die Bewegung des Körpers eintritt; es ist dann $\mu_0 = \tan \alpha_0$.

Der Vorteil, den die Verwendung des Reibungswinkels bzw. Reibungskegels gewährt, möge an folgendem Vorgang erläutert werden. Ein Körper K berühre einen Körper K_0 (siehe Fig. 206) in einer ebenen Fläche und vollziehe eine Schiebung unter dem Einfluß einer Kraft P, deren Wirkungslinie mit der Senkrechten zur Ebene

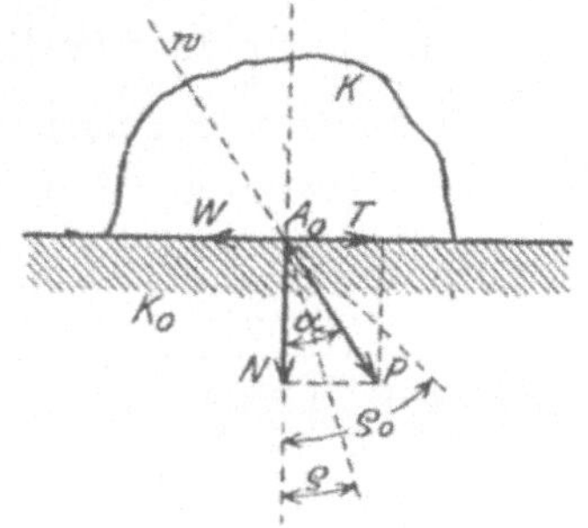

Fig. 206.

den Winkel α einschließt. Wie im vorhergehenden Falle setzt sich der Bewegung des Körpers durch die Kraftkomponente $T = P \sin \alpha$ der Reibungswiderstand $W = \int dW = \int \mu \, dN = \mu \cdot N$ entgegen, falls μ konstant bzw. ein mittlerer Wert ist; die Bewegung erfolgt sonach unter dem Einfluß der Kraft

$$P_t = T - W = P \cos \alpha \cdot (\tan \alpha - \mu)$$

(143) $$= \frac{P}{\cos \varrho} \cdot \sin (\alpha - \varrho).$$

Dieser Ausdruck macht ersichtlich, daß die Bewegung beschleunigt wird, falls $\alpha > \varrho$, und verzögert, falls $\alpha < \varrho$ und zwar unabhängig von der Größe der Kraft P. War der Körper dagegen in Ruhe, so bleibt er in Ruhe, falls $\alpha < \varrho_0$, und er gerät in Bewegung, falls $\alpha > \varrho_0$. Es ist sonach in den verschiedenen möglichen Fällen lediglich entscheidend, ob die Wirkungslinie w der Kraft P in oder außerhalb des Reibungskegels der Bewegung bzw. der Ruhe liegt.

Die hier in den Hauptzügen wiedergegebene Theorie der gleitenden Reibung beruht wesentlich auf der Coulombschen Annahme, die in der Beziehung (140) ihren mathematischen Ausdruck findet. Nach ihr sind die elementaren Reibungskräfte dW, die in den Elementen der Reibungsfläche angreifen, als auf den bewegten Körper wirkende äußere Kräfte zu betrachten, obwohl sie von den Stütz-, also inneren Kräften abhängen. Und so erklärt es sich, daß sie umgekehrt Einfluß auf die Größe der Stützkräfte haben müssen, wodurch ein Zusammenhang herbeigeführt wird, der die dynamischen Probleme verwickelt macht, während die Fälle des Gleichgewichtes in ihrer mathematischen Behandlung grundsätzlich keine Änderung erfahren. Im folgenden sollen eine Reihe von Anwendungen der Theorie gegeben werden, die zugleich geeignet sind, den Zusammenhang zwischen Stütz- und Reibungskräften zu erläutern.

1. Reibung in der Keilkette.

Die Keil- oder Prismenkette genannte Kette besteht aus drei Körpern, dem Keil K_1 (s. Fig. 207), dem Gegenkeil K_2 und dem ruhenden Glied K_3. Diese berühren sich paarweise in ebenen Flächen, die zur selben Ebene senkrecht stehen, und führen geradlinige Schiebungen parallel jener Ebene aus. Auf den Keil K_2 wirkt parallel zu seiner Schiebungsrichtung, aber ihr entgegen, eine Kraft P_2, während K_1 durch eine Kraft P_1 senkrecht zu P_2 beansprucht wird. Die Berührungsfläche zwischen K_1 und K_3 schließt mit der Schubrichtung von K_2 den spitzen Winkel α_1 ein, die zwischen K_1 und K_2 den Winkel α_2. Um die Kraft P_1 zu ermitteln, welche der Kraft P_2 an der Kette unter Berücksichtigung der Reibung das Gleichgewicht hält, führen wir das Gleichgewicht an der Kette zurück auf das der äußeren und der Stützkräfte an den beiden frei beweg-

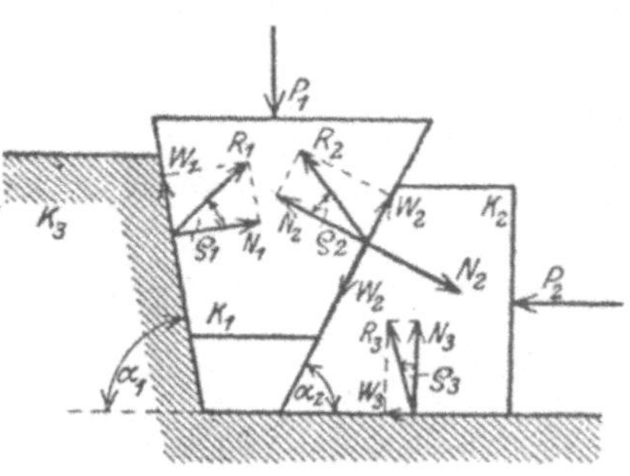

Fig. 207.

lichen Körpern K_1 und K_2 zurück und stellen für letztere die Bedingungsgleichungen des Gleichgewichtes auf. Nun sind in jeder Berührungsfläche hier die elementaren Reibungskräfte $dW_\varkappa = \mu_\varkappa \, dN_\varkappa$ unter sich parallel; sie ergeben daher zusammengesetzt die Resultierende $W_\varkappa = \int dW_\varkappa = \int \mu_\varkappa \, dN_\varkappa = \mu_\varkappa \int dN_\varkappa = \mu_\varkappa N_\varkappa$ ($\varkappa = 1, 2, 3$), falls $\mu_\varkappa$ in jeder Stützfläche konstant ist. Die Richtungen der $W_\varkappa$ sind denen der relativen Bewegungen entgegengesetzt. Zerlegen wir sämtliche Kräfte in Komponenten in den Richtungen von P_1 und P_2, so ergeben sich für den Körper K_1

$$- P_1 + N_1 \cos \alpha_1 + W_1 \sin \alpha_1 + N_2 \cos \alpha_2 + W_2 \sin \alpha_2 = 0;$$

$$N_1 \sin \alpha_1 - W_1 \cos \alpha_1 - N_2 \sin \alpha_2 + W_2 \cos \alpha_2 = 0,$$

und für K_2

$$- N_2 \cos \alpha_2 - W_2 \sin \alpha_2 + N_3 = 0;$$

$$+ N_2 \sin \alpha_2 - W_2 \cos \alpha_2 - W_3 - P_2 = 0$$

als die Bedingungsgleichungen des Gleichgewichtes, da Drehungen nicht in Betracht kommen. Setzen wir in ihnen $W_\varkappa = \mu_\varkappa \cdot N_\varkappa$ ($\varkappa = 1, 2, 3$) und eliminieren die drei $N_\varkappa$ aus den vier Gleichungen, so ergibt sich die gesuchte Bedingungsgleichung des Gleichgewichtes der Kräfte P_1 und P_2 an der Keilkette und aus dieser

$$P_1 = \frac{(1 - \mu_1 \mu_2) \sin (\alpha_1 + \alpha_2) - (\mu_1 + \mu_2) \cos (\alpha_1 + \alpha_2)}{\{(1 - \mu_2 \mu_3) \sin \alpha_2 - (\mu_2 + \mu_3) \cos \alpha_2\} \cdot (\sin \alpha_1 - \mu_1 \cos \alpha_1)} \cdot P_2.$$

Führt man die Reibungswinkel $\varrho_\varkappa = \arctan (\mu_\varkappa)$ ($\varkappa = 1, 2, 3$) hierin ein, so kann man dem Ausdruck die Form

$$P_1 = \frac{\sin (\alpha_1 + \alpha_2 - \varrho_1 - \varrho_2) \cos \varrho_3}{\sin (\alpha_1 - \varrho_1) \sin (\alpha_2 - \varrho_2 - \varrho_3)} \cdot P_2$$

geben. Die Kraft P_1 läßt sich auch zeichnerisch finden und zwar mittels der Reibungswinkel. Wir benutzen hierbei die Resultierende $\mathfrak{R}_\varkappa = \mathfrak{N}_\varkappa + \mathfrak{W}_\varkappa$ ($\varkappa = 1, 2, 3$) der Stütz- und Reibungskraft, tragen an die Senkrechte zu $\mathfrak{P}_2$ im Anfangspunkt des Vektors $\mathfrak{P}_2$ (s. Fig. 207a) den Winkel $\alpha_2 - \varrho_2$, im Endpunkte den Winkel $\dfrac{\pi}{2} - \varrho_3$

an die Richtung dieses Vektors an; erstere Gerade hat die Richtung von $\mathfrak{R}_2$, letztere die von $\mathfrak{R}_3$ und so erhält man das Dreieck der Kräfte $\mathfrak{P}_2$, $\mathfrak{R}_2$ und $\mathfrak{R}_3$. Zieht man dann durch den Endpunkt von $\mathfrak{R}_3$ eine Gerade, die mit der Richtung von $\mathfrak{P}_1$ den Winkel $\alpha_1 - \varrho_1$ einschließt, so ergibt sich $\mathfrak{R}_1$ und $\mathfrak{P}_1$ selbst.

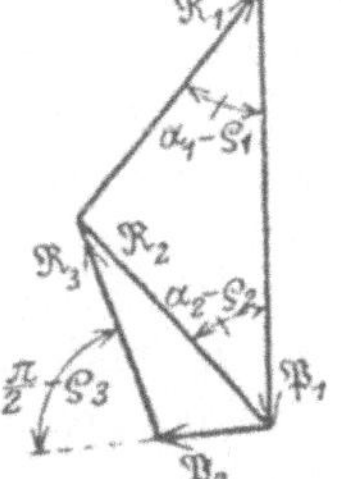

Fig. 207.a.

Wenden wir die Formel für P_1 auf den Befestigungskeil (s. Fig. 207b) an, so haben wir $\alpha_1 = \dfrac{\pi}{2}$, $\alpha_2 = \dfrac{\pi}{2} - \alpha$ zu setzen. Nehmen wir ferner noch $\varrho_1 = \varrho_2 = \varrho_3 = \varrho_0$, d. i. gleich dem Reibungswinkel der Ruhe an, so finden wir als Kraft zum Eintreiben des Keiles

$$P_1 = P_2 \tan(\alpha + 2\varrho_0).$$

Zum Herausschlagen des Keiles ist dagegen eine entgegengesetzt gerichtete Kraft nötig und diese findet sich aus den Gleichungen zu

$$P_1 = P_2 \tan(2\varrho_0 - \alpha).$$

Es tritt daher Selbstsperrung ein, falls $\alpha < 2\varrho_0$, d. h. der Keil würde in diesem Falle nicht durch die Kraft P_2 herausgetrieben werden, wie groß diese auch sein mag.

2. Reibung in Keilnuten.

Ein keilförmiger Körper K (s. Fig. 208) werde durch zwei Ebenen begrenzt, die mit einer durch ihre Schnittlinie gehenden

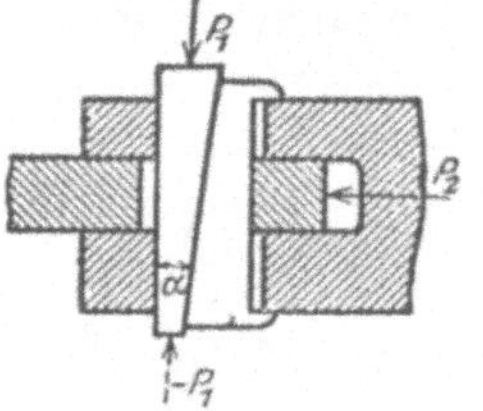

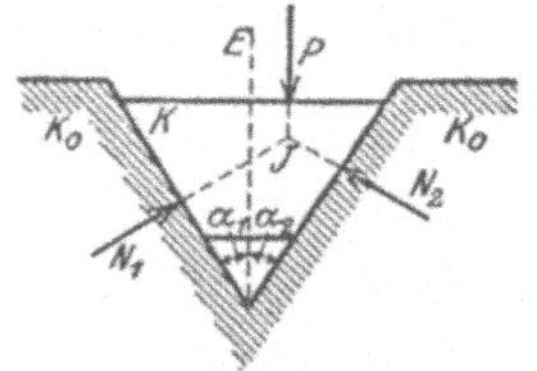

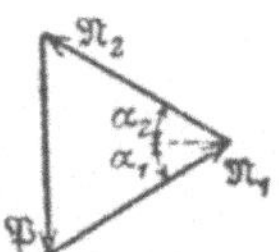

Fig. 207b.   Fig. 208.   Fig. 208a.

Ebene E die Winkel α_1, bzw. α_2 einschließen. Parallel E und senkrecht zu der erwähnten Schnittlinie wirke auf K eine Kraft P, die ihn in die Nut im Körper K_0 preßt. Es soll die Kraft bestimmt werden, die sich der Bewegung von K in der Nut infolge der Reibung entgegensetzt. Da der Keil eine geradlinige Schiebung parallel jener Schnittlinie auszuführen gezwungen ist, so werden die Reibungskräfte dW in beiden Reibungsflächen parallel und ihre Resultierende ist folglich

$$W = \int dW = \int dW_1 + \int dW_2 = \int \mu_1 \, dN_1 + \int \mu_2 \, dN_2,$$

falls μ_1 und μ_2 die Reibungsziffern in den beiden Stützflächen des Keils bezeichnen. Nehmen wir wieder μ_1 und μ_2 konstant an, so wird

$$W = \mu_1 N_1 + \mu_2 N_2;$$

darin sind die beiden Stützkräfte N_1 und N_2 bestimmt, da sie mit P am Keil im Gleichgewicht sein müssen. Es schneiden sich folglich ihre Wirkungslinien in einem Punkte und ihre Vektoren bilden ein geschlossenes Dreieck (Fig. 208a), aus dem

$$\mathfrak{N}_1 = \mathfrak{P} \cdot \frac{\cos \alpha_2}{\sin (\alpha_1 + \alpha_2)}, \qquad \mathfrak{N}_2 = \mathfrak{P} \cdot \frac{\cos \alpha_1}{\sin (\alpha_1 + \alpha_2)}$$

hervorgeht. Sonach wird

$$W = P \cdot \frac{\mu_1 \cos \alpha_2 + \mu_2 \cos \alpha_1}{\sin (\alpha_1 + \alpha_2)}.$$

Ist $\alpha_1 = \alpha_2 = \alpha$ und $\mu_1 = \mu_2 = \mu$, so wird

$$W = \frac{2 \mu \cos \alpha}{\sin 2 \alpha} \cdot P = \frac{\mu}{\sin \alpha} \cdot P.$$

Für den Bewegungsbeginn ist μ durch μ_0 zu ersetzen. Der Faktor $\dfrac{\mu}{\sin \alpha} = \mu_k$ heißt die Ziffer der Keilnutenreibung; sie ist wesentlich größer als die Reibungsziffer, wovon technisch mit Vorteil Gebrauch gemacht wird.

3. Schraubenreibung.

Die Schraube sei eine flachgängige vom Steigungswinkel α, dem mittleren Halbmesser $r = \dfrac{r_1 + r_2}{2}$; ihre Achse DD (s. Fig. 209) stehe lotrecht. Die Schraube diene zum Heben einer Last L, deren Wirkungslinie mit DD zusammenfalle, und werde durch einen Hebel in Drehung versetzt, wodurch die Last L gehoben wird. Um das zum Drehen der Schraube erforderliche Moment $M_D = 2 Pa$ ermitteln zu können, führen wir die Schraube in einen frei beweglichen Körper dadurch über, daß wir in dem Teil der Schraubenfläche, in dem die Berührung mit der Schraubenmutter stattfindet, die Stützkräfte $dN = \nu \cdot dF$ und die Reibungskräfte $dW = \mu \cdot dN$ derart anbringen, daß das Gleichgewicht erhalten bleibt. Als Flächenelement dF betrachten wir hierbei ein solches zwischen zwei unendlich benachbarten Erzeugenden der Schraubenfläche von der Breite $r_1 - r_2$ und denken uns dW tangential zur mittleren Schrauben-

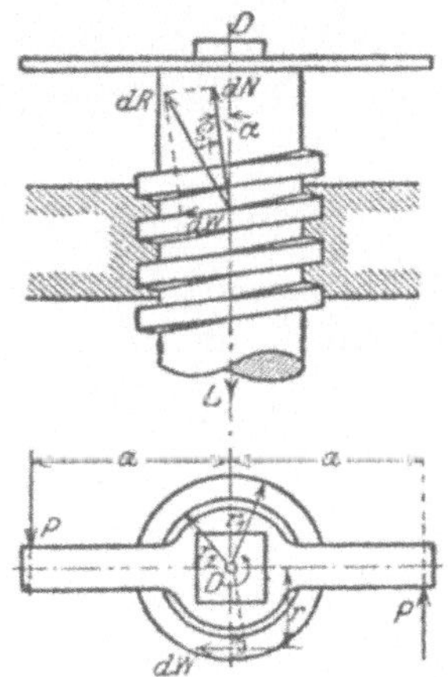

Fig. 209.

linie, also im Abstande r von der Schraubenachse angreifend. Setzen wir dN und dW zu einer Resultierenden dR zusammen, so schließt diese mit einer Parallelen zur Schraubenachse den Winkel $\alpha + \varrho$ ein, falls ϱ den Reibungswinkel bezeichnet. Zerlegen wir dR in Komponenten in Richtung der Schraubenachse und einer zu ihr Senkrechten, so werden die beiden hier nur in Betracht kommenden Bedingungsgleichungen des Gleichgewichtes

$$\int dR \cos(\alpha + \varrho) - L = 0$$

$$\int r \cdot dR \sin(\alpha + \varrho) - 2Pa = 0,$$

hierin die Integration erstreckt über die ganze Stützfläche der Schraube. Nehmen wir μ bzw. ϱ als in der ganzen Fläche konstant an und eliminieren $\int dR$ aus den beiden Gleichungen, so finden wir

$$M_D = 2Pa = Lr \tan(\alpha + \varrho)$$

als Moment, welches nötig ist, um eine Last L gleichförmig zu heben und zugleich die Schraubenreibung zu überwinden. Ohne die letztere wäre nur das Moment

$$M_D' = Lr \tan \alpha$$

erforderlich, um L zu heben; deshalb erhält man für den sogenannten Wirkungsgrad der Hebeschraube den Wert

$$\eta = \frac{M_D'}{M_D} = \frac{\tan \alpha}{\tan(\alpha + \varrho)}.$$

Benutzt man dagegen die Schraube zum Senken einer Last L, so erhält der Reibungswiderstand die entgegengesetzte Richtung und man findet dann

$$M_D = Lr \tan(\alpha - \varrho),$$

ferner als Wirkungsgrad der Senkschraube

$$\eta = \frac{\tan(\alpha - \varrho)}{\tan \alpha}.$$

Selbstsperrung tritt ein, wenn $\alpha < \varrho_0$ ist, weil im letzteren Falle M_D negativ würde.

Ist Schraube scharfgängig (s. Fig. 210), so läßt sich die Bewegung jedes Schraubenganges auffassen als die in eine Drehung umgewandelte Bewegung eines Keiles in einer Nute mit dem Öffnungswinkel $2\delta = 2\left(\dfrac{\pi}{2} - \beta\right)$, falls β den halben Schärfungs- oder Kantenwinkel des Gewindes bezeichnet. Dementsprechend würden wir in

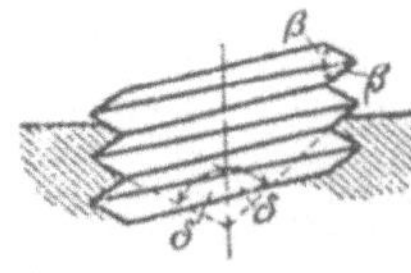

Fig. 210.

der Formel für M_D, die sich auf die scharfgängige Schraube beziehen soll, anstatt μ die Ziffer μ_k der Keilnutenreibung zu setzen haben und folglich

$$\varrho_k = \operatorname{arctan} \mu_k = \operatorname{arctan}\left(\frac{\mu}{\sin \delta}\right) = \operatorname{arctan}\left(\frac{\mu}{\cos \beta}\right)$$

statt ϱ, so daß dann

$$M_D = Q\,r \tan(\alpha \pm \varrho_k)$$

sich findet. Hierin bedeutet Q die Kraft, mit der die Schraubenmutter gegen die Spindel gepreßt wird, r der mittlere Halbmesser und α der Steigungswinkel der mittleren Schraubenlinie. Da $\varrho_x > \varrho$, so erkennen wir, daß die Reibung der scharfgängigen Schraube größer ist als die der flachgängigen. Aus diesem Grunde verwendet man scharfgängige Schrauben vorzugsweise für Befestigungen, flachgängige für Bewegungen, denn die Selbstsperrung tritt dann bei viel größerem α ein, als bei flachgängigen Schrauben.

4. Zapfenreibung.

Man unterscheidet **Spur-** und **Tragzapfen**; bei ersteren liegt die Wirkungslinie der belastenden Kraft in der Drehachse des Zapfens, bei letzterem senkrecht zu ihr.

a) **Spurzapfenreibung.** Wir legen der Berechnung einen kegelförmigen Spurzapfen zugrunde (s. Fig. 211). Der Öffnungswinkel der stützenden Kegelfläche sei 2α und die Radien der begrenzenden Kreise dieser Fläche r_1 und r_2. Ein beliebiger Punkt der Stützfläche im Abstande r von der Drehachse DD wird dann durch eine Reibungskraft dW beansprucht, die die Drehachse senkrecht und dem Drehsinn entgegen kreuzt; das Moment aller dW in der Stützfläche wird folglich

$$M_w = \int r\,dW.$$

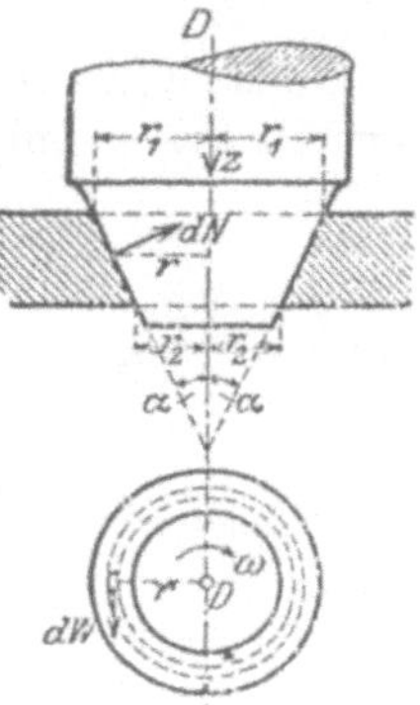

Fig. 211.

Hierin ist $dW = \mu \cdot dN = \mu \cdot \nu\,dF$, falls ν den Normaldruck, hervorgerufen durch die den Zapfen belastende Kraft Z, bezeichnet. Wir machen die Annahme, daß sowohl ν als μ in der ganzen Stützfläche dieselben Werte haben; dann können wir als Flächenelement dF einen Ringstreifen vom Radius r und der Breite du wählen, unter du ein Element der Mantellinie der Kegelfläche verstanden. Die Projektion von du auf eine Ebene senkrecht zur Drehachse sei

$$= dr; \text{ dann ist } du \cdot \sin \alpha = a\,r \text{ und folglich } dF = 2\,r\,\pi \cdot du = 2\,r\,\pi\,\frac{dr}{\sin \alpha}.$$

Damit wird aber

$$M_w = \int_{r=r_2}^{r=r_1} r \cdot \mu \cdot v \cdot dF = \frac{2\,\pi\,\mu\,v}{\sin\alpha} \int_{r_2}^{r_1} r^2\,dr = \frac{2\,\pi\,\mu\,v}{3\,\sin\alpha}\left(r_1^{\,3} - r_2^{\,3}\right).$$

Den Druck v finden wir aus der Bedingungsgleichung des Gleichgewichtes zwischen Z und den Stützkräften dN, welche die Form

$$\int dN \cdot \sin\alpha - Z = 0$$

hat; aus ihr folgt wegen $dN = v\,dF = \dfrac{v\,\pi}{\sin\alpha}\cdot 2\,r\,dr$

$$\pi\,v\int_{r=r_2}^{r=r_1} 2\,r\,dr = \pi\,v\left(r_1^{\,2} - r_2^{\,2}\right) = Z,$$

und somit $v = Z : \pi\left(r_1^{\,2} - r_2^{\,2}\right)$, ferner

$$M_w = \frac{2\,\mu}{3\,\sin\alpha}\cdot\frac{r_1^{\,3} - r_2^{\,3}}{r_1^{\,2} - r_2^{\,2}}\cdot Z.$$

Wählt man $\alpha = \dfrac{\pi}{2}$, so geht die Kegelfläche in eine ebene Fläche über, nämlich in eine Kreisringfläche und es wird einfacher

$$M_w = \frac{2\,\mu}{3}\cdot\frac{r_1^{\,3} - r_2^{\,3}}{r_1^{\,2} - r_2^{\,2}}\cdot Z.$$

b) **Tragzapfenreibung.** Der Tragzapfen sei ein Kreiszylinder vom Radius r und der Länge l (s. Fig. 212); das Lager bilde einen Sektor der Zylinderfläche vom Öffnungswinkel $2\,\alpha$, in deren axialer Symmetrieebene die Zapfendruckkraft Z die Länge l halbierend senkrecht zur Drehachse wirkt. Die elementaren Reibungskräfte sind tangential an den Kreiszylinder, kreuzen die Drehachse senkrecht und ergeben sonach das Moment der Zapfenreibung zu

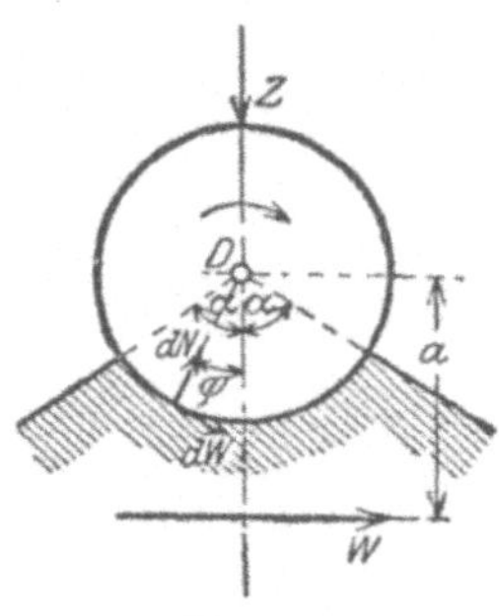

Fig. 212.

$$M_w = \int r\,dW.$$

Da nun $dW = \mu \cdot dN = \mu \cdot v \cdot dF$, so können wir $dF = l \cdot r \cdot d\varphi$ setzen, wenn μ und v in diesem Flächenstreifen als konstant angesehen werden dürfen. Damit finden wir

$$M_w = \mu\,r^2\,l\int_{\varphi=-\alpha}^{\varphi=+\alpha} v\,d\varphi.$$

Zwischen v und Z besteht aber ein Zusammenhang, der durch die folgende Bedingungsgleichung des Gleichgewichtes

$$\int dN \cdot \cos \varphi - \int dW \cdot \sin \varphi - Z = 0$$

gefunden wird. Setzen wir in ihr $dW = \mu \cdot dN$, $dN = v\,dF = v\,l\,r\,d\varphi$, so geht sie über in

$$r\,l\int_{-\alpha}^{+\alpha}(\cos \varphi - \mu \sin \varphi)\,v\,d\varphi = Z.$$

Von der Annahme über die Druckverteilung in der Stützfläche des Zapfens, also über die Funktion $v = f(\varphi)$ hängt es ab, wie der erwähnte Zusammenhang sich gestaltet. Die Resultierende der am Zapfen wirkenden Kräfte dN und dW in Richtung von Z ist der vorstehende Ausdruck für Z, in der dazu senkrechten Richtung dagegen

$$W = \int(dN \cdot \sin \varphi + dW \cdot \cos \varphi) = r\,l\int_{-\alpha}^{+\alpha}(\sin \varphi + \mu \cos \varphi)\,v\,d\varphi.$$

und die Resultierende selbst

$$R = \sqrt{Z^2 + W^2}.$$

Bezüglich des Änderungsgesetzes von v mit φ findet man in der Hauptsache zwei Annahmen vertreten. Die eine erstreckt sich nur auf neue Zapfen und besteht in der Festsetzung $v = \text{konst.} = v_0$. Es wird dann

$$Z = v_0\,r\,l\int_{-\alpha}^{+\alpha}(\cos \varphi - \mu \sin \varphi)\,d\varphi = 2\,v_0\,r\,l \sin \alpha$$

und folglich

$$M_w = v_0\,\mu\,r^2\,l\int_{-\alpha}^{+\alpha}d\varphi = 2\,\mu\,r^2\,l\,\alpha \cdot v_0$$

$$= \mu \cdot \frac{\alpha}{\sin \alpha} \cdot Z\,r.$$

Bei eingelaufenen Zapfen dagegen nimmt man an, daß v an der Stelle $\varphi = 0$ seinen größten Wert v_m besitzt, und nach beiden Seiten nach dem Gesetz $v = v_m \cdot \cos \varphi$ sich vermindert. In diesem Falle erhält man

$$Z = r\,l\,v_m\int_{-\alpha}^{+\alpha}(\cos \varphi - \mu \sin \varphi) \cos \varphi\,d\varphi = \tfrac{1}{2}\,r\,l\,(2\,\alpha + \sin 2\,\alpha)\,v_m$$

und folglich

$$M_w = \mu\,r^2\,l\,v_m\int_{-\alpha}^{+\alpha}\cos \varphi\,d\varphi = 2\,\mu\,r^2\,l\,v_m \sin \alpha$$

$$= \frac{4\,\mu \sin \alpha}{2\,\alpha + \sin 2\,\alpha} \cdot Z\,r.$$

Da hier

$$W = r l \, \nu_m \int_{-\alpha}^{+\alpha} (\sin \varphi + \mu \cos \varphi) \cos \varphi \, d\varphi = \tfrac{1}{2} \mu \, r l \, (2\,\alpha + \sin 2\,\alpha)\, \nu_m$$

sich ergibt, so läßt sich M_w in der Form $M_w = W \cdot a$ schreiben, worin

$$a = \frac{4\,r \sin \alpha}{2\,\alpha + \sin 2\,\alpha}$$

den Abstand der Wirkungslinie der Reibungskraft W von der Drehachse bedeutet. Man erkennt ohne Schwierigkeit, daß $a > r$ ist. Der gewöhnliche Fall entspricht dem Werte $\alpha = \dfrac{\pi}{2}$ in der Annahme, daß nur die eine Lagerhälfte als Druckfläche in Betracht kommt; es wird dann $M_w = \dfrac{4\,\mu}{\pi}\,Z r$ und

$$a = \frac{4\,r}{\pi} = 1{,}275\,r.$$

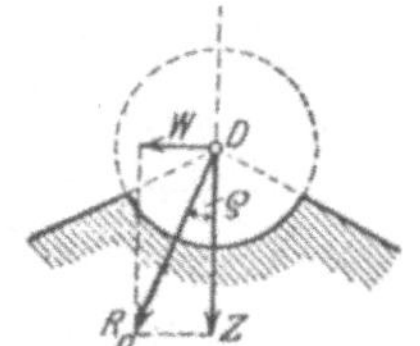

Fig. 212a.

Auf das Lager wirken die Reibungskräfte im entgegengesetzten Sinne; es ist daher die Resultierende R_0 der Kräfte dW und dN so gegen das Lager gerichtet, wie Fig. 212a das zeigt, und zwar unter dem Reibungswinkel ϱ gegen Z geneigt, da $W = \mu Z$ ist. Das stimmt überein mit der Tatsache, daß die Abnutzung der Lagerschalen nicht an der Stelle $\varphi = 0$ am stärksten ist, sondern für $\varphi = \varrho$.

5. Band- und Seilreibung.

Ein Band von konstanter Breite b werde über einen Zylinder gespannt und durch eine Kraft P (s. Fig. 213) gleitend bewegt. Es ist die Größe dieser Kraft unter der Voraussetzung zu ermitteln, daß sie außer einer Gegenkraft P_0, die am anderen Ende des Bandes angreift, noch die Reibung zu überwinden hat. In dieser Absicht denken wir uns an der Stelle A durch zwei benachbarte Normalebenen ein Element des Bandes herausgeschnitten (s. Fig. 213a) und durch die beiden Spannkräfte S und S', die Stützkraft dN normal zum Zylinder und die tangentiale Reibungskraft dW als freibeweglichen Körper ins Gleichgewicht gebracht; die fraglichen Kräfte sollen sich dabei auf die ganze Breite des Bandes beziehen. Die beiden Bedingungsgleichungen des Gleichgewichtes werden dann

$$- S - dW + S' \cos (d\varphi) = 0$$
$$dN - S' \sin (d\varphi) = 0,$$

oder, wenn man darin $S' = S + dS$ setzt und beachtet, daß $\lim(\sin d\varphi) = d\varphi$, $\lim(\cos d\varphi) = 1$,

$$dS = dW,$$

$$dN = S \cdot d\varphi.$$

Setzen wir wieder $dW = \mu \cdot dN$, so findet sich nach Elimination von dN für die Spannkraft S des Bandes die Differentialgleichung

$$\frac{dS}{S} = \mu\, d\varphi.$$

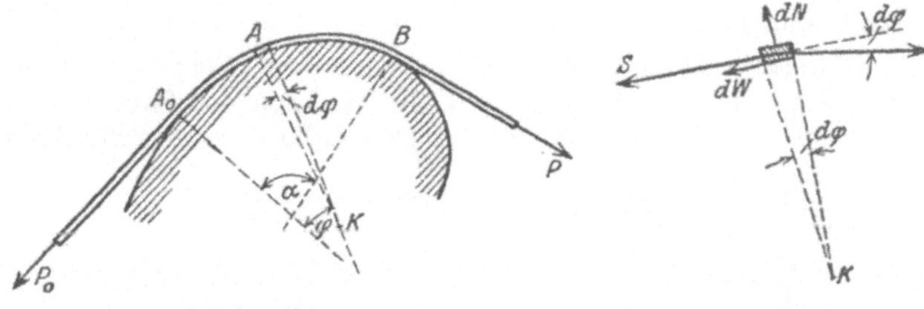

Fig. 213. Fig. 213 a.

Deren Integration liefert sofort

$$\ln(S) = \mu \cdot \varphi + \ln(C),$$

falls μ konstant vorausgesetzt und die Integrationskonstante durch $ln(C)$ ersetzt wird. Somit erhält man

$$S = C \cdot e^{\mu\varphi}$$

und hieraus für $\varphi = 0$

$$S_0 = C = P_0,$$

so daß sich für S die Formel

$$S = P_0 \cdot e^{\mu\varphi}$$

ergibt. Mit wachsendem φ nimmt auch die Spannkraft S zu und zwar um die Größe W der Reibungskraft, wie aus $dS = dW$ unmittelbar hervorgeht. An der Stelle B, an der das Band den Zylinder verläßt, muß die Spannkraft des Bandes gleich der gesuchten Kraft P sein; wir haben also für $\varphi = \alpha$

$$S = P = P_0\, e^{\mu\alpha}.$$

War das Band in Ruhe und soll in Bewegung gebracht werden, so muß P die Haftreibung überwinden, und es ist dann das größere

$$P = P_0\, e^{\mu_0\alpha}$$

zu nehmen.

Beispiel:

Soll die Last L an dem einen Ende eines Seiles (für das die gleichen Beziehungen wie ein Band gelten), das $1^1/_4$ mal um einen horizontalen Kreiszylinder geschlungen ist, durch eine horizontal gerichtete Kraft P gehoben werden (s. Fig. 214), so findet sich, weil hier $\alpha = 2\,\pi + \dfrac{\pi}{2} = \dfrac{5}{2}\,\pi$,

$$P = L \cdot e^{\frac{5}{2}\pi\mu} = L \cdot e^{7,85\,\mu}$$

und mit $\mu = 0,2$

$$P = 4,80 \cdot L.$$

Wenn dagégen die Last L herabgelassen werden soll, so ist im Gleichgewichtsfalle nur die Kraft

$$P = L \cdot e^{-\frac{5}{2}\pi\mu} = 0,21\,L$$

erforderlich, da in der Formel die Kräfte P und L zu vertauschen sind.

Zahlreich sind die technischen Anwendungen, die man von der Bandreibung macht. So beruht z. B. die Wirkung der Bandbremsen darauf, daß mit einer verhältnismäßig kleinen Kraft eine große Band-

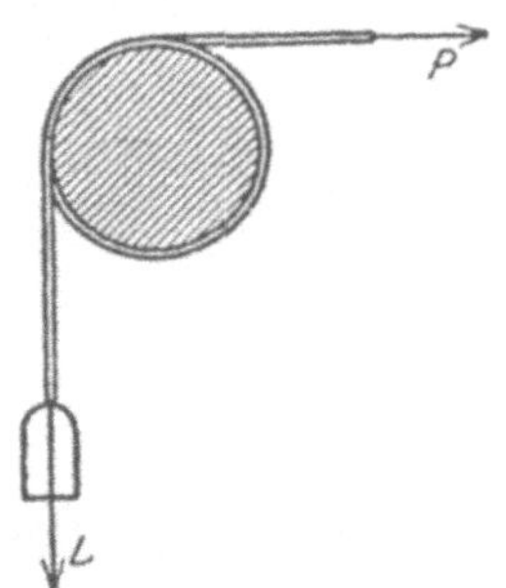

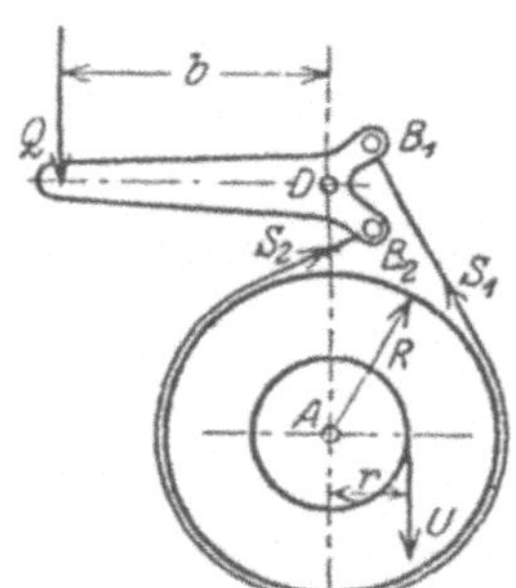

Fig. 214.   Fig. 215.

reibung erzielt werden kann. Bei der in Fig. 215 skizzierten Bandbremse wird das Stahlband gegen die Bremsscheibe durch einen Hebel gepreßt, der sich um die Achse D dreht und in den Punkten B_1 bzw. B_2 mit den Bandenden verbunden ist. Zwischen den Spannkräften S_1 und S_2 besteht dann die Beziehung $S_2 = S_1\,e^{\mu\alpha}$, andrerseits zwischen der die Bremsscheibe belastenden Kraft U am Hebelarm r und den Spannkräften die Momentengleichung

$$(S_2 - S_1)\,R = U \cdot r$$

und endlich, falls Q die Kraft am Bremshebel, b ihren Arm und a_1 bzw. a_2 die Hebelarme von S_1 bzw. S_2 bezeichnen, die Gleichung

$$Qb = S_1\,a_1 + S_2\,a_2.$$

Aus den drei Gleichungen finden wir

$$S_1 = U\,\frac{r}{R\,(e^{\mu\alpha} - 1)}, \qquad S_2 = \frac{U}{R} \cdot \frac{r\,e^{\mu\alpha}}{e^{\mu\alpha} - 1}, \qquad Q = \frac{U\,r}{b\,R} \cdot \frac{a_1 + a_2\,e^{\mu\alpha}}{e^{\mu\alpha} - 1}.$$

Eine weitere wichtige Anwendung ist die auf die Riemenscheiben. Die Übertragung von Leistungen von einer Riemenscheibe auf eine andere stützt sich wesentlich auf die große Haftreibung zwischen Riemen und Scheiben. Soll die in Fig. 216 rechts befindliche Scheibe die links gezeichnete in gleichförmiger Drehung erhalten und sich letzterer eine Umfangskraft U' widersetzen, oder anders ausgesprochen, soll die Leistung $N' = U' r' \omega'$ übertragen werden, so muß die Haftreibung $W \geqq U'$ sein. Da nun $W = S_2 - S_1$, so muß $S_2 - S_1 \geqq U'$ werden, und das erfordert, daß der Riemen mit einer Spannung auf die beiden Scheiben gelegt werde von solcher Größe, daß die Spannkraftdifferenz bei der eingeleiteten Drehung auf $S_2 - S_1 = U'$

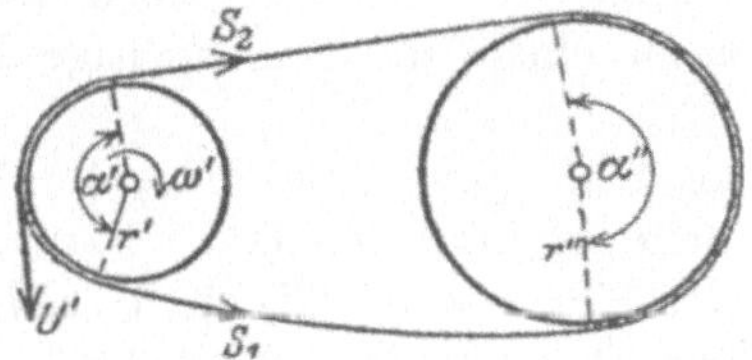
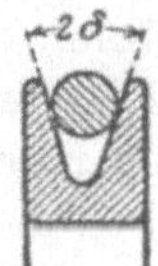

Fig. 216.   Fig. 217.

steigt. Die ursprüngliche Spannkraft des Riemens muß also im oberen Riemen auf S_2 steigen, im unteren auf S_1 sinken, und wenn man annehmen darf, daß die Spannungen den Längenänderungen des Riemens proportional sind, so läßt sich $S = \dfrac{S_1 + S_2}{2}$ setzen. Da nun die Beziehung $S_2 = S_1 e^{\mu_0 a'}$ besteht, so findet sich

$$S_1 \geqq \frac{U'}{e^{\mu a'} - 1}, \quad S_2 \geqq \frac{U' e^{\mu a'}}{e^{\mu a'} - 1}$$

und damit

$$S \geqq \frac{U'}{2} \cdot \frac{e^{\mu a'} + 1}{e^{\mu a'} - 1}.$$

Die entsprechenden Beziehungen gelten auch für Seilscheiben wenn man nur entsprechend der Tatsache, daß das Seil in einer Nut liegt (s. Fig. 217), an Stelle der Reibungsziffer μ_0 die Ziffer μ_{0k} der Keilnutenreibung in die Formeln einsetzt, also $\mu_{0k} = \mu_0 : \sin \delta$, unter 2δ den Öffnungswinkel der Nut verstanden.

Daß die über die Bandreibung angestellten Betrachtungen ohne weiteres auf die Reibung von Seilen auf Flächen übertragen werden können, obgleich streng genommen die Berührung von Seil und Zylinder in einer Linie und nicht in einer Fläche stattfinden sollte, hat seinen Grund in der elastischen und plastischen Gestaltsveränderung des Seiles, das unter dem Einfluß der wirkenden Kräfte sich an der Berührungsstelle abplattet; es findet sonach tatsächlich auch da eine Berührung in einer Fläche statt. Im Grunde haben wir aber in der entwickelten Theorie der Bandreibung die Reibungskräfte dW gar nicht als Flächenkräfte eingeführt, sondern als auf Punkte wirkende Kräfte, ebenso die Spannkräfte S unmittelbar, nicht aber in der strengen Form $\sigma \cdot F$, d. h. als Produkt aus Spannung σ und Fläche F. Das macht man auch in den Fällen, wo die Reibungsfläche sehr kleine Abmessungen besitzt, also sich auf einen Punkt zusammenzieht, mit meist hinreichender Genauigkeit. Mit anderen Worten: man führt gleich die Resultierende der Reibungsflächenkräfte ein, und zwar mit dem theoretischen Berührungspunkt als Angriffspunkt. Auf Fälle dieser Art soll hier noch etwas eingegangen werden, weil sich daran einige nicht unwichtige Betrachtungen knüpfen.

Zunächst das Beispiel des Gleichgewichtes eines Punktes auf einer starren Kurve unter Berücksichtigung der Haftreibung. Wirkt auf einen Punkt A, der auf der Kurve a (s. Fig. 218) sich zu bewegen gezwungen ist, eine Kraft R unter dem Winkel α gegen die Normale n, so ist er im Gleichgewicht, wenn die tangentiale Komponente T von R gleich und entgegengesetzt der Haftreibung W_0 sich erweist. Es muß also der Gleichung

$$T = R \sin \alpha = W_0 = \mu_0 N$$

genügt werden, worin $N = R \cos \alpha$. Daraus folgt $\tan \alpha = \mu_0 = \tan \varrho_0$, also $\alpha = \varrho_0$. Die Gleichgewichtslagen des Punktes sind sonach dadurch ausgezeichnet, daß in ihnen die wirkende Kraft R mit der Kurvennormalen n den Haftreibungswinkel ϱ_0 einschließt. Dieses Ergebnis steht mit dem des 11. Kapitels in vollem Einklang, wenn man, wie erforderlich, die Reibungskraft W_0 als äußere Kraft betrachtet: denn die Normalkraft N ist die Resultierende aus R und W_0 und steht senkrecht zur Kurve. Aber ein wesentlicher Unterschied liegt darin, daß die gefundene Gleichgewichtslage nur die eine zweier Grenzlagen eines Gebietes $\overset{\frown}{AA'}$ ist, in dem der Punkt in allen Lagen in Ruhe bleiben würde, trotzdem auf ihn die nach Größe und Richtung gleiche Kraft R einwirkt. Das erkennt man sofort aus dem Umstande, daß ein beliebiger Punkt A_1 zwischen A und A' in Ruhe bleibt, obwohl auf ihn die Kraft $R_1 \# R$ einwirkt; denn der Winkel α_1 ist kleiner als α bzw. ϱ_0 und daher muß A_1 zufolge (143) in Ruhe bleiben. Daraus folgt nun nicht, daß diese Lage eine Gleichgewichtslage sei, denn hier ist nicht $T_1 = W_1$, sondern $T_1 < W_1$, wie aus der Beziehung

$$W_1 = \mu_0 N_1 = \mu_0 \frac{N_1 \tan \alpha_1}{\tan \alpha_1} = T_1 \frac{\tan \varrho_0}{\tan \alpha_1} > T_1$$

ersichtlich wird. Als Beispiel werde der schwere Punkt auf einem Kreise in vertikaler Ebene betrachtet (s. Fig. 219), der zwei derartige Gebiete auf dem Kreise besitzt, ein labiles $A_I{'} A_I{''}$ und ein stabiles $A_{II}{'} A_{II}{''}$.

Ähnlich ist es mit dem Gleichgewicht von Punkten auf Flächen, wenn man dabei die Reibung in Rücksicht zieht. Auf einer Fläche

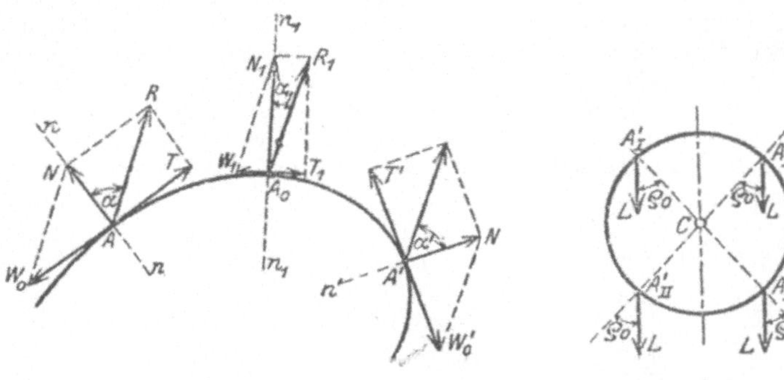

Fig. 218.   Fig. 219.

bilden die Gleichgewichtslagen die Grenzlagen eines derartigen Gebietes und als solche eine Kurve, innerhalb deren der Punkt auf der Fläche in Ruhe bleibt, trotzdem eine bestimmte nicht senkrecht zur Fläche wirkende Kraft an ihm angreift. Diese Kurve wird zu einer geschlossenen bei nur einseitig gekrümmten Flächen, so z. B. für einen schweren Punkt auf einer Kugelfläche.

Ferner sei auf die zahlreichen Fälle des Gleichgewichtes von Kräften an beweglichen Verbindungen starrer Körper, die sich in Punkten berühren, und bei dem die Reibung berücksichtigt werden soll, hingewiesen. Auch da ist es von Vorteil, die Reibungskräfte als in den Berührungsstellen der Körper angreifende äußere Kräfte, die durch die Beziehung $W = \mu \cdot N$ bestimmt und der Bewegungsrichtung entgegengesetzt sind, einzuführen, wie an folgendem einfachen Beispiel gezeigt werden mag.

    Beispiel:

    Ein schwereloser Stab $\overline{B_1 B_2}$ (s. Fig. 220, S. 278) stütze sich in beiden Endpunkten gegen zwei in einer vertikalen Ebene liegenden Geraden b_1 bzw. b_2 und werde in einem Punkte C mit der Last L belastet. Es soll ermittelt werden, ob diese Lage eine Gleichgewichtslage sein kann, wenn die Reibung berücksichtigt wird. Der Stab ist zwangläufig beweglich und dreht sich momentan um den Pol P, der im Schnittpunkte der Normalen zu b_1 bzw. b_2 liegt. Falls keine Reibung vorhanden ist, müßte im Gleichgewichtsfalle die Wirkungslinie von L durch P gehen und damit wäre die Lage von C auf $\overline{B_1 B_2}$ eindeutig bestimmt. Bei Berücksichtigung der Reibung ist das aber nicht der Fall; vielmehr ergibt sich da ein ganzes Gebiet, in dem C liegen kann, ohne daß der Stab unter Einwirkung der Kraft L in Bewegung gerät, und dieses Gebiet finden wir in folgender Weise. Dreht sich der Stab von rechts nach links um P, so erhalten die Reibungskräfte in B_1 und B_2 die Richtungen W_1' bzw. W_2', wie in die Figur eingetragen. Setzen wir W_1' mit N_1 zusammen, so erhalten wir die Resultierende R_1', die mit der Normalen den Haftreibungswinkel ϱ_{01} einschließt. Genau so ist es im Punkte B_2; die Resultierende R_2' aus W_2' und N_2 schließt mit N_2 den Winkel ϱ_{02} ein. Da die drei Kräfte R_1', R_2' und L an dem Stabe im Gleichgewicht sein sollen, so müssen sich ihre Wirkungslinien in einem Punkte J' schneiden, womit die Lage C' des Angriffspunktes der Last L auf dem Stabe bestimmt wird, und zwar als die eine Grenze des Gebietes. Die andere C'' ergibt sich in gleicher Weise für den entgegengesetzten Drehsinn des Stabes. Es leuchtet nun ohne weiteres ein, daß eine Bewegung des Stabes nicht eintritt, wenn die Resultierenden R_1 bzw. R_2 innerhalb des Winkelraumes $J' B_1 J''$ bzw. $J' B_2 J''$ liegen, oder, was auf das gleiche hinauskommt,

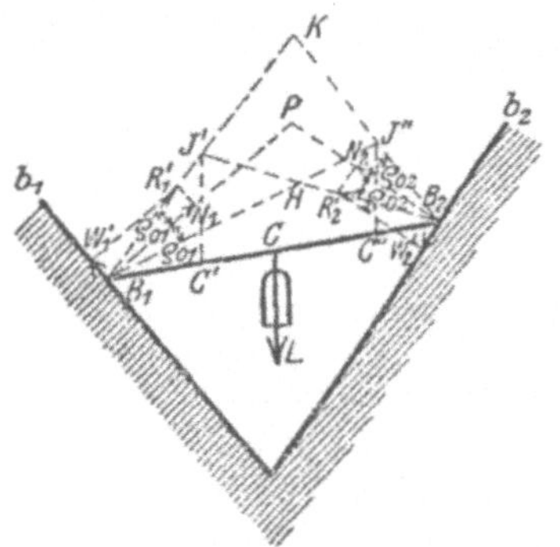

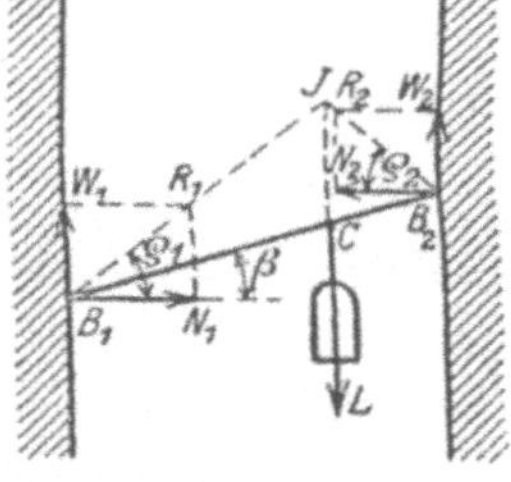

Fig. 220.   Fig. 221.

ihre Wirkungslinien sich in Punkten innerhalb des Viereckes $H J' K J''$ schneiden. Es tritt folglich eine Bewegung des Stabes nicht ein, wenn C innerhalb der Strecke $\overline{C' C''}$ verbleibt. Die Größe der Kraft kommt hierbei gar nicht in Frage.

Von Interesse ist der Sonderfall, daß b_1 und b_2 parallel der Wirkungslinie von L sind, den Fig. 221 darstellt. Der Stab kann nur eine Schiebung vollziehen, daher sind W_1 und W_2 gleichgerichtet, und zwar entgegengesetzt L. Ist β der Neigungswinkel des Stabes gegen die Horizontale und l seine Länge, dann werden die drei Bedingungsgleichungen des Gleichgewichtes der Last L, der Stütz- und der Reibungskräfte am frei beweglichen Stab

$$W_1 + W_2 - L = 0,$$
$$N_1 - N_2 = 0$$
$$W_1\, l \cos \beta - N_1\, l \sin \beta - L \cdot \overline{B_2 C} \cdot \cos \beta = 0;$$

die letztere ist die Momentengleichung für den Punkt B_2. Setzen wir $N_1 = N_2 = N$, $\overline{B_2 C} = a_2$ und $W_1 = \mu_1 N_1 = \mu_1 N$, $W_2 = \mu_2 N_2 = \mu_2 N$, so folgt aus den Gleichungen

$$N = \frac{L}{\mu_1 + \mu_2}, \qquad a_2 = l \cdot \frac{\mu_1 - \tan \beta}{\mu_1 + \mu_2}.$$

Aus dem Ausdruck für a_2 ersieht man, weil a_2 nicht negativ werden kann, daß $\tan \beta < \mu_1$, also $\beta < \varrho_1$ sein muß; andernfalls ist Gleichgewicht unmöglich.

Da die Kräfte W_1 und W_2 entgegengesetzt L sein müssen, so kommt hier auch nur die eine Schiebungsrichtung in Frage, und so gibt es hier kein Gebiet für C, sondern nur eine eindeutig bestimmte Lage innerhalb des Stabes $\overline{B_1 B_2}$.

B. Rollende Reibung.

Rollt ein Kreiszylinder auf einer horizontalen Ebene (siehe Fig. 222), so dreht er sich augenblicklich um die Gerade, in der er die Ebene berührt. Erfahrungsgemäß setzt sich dieser Drehung ein Widerstandsmoment M_w entgegen, das mit der Kraft N wächst, mit der der Zylinder gegen die Ebene gedrückt wird und das außerdem von den elastischen und plastischen Eigenschaften das Materiales abhängt, aus dem die sich berührenden Körper bestehen. In erster Annäherung setzt man dieses Moment der rollenden (oder wälzenden) Reibung

$$(144) \qquad M_w = N \cdot f,$$

worin f die Reibungsziffer der rollenden Bewegung heißt; diese ist in Längeneinheiten zu messen und muß auf dem Versuchswege bestimmt werden.

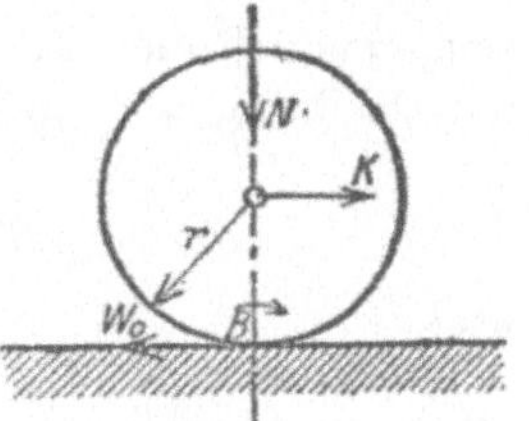

Fig. 222.

Die zumeist an Walzen auf ebener Fläche angestellten Versuche haben im ganzen nur vom Material abhängige, sonst aber wenig veränderliche Werte ergeben, die auch für Räder auf Schienen anwendbar sind, obwohl im letzteren Falle nicht eine Berührung in Geraden, sondern in Punkten statt hat, insbesondere bei Eisenbahnwagenrädern, für die f im Mittel 0,05 cm beträgt. An Kugellagern hat Stribeck gefunden, daß f mit wachsender Belastung abnimmt, aber von Geschwindigkeit und Temperatur in ziemlich weiten Grenzen unabhängig ist. Die Reibung an Schneiden ist auch als rollende Reibung aufzufassen; hierüber liegen nur Versuche an den Schneiden feiner Wagen vor.

Die Kraft K, welche in der Zylinderachse D parallel der stützenden Ebene (s. Fig. 222) angreifen müßte, um den Widerstand der rollenden Reibung zu überwinden, hat die Größe $K = \dfrac{M_w}{r}$, falls r den Radius des rollenden Zylinders bezeichnet; es ist sonach

$$(145) \qquad K = N \frac{f}{r}.$$

Soll unter dem Einflusse einer derartigen Kraft K, jedoch von beliebiger Größe, ein Rollen des Zylinders eintreten, so ist das nur möglich, wenn die Haftreibung W_0 an der Berührungsstelle B des Zylinders größer als $N \dfrac{f}{r}$ sich erweist; andernfalls müßte eine Schiebung des Zylinders zugleich mit einem Rollen die notwendige Wirkung einer Kraft größer als W_0 sein.

Liegt der Zylinder auf geneigter Ebene mit horizontaler Achse und ist außer der Reibung nur seiner Schwere L unterworfen, so würde er durch die Komponente $L \cdot \sin \alpha$ der letzteren in Bewegung versetzt werden, während an Stelle von N hier $L \cos \alpha$ tritt. Sonach müßte

$$L \sin \alpha \leqq W_0 = \mu_0 L \cos \alpha$$

oder

$$\tan \alpha \leqq \mu_0$$

sein, wenn Rollen allein eintreten soll. Zur Überwindung der rollenden Reibung aber würde jene Komponente $L \sin \alpha$ ausreichen, wenn

$$L \sin \alpha = N \frac{f}{r} = L \cos \alpha \cdot \frac{f}{r},$$

also

$$\tan \alpha = \frac{f}{r}$$

wäre. Das Auftreten einer rein rollenden Bewegung ist folglich an die Bedingung

$$\mu_0 > \frac{f}{r}$$

geknüpft, die auch für $\alpha = 0$, d. h. die horizontale Ebene gilt.

C. Bohrende Reibung.

Die bohrende Reibung tritt nur auf bei Körpern, die sich in einem Punkte berühren, sich gegeneinander um die Berührungsnormale drehen und durch Kräfte in dieser Normalen gegeneinander gedrückt werden. Letzterer Umstand hat zur Folge, daß die Berührung in Wirklichkeit in einer, wenn auch sehr kleinen Fläche erfolgt; die bohrende Reibung ist daher im Grunde nichts anderes als gleitende Reibung in der Berührungsfläche und deren Moment in bezug auf die Berührungsnormale das Widerstandsmoment der bohrenden Reibung. Das gleiche gilt auch von der Spitzenreibung, zu der nicht selten noch die plastische Deformation (Abnutzung) als ein den Widerstand vermehrender Faktor tritt. Nach den verhältnismäßig wenigen vorliegenden Versuchen ist die Ziffer der bohrenden Reibung von der Geschwindigkeit ziemlich unabhängig, wohl aber mit der Belastung wachsend.